Many of the designations used by manufacturers and sellers to distinguish their products are claimed as trademarks. Where those designations appear in this book, and the publisher was aware of a trademark claim, the designations have been printed with initial capital letters or in all capitals.

The authors and publisher have taken care in the preparation of this book, but make no expressed or implied warranty of any kind and assume no responsibility for errors or omissions. No liability is assumed for incidental or consequential damages in connection with or arising out of the use of the information or programs contained herein.

For information about buying this title in bulk quantities, or for special sales opportunities (which may include electronic versions; custom cover designs; and content particular to your business, training goals, marketing focus, or branding interests), please contact our corporate sales department at corpsales@pearsoned.com or (800) 382-3419.

For government sales inquiries, please contact governmentsales@pearsoned.com.

For questions about sales outside the U.S., please contact international@pearsoned.com.

Visit us on the web: informit.com/ph

Library of Congress Cataloging-in-Publication Data

```
On file
```

© 2016 Pearson Education, Inc.

All rights reserved. Printed in the United States of America. This publication is protected by copyright, and permission must be obtained from the publisher prior to any prohibited reproduction, storage in a retrieval system, or transmission in any form or by any means, electronic, mechanical, photocopying, recording, or likewise. For information regarding permissions, request forms and the appropriate contacts within the Pearson Education Global Rights & Permissions Department, please visit www.pearsoned.com/permissions/.

ISBN-13: 978-0-13428936-6
ISBN-10: 0-13-428936-6

Text printed in the United States at Edwards Brothers Malloy in Ann Arbor, Michigan.
First printing, November 2015

ANDROID 6 FOR PROGRAMMERS
AN APP-DRIVEN APPROACH, 3/E
DEITEL DEVELOPER SERIES

PAUL DEITEL • HARVEY DEITEL • ALEXANDER WALD
DEITEL & ASSOCIATES, INC.

Boston • Columbus • Indianapolis • New York • San Francisco
Amsterdam • Capetown • Dubai • London • Madrid • Milan • Munich
Paris • Montreal • Toronto • Delhi • Mexico City • Sao Paulo • Sidney
Hong Kong • Seoul • Singapore • Taipei • Tokyo

Deitel Series Page

Deitel Developer Series

Android 6 for Programmers: An App-Driven Approach, 3/E
C for Programmers with an Introduction to C11
C++11 for Programmers
C# 2015 for Programmers
iOS 8 for Programmers: An App-Driven Approach with Swift
Java for Programmers, 3/E
JavaScript for Programmers
Swift for Programmers

How To Program Series

Android How to Program, 3/E
C++ How to Program, 9/E
C How to Program, 7/E
Java How to Program, Early Objects Version, 10/E
Java How to Program, Late Objects Version, 10/E
Internet & World Wide Web How to Program, 5/E
Visual Basic 2015 How to Program, 7/E
Visual C# 2015 How to Program, 6/E

Simply Series

Simply C++: An App-Driven Tutorial Approach
Simply Java Programming: An App-Driven Tutorial Approach
(continued in next column)

(continued from previous column)
Simply C#: An App-Driven Tutorial Approach
Simply Visual Basic 2010: An App-Driven Approach, 4/E

CourseSmart Web Books

www.deitel.com/books/CourseSmart/

C++ How to Program, 8/E and 9/E
Simply C++: An App-Driven Tutorial Approach
Java How to Program, 9/E and 10/E
Simply Visual Basic 2010: An App-Driven Approach, 4/E
Visual Basic 2015 How to Program, 6/E
Visual Basic 2012 How to Program, 5/E
Visual C# 2015 How to Program, 5/E
Visual C# 2012 How to Program, 4/E

LiveLessons Video Learning Products

www.deitel.com/books/LiveLessons/

Android 6 App Development Fundamentals, 3/e
C++ Fundamentals
Java Fundamentals, 2/e
C# 2015 Fundamentals
C# 2012 Fundamentals
iOS 8 App Development Fundamentals, 3/e
JavaScript Fundamentals
Swift Fundamentals

To receive updates on Deitel publications, Resource Centers, training courses, partner offers and more, please join the Deitel communities on

- Facebook—facebook.com/DeitelFan
- Twitter—@deitel
- Google+™—google.com/+DeitelFan
- YouTube™—youtube.com/DeitelTV
- LinkedIn—linkedin.com/company/deitel-&-associates

and register for the free *Deitel Buzz Online* e-mail newsletter at:

www.deitel.com/newsletter/subscribe.html

To communicate with the authors, send e-mail to:

deitel@deitel.com

For information on *Dive-Into Series* on-site seminars offered by Deitel & Associates, Inc. worldwide, write to us at deitel@deitel.com or visit:

www.deitel.com/training/

For continuing updates on Pearson/Deitel publications visit:

www.deitel.com
www.pearsonhighered.com/deitel/

Visit the Deitel Resource Centers that will help you master programming languages, software development, Android and iOS app development, and Internet- and web-related topics:

www.deitel.com/ResourceCenters.html

To the Android software-engineering community:
For creating and evolving a platform that challenges
app developers to test the limits of their imagination
Paul and Harvey Deitel

Trademarks

DEITEL, the double-thumbs-up bug and DIVE-INTO are registered trademarks of Deitel & Associates, Inc.

Java is a registered trademark of Oracle and/or its affiliates. Other names may be trademarks of their respective owners.

Google, Android, Google Play, Google Maps, Google Wallet, Nexus, YouTube, AdSense and AdMob are trademarks of Google, Inc.

Microsoft and/or its respective suppliers make no representations about the suitability of the information contained in the documents and related graphics published as part of the services for any purpose. All such documents and related graphics are provided "as is" without warranty of any kind. Microsoft and/or its respective suppliers hereby disclaim all warranties and conditions with regard to this information, including all warranties and conditions of merchantability, whether express, implied or statutory, fitness for a particular purpose, title and non-infringement. In no event shall Microsoft and/or its respective suppliers be liable for any special, indirect or consequential damages or any damages whatsoever resulting from loss of use, data or profits, whether in an action of contract, negligence or other tortious action, arising out of or in connection with the use or performance of information available from the services.

The documents and related graphics contained herein could include technical inaccuracies or typographical errors. Changes are periodically added to the information herein. Microsoft and/or its respective suppliers may make improvements and/or changes in the product(s) and/or the program(s) described herein at any time. Partial screenshots may be viewed in full within the software version specified.

Microsoft and Windows are registered trademarks of the Microsoft Corporation in the U.S.A. and other countries. Screenshots and icons reprinted with permission from the Microsoft Corporation. This book is not sponsored or endorsed by or affiliated with the Microsoft Corporation.

Throughout this book, trademarks are used. Rather than put a trademark symbol in every occurrence of a trademarked name, we state that we are using the names in an editorial fashion only and to the benefit of the trademark owner, with no intention of infringement of the trademark.

Android 6 应用开发案例精解

（第三版）

Android 6 for Programmers: An App-Driven Approach

Third Edition

Paul Deitel

［美］ Harvey Deitel 著

Alexander Wald

张君施 等译

电子工业出版社
Publishing House of Electronics Industry
北京·BEIJING

内 容 简 介

本书是美国知名编程类系列教材中针对 Android 6 系统下进行应用开发而编写的一本入门级教程，全书以"应用驱动的方法"为基础，详细讲解了 8 个完整的 Android 应用的开发过程，对编程一无所知的读者不必了解 Java、XML 就可以进行 Android 编程。全书利用最新的 Android SDK 和 Android Studio IDE，通过精选的 8 个生动的实例，全面阐述了 Android 应用编程的完整过程。每一个实例都有不同的侧重点，便于读者熟悉 Android 编程的各个要点。

本书可作为大专院校计算机编程课程的教材，也适合希望从事 Android 应用开发的初学者，或者作为该领域中高级开发者的参考书。

Authorized Translation from the English language edition, entitled Android 6 for Programmers: An App-Driven Approach, Third Edition, 978-0-13-428936-6 by Paul Deitel, Harvey Deitel, and Alexander Wald, published by Pearson Education, Inc., publishing as Prentice Hall, Copyright ©2016 Pearson Education, Inc.

All rights reserved. No part of this book may be reproduced or transmitted in any form or by any means, electronic or mechanical, including photocopying, recording or by any information storage retrieval system, without permission from Pearson Education, Inc.

CHINESE SIMPLIFIED language edition published by PUBLISHING HOUSE OF ELECTRONICS INDUSTRY, Copyright ©2017.

本书中文简体版专有出版权由 Pearson Education 授予电子工业出版社，未经许可，不得以任何方式复制或抄袭本书的任何部分。

版权贸易合同登记号 图字：01-2017-2466

图书在版编目(CIP)数据

Android 6 应用开发案例精解：第三版 /（美）保罗·戴特尔（Paul Deitel），（美）哈维·戴特尔（Harvey Deitel），（美）亚历山大·沃尔德（Alexander Wald）著；张君施等译. —北京：电子工业出版社，2017.5
书名原文：Android 6 for Programmers: An App-Driven Approach, Third Edition
ISBN 978-7-121-31429-2

I. ①A… II. ①保… ②哈… ③亚… ④张… III. ①移动终端－应用程序－程序设计 IV. ①TN929.53

中国版本图书馆 CIP 数据核字(2017)第 085023 号

策划编辑：冯小贝
责任编辑：冯小贝
印　　刷：三河市兴达印务有限公司
装　　订：三河市兴达印务有限公司
出版发行：电子工业出版社
　　　　　北京市海淀区万寿路 173 信箱　邮编　100036
开　　本：787×1092　1/16　印张：23.25　字数：595 千字
版　　次：2013 年 1 月第 1 版（原著第 2 版）
　　　　　2017 年 5 月第 2 版（原著第 3 版）
印　　次：2017 年 5 月第 1 次印刷
定　　价：69.00 元

凡所购买电子工业出版社图书有缺损问题，请向购买书店调换。若书店售缺，请与本社发行部联系，联系及邮购电话：(010)88254888，88258888。
质量投诉请发邮件至 zlts@phei.com.cn，盗版侵权举报请发邮件至 dbqq@phei.com.cn。
本书咨询联系方式：fengxiaobei@phei.com.cn。

译 者 序

作为当今最热门的移动应用操作系统之一，从2008年10月发布第一代Android手机开始，Android已经占据了全球智能手机市场78%以上的份额（截止2015年3月）。2014年，Android设备的出货量超过10亿台。2015年Google I/O开发者大会上，Google宣布在过去12个月中，Google Play已经有500亿的应用安装量。主流的移动平台以及运营商之间激烈的市场竞争，导致了技术的快速更新和价格的下滑。此外，数百个Android设备厂商之间的竞争，也推动了Android社区里硬件和软件的创新。在国内，市场上采用Android系统的智能终端也在不断增多。鉴于此，为有志于从事Android应用开发的人士提供一本内容丰富、讲解全面、通俗易懂的入门级教材，就成为本书出版的目的。

本书讲解如何利用Android软件开发工具集（SDK）、Java编程语言以及Android Studio集成开发环境（IDE）进行Android智能手机和平板电脑应用的开发。全书的核心是"应用驱动的方法"，以8个精选的、完整的、可运行的Android应用来诠释Android开发的概念和方法，每一章都对应用所涉及的源代码进行了详细分析。书中所有的源代码都可以从本书的配套网站免费下载。

本书中的这些Android应用都经过了精心设计，所讲解的每一个应用都很有代表性且充满趣味性，比如根据国旗猜测对应的国家、用炮弹击中标靶等游戏。这样做可使学生学习时不至于感到枯燥。书中涉及的Java内容，紧紧围绕开发Android应用所需而编排，详细讲解了Java中的类、对象、方法、控制语句、数组、继承、多态、异常处理、事件处理等Java编程要点。对教师而言，这一部分本身也是很好的Java教程。

学生可以在书中讲解的这些Android应用开发技术的基础上，稍加调整，再发挥一下个人的创造力和想象力，即可构建出功能更为丰富、更能吸引用户下载的Android应用，实现Android应用开发的终极目标——尽可能多的下载量和使用量。

本书由北京工商大学张君施副教授主持翻译。翻译时，由于一些新出现的专业词汇并没有统一的中文译法，比如触屏上各种指法的操作，所以中间过程颇费周折。值得庆幸的是，经过各位译者的共同努力，书中力求最后成型的译稿中没有曲解原作者的意思，并保持了前后译文的一致性。全书翻译的具体分工如下：文前部分由张卓锐翻译，第1章由张莉翻译，第2章由莫国柱翻译，第3章由常征翻译，第4章由戴高明翻译，第5章由张君施翻译，第6章由胡志强翻译，第7章由张思宇翻译，第8章由罗云彬翻译，第9章由徐景辉翻译，第10章由李剑渊翻译，索引由陈艳羽翻译。全书的统稿和审校由张君施负责。

由于时间紧，译文中一定存在不少讹误之处，恳请读者批评指正。来信请发至：zhangjunshi@sina.cn。

前　言

欢迎来到使用 Android 软件开发工具集（SDK）、Java 编程语言以及快速发展的 Android Studio 集成开发环境（IDE）的充满活力的世界，进行 Android 智能手机和平板电脑应用的开发。书中讲解的许多 Android 开发技术，同样适用于 Android Wear 和 Android TV 应用的开发。这样在学习完本书之后，就为这些平台下的应用开发做好了充分准备。

本书将为专业软件开发人员提供前沿的移动计算技术。本书是以开发完整的、可运行的应用来讲解各种概念的，而没有采用只分析代码段的方式。第 2~9 章中的每一章都给出了一个应用。这些章的开头是应用的介绍，并通过测试给出了一个或者多个执行样本的结果，还给出了一个技术概览。然后，会详细分析源代码。全部源代码都可以从以下站点下载：

http://www.deitel.com/books/AndroidFP3

学习本书时，建议在 IDE 中打开相应的源代码。

对 Android 应用开发人员而言，机会无处不在。Android 设备的销售以及应用的下载量，正呈现出指数级的增长。第一代 Android 手机于 2008 年 10 月面世。根据 IDC 公布的数据，到 2015 年 3 月底，全球智能手机市场 Android 占据 78%的份额，Apple 为 18.3%，而 Blackberry 只有 0.3%[1]。在 2014 年[2]，Android 设备的出货量超过 10 亿台。2015 年 Google I/O 开发者大会上，Google 宣布在过去 12 个月中，Google Play 已经有 500 亿的应用安装量。Google Play 是 Google 的 Android 应用市场[3]。主流的移动平台以及运营商之间激烈的市场竞争，导致了技术的快速更新和价格的下滑。此外，数百个 Android 设备厂商之间的竞争，也推动了 Android 社区里硬件和软件的创新。

关于版权以及代码许可的说明

本书中的全部代码以及 Android 应用的版权都由 Deitel & Associates 公司所有，书中样本程序的授权许可遵循 Creative Commons Attribution 3.0 Unported License（http://creativecommons.org/licenses/by/3.0），但是它们不能在教育性的其他教程和课本中使用（书本格式或者数字化格式）。此外，作者及出版方并不以任何形式、明确或暗示地保证书中的程序或文档的正确性。对于使用这些程序而导致的直接或间接损失，作者和出版方不承担任何责任。欢迎读者将书中的这些应用作为你自己的应用的起点，在已有的这些功能上进行改动（需满足前述版权条款）。如果有任何问题，可联系 deitel@deitel.com。

---

[1] 参见 http://www.idc.com/prodserv/smartphone-os-market-share.jsp。
[2] 参见 http://www.businessinsider.com/android-1-billion-shipments-2014-strategy-analytics-2015-2。
[3] 参见 http://bit.ly/2015GoogleIOKeynote。

读者对象

本书假定读者已经具备一定的 Java 编程基础，并了解面向对象编程。同时，读者还需熟悉 XML。Android 工程中包含许多 XML 文件，但通常是通过编辑器与它们交互，从而无须直接了解它们。书中使用的是完整的、可运行的应用，所以如果不了解 Java，但具有以 C 语言为基础的面向对象编程语言的经验，比如 C++、C#、Swift 或者 Objective-C，则应当能够很快熟悉这些材料，学习到大量的 Java 知识以及 Java 风格的面向对象编程。

本书并非一本 Java 教程。如果对学习 Java 编程感兴趣，请参考作者的下列出版物：

- *Java for Programmers, 3/e* (http://www.deitel.com/books/javafp3)
- *Java Fundamentals, 2/e* (视频课程)。这些视频内容可通过 SafariBooksOnline.com 订阅，也可从 Informit.com 和 Udemy.com 购买。订阅和购买的链接，请参见 http://www.deitel.com/ LiveLessons。
- *Java How to Program, 10/e* (http://www.deitel.com/books/jhtp10，书号：0-13-380780-0)

如果不熟悉 XML，可参考如下的免费在线教程：

- http://www.ibm.com/developerworks/xml/newto
- http://www.w3schools.com/xml/default.asp
- http://bit.ly/DeitelXMLBasics
- http://bit.ly/StructureXMLData

本书特点

以下为本书的一些主要特点。

应用驱动的方法。讲解应用的每一章(第 2～9 章)中都给出了一个完整的应用，探讨了每一个应用的用途，给出了运行应用时的屏幕输出，通过测试进行了检验，并概述了构建应用的技术和体系结构。接着，搭建出每个应用的 GUI，给出了完整的代码并详细分析它们。探讨了应用中所用的 Android API 的编程概念并演示了它们的功能。

Android 6 SDK。本书讲解了 Android 6 中新推出的软件开发工具集(SDK)的各种特性。

Android Studio IDE。(以 IntelliJ IDEA 社区版本为基础的)免费 Android Studio，是目前 Google 主推的 Android 应用开发 IDE，而以前的 Android 开发工具以 Eclipse IDE 为基础。Android Studio 加上免费的 Android 软件开发工具集(SDK)，以及免费的 Java 开发工具集(JDK)，提供了创建、运行、调试 Android 应用的所有软件，并可利用它们将应用输出和分发(例如，将应用上载到 Google Play)。关于如何下载和安装这些软件的说明，请参见后面的"学前准备"小节。

材料设计。利用新的材料设计规范，Google 在 Android 5 中引入了新的 Android 外观：

http://www.google.com/design/spec/material-design/introduction.html

这个规范中，Google 概述了材料设计的目标和原则，然后详细给出了各种要求，包括动画技术、屏幕元素样式、元素定位、特定用户界面组件的使用、用户界面模式、辅助性、国际化、等等。目前，Google 在它的移动应用和基于浏览器的应用中，采用的就是这个材料设计规范。

材料设计是一个宏大的主题，本书中将主要关注如下几个方面：

- 使用 Android 内置的材料主题。这些材料主题可使 Android 内置的用户界面组件外观符合材料设计规范。
- 使用内置的 Android Studio 应用模板。这些模板由 Google 设计，因此满足材料设计规范。
- 针对特定需求，使用材料设计指南推荐的用户界面组件，比如 FloatingActionButton、TextInputLayout 和 RecyclerView。

除了查看 Google 的材料设计规范之外，可能还需要参考图书 *Android User Interface Design：Implemeating Material Design for Developers, 2/e*：

http://bit.ly/IanCliftonMaterialDesign

本书由专业人士和 Ian Clifton（他为本书第一版写过评论）编写。Ian 写道："Google 在 2014 年推出了材料设计指南，从而给出了一种设计系统，为应用的外观和行为提供了建议。这样做的目的是提供一种设计框架，以提升应用的可视化表现，并为应用创建了一种行为一致性，这在以前的应用中是不存在的。*Android User Interface Design：Implemeating Material Design for Developers, 2/e* 详细讲解了材料设计，为所有开发人员提供有关以用户为中心的设计、颜色原理、文字排列、交互模式以及其他方面的指导。"

支持库及应用兼容性库。当使用新的 Android 特性时，开发人员会遇到的一个大挑战是与以前的 Android 平台的向后兼容性问题。现在的许多新特性都是通过支持库引入的，这些支持库使得开发人员能够在应用中使用新特性，对当前和以往的 Android 平台都提供支持。其中的一个支持库称为 AppCompat 库。Android Studio 应用模板中可以使用这个库以及它的主题，使得所创建的应用能够在大多数 Android 设备上运行。如果从一开始就用 AppCompat 创建应用，就可以避免当需要支持旧版本的 Android 时重新部署代码的问题。

此外，2015 年的 Google I/O 开发人员大会上，还为 Android 2.1 及更高版本中使用材料设计而推出了 Android 设计支持库（Android Design Support Library）。参见：

http://android-developers.blogspot.com/2015/05/android-design-support-library.html

材料设计支持已经内置于大多数 Android Studio 应用模板中。

REST Web 服务与 JSON。第 7 章讲解的 Weather Viewer 应用，演示了如何调用表述性状态转移（Representational State Transfer，REST）Web 服务——应用中提供的 16 日气象预报服务，其数据来自于 OpenWeatherMap.org。REST Web 服务以 JavaScript Object Notation（JSON）的形式返回气象预报信息，JSON 是一种流行的文本数据交换格式，用键/值对数据表示对象。这个应用还使用了来自于 org.json 的几个类，以处理 Web 服务的 JSON 响应。

Android 6.0 许可。Android 6.0 采用一种新的许可模式，以达到更好的用户体验。在此之前，Android 要求在安装时用户就已经获得了应用所需的全部许可，这经常导致用户不愿安装应用。在新模式下，安装应用时不需要任何许可，而是在首次运行相关的特性时才会要求用户已经获得了许可。第 5 章讲解了这种新的许可模式，并将它用于将一个图像保存到外部存储设备时。

Fragment。从第4章开始,将使用Fragment(碎片)来创建并管理每一个应用GUI的分区。可以组合多个Fragment来创建充分利用平板电脑屏幕尺寸的用户界面。也可以很容易地互换不同的Fragment,以使GUI更显动态。第9章中将这样做。

View-Holder模式,ListView和RecyclerView。第7~9章中的几个应用,都会显示可滚动的数据列表。第7章在ListView中呈现数据并介绍了view-holder模式,它通过复用滚动屏幕外的GUI组件来提升应用的滚动表现。使用ListView时,推荐采用view-holder模式。第8章和第9章用更灵活、更高效的RecyclerView呈现数据列表,使用RecyclerView时要求采用view-holder模式。

打印。第5章中的PrintHelper类来自于Android的打印框架,用于从应用中进行打印。PrintHelper类为用户提供了选择打印机的接口,具有判断某个设备是否支持打印功能的方法,并为打印位图文件提供了方法。这个类位于Android支持库中。

沉浸模式。我们可以隐藏位于屏幕顶部的状态栏和位于底部的菜单按钮,以使应用充满整个屏幕。从屏幕顶部向下滑动手指,可以显示状态栏;从底部向上滑动手指,可显示系统栏(包含回退按钮、主页按钮和最近的应用按钮)。

在智能手机、平板电脑和Android仿真器上测试应用。为了获得最佳的应用开发体验和结果,需要在真正的Android智能手机和平板电脑上测试所开发的应用。通过Android仿真器测试应用,同样可获得足够的经验(见"学前准备"小节)。不过,这一做法会占用大量的处理器时间且运行较慢,尤其是当测试包含大量移动功能的游戏应用时。第1章中将会给出一些仿真器不支持的Android特性。

云测试实验室。Google正在推进的云测试实验室(Cloud Test Lab)是一个在线站点,它可以测试应用在各种设备、设备方向、区域、语言以及网络状况下的运行情况。测试是自动进行的,开发人员会得到一份详细报告,包含应用运行时的屏幕截图和视频以及错误日志,以便改正错误和改进应用。有关Google云测试实验室的详细信息,请访问:

http://developers.google.com/cloud-test-lab/

Android Wear与Android TV。Android Wear运行于智能手表上,而Android TV运行于部分智能电视以及那些能与电视相连的媒体播放器上(通常是通过HDMI线相连)。本书中讲解的多数Android技术,也同样适应于Android Wear和Android TV应用的开发。Android SDK提供Android Wear和Android TV仿真器,因此即使没有真正的设备,也可以对这两种平台进行测试。有关Android Wear开发技术的详细信息,请访问:

http://developer.android.com/wear/index.html

关于Android TV的开发信息,请访问:

http://developer.android.com/tv/index.html

多媒体。书中的应用大量使用了Android的多媒体功能,包括图形、图像、逐帧动画和音频。

将应用上载到Google Play。第10章探讨了注册Google Play以及设置Google Wallet账号的过程,以便能够销售你的应用。讲解了如何将应用准备成符合Google Play的要求,给出了为应用定价的技巧,以及如何从应用内广告(in-app advertising)和应用内销售(in-app sale)虚拟商品中获取收益,还列出了可以为应用做推广的那些资源。第10章可以在学完第1章后阅读。

教学特色

语法阴影。为方便阅读,本书对代码添加了语法阴影,它类似于 Android Studio 中根据语法添加颜色的做法。书中的语法阴影遵循如下约定:

> 注释以细字体表示
> 关键字以粗字体表示
> 常量和字面值以比注释稍微粗一点的字体表示
> 所有其他代码以黑体表示

突出显示重要代码段。在每一个程序中,为了强调关键的代码段,将它们放置在一个矩形中。

使用 ">" 符号。本书中用 ">" 符号来表示从菜单中选择菜单项。例如,File > New 表示从 File 菜单中选择 New 菜单项。

源代码。本书中的所有源代码都能够从如下站点下载[①]:

> http://www.deitel.com/books/AndroidFP3

文档。用于开发 Android 应用的全部文档,可从如下站点下载:

> http://developer.android.com

有关 Android Studio 的综述,位于:

> http://developer.android.com/tools/studio/index.html

各章目标。每一章都以一个学习目标描述开头。

图示。本书中包含数百个表格、源代码清单以及屏幕截图。

软件工程。书中强调的是程序的清晰性和性能,并集中讲解如何构建良好工程化的面向对象软件。

索引。本书包含大量的索引。

利用开源应用

网络上有大量免费的开源 Android 应用,它们是学习如何进行 Android 应用开发的绝佳资源。鼓励读者下载一些开源应用并分析它们的源代码,以理解它们的工作原理。

注意:"开源许可"的条款差别很大。有些允许随意使用应用的源代码,而另一些可能只允许用于个人目的,而不能用于创建供销售的应用或公开的应用。一定要仔细阅读应用的许可协议。如果希望基于开源应用创建商业应用,需考虑聘请一位经验丰富的律师查看这些许可,但这样做费用会相当高。

Android 6 应用开发基础视频教程

作者开发的 Android 6 应用开发基础视频教程(Android 6 App-Development Fundamentals

---

① 相关的源代码也可登录 www.hxedu.com.cn 注册下载。

LiveLessons），为读者展示了通过 Android 6、Java 以及 Android Studio 建立健壮的、功能强大的 Android 应用所需了解的知识。该视频教程还包括大约 16~20 小时的专家培训指导，它与作者的另一本书 *Android 6 for Programmer* 同步。关于 Deitel LiveLessons 视频产品的更多信息，请访问：

> http://www.deitel.com/livelessons

或者联系 deitel@deitel.com。也可以在 SafariBooksOnline.com 上订阅作者的 LiveLessons 视频课程，其中的 10 天免费试用版可通过如下站点获得：

> http://www.safaribooksonline.com/register

加入作者的社交圈

如果希望收到关于本书以及其他 Deitel 出版物的更新信息、新的和改进的应用、在线资源中心、教师主导的现场培训课程等，可加入作者的社交圈，具体方式如下：

- Facebook——http://facebook.com/DeitelFan
- LinkedIn——http://bit.ly/DeitelLinkedIn
- Twitter——http://twitter.com/deitel
- Google+——http://google.com/+DeitelFan
- YouTube——http://youtube.com/DeitelTV

还可以订阅作者的 Deitel Buzz Online 新闻组：

> http://www.deitel.com/newsletter/subscribe.html

联系作者

阅读本书时，我们衷心欢迎您提出意见、批评、更正和建议。请将所有信息发送给：

> deitel@deitel.com

我们会尽快回复，并会将更正和说明发布到本书的 Web 站点：

> http://www.deitel.com/books/AndroidFP3

以及作者的 Facebook、LinkedIn、Twitter、Google+ 和 Deitel Buzz Online 上。

访问 http://www.deitel.com，可以：

- 下载代码示例。
- 查看正在不断增长的 Deitel 编程资源中心。
- 获取本书的更新信息，订阅免费的 Deitel Buzz Online 电子邮件新闻简报（http://www.deitel.com/newsletter/subscribe.html）。
- 获取有关作者的编程语言培训课程 Dive Into Series 的最新信息，该课程面向全球客户。

致谢

感谢 Barbara Deitel 对本书的长期付出，她建立了 Android 资源中心，而且耐心地研究了数百个技术细节。

要感谢有着 20 年友谊和专业领域合作关系的 Mark L. Taub 的非凡努力，Taub 是 Pearson

技术小组(Pearson Technology Group)的主编。Mark 和他的小组负责作者所有专业图书以及 LiveLessons 视频产品的编辑出版工作。Michelle Housley 从 Android 社区中招募了杰出人才来评审本书的手稿。本书的封面由 Chuti Prasertsith 设计。John Fuller 出色地管理了"Deitel Developer Series"系列图书的全部产品。

还要感谢 Michael Morgano，Deitel & Associates 公司的前同事，现在是 PHHHOTO 公司的一位 Android 开发人员，他参与了本书第一版以及 *iPhone for Programmer* 的编写。Michael 是一位天资聪颖的软件开发者。

最后，需感谢 Abbey Deitel，他是 Deitel & Associates 公司的前总裁，卡内基·梅隆大学 Tepper 管理学院毕业，工业管理学士。Abbey 领导了 Deitel & Associates 公司的业务部门 17 年的时间，她也是作者众多出版物的作者之一，包括本书前两版的第 1 章～第 10 章。

本书以及 Android 6 for Programmer 的评审人员

要感谢如下的专家学者，他们评审了本书以及本书的前两版。他们仔细审查了书中的文字和代码，并为更好的表述方式提出了无数的建议。他们是 Paul Beusterien(Mobile Developer Solutions 主管)，Eric J. Bowden(Safe Driving Systems 公司 COO)，Tony Cantrell(乔治亚西北技术学院)，Ian G. Clifton(独立承包商，Android 应用开发者，*Android User Interface Design: Implementing Material Design for Developers, 2/e* 的作者)，Daniel Galpin(Android Advocate，*Intro to Android Application Development* 的作者)，Jim Hathaway(Kellogg 公司应用开发人员)，Douglas Jones(Fullpower Technologies 公司资深软件工程师)，Charles Lasky(Nagautuck 社区学院)，Enrique Lopez-Manas(首席 Android 架构师，马德里 Alcalá 大学计算机科学系教师)，Sebastian Nykopp(Reaktor 公司首席架构师)，Michael Pardo(Mobiata 公司 Android 开发人员)，Luis Ramirez(Reverb 的 Lead Android Engineer)Ronan "Zero" Schwarz(OpenIntents 公司首席信息官)，Arijit Sengupta(Wright 州立大学)，Donald Smith(Columbia 学院)，Jesus Ubaldo Quevedo-Torrero(Wisconsin 大学 Parkside 校区)，Dawn Wick(西北社区学院)以及 Frank Xu(Gannon 大学)。

现在，这本书就呈现在你面前！本书将帮助你利用 Android 6 和 Android Studio 快速开发出 Android 应用。希望读者能从阅读本书中得到快乐，就像我们写书时那样！

Paul Deitel
Harvey Deitel

关于作者

Paul Deitel，Deitel & Associates 公司 CEO 兼 CTO，毕业于麻省理工学院，主修信息技术。他拥有 Java Certified Programmer 和 Java Certified Developer 认证证书，并且被授予 Oracle Java Champion 称号。Paul 也是 2012—2014 年度微软 C#最有价值专家(MVP)。通过 Deitel & Associates 公司，他向行业客户提供了数以百计的编程课程，这些客户包括 Cisco，IBM，Siemens，Sun Microsystems，Dell，Fidelity，NASA 肯尼迪航天中心，美国国家风暴实验室，白沙导弹基地，Rogue Wave Software，波音，SunGard，Nortel Networks，Puma，iRobot，Invensys，等等。他和他的合著者 Harvey Deitel 博士，是全球畅销的编程语言教材和专业图书/教学视频的作者。

Harvey Deitel 博士，Deitel & Associates 公司主席兼首席战略官，具有 50 多年计算机行业的工作经验。Deitel 博士在麻省理工学院获得电子工程学士和硕士学位，在波士顿大学获得数学博士学位。他具有丰富的大学教学经验，在与儿子 Paul 于 1991 年创立 Deitel & Associates 公司之前，他是波士顿大学计算机科学系主任并获得了终身任职权。他们的出版物已经赢得了国际声誉，并被翻译成了日文、德文、俄文、西班牙文、法文、波兰文、意大利文、简体中文、繁体中文、韩文、葡萄牙文、希腊文、乌尔都文和土耳其文。Deitel 博士为许多大公司、学术机构、政府机关和军队提供了数百场的专业编程培训。

Alexander Wald 是 Deitel 公司的一名暑期实习生，他利用 Eclipse 将本书以及作者其他的 Android 4.3/4.4 应用通过 Android Studio 升级成了 Android 6 版本。Alexander 目前正在 Worcester 理工学院攻读计算机学士学位，同时辅修电子工程。在早年他就对数学和科学感兴趣，而且已经有大约 9 年的编程经验。他的热情激活了他的创新性，并且愿意与别人分享他的知识。

关于 Deitel & Associates 公司

Deitel & Associates 公司由 Paul Deitel 和 Harvey Deitel 创立，是一家国际知名的提供企业培训服务和出版著作的公司，专门进行 Android 和 iOS 应用开发、计算机编程语言、对象技术以及 Internet 和 Web 软件技术方面的培训和图书出版。公司的客户包括许多全球最大的公司、政府部门、军队以及学术机构。公司向全球客户提供由老师主导的主要编程语言和平台课程，包括 Android 应用开发、iOS 应用开发、Swift、Java、C++、C、Visual C#、Visual Basic、Internet 和 Web 编程，并且还在不断提供其他编程语言和软件开发相关的课程。

Deitel & Associates 公司与 Prentice Hall/Pearson 出版社有着 40 年的出版合作关系，出版了一流的编程专业大学教材、专业图书以及 LiveLessons 视频课程。可通过如下电子邮件地址联系 Deitel & Associates 公司和作者：

    deitel@deitel.com

要了解 Deitel 的 Dive-Into Series 企业培训课程的更多信息，可访问：

    http://www.deitel.com/training

如果贵公司或机构希望获得关于教师现场培训的建议，可发 E-mail 至 deitel@deitel.com。
希望购买 Deitel 的图书、LiveLessons 视频培训课程的个人，可以访问 http://www.deitel.com。公司、政府机关、军队和学术机构的团购，应直接与 Pearson 公司联系。更多信息，请访问：

    http://www.informit.com/store/sales.aspx

学 前 准 备

这一节将讲解如何设置计算机以配合本书的学习。Google 经常更新它的 Android 开发工具，因此在阅读本节之前，需访问本书的 Web 站点：

    http://www.deitel.com/books/AndroidFP3

以查看是否有内容更新。

软件和硬件系统要求

为了开发 Android 应用，需要 Windows、Linux 或者 Mac OS X 系统。如果需要查看最新的操作系统要求，可访问：

    http://developer.android.com/sdk/index.html#Requirements

然后向下滚动到 System Requirements 部分。本书中开发的这些应用使用了如下这些软件：

- Java SE 7 Software Development Kit
- Android Studio 1.4 集成开发环境（IDE）
- Android 6 SDK（API 23）

后面的几个小节中将讲解从哪里可以获得这些软件。

安装 Java 开发工具集（JDK）

Android 要求使用 Java 开发工具集，第 7 版（JDK 7）。对于 JDK 7 中的所有 Java 语言特性，Android Studio 都支持，但是 try-with-resources 语句只在 Android API 19 及以上的版本中支持。为了下载用于 Windows，OS X 或者 Linux 的 JDK 7，可访问：

    http://www.oracle.com/technetwork/java/javase/downloads/java-
       archive-downloads-javase7-521261.html

根据计算机硬件和操作系统的情况，可下载 32 位或 64 位版本。注意，需要遵守如下的安装指南：

    http://docs.oracle.com/javase/7/docs/webnotes/install/index.html

Android 尚不支持 Java 8 特性，比如 lambda 表达式、新的接口特性以及流 API 等。开发 Android 应用时可以使用 JDK 8（正如本书中的那些应用那样），但是不能在代码中用到 Java 8 的特性。

安装 Android Studio

Android Studio 随最新的 Android 软件开发工具集（SDK）发布，它基于流行的 JetBrains 的 Java IDE，称为 IntelliJ IDEA。为了下载 Android Studio，可访问：

http://developer.android.com/sdk/index.html

然后单击 Download Android Studio 按钮。下载完成后，运行安装程序并按照屏幕提示操作，即可完成安装。如果以前安装过 Android Studio 旧版本，安装结束时会出现一个 Complete Installation 窗口，询问是否导入以前的设置。到本书编写时为止，Android Studio 的版本为 1.4，而 Android Studio 1.5 体验版（early access release）也已经发布。

使用体验版

如果创建的应用需在 Google Play 或其他应用商店发布，则最好使用 Android Studio 的最新发布版本。如果想利用 Android Studio 体验版和 Beta 版中的新特性（Google 称这两个版本为 Canary Channel 和 Beta Channel），则需将 Android Studio 配置成从这两个频道获取更新。为了将 Android Studio 更新成最新的体验版或 Beta 版，需进行如下操作：

1. 打开 Android Studio。
2. 在 Welcome to Android Studio 窗口中单击 Configure 按钮。
3. 单击 Check for Update。
4. 在 Platform and Plugin Updates 对话框中单击 Updates 链接。
5. 在 Updates 对话框中选择下拉列表中的 Canary Channel 或 Beta Channel，位于 Automatically check updates for 复选框的右边。
6. 分别单击 OK 和 Close 按钮。
7. 再次单击 Check for Update。
8. IDE 将检查更新并告知用户是否有更新可用。
9. 单击 Update and Restart，安装最新的 Android Studio 版本。

如果以前打开了一个 Android Studio 工程，则 IDE 会跳过 Welcome to Android Studio 窗口并打开这个工程。Mac 系统下打开 Updates 对话框的途径是 Android Studio > Check for Updates，Windows/Linux 系统下则为 Help > Check for Update...。接着，按以上第 4 步之后的讲解操作即可。Google 提供一个 Android Studio 使用技巧介绍，可访问：

http://developer.android.com/sdk/installing/studio-tips.html

将 Android Studio 配置成显示行号

默认情况下，Android Studio 不会显示代码旁边的行号。为了显示行号，以使书中的代码示例更易理解，需进行如下操作：

1. 打开 Android Studio（ ）。
2. 出现 Welcome to Android Studio 窗口时，依次单击 Configure 和 Settings 按钮，打开 Default Settings 窗口。如果没有出现 Welcome to Android Studio 窗口，则需选择 Android Studio > Preferences...（Mac 系统）或 File > Other Settings > Default Settings...（Windows/Linux 系统）。
3. 展开 Editor > General 节点并选择 Appearance，然后选中 Show line numbers 并单击 OK 按钮。

将 Android Studio 配置成不允许代码折叠

Android Studio 默认启用代码折叠特性。这一特性会将多行代码缩合成一行，以使开发人员专注于代码的其他地方。例如，Java 源代码文件中的所有重要语句，都可以缩合成一行；一个完整的方法定义，也可以缩合成一行。在需要时，可以将这些缩合的行展开，以便查看代码的细节。本书使用的 IDE 中，需禁用这一特性。操作方法是在 Editor > General > Code Folding 菜单下，不选中 Show code folding outline。

Android 6 SDK

本书中的代码示例是用 Android 6 编写的，当时 Android 6 SDK 已经与 Android Studio 合并在一起。随着新的 Android 版本的发布，Android 6 SDK 也会更新，这有可能使书中的应用无法正常编译。学习本书时，建议采用 Android 6。旧版本的 Android 平台可通过如下方法安装：

1. 打开 Android Studio（ ）。
2. 出现 Welcome to Android Studio 窗口时，依次单击 Configure 和 SDK Manager 按钮，打开 Android SDK 管理窗口。如果出现的是工程窗口而不是 Welcome to Android Studio 窗口，则需通过 Tools > Android > SDK Manager 打开 Android SDK 管理窗口。
3. 在 SDK Platforms 选项卡下选择要安装的 Android 版本，然后依次单击 Apply 和 OK 按钮。接着，IDE 会下载并安装所选的版本。IDE 也会随时安装该版本的更新。

创建 Android 虚拟设备（AVD）

Android SDK 的 Android 仿真器，使开发人员可以在计算机而不是 Android 设备上测试应用。如果没有某个 Android 设备，这一特性就显得尤为重要了。为此，需创建运行于该仿真器下的 Android 虚拟设备（AVD）。仿真器运行起来有可能很慢，所以大多数 Android 开发人员都倾向于使用真正的设备。此外，仿真器并不支持某些特性，比如电话呼叫、USB 连接、耳机、蓝牙等。有关仿真器功能和限制的最新信息，可访问：

http://developer.android.com/tools/devices/emulator.html

该页面的 Using Hardware Acceleration 部分探讨了可用来提升仿真器性能的特性，比如使用计算机的图形处理单元（GPU）以提升图形性能，使用 Intel HAXM（硬件加速执行管理器）以提升整体 AVD 性能等。市场上也有运行更快的第三方仿真器，比如 Genymotion。

安装完 Android Studio 之后，在仿真器中运行应用之前，必须为 Android 6 至少创建一个 Android AVD，每一个 AVD 都为所仿真的设备定义了一组特性，包括：

- 屏幕尺寸（像素）。
- 像素密度。
- 屏幕物理尺寸。
- 用于存储数据的 SD 卡容量。
- 其他特性。

如果希望在多种 Android 设备上测试应用，则可以创建多个 AVD 来仿真不同的设备。还可以利用最新的 Google 云测试实验室：

    https://developers.google.com/cloud-test-lab/

可以将应用上传到这个站点，针对当今流行的 Android 设备进行测试。默认情况下，Android Studio 会创建一个 AVD，并将它配置成使用与 IDE 捆绑的 Android 版本。本书中的 AVD 用于 Google 的 Android 参照设备——Nexus 6 手机和 Nexus 9 平板电脑，它们运行标准的 Android 系统，没有像许多其他设备厂商那样进行修改。一旦在 IDE 中打开了一个工程，创建 AVD 就是一件很容易的事情。为此，1.9 节中将讲解如何创建 Android 6 AVD。

设置 Android 设备，测试应用

在 Android 设备上测试应用，比采用 AVD 运行得更快。此外，有些特性只能在实际的设备上才能够测试。为了在 Android 设备上测试应用，需遵循如下网站的指导：

    http://developer.android.com/tools/device.html

如果是在 Microsoft Windows 下开发应用，则还需要 Android 设备的 Windows USB 驱动程序。这一部分内容，请参见"学前准备"小节前面的内容。某些情况下，可能还需要设备专有的 USB 驱动程序。关于各种不同品牌设备的 USB 驱动程序站点的列表，可访问：

    http://developer.android.com/tools/extras/oem-usb.html

下载本书的代码示例

本书的源代码程序，可从如下站点下载：

    http://www.deitel.com/books/AndroidFP3/

单击 Download Code Examples 链接，将包含例子文件的压缩文件下载到本地。根据操作系统的不同，需单击 ZIP 文件以解包，或者需右击并选择展开压缩文件内容的选项。应记住解包后文件所在的位置。

有关 Android Studio 和 Android SDK 的说明

如果将本书中的某个应用导入到 Android Studio 后编译不成功，则有可能是 Android Studio 的更新程序或者 Android 平台工具的原因。为解决问题，需查看如下站点中有关栈溢出（StackOverflow）的问答部分：

    http://stackoverflow.com/questions/tagged/android

还可以咨询 Google+ Android 开发社区：

    http://bit.ly/GoogleAndroidDevelopment

或者 E-mail 至：

    deitel@deitel.com

至此，就已经安装好了所有的软件、下载了所有的代码示例，接下来就是学习本书，自己开发应用了。

目　　录

第 1 章　Android 简介 ··· 1
　1.1　简介 ··· 2
　1.2　Android——世界领先的移动操作系统 ··· 2
　1.3　Android 的特点 ··· 3
　1.4　Android 操作系统 ·· 5
　　　1.4.1　Android 2.2 (Froyo) ·· 5
　　　1.4.2　Android 2.3 (Gingerbread) ··· 6
　　　1.4.3　Android 3.0～3.2 (Honeycomb) ·· 6
　　　1.4.4　Android 4.0～4.0.4 (Ice Cream Sandwich) ·· 6
　　　1.4.5　Android 4.1～4.3 (Jelly Bean) ·· 7
　　　1.4.6　Android 4.4 (KitKat) ··· 8
　　　1.4.7　Android 5.0 和 5.1 (Lollipop) ·· 8
　　　1.4.8　Android 6 (Marshmallow) ··· 9
　1.5　从 Google Play 下载应用 ··· 9
　1.6　包 ··· 10
　1.7　Android 软件开发工具集(SDK) ·· 11
　1.8　面向对象编程：简短回顾 ··· 13
　　　1.8.1　汽车作为对象 ··· 13
　　　1.8.2　方法与类 ··· 13
　　　1.8.3　实例化 ·· 14
　　　1.8.4　复用 ··· 14
　　　1.8.5　消息与方法调用 ··· 14
　　　1.8.6　属性与实例变量 ··· 14
　　　1.8.7　封装 ··· 14
　　　1.8.8　继承 ··· 14
　　　1.8.9　面向对象的分析与设计(OOAD) ·· 14
　1.9　在 AVD 中测试 Tip Calculator 应用 ·· 15
　　　1.9.1　在 Android Studio 中打开 Tip Calculator 应用的工程 ······················ 15
　　　1.9.2　创建 Android 虚拟设备(AVD) ··· 16
　　　1.9.3　在 Nexus 6 AVD 中运行 Tip Calculator 应用 ································· 18
　　　1.9.4　在 Android 设备上运行 Tip Calculator 应用 ·································· 20
　1.10　创建好的 Android 应用 ·· 21

1.11 Android 开发资源····································22
1.12 小结··23

第2章 Welcome 应用······································24
2.1 简介··25
2.2 技术概览··26
　　2.2.1 Android Studio·································26
　　2.2.2 LinearLayout，TextView 和 ImageView···········26
　　2.2.3 可扩展标记语言(XML)····························26
　　2.2.4 应用的资源····································26
　　2.2.5 辅助性··26
　　2.2.6 国际化··27
2.3 创建应用··27
　　2.3.1 启动 Android Studio····························27
　　2.3.2 创建新工程····································27
　　2.3.3 Create New Project 对话框······················28
　　2.3.4 Target Android Devices 步骤···················28
　　2.3.5 Add an Activity to Mobile 步骤················29
　　2.3.6 Customize the Activity 步骤···················30
2.4 Android Studio 窗口·································31
　　2.4.1 Project 窗口··································31
　　2.4.2 编辑器窗口····································32
　　2.4.3 Component Tree 窗口···························33
　　2.4.4 应用的资源文件································33
　　2.4.5 布局编辑器····································33
　　2.4.6 默认 GUI·····································33
　　2.4.7 默认 GUI 的 XML······························34
2.5 用布局编辑器构建应用的 GUI··························35
　　2.5.1 向工程添加图像································35
　　2.5.2 添加应用图标··································36
　　2.5.3 将 RelativeLayout 改成 LinearLayout············37
　　2.5.4 改变 LinearLayout 的 id 和 orientation 属性·····38
　　2.5.5 配置 TextView 的 id 和 text 属性···············39
　　2.5.6 配置 TextView 的 textSize 属性················40
　　2.5.7 设置 TextView 的 textColor 属性···············41
　　2.5.8 设置 TextView 的 gravity 属性·················41
　　2.5.9 设置 TextView 的 layout:gravity 属性··········41
　　2.5.10 设置 TextView 的 layout:weight 属性··········43
　　2.5.11 添加 ImageView，显示图像·····················43

	2.5.12 预览设计的效果	46
2.6	运行 Welcome 应用	46
2.7	为应用增加辅助功能	48
2.8	使应用国际化	49
	2.8.1 本地化	49
	2.8.2 为本地化资源命名文件夹	49
	2.8.3 将字符串译文添加到工程中	49
	2.8.4 本地化字符串	50
	2.8.5 在 AVD 中测试西班牙语的应用	50
	2.8.6 在设备中测试西班牙语的应用	51
	2.8.7 TalkBack 与本地化	51
	2.8.8 本地化清单	52
	2.8.9 专业翻译	52
2.9	小结	52

第3章 Tip Calculator 应用 ·······53

3.1	简介	54
3.2	测试驱动的 Tip Calculator 应用	55
3.3	技术概览	56
	3.3.1 Activity 类	56
	3.3.2 Activity 类的生命周期方法	56
	3.3.3 AppCompat 库与 AppCompatActivity 类	57
	3.3.4 安排 GridLayout 中的视图	57
	3.3.5 利用布局编辑器、Component Tree 和 Properties 窗口创建并定制 GUI	58
	3.3.6 格式化数字，表示本地货币和百分比字符串	58
	3.3.7 实现 TextWatcher 接口，处理 EditText 中的文本变化	58
	3.3.8 实现 OnSeekBarChangeListener 接口，处理 SeekBar 中的滑块位置变化	58
	3.3.9 材料主题	58
	3.3.10 材料设计：高度和阴影	59
	3.3.11 材料设计：颜色	59
	3.3.12 AndroidManifest.xml	60
	3.3.13 在 Properties 窗口中搜索	60
3.4	构建 GUI	60
	3.4.1 GridLayout 简介	60
	3.4.2 创建 TipCalculator 工程	61
	3.4.3 改成 GridLayout 布局	61
	3.4.4 添加 TextView，EditText 和 SeekBar	62
	3.4.5 定制视图	64
3.5	默认主题及定制主题颜色	66

		3.5.1 parent 主题	66
		3.5.2 定制主题颜色	67
		3.5.3 样式的常用 View 属性值	70
	3.6	添加应用的逻辑功能	70
		3.6.1 package 声明和 import 声明	70
		3.6.2 AppCompatActivity 的 MainActivity 子类	71
		3.6.3 类变量与实例变量	71
		3.6.4 重写 Activity 方法 onCreate	72
		3.6.5 MainActivity 方法 calculate	74
		3.6.6 实现 OnSeekBarChangeListener 接口的匿名内部类	74
		3.6.7 实现 TextWatcher 接口的匿名内部类	75
	3.7	AndroidManifest.xml	76
		3.7.1 manifest 元素	77
		3.7.2 application 元素	77
		3.7.3 activity 元素	77
		3.7.4 intent-filter 元素	78
	3.8	小结	79
第 4 章	Flag Quiz 应用		80
4.1	简介		81
4.2	测试驱动的 Flag Quiz 应用		83
		4.2.1 配置应用的设置	83
		4.2.2 运行应用	84
4.3	技术概览		86
		4.3.1 菜单	86
		4.3.2 Fragment	86
		4.3.3 Fragment 生命周期方法	87
		4.3.4 管理 Fragment	88
		4.3.5 首选项	88
		4.3.6 assets 文件夹	88
		4.3.7 资源文件夹	89
		4.3.8 支持不同屏幕尺寸和分辨率	89
		4.3.9 确定设备方向	90
		4.3.10 用于显示消息的 Toast	90
		4.3.11 使用 Handler 在未来执行一个 Runnable 对象	90
		4.3.12 将动画用于 View	90
		4.3.13 使用 ViewAnimationUtils 创建环形缩放动画	90
		4.3.14 通过颜色状态表根据视图状态确定颜色	90
		4.3.15 AlertDialog	91

>　4.3.16　为异常消息做日志 ··· 91
>　4.3.17　通过显示 Intent 启动另一个活动 ··· 91
>　4.3.18　Java 数据结构 ··· 92
>　4.3.19　Java SE 7 特性 ·· 92
>　4.3.20　AndroidManifest.xml ··· 93

4.4　创建工程、资源文件和另外的类 ·· 93
>　4.4.1　创建工程 ··· 93
>　4.4.2　Blank Activity 模板布局 ·· 94
>　4.4.3　配置对 Java SE 7 的支持 ··· 94
>　4.4.4　向工程添加国旗图像 ··· 95
>　4.4.5　strings.xml 与格式化字符串资源 ·· 95
>　4.4.6　arrays.xml ·· 96
>　4.4.7　colors.xml ·· 97
>　4.4.8　button_text_color.xml ··· 98
>　4.4.9　编辑 menu_main.xml ·· 98
>　4.4.10　创建国旗飘扬动画 ··· 99
>　4.4.11　指定应用设置的 preferences.xml ·· 100
>　4.4.12　添加 SettingsActivity 类和 SettingsActivityFragment 类 ············· 101

4.5　构建应用的 GUI ··· 102
>　4.5.1　用于纵向模式设备的 activity_main.xml 布局 ······························· 102
>　4.5.2　设计 fragment_main.xml 布局 ·· 102
>　4.5.3　Graphical Layout 编辑器工具栏 ··· 106
>　4.5.4　用于横向设备的 content_main.xml 布局 ······································· 107

4.6　MainActivity 类 ··· 108
>　4.6.1　package 声明和 import 声明 ··· 109
>　4.6.2　字段 ·· 109
>　4.6.3　重写的 Activity 方法 onCreate ··· 109
>　4.6.4　重写的 Activity 方法 onStart ··· 111
>　4.6.5　重写的 Activity 方法 onCreateOptionsMenu ································ 112
>　4.6.6　重写的 Activity 方法 onOptionsItemSelected ································ 112
>　4.6.7　实现 OnSharedPreferenceChangeListener 的匿名内部类 ············· 113

4.7　MainActivityFragment 类 ·· 114
>　4.7.1　package 声明和 import 声明 ··· 114
>　4.7.2　字段 ·· 114
>　4.7.3　重写的 Fragment 方法 onCreateView ·· 116
>　4.7.4　updateGuessRows 方法 ··· 118
>　4.7.5　updateRegions 方法 ··· 118
>　4.7.6　resetQuiz 方法 ··· 119

4.7.7 loadNextFlag 方法 ··· 120
4.7.8 getCountryName 方法 ··· 122
4.7.9 animate 方法 ··· 122
4.7.10 实现 OnClickListener 的匿名内部类 ··· 123
4.7.11 disableButtons 方法 ··· 126
4.8 SettingsActivity 类 ··· 126
4.9 SettingsActivityFragment 类 ··· 127
4.10 AndroidManifest.xml ··· 127
4.11 小结 ··· 129

第 5 章 Doodlz 应用 ··· 130
5.1 简介 ··· 131
5.2 在 AVD 中测试 Doodlz 应用 ··· 132
5.3 技术概览 ··· 135
5.3.1 Activity 和 Fragment 的生命周期方法 ··· 135
5.3.2 定制视图 ··· 136
5.3.3 使用 SensorManager 监听加速计事件 ··· 136
5.3.4 定制的 DialogFragment ··· 136
5.3.5 使用 Canvas、Paint 和 Bitmap 画图 ··· 137
5.3.6 处理多点触事件并在 Path 中保存线信息 ··· 137
5.3.7 保存图形 ··· 138
5.3.8 打印功能及 Android 支持库的 PrintHelper 类 ··· 138
5.3.9 Android 6.0 的新许可模型 ··· 138
5.3.10 利用 Gradle 构建系统添加依赖性 ··· 138
5.4 创建工程和资源 ··· 138
5.4.1 创建工程 ··· 139
5.4.2 Gradle：向工程添加支持库 ··· 139
5.4.3 strings.xml ··· 139
5.4.4 为菜单项导入材料设计图标 ··· 140
5.4.5 MainActivityFragment 菜单 ··· 140
5.4.6 在 AndroidManifest.xml 中添加许可 ··· 142
5.5 构建应用的 GUI ··· 142
5.5.1 MainActivity 的 content_main.xml 布局 ··· 142
5.5.2 MainActivityFragment 的 fragment_main.xml 布局 ··· 143
5.5.3 ColorDialogFragment 的 fragment_color.xml 布局 ··· 143
5.5.4 LineWidthDialogFragment 的 fragment_line_width.xml 布局 ··· 145
5.5.5 添加 EraseImageDialogFragment 类 ··· 146
5.6 MainActivity 类 ··· 146
5.7 MainActivityFragment 类 ··· 147

		5.7.1	package 声明、import 声明与字段	147

- 5.7.1 package 声明、import 声明与字段 147
- 5.7.2 重写的 Fragment 方法 onCreateView 148
- 5.7.3 onResume 方法和 enableAccelerometerListening 方法 149
- 5.7.4 onPause 方法和 disableAccelerometerListening 方法 150
- 5.7.5 用于处理加速计事件的匿名内部类 150
- 5.7.6 confirmErase 方法 151
- 5.7.7 重写的 Fragment 方法 onCreateOptionsMenu 和 onOptionsItemSelected 152
- 5.7.8 saveImage 方法 153
- 5.7.9 重写的 onRequestPermissionsResult 方法 154
- 5.7.10 getDoodleView 方法和 setDialogOnScreen 方法 155
- 5.8 DoodleView 类 155
  - 5.8.1 package 声明和 import 声明 155
  - 5.8.2 静态变量和实例变量 156
  - 5.8.3 构造方法 156
  - 5.8.4 重写的 View 方法 onSizeChanged 156
  - 5.8.5 clear, setDrawingColor, getDrawingColor, setLineWidth 和 getLineWidth 方法 157
  - 5.8.6 重写的 View 方法 onDraw 158
  - 5.8.7 重写的 View 方法 onTouchEvent 158
  - 5.8.8 touchStarted 方法 159
  - 5.8.9 touchMoved 方法 160
  - 5.8.10 touchEnded 方法 161
  - 5.8.11 saveImage 方法 161
  - 5.8.12 printImage 方法 162
- 5.9 ColorDialogFragment 类 163
  - 5.9.1 重写的 DialogFragment 方法 onCreateDialog 163
  - 5.9.2 getDoodleFragment 方法 165
  - 5.9.3 重写的 Fragment 生命周期方法 onAttach 和 onDetach 165
  - 5.9.4 响应 alpha, red, green 和 blue SeekBar 事件的匿名内部类 165
- 5.10 LineWidthDialogFragment 类 166
  - 5.10.1 onCreateDialog 方法 168
  - 5.10.2 响应 widthSeekBar 事件的匿名内部类 168
- 5.11 EraseImageDialogFragment 类 169
- 5.12 小结 170

第 6 章 Cannon Game 应用 171
- 6.1 简介 172
- 6.2 测试驱动的 Cannon Game 应用 173
- 6.3 技术概览 173
  - 6.3.1 使用 res/raw 资源文件夹 173

6.3.2 Activity 和 Fragment 的生命周期方法 173
6.3.3 重写 View 方法 onTouchEvent 174
6.3.4 用 SoundPool 和 AudioManager 添加声音 174
6.3.5 用 Thread,SurfaceView 和 SurfaceHolder 实现逐帧动画 174
6.3.6 简单的冲突检测 175
6.3.7 沉浸模式 175
6.4 构建应用的 GUI 和资源文件 175
6.4.1 创建工程 175
6.4.2 调整主题，删除应用标题和应用栏 175
6.4.3 strings.xml 176
6.4.4 颜色 176
6.4.5 为应用添加声音 176
6.4.6 添加 MainActivityFragment 类 176
6.4.7 编辑 activity_main.xml 177
6.4.8 将 CannonView 添加到 fragment_main.xml 177
6.5 应用中各个类的概述 178
6.6 Activity 的 MainActivity 子类 178
6.7 Fragment 的 MainActivityFragment 子类 179
6.8 GameElement 类 180
6.8.1 实例变量与构造方法 181
6.8.2 update,draw 和 playSound 方法 181
6.9 GameElement 的 Blocker 子类 181
6.10 GameElement 的 Target 子类 182
6.11 Cannon 类 183
6.11.1 实例变量与构造方法 183
6.11.2 align 方法 183
6.11.3 fireCannonball 方法 184
6.11.4 draw 方法 184
6.11.5 getCannonball 和 removeCannonball 方法 185
6.12 GameElement 的 Cannonball 子类 185
6.12.1 实例变量与构造方法 185
6.12.2 getRadius,collidesWith,isOnScreen 和 reverseVelocityX 方法 186
6.12.3 update 方法 187
6.12.4 draw 方法 187
6.13 SurfaceView 的 CannonView 子类 187
6.13.1 package 声明和 import 声明 187
6.13.2 常量与实例变量 188
6.13.3 构造方法 189

		6.13.4　重写 View 方法 onSizeChanged ·······191
		6.13.5　getScreenWidth，getScreenHeight 和 playSound 方法 ·······191
		6.13.6　newGame 方法 ·······192
		6.13.7　updatePositions 方法 ·······194
		6.13.8　alignAndFireCannonball 方法 ·······195
		6.13.9　showGameOverDialog 方法 ·······195
		6.13.10　drawGameElements 方法 ·······196
		6.13.11　testForCollisions 方法 ·······197
		6.13.12　stopGame 和 releaseResources 方法 ·······197
		6.13.13　实现 SurfaceHolder.Callback 方法 ·······199
		6.13.14　重写 View 方法 onTouchEvent ·······199
		6.13.15　CannonThread：使用 Thread 实现游戏的循环 ·······200
		6.13.16　hideSystemBars 和 showSystemBars 方法 ·······201
	6.14　小结 ·······202
第 7 章　WeatherViewer 应用 ·······203
	7.1　简介 ·······204
	7.2　测试驱动的 WeatherViewer 应用 ·······204
	7.3　技术概览 ·······205
		7.3.1　Web 服务 ·······205
		7.3.2　JSON 与 org.json 包 ·······206
		7.3.3　调用 REST Web 服务的 HttpUrlConnection ·······208
		7.3.4　使用 AsyncTask 执行 GUI 线程以外的网络请求 ·······208
		7.3.5　ListView，ArrayAdapter 与 View-Holder 模式 ·······209
		7.3.6　FloatingActionButton ·······210
		7.3.7　TextInputLayout ·······210
		7.3.8　Snackbar ·······210
	7.4　构建应用的 GUI 和资源文件 ·······210
		7.4.1　创建工程 ·······210
		7.4.2　AndroidManifest.xml ·······211
		7.4.3　strings.xml ·······211
		7.4.4　colors.xml ·······211
		7.4.5　activity_main.xml ·······212
		7.4.6　content_main.xml ·······212
		7.4.7　list_item.xml ·······213
	7.5　Weather 类 ·······214
		7.5.1　package 声明、import 声明与实例变量 ·······214
		7.5.2　构造方法 ·······215
		7.5.3　convertTimeStampToDay 方法 ·······216

7.6 WeatherArrayAdapter 类 ·216
7.6.1 package 声明和 import 声明 ·216
7.6.2 嵌套类 ViewHolder ·217
7.6.3 实例变量与构造方法 ·217
7.6.4 重写的 ArrayAdapter 方法 getView ·218
7.6.5 用于在独立线程中下载图像的 AsyncTask 子类 ·219
7.7 MainActivity 类 ·221
7.7.1 package 声明和 import 声明 ·221
7.7.2 实例变量 ·222
7.7.3 重写的 Activity 方法 onCreate ·222
7.7.4 dismissKeyboard 方法和 createURL 方法 ·223
7.7.5 调用 Web 服务的 AsyncTask 子类 ·224
7.7.6 convertJSONtoArrayList 方法 ·226
7.8 小结 ·227

第8章 Twitter Searches 应用 ·228
8.1 简介 ·229
8.2 测试驱动的应用 ·230
8.2.1 添加一个搜索 ·230
8.2.2 查看搜索 Twitter 的结果 ·231
8.2.3 编辑搜索 ·232
8.2.4 共享搜索 ·233
8.2.5 删除搜索 ·234
8.2.6 滚动浏览保存的搜索 ·234
8.3 技术概览 ·234
8.3.1 将键/值对数据保存到 SharedPreferences 文件 ·234
8.3.2 隐式 Intent 和意图选择器 ·235
8.3.3 RecyclerView ·235
8.3.4 RecyclerView.Adapter 和 RecyclerView.ViewHolder ·236
8.3.5 RecyclerView.ItemDecoration ·236
8.3.6 在 AlertDialog 中显示选项清单 ·236
8.4 构建应用的 GUI 和资源文件 ·236
8.4.1 创建工程 ·236
8.4.2 AndroidManifest.xml ·237
8.4.3 添加 RecyclerView 库 ·237
8.4.4 colors.xml ·237
8.4.5 strings.xml ·237
8.4.6 arrays.xml ·237
8.4.7 dimens.xml ·238

  8.4.8 添加 Save 按钮图标 ·············· 238
  8.4.9 activity_main.xml ·············· 238
  8.4.10 content_main.xml ·············· 239
  8.4.11 RecyclerView 项的布局：list_item.xml ·············· 241
 8.5 MainActivity 类 ·············· 242
  8.5.1 package 声明和 import 声明 ·············· 242
  8.5.2 MainActivity 类 ·············· 242
  8.5.3 重写的 Activity 方法 onCreate ·············· 243
  8.5.4 TextWatcher 事件处理器和 updateSaveFAB 方法 ·············· 245
  8.5.5 saveButton 的 OnClickListener 接口 ·············· 246
  8.5.6 addTaggedSearch 方法 ·············· 247
  8.5.7 实现 View.OnClickListener，显示搜索结果的匿名内部类 ·············· 247
  8.5.8 实现 View.OnLongClickListener 的匿名内部类 ·············· 248
  8.5.9 shareSearch 方法 ·············· 250
  8.5.10 deleteSearch 方法 ·············· 251
 8.6 RecyclerView.Adapter 的 SearchesAdapter 子类 ·············· 252
  8.6.1 package 声明、import 声明、实例变量和构造方法 ·············· 252
  8.6.2 RecyclerView.ViewHolder 的嵌套 ViewHolder 子类 ·············· 252
  8.6.3 重写 RecyclerView.Adapter 方法 ·············· 253
 8.7 RecyclerView.ItemDecoration 的 ItemDivider 子类 ·············· 254
 8.8 Fabric：Twitter 的新移动开发平台 ·············· 255
 8.9 小结 ·············· 256

第 9 章　Address Book 应用 ·············· 257
 9.1 简介 ·············· 258
 9.2 测试驱动的 Address Book 应用 ·············· 260
  9.2.1 添加联系人信息 ·············· 260
  9.2.2 查看联系人信息 ·············· 260
  9.2.3 编辑联系人信息 ·············· 260
  9.2.4 删除联系人信息 ·············· 262
 9.3 技术概览 ·············· 262
  9.3.1 用 FragmentTransaction 显示 Fragment ·············· 262
  9.3.2 在 Fragment 与宿主 Activity 之间交换数据 ·············· 263
  9.3.3 操作 SQLite 数据库 ·············· 263
  9.3.4 ContentProvider 和 ContentResolver ·············· 263
  9.3.5 Loader 和 LoaderManager——异步数据库访问 ·············· 264
  9.3.6 定义样式并应用于 GUI 组件 ·············· 264
  9.3.7 指定 TextView 背景 ·············· 265
 9.4 构建应用的 GUI 和资源文件 ·············· 265

		9.4.1 创建工程 ··· 265
		9.4.2 创建应用的类 ··· 265
		9.4.3 添加应用图标 ··· 266
		9.4.4 strings.xml ··· 266
		9.4.5 styles.xml ·· 266
		9.4.6 textview_border.xml ·· 267
		9.4.7 MainActivity 的布局 ·· 268
		9.4.8 ContactsFragment 的布局 ··· 270
		9.4.9 DetailFragment 的布局 ·· 270
		9.4.10 AddEditFragment 的布局 ··· 271
		9.4.11 DetailFragment 的菜单 ··· 273
	9.5 应用中各个类的概述 ·· 273
	9.6 DatabaseDescription 类 ··· 274
		9.6.1 静态字段 ·· 274
		9.6.2 嵌套 Contact 类 ··· 275
	9.7 AddressBookDatabaseHelper 类 ··· 275
	9.8 AddressBookContentProvider 类 ··· 277
		9.8.1 AddressBookContentProvider 字段 ··· 277
		9.8.2 重写的 onCreate 和 getType 方法 ·· 278
		9.8.3 重写的 query 方法 ·· 279
		9.8.4 重写的 insert 方法 ·· 281
		9.8.5 重写的 update 方法 ··· 282
		9.8.6 重写的 delete 方法 ·· 283
	9.9 MainActivity 类 ··· 284
		9.9.1 超类及实现的接口和字段 ·· 284
		9.9.2 重写的 onCreate 方法 ··· 285
		9.9.3 ContactsFragment.ContactsFragmentListener 方法 ·························· 285
		9.9.4 displayContact 方法 ··· 286
		9.9.5 displayAddEditFragment 方法 ··· 287
		9.9.6 DetailFragment.DetailFragmentListener 方法 ······························· 288
		9.9.7 AddEditFragment.AddEditFragmentListener 方法 ··························· 288
	9.10 ContactsFragment 类 ··· 289
		9.10.1 超类及实现的接口 ··· 289
		9.10.2 ContactsFragmentListener ·· 289
		9.10.3 字段 ·· 290
		9.10.4 重写的 Fragment 方法 onCreateView ····································· 290
		9.10.5 重写的 Fragment 方法 onAttach 和 onDetach ····························· 291
		9.10.6 重写的 Fragment 方法 onActivityCreated ································· 291

- 9.10.7 updateContactList 方法 ... 292
- 9.10.8 LoaderManager.LoaderCallbacks<Cursor>方法 ... 292
- 9.11 ContactsAdapter 类 ... 293
- 9.12 AddEditFragment 类 ... 296
  - 9.12.1 超类及实现的接口 ... 296
  - 9.12.2 AddEditFragmentListener ... 297
  - 9.12.3 字段 ... 297
  - 9.12.4 重写的 Fragment 方法 onAttach、onDetach 和 onCreateView ... 298
  - 9.12.5 TextWatcher nameChangedListener 和 updateSaveButtonFAB 方法 ... 299
  - 9.12.6 View.OnClickListener saveContactButtonClicked 和 saveContact 方法 ... 300
  - 9.12.7 LoaderManager.LoaderCallbacks<Cursor>方法 ... 301
- 9.13 DetailFragment 类 ... 302
  - 9.13.1 超类及实现的接口 ... 303
  - 9.13.2 DetailFragmentListener ... 303
  - 9.13.3 字段 ... 303
  - 9.13.4 重写的 onAttach、onDetach 和 onCreateView 方法 ... 304
  - 9.13.5 重写的 onCreateOptionsMenu 和 onOptionsItemSelected 方法 ... 305
  - 9.13.6 deleteContact 方法和 DialogFragment confirmDelete ... 306
  - 9.13.7 LoaderManager.LoaderCallback<Cursor>方法 ... 306
- 9.14 小结 ... 308

第 10 章 Google Play 及应用的商业问题 ... 309
- 10.1 简介 ... 309
- 10.2 为发布应用做准备 ... 310
  - 10.2.1 测试应用 ... 310
  - 10.2.2 最终用户协议 ... 311
  - 10.2.3 图标与卷标 ... 311
  - 10.2.4 为应用定义版本 ... 311
  - 10.2.5 为已付费应用提供访问控制授权 ... 312
  - 10.2.6 弄乱源代码 ... 312
  - 10.2.7 获取密钥，对应用进行数字签名 ... 312
  - 10.2.8 有特色的图像和屏幕截图 ... 312
  - 10.2.9 用于推广应用的视频 ... 313
- 10.3 为应用定价：免费或收费 ... 314
  - 10.3.1 付费应用 ... 314
  - 10.3.2 免费应用 ... 314
- 10.4 利用 In-App Advertising 货币化应用 ... 315
- 10.5 货币化应用：通过应用内计费功能销售虚拟商品 ... 315
- 10.6 注册 Google Play ... 316

10.7 设置 Google Payments 商家账号 ··················· 317
10.8 将应用上载到 Google Play ······················· 317
10.9 在应用里启动 Play Store ························ 319
10.10 管理 Google Play 中的应用 ······················ 319
10.11 其他的 Android 应用市场 ······················· 319
10.12 其他移动应用平台及应用移植 ···················· 320
10.13 应用的市场推广 ····························· 320
10.14 小结 ··································· 323

索引 ·· 324

第 1 章 Android 简介

目标

本章将讲解
- Android 及 Android SDK 的历史
- 从 Google Play Store 下载应用
- 本书中用到的用于创建 Android 应用的开发包
- 对象技术概念回顾
- 用于 Android 应用开发的主要软件，包括 Android SDK，Java SDK 和 Android Studio IDE
- 重要的 Android 文档
- 由测试驱动的 Tip-Calculator 应用
- 好的 Android 应用的特质

提纲

1.1 简介
1.2 Android——世界领先的移动操作系统
1.3 Android 的特点
1.4 Android 操作系统
    1.4.1 Android 2.2 (Froyo)
    1.4.2 Android 2.3 (Gingerbread)
    1.4.3 Android 3.0 ~ 3.2 (Honeycomb)
    1.4.4 Android 4.0 ~ 4.0.4 (Ice Cream Sandwich)
    1.4.5 Android 4.1 ~ 4.3 (Jelly Bean)
    1.4.6 Android 4.4 (KitKat)
    1.4.7 Android 5.0 和 5.1 (Lollipop)
    1.4.8 Android 6 (Marshmallow)
1.5 从 Google Play 下载应用
1.6 包
1.7 Android 软件开发工具集 (SDK)
1.8 面向对象编程：简短回顾
    1.8.1 汽车作为对象
    1.8.2 方法与类
    1.8.3 实例化
    1.8.4 复用
    1.8.5 消息与方法调用
    1.8.6 属性与实例变量
    1.8.7 封装
    1.8.8 继承
    1.8.9 面向对象的分析与设计 (OOAD)
1.9 在 AVD 中测试 Tip Calculator 应用
    1.9.1 在 Android Studio 中打开 Tip Calculator 应用的工程
    1.9.2 创建 Android 虚拟设备 (AVD)
    1.9.3 在 Nexus 6 AVD 中运行 Tip Calculator 应用
    1.9.4 在 Android 设备上运行 Tip Calculator 应用
1.10 创建好的 Android 应用
1.11 Android 开发资源
1.12 小结

1.1 简介

欢迎通过本书学习 Android 应用开发！我们希望本书的内容，带给读者的是一种信息丰富、充满挑战而又令人愉悦的学习经历。

本书适合于 Java 程序员。书中使用的是完整的、可运行的应用，所以如果不了解 Java 但具有 C#、Objective-C/Cocoa 或者 C++（类库）下进行面向对象编程的经验，则应当能够很快地熟悉这些材料，学习到大量的 Java 知识以及 Java 风格的面向对象编程。

应用驱动的方法

本书通过各种应用进行讲授，讨论每一个新特性时是在一个完整的、可工作的 Android 应用中进行的，每一章讲解一个 Android 应用。对于每一个应用，会首先描述它，然后测试它。接下来，会简要回顾用于实现这个应用的主要 Android Studio IDE（集成开发环境）、Java 以及 Android SDK（软件开发工具集）技术。对于要求这些技术的应用，将使用 Android Studio 设计它的 GUI。接着，书中提供了完整的源代码清单，清单中会使用行号、语法阴影、代码高亮等，以突出代码中的主要部分。此外，还会给出运行这个应用时的一个或者多个屏幕截图。接着，会详细分析这些代码，以重点突出应用中所采用的新编程概念。书中的全部示例代码，可通过如下站点下载：

http://www.deitel.com/books/AndroidFP3/

1.2 Android——世界领先的移动操作系统

Android 设备的销售正快速增长，为 Android 应用开发人员创造了大量的机会。

- 第一代 Android 手机于 2008 年 10 月面世。到 2015 年 6 月，全球智能手机市场上 Android 占据 82.8%的份额，苹果只有 13.9%，而微软只有 2.6%[①]。
- 从 Google Play 下载的应用已经有数十亿次。2014 年，Android 设备的发货量超过了 10 亿[②]。
- 根据 PC World 的统计，2014 年销售的大约 2.3 亿平板设备中，67.3%使用 Android 系统，27.6%为 iOS，而 Windows 只占 5.1%[③]。
- 现在，Android 设备已经涵盖智能手机、平板电脑、电子阅读器、机器人、飞机发动机、NASA 卫星、游戏机、冰箱、电视机、照相机、医疗设备、智能手表、车载信息娱乐系统（用于控制收音机、GPS、电话呼叫、车内温度等）[④]。
- 最近的一份报告指出，到 2019 年，移动应用（所有平台）的收益有望达到 990 亿美元[⑤]。

---

① 参见 http://www.idc.com/prodserv/smartphone-os-market-share.jsp。
② 参见 http://www.cnet.com/news/android-shipments-exceed-1-billion-for-first-time-in-2014/。
③ 参见 http://www.pcworld.com/article/2896196/windows-forecast-to-gradually-grab-tablet-market-share-from-ios-and-android.html。
④ 参见 http://www.businessweek.com/articles/2013-05-29/behind-the-internet-of-things-isandroid-and-its-everywhere。
⑤ 参见 http://www.telecompetitor.com/mobile-app-forecast-calls-for-revenue-of-99-billion-by-2019/。

1.3 Android 的特点

开放与开源

开发 Android 应用的一个好处是其平台的开放性。这个操作系统是开源的和免费的。这使得任何人都可以查看 Android 的源代码，了解其特性是如何实现的。报告 Android bug 的站点如下：

> http://source.android.com/source/report-bugs.html

也可以参与 Open Source Project 讨论组：

> http://source.android.com/community/index.html

从 Google 以及其他的 Internet 资源可以获取大量的开源 Android 应用（见图 1.1）。从图 1.2 中给出的这些站点可以获取 Android 源代码、了解开源操作系统背后的思想，还可以获知关于许可证发放的信息。

URL	描述
http://en.wikipedia.org/wiki/List_of_open_source_Android_applications	列出了大量的开源应用，按类别区分（比如，游戏、通信、仿真、多媒体、安全）
http://developer.android.com/tools/samples/index.html	访问 Google 针对 Android 平台的应用示例的指南，大约包含 100 个应用和游戏，演示了 Android 的各种功能
http://github.com	GitHub 使用户能够共享应用和源代码，为其他人的开源工程做贡献
http://f-droid.org	数百个免费和开源的 Android 应用
http://www.openintents.org	开源库，用于强化 Android 应用的功能
http://www.stackoverflow.com	为程序员提供有关栈溢出的问题和答案。用户可对每一个答案投票，得票最多的答案会上升到顶部

图 1.1　一些开源 Android 应用以及库资源站点

标题	URL
获取 Android 源代码	http://source.android.com/source/downloading.html
许可	http://source.android.com/source/licenses.html
FAQ	http://source.android.com/source/faqs.html

图 1.2　有关开源 Android 操作系统的资源和源代码

平台的开放性导致了技术和产品的快速革新。与苹果公司 iOS 系统只能运行于苹果设备上的做法不同，Android 可用于许多 OEM 设备以及全球数不清的通信运营商的设备上。OEM 以及运营商之间的激烈竞争使客户获得了好处。

Java

Android 应用是用 Java 开发的，Java 是世界上最广泛使用的编程语言。将 Java 用于 Android 平台是一种合理的选择，因为 Java 的功能强大，且是免费和开源的，全球有数百万的开发人员。有经验的 Java 程序员能够快速进行 Android 开发，只需利用 Android API（应用编程接口）以及来自于第三方的其他工具即可。

Java 是一种面向对象的语言，能够访问数量庞大的类库，使用户能够快速开发出功能强大的应用。Java 中的 GUI 编程是事件驱动的——本书中将编写响应由用户发起的各种事件的应用，比如屏幕点触。除了可直接编写建立应用的编程语句之外，还可以利用 Android Studio IDE

来方便地将按钮、文本框之类的预定义对象拖放到屏幕上,然后添加卷标和调整大小。利用Android Studio,就可以快速而方便地创建、运行、测试和调试Android应用。

多点触控屏幕

许多Android智能手机都具有移动电话、Internet客户端、MP3播放器、游戏控制台、数码相机等功能,并将这些功能封装在一个具有全彩色多点触控屏幕的手持设备中。通过手指的点触,就可以轻易地在拨打电话、运行应用、播放音乐、Web浏览等功能间切换。屏幕可以为输入电子邮件和文本消息而显示一个键盘,并可以在应用中输入数据(某些Android设备还具有真正的键盘)。

手势

多点触控屏幕使得用户能够通过一个触点或者多个同时使用的触点用手势来控制设备(见图1.3)。

手势名称	物理动作	用途
点触	单击屏幕一次	打开应用,"按下"按钮或者选择一个菜单项
双触	双击屏幕	放大图片、Google地图或者Web页面。再次双击屏幕,可缩小页面
长按	点触屏幕并将手指固定在这个位置	选中某个项目。例如,选中列表中的一项
滑动	按住屏幕,移动手指然后释放	逐项翻动,比如一系列照片。滑动一次会自动在下一项上停止
拖动	点触屏幕并拖动手指	移动对象或图标,或者滚动Web页面或列表
捏指缩放	将两个手指捏到一起或者分开	缩小或者放大屏幕上的内容(例如,放大文本和图片)

图1.3 一些常用的Android手势

内置应用

Android设备都预置了一些应用,但它们会根据设备、制造商或者移动服务商的不同而不同。常见的应用包括Phone(电话)、Contacts(联系人)、Messenger(发消息)、Browser(浏览器)、Calculator(计算器)、Calendar(日历)、Clock(时钟)、Photos(照片)等。

Web服务

Web服务是保存在一台计算机上的软件组件,位于Internet上另一台计算机中的应用(或者其他的软件组件)能够访问它。通过Web服务就可以提供mashup(糅合)功能,这使得我们能够快速开发出应用,只需组合不同的Web服务即可,这些服务通常来自于不同的机构,获取的信息具有不同的形式。例如,100 Destinations站点:

http://www.100destinations.co.uk

就将来自于Twitter的照片和推文与Google Maps的地图功能进行组合,使得用户能够通过其他人的照片游览全球各个国家。

Programmableweb站点:

http://www.programmableweb.com/

提供的目录包含14 000多个API和mashup(将两种以上使用公共或者私有数据库的Web应用合在一起,形成一个应用),此外还有一些讲解如何创建自己的mashup的指南和样本代码。图1.4中给出了一些流行的Web服务。第7章中将讲解用到OpenWeatherMap.org的天气预报Web服务。

提供 Web 服务的源	使用场合	提供 Web 服务的源	使用场合
Google Maps	地图服务	PayPal	支付
Twitter	微博	Amazon eCommerce	购买图书及其他商品
YouTube	视频搜索	Salesforce.com	客户关系管理(CRM)
Facebook	社交网络	Skype	网络电话
Instagram	照片共享	Microsoft Bing	搜索
Foursquare	手机"检入"	Flickr	照片共享
LinkedIn	用于商业的社交网络	Zillow	房地产报价
Netflix	电影租赁	Yahoo Search	搜索
eBay	Internet 拍卖	WeatherBug	天气
Wikipedia	协作式大百科全书		

图 1.4　一些流行的 Web 服务（http://www.programmableweb.com/category/all/apis）

1.4 Android 操作系统

Android 操作系统由 Android 公司开发，该公司于 2005 年被 Google 收购。2007 年，开放手持设备联盟（Open Handset Alliance）：

http://www.openhandsetalliance.com/oha_members.html

成立，它专注于 Android 的发展，引导移动技术方面的更新，并在减少成本的同时提升用户体验。

本节将简单回顾 Android 的历史，给出它的各种版本以及主要特性。Android 市场是零散的——很多设备依然在使用旧的 Android 版本，因此作为开发人员，需要知道每一个版本的特性。

Android 版本的命名规范

Android 的每一个新版本都被命名成一种点心的名字，按字母顺序排列如下（见图 1.5）。

Android 版本	名　　称	Android 版本	名　　称
Android 1.5	Cupcake	Android 4.0	Ice Cream Sandwich
Android 1.6	Donut	Android 4.1 ~ 4.3	Jelly Bean
Android 2.0 ~ 2.1	Eclair	Android 4.4	KitKat
Android 2.2	Froyo	Android 5.0 ~ 5.1	Lollipop
Android 2.3	Gingerbread	Android 6.0	Marshmallow
Android 3.0 ~ 3.2	Honeycomb		

图 1.5　Android 的版本编号及对应的名称

1.4.1 Android 2.2（Froyo）

Android 2.2（也称为 Froyo，发布于 2010 年 5 月）增加了外部存储功能，可以将应用保存到外部存储设备中，而不仅仅是 Android 设备的内部存储器。这个版本中也包含了 Android Cloud to Device Messaging（C2DM）服务。云计算使用户能够利用保存在"云"中的软件和数据，即通过 Internet 访问远程计算机（或者服务器）且随时可获得它们，而不必将软件和数据保存在本地台式机、笔记本或者移动设备中。云计算提供了在任意时刻增加或者减少计算资源的灵活性，以满足资源所需。与为了确保在偶尔才有的峰值时刻有足够的存储空间和处理能力而购买昂贵的硬件相比，云计算更具成本效益。C2DM 服务使得应用开发者能够将数据从服务器发送给安装在 Android 设备上的应用中，即使应用没有运行也可以发送。服务器会通知应用需直接与它联系，以接收更新后的应用或者用户数据[①]。现在，C2DM 已经被 Google 云消息（Google Cloud Messaging）替代了，该功能于 2012 年推出。

---

① 参见 http://code.google.com/android/c2dm/。

有关 Android 2.2 的其他特性，比如 OpenGL ES 2.0 图形功能、多媒体框架等，请访问：

http://developer.android.com/about/versions/android-2.2-highlights.html

1.4.2 Android 2.3（Gingerbread）

Android 2.3（Gingerbread）发布于 2010 年末，它增加了一些针对用户的细化功能，比如重新设计的键盘、改进的导航功能、电源效率得到增强等。这个版本中还增加了几个针对开发人员的特性，包括通信（例如，使应用内更容易发送和接收调用的技术）、多媒体（例如，新的音频和图形 API）、游戏编程（例如，改进了性能的新传感器，具有更好移动处理能力的陀螺仪等）。

Android 2.3 中最重要的新特性之一是对近场通信（NFC）的支持，NFC 是一种短距离无线连接标准，它使相距数厘米的两个设备之间能够通信。不同的 Android 设备所支持的 NFC 特性有所不同。NFC 可用于支付（例如，点触启用了 NFC 功能的 Android 设备，就可以连接冷饮售卖机的支付设备付款）、交换数据（比如联系人信息和图片）、将设备和附件连接等。有关 Android 2.3 开发特性的更多信息，请访问：

http://developer.android.com/about/versions/android-2.3-highlights.html

1.4.3 Android 3.0～3.2（Honeycomb）

Android 3.0（Honeycomb）中的新特性包括专门为大屏幕设备（如平板电脑）而改进的用户界面，比如为了能更有效地输入而重新设计的键盘、有吸引力的可视化三维用户界面、更易导航的屏幕切换等。Android 3.0 中新增的开发特性包括：

- Fragment，它描述了应用的用户界面的各个部分，可以组合成一个屏幕或者横跨多个屏幕。
- 总是出现在屏幕顶部的动作栏（Action Bar）为用户提供与应用交互的选项。
- 为已有的用于小屏幕的应用，增加了适应大屏幕布局的能力，使应用能够在不同屏幕尺寸下使用。
- 更有吸引力的、功能更强的用户界面，因其全息外观而被称为"Holo"。
- 新的动画框架。
- 改进的图形和多媒体功能。
- 使用多核处理器的能力，以提升性能。
- 对蓝牙的进一步支持（比如，应用能够判断是否存在已连接的设备，如耳机或键盘）。
- 用于使用户界面或图形对象动画化的动画框架。

有关 Android 3.0 用户和开发特性以及平台技术的详细信息，请访问：

http://developer.android.com/about/versions/android-3.0-highlights.html

1.4.4 Android 4.0～4.0.4（Ice Cream Sandwich）

Android 4.0（Ice Cream Sandwich）于 2011 年发布，它将 Android 2.3（Gingerbread）和 Android 3.0（Honeycomb）合并成一个操作系统，用于所有的 Android 设备上。这样就可以将 Honeycomb 的特性（比如全息用户界面、新的启动程序等）集成到智能手机应用中（这些特性以前只能用于平板电脑），并可方便地在不同设备上运行这些应用。Ice Cream Sandwich 中还增加了几个 API，用于提升设备间的通信能力、为残疾用户（比如有视觉障碍的人）提供辅助功能、编写社交应用等（见图 1.6）。Android 4.0 API 的完整列表，请访问：

http://developer.android.com/about/versions/android-4.0.html

特 性	描 述
人脸识别	利用照相机，Android 设备可以判断出用户的眼睛、鼻子和嘴的位置。也可以利用照相机来跟踪用户眼球的移动，使应用能够根据用户所看来改变视角
虚拟照相机操作程序	拍摄多人物的视频时，照相机会自动聚焦于正在说话的那个人上
Android Beam	利用 NFC，Android Beam 使用户能够点触两个 Android 设备来共享内容（比如，联系人、图片、视频）
Wi-Fi Direct	Wi-Fi P2P（点对点）API 使用户能够通过 Wi-Fi 连接多个 Android 设备。这些设备能够以无线方式在比使用蓝牙更远的距离内通信
Social API	通过社交网络和应用（在用户许可的情况下）访问和共享联系人信息
Calendar API	在多个应用间添加和共享事件，管理提醒设置和出席人信息等
辅助功能 API	利用新的辅助性语音合成 API，提升了残疾使用者的用户体验，比如视障人士。触摸-体验（explore-by-touch）模式可使视障人士点触屏幕上的任何地方，并能听到所点触内容的语音讲解
Android@Home 框架	Android@Home 框架可用来创建控制用户家中电器设备的应用，比如控制恒温器、草坪灌溉系统、联网的电灯等
蓝牙健康设备	创建的应用可用来与蓝牙健康设备通信，比如温度计、心率监测仪等

图 1.6 Android Ice Cream Sandwich 中新增加的一些开发特性
（http://developer.android.com/about/versions/android-4.0.html）

1.4.5 Android 4.1～4.3（Jelly Bean）

Android Jelly Bean 于 2012 年发布，它的着重点为幕后平台能力的提升，比如更好的性能、辅助性、支持国际用户等。其他的新特性包括：对增强蓝牙连接性的支持（Bluetooth LE 在 Android 4.3 中实现），外接显示，单个平板电脑的多用户支持，严格的用户配置设置，安全性提升，外观强化（例如，可调整应用界面尺寸，屏幕界面加锁，可扩展的通知等），优化位置和传感器功能，更好的媒体（音频/视频）性能，以及应用和屏幕间的无缝切换等（见图 1.7）。此外，Google 还提供了一些新 API，它们是专门针对各种 Android 版本开发的：

- Google Cloud Messaging——跨平台的解决方案，用户将消息传送给设备
- Google Play Services——一套 API，用于将 Google 功能集成到应用中

有关 Jelly Bean 特性的信息，请访问：

http://developer.android.com/about/versions/jelly-bean.html

特 性	描 述
Android Beam	强化通信，使通信能采用蓝牙或 NFC 进行
锁定屏幕窗件	创建当设备被锁定时出现在屏幕上的窗件（工具）界面，或者可修改已有的主屏幕窗口，使得当设备被锁定时也能看见它
Photo Sphere	用于全景照片功能的 API，使用户能够拍摄 360 度照片，与 Google 地图中的街景视图类似
Daydreams	Daydreams 是一种交互式的屏保功能，当设备待机或充电时会启用。Daydreams 可以播放音视频并能与用户交互
语言支持	这些新特性使应用能够适用于不同国家的用户，比如双向文本（从左到右或从右到左）、国际化键盘、额外的键盘布局等
开发选项	几个新增加的跟踪和调试特性，可帮助开发人员改进他们的应用，比如包含屏幕截图和设备状态信息的错误报告

图 1.7 Android Jelly Bean 中新增加的一些特性（http://developer.android.com/about/versions/jelly-bean.html）

1.4.6 Android 4.4（KitKat）

Android 4.4（KitKat）发布于 2013 年 10 月，它在性能方面做了多项改进，使得能在所有的 Android 设备上运行这个操作系统，包括那些老式的、内存有限的设备，它们在发展中国家的使用还很普遍[①]。

尽量使更多的用户将系统升级到 KitKat，可减少市场上 Android 版本的"碎片化"现象。在以前，对开发人员而言，他们必须设计出能够运行于多种操作系统版本的应用，或者将应用的目标市场限定在某个特定的版本上，这是一个挑战。

Android KitKat 还在安全性和辅助性方面有所增强，图形和多媒体功能也得到提升，并且提供了内存使用分析工具等。图 1.8 中列出了 KitKat 的一些重要特性。完整的列表，请参见：

http://developer.android.com/about/versions/kitkat.html

特性	描述
沉浸模式	可以隐藏位于屏幕顶部的状态栏和位于底部的菜单按钮，以使应用充满整个屏幕。从屏幕顶部向下滑动手指，可以显示状态栏；从底部向上滑，可显示系统栏（包含回退按钮、主页按钮和最近的应用按钮）
打印框架	将打印功能添加到应用中，比如定位可用的 Wi-Fi 或云打印机、选择纸张大小、指定打印的页码等
数据存储框架	创建文档存储提供器，使用户能够通过不同的应用浏览、创建和编辑文件（比如文档和图像）
SMS 提供器	利用新的 SMS 提供器和 API，创建 SMS 应用或 MMS 应用。用户可以选择默认的消息传递应用
转场框架	这个新框架使得创建转场动画更容易
屏幕录制	录制应用运行时的视频，以创建教程和推广素材
增强的辅助性功能	字幕管理器（captioning manager）API 使应用能够检测用户的字幕设置偏好（例如，语言、文本风格等）
Chromium WebView	支持显示 Web 内容的最新标准，包括 HTML5、CSS3 以及 JavaScript 快速版本
步测器和计步器	创建的应用能够检测到用户是否在跑步、走路或爬楼梯，并可计算步数
主卡仿真器（HCE）	HCE 使任何应用都能够执行安全 NFC 交易（例如，移动支付），而不需要在由无线运营商控制的 SIM 卡上存在安全设置

图 1.8 Android KitKat 中新增加的一些特性（http://developer.android.com/about/versions/kitkat.html）

1.4.7 Android 5.0 和 5.1（Lollipop）

Android Lollipop 于 2014 年 11 月发布，它强化了数千个 API，对手机和平板电脑进行重大更新，并且新增了一些功能，使开发人员可创建针对可穿戴设备（例如智能手表）、电视以及汽车等的应用。其中最大的挑战之一是材料设计——需从头重新设计用户界面（这些界面也用于 Google 的 Web 应用中）。其他的特性包括：新的 Android 运行环境，强化通知功能（使用户不必离开当前应用就可以与通知交互），联网功能强化（蓝牙、Wi-Fi、蜂窝网络、NFC），高性能图形（OpenGL ES 3.1 和 Android Extension Pack），更好的音频功能（音频捕捉、多通道混音、回放、支持 USB 等），增强的照相功能，屏幕分享，支持新的传感器，改进的辅助性功能，支持多个 SIM 卡，等等。图 1.9 中列出了一些重要的 Lollipop 特性。完整的列表，请参见：

http://developer.android.com/about/versions/lollipop.html
http://developer.android.com/about/versions/android-5.0.html
http://developer.android.com/about/versions/android-5.1.html

[①] 参见 http://techcrunch.com/2013/10/31/android-4-4-kitkat-google/。

特　性	描　述
材料设计	Android 和 Web 应用的新外观，它是 Lollipop 中最重要的新特性。利用材料设计创建的应用，具有优美的过渡效果和增加用户界面深度的阴影，并且强化了可执行动作的组件、用户定制功能等。更多细节，请参见 https://www.google.com/design/spec/material-design/introduction.html
ART 运行环境	Google 将原来的 Android 运行环境替换成了 64 位的兼容 ART 运行环境，它组合了编译、预编译（Ahead-Of-Time，AOT）和即时编译(Just-In-Time，JIT)的功能，以提升性能
当前应用屏幕上的并发文档和活动	可以将应用指定成把多个活动和文档显示在当前应用屏幕上。例如，如果 Web 浏览器中打开了多个选项卡，或者文本编辑应用中打开了多个文档，则当用户点触当前应用按钮(■)时，每一个浏览器选项卡或文档都会作为单独的一项出现，以供用户挑选
屏幕捕捉和分享	应用可以捕捉设备的屏幕信息，并将内容通过网络与其他用户分享
Project Volta	提供几个帮助提升电池续航能力的特性，其中新的 JobScheduler 可使设备在充电时、连接到 Wi-Fi 网络或者待机时执行异步任务

图 1.9　Android Lollipop 中新增加的一些特性（http://developer.android.com/about/versions/lollipop.html）

1.4.8　Android 6（Marshmallow）

Android Marshmallow 于 2015 年 9 月发布，它是本书编写时最新的 Android 版本。这一版本的新特性包括：Now on Tap（在应用中获取 Google Now 信息），Doze and App Standby（省电），让应用安装更容易的新许可模式，指纹认证，更好的数据保护，更好的文本选择支持，4K 显示支持，新的音视频功能，新的拍照功能(闪光和图像预处理 API)，等等。图 1.10 中列出了一些重要的 Lollipop 特性。完整的列表，请参见：

```
http://developer.android.com/about/versions/marshmallow/android-
    6.0-changes.html
```

特　性	描　述
Doze	利用软件和传感器，Android 判断设备静止了一段时间(比如晚上将设备放在桌子上)，进而休眠那些耗电的后台进程
App Standby	如果用户打开了某个应用但最近没有与其交互，则 Android 会休眠其后台的网络活动
Now on Tap	不管当前位于哪个应用里，只要长按 Home 键，Google Now 就会以卡片的形式显示与屏幕上的内容相关的信息。例如，如果是探讨某部电影，则显示的卡片就是有关该电影的信息。同样，如果提到某个餐馆的名字，则卡片会包含该餐馆的评级、位置以及电话号码等
新的许可模式	对于 6.0 以前的版本，Android 要求在安装时用户就已经获得了应用所需的全部许可，这经常导致用户不愿安装某些应用。在新模式下，安装应用时不需要任何许可，而是在首次运行相关的特性时才会要求用户已经获得了许可
指纹认证	对于带有指纹识别器的设备，应用可以通过用户的指纹来进行认证
应用链接	使开发人员可以将应用与相关的 Web 域名相关联，并可创建 Web 链接，用于启动同一开发人员指定的应用
自动备份	Android 能够自动备份和恢复应用的数据
直接共享	可以在应用中定义直接共享的对象，使用户能够通过其他应用共享数据
话音交互 API	使应用能够响应话音交互
蓝牙手写笔支持	应用能够响应来自于蓝牙手写笔的压敏交互。例如在绘图应用中，用手写笔向屏幕施加更重的压力，就会画出更粗的线

图 1.10　Android Marshmallow 中新增加的一些特性（http://developer.android.com/about/versions/marshmallow/android-6.0-changes.html）

1.5　从 Google Play 下载应用

到本书写作时为止，Google Play 上已经有超过 160 万的应用，且增长很快[①]。图 1.11 中列

---

① 参见 http://www.statista.com/statistics/266210/number-of-available-applications-in the-google-play-store/。

出了一些流行的免费和收费应用。可以通过安装在设备上的 Play Store 应用下载这些应用。还可以登录到你的 Google Play 账户，网址为

http://play.google.com

然后指定安装应用的 Android 设备。接着，通过 Wi-Fi 或 3G/4G 网络将应用下载到设备上。第 10 章中将给出其他的应用商店，探讨应用的免费或收费策略，以及应用的定价原则等问题。

Google Play 类别	该类别下一些流行的应用
Books and Reference	WolframAlpha, Dictionary.com, Audible for Android, Kindle
Business	Polaris Office, OfficeSuite 8, QuickBooks Online, PayPal Here
Communication	Snapchat, LinkedIn, Pinterest, Instagram, WeChat, Line
Education	Google Classroom, Star Tracker, Sight Words, Math Tricks
Entertainment	Showtime Anytime, History Channel, Discovery Channel
Finance	PayPal, Credit Karma, Google Wallet, Chase Mobile
Games	Pac-Man 256, Angry Birds 2, Fruit Ninja, Tetris, Solitaire
Health & Fitness	RunKeeper, ViewRanger GPS, Calorie Counter
Lifestyle	Assistant, Horoscope, Food Network, Starbucks
Live Wallpaper	Facebook, Next Launcher 3D Shell, Weather Live
Media & Video	VHS Camera Recorder, VivaVideo Pro, musical.ly, GIF Keyboard
Medical	Feed Baby Pro, CareZone, FollowMyHealth, Essential Anatomy
Music & Audio	SoundCloud, Spotify, Beats Music, Pandora, iHeartRadio
News & Magazines	BBC News, CBS News, NPR News, Reuters, NBC News
Photography	Google Camera, Instagram, Retrica, GoPro App, Pencil Sketch
Productivity	Pocket, Wunderlist, Microsoft Word, Google Docs, SwiftKey
Shopping	Zappos, Groupon, JackThreads, Fancy, Etsy, Home Depot
Social	Snapchat, Instagram, Meetup, textPlus, Pinterest, Tumblr
Sports	Fox Sports, theScore, NBA 2015-16, ESPN, CBS Sports
Tools	CM Security Antivirus, Clean Master, Google Translate
Transportation	Uber, Lyft, MarrineTraffic, BringGo, DigiHUD Speedometer
Travel & Local	Priceline, Google Earth, Eat24, GasBuddy, Hotels.com
Weather	AccuWeather, Weather Underground, Yahoo Weather
Widgets	Facebook, Pandora, Pocket Casts, Tasker, Weather Timeline

图 1.11 Google Play 中一些流行的 Android 应用

1.6 包

Android 使用了一些包的集合，这些包根据相关联的、预定义的类分组而命名。其中有一些包是 Android 特有的，而其他一些包是针对 Java 或者 Google 的。这些包能够使开发人员方便地获得 Android OS 的特性，并能将它们集成到应用中。用 Android 包创建的应用，符合 Android 独有的外观规范和样式指南。

http://developer.android.com/design/index.html

图 1.12 中给出了本章中将讨论的大多数包。Android 包的完整列表，请参见：

http://developer.android.com/reference/packages.html

本书中用到的几个包来自于 Android 支持库，这样在应用中就可以利用最新的 Android 特性。

有关 Android 支持库重要特性的综述,请参见:

https://developer.android.com/tools/support-library/features.html

包 名 称	描 述
android.animation	用于动画属性的类(第 4 章的 Flag Quiz 应用和第 5 章的 Doodlz 应用)
android.app	包含 Android 应用模块中的高级类(第 4 章的 Flag Quiz 应用和第 5 章的 Doodlz 应用)
android.content	访问数据并将其发布到设备上(第 6 章的 Cannon Game 应用)
android.content.res	用于访问应用资源(例如,媒体、颜色、可绘制资源等)的类,以及访问那些影响应用行为的设备配置信息的类(第 4 章的 Flag Quiz 应用)
android.database	处理由内容提供者返回的数据(第 9 章的 Address Book 应用)
android.database.sqlite	用于私有数据库的 SQLite 数据库管理(第 9 章的 Address Book 应用)
android.graphics	用于绘制屏幕的图形工具(第 4 章的 Flag Quiz 应用和第 5 章的 Doodlz 应用)
android.graphics.drawable	用于只供显示的元素(例如,渐变)的类(第 4 章的 Flag Quiz 应用)
android.hardware	设备硬件支持(第 5 章的 Doodlz 应用)
android.media	用于处理音视频媒体界面的类(第 6 章的 Cannon Game 应用)
android.net	网络访问类(第 8 章的 Twitter Searches 应用)
android.os	操作系统服务(第 3 章的 Tip Calculator 应用)
android.preference	设置应用的用户首选项(第 4 章的 Flag Quiz 应用)
android.provider	访问 Android 的内容提供者(第 5 章的 Doodlz 应用)
android.support.design.widget	包含 Android 设计支持库中的类,强化了运行于当前和老式 Android 平台下的 GUI(第 7 章的 Weather Viewer 应用)
android.support.v4.print	属于 Android 支持库第 4 版的一部分,用于 API 4 或更高版本的平台。其特性包括用于 Android 4.4 打印框架的 Android 支持库(第 5 章的 Doodlz 应用)
android.support.v7.app	属于 Android 支持库第 7 版的一部分,用于 API 7 或更高版本的平台。包含应用兼容库组件,比如应用栏(以前称为动作栏。第 7 章的 Weather Viewer 应用)
android.support.v7.widget	属于 Android 支持库第 7 版的一部分,用于 API 7 或更高版本的平台。包含几种 GUI 组件和布局(第 7 章的 Weather Viewer 应用)
android.text	呈现并跟踪文本变化(第 3 章的 Tip Calculator 应用)
android.util	实用工具方法以及 XML 工具(第 4 章的 Flag Quiz 应用)
android.widget	用于窗件的用户界面类(第 3 章的 Tip Calculator 应用)
android.view	用于布局及用户交互的用户界面类(第 4 章的 Flag Quiz 应用)

图 1.12 本书中用到的 Android 包和 Java 包

1.7 Android 软件开发工具集(SDK)

Android SDK 提供了建立 Android 应用时所需的工具,它随 Android Studio 一起安装。关于如何下载开发 Android 应用所需工具的完整细节,以及有关 Java SE 7 和 Android Studio 的下载安装信息,请参见本书文前的"学前准备"小节。

Android Studio

Android Studio 发布于 2013 年的 Google I/O 开发者大会,现在是 Google 首选的 Android IDE。这个 IDE 包括:

- GUI 设计器
- 代码编辑器,支持语法着色和代码行编号
- 自动缩进和自动完成(例如,输入提示)
- 调试器

- 版本控制系统
- 重构支持,等等

Android 仿真器

Android[①]仿真器包含在 Android SDK 中,利用它可以在 Windows、Mac OS X 或者 Linux 中的仿真环境下运行 Android 应用,而不需要真实的 Android 设备。仿真器会显示一个逼真的 Android 用户界面窗口。当没有 Android 设备供测试应用时,仿真器尤其有用。不过,在将应用上载到 Google Play 之前,一定要先在各种 Android 设备上测试它。

在仿真器中运行应用之前,需要创建一个 Android 虚拟设备(Android Virtual Device, AVD),它定义了希望测试的设备的特性,包括硬件、系统映像、屏幕尺寸、数据存储等。如果希望在多种 Android 设备上测试应用,则可以创建多个 AVD 来仿真不同的设备,或者使用 Google 的云测试实验室:

> https://developers.google.com/cloud-test-lab

利用它可以测试许多不同的设备。

利用计算机的键盘和鼠标,可以在仿真器上再现大多数 Android 的手势(见图 1.13)和控制(见图 1.14)。仿真器上的手势有一些限制,因为计算机可能无法仿真所有的 Android 硬件特性。例如,在仿真器中测试 GPS 应用时,就需要创建模拟 GPS 能够读取的文件。此外,尽管可以仿真方向的改变(水平或垂直模式),但如果需要仿真读取某些加速计特性(加速计使设备能够响应上/下、左/右以及前/后各个方向的加速情况),它们可能无法通过仿真器提供。不过,仿真器可以使用来自于与计算机相连的真实 Android 设备上的传感器数据。细节请参见:

> http://tools.android.com/tips/hardware-emulation

图 1.15 列出了仿真器中可能无法获得的那些 Android 功能。可以将应用安装到某个 Android 设备中,以测试这些特性。设计第 2 章中的 Welcome 应用时,就创建了 AVD 并使用了仿真器。

手势	仿真器动作
点触	单击鼠标一次。第 3 章的 Tip Calculator 应用中引入
双触	双击鼠标
长按	单击并按住鼠标。第 8 章的 Twitter Searches 应用中引入
拖动	单击、按住并拖动鼠标。第 6 章的 Cannon Game 应用中引入
滑动	单击并按住鼠标,沿滑动方向移动指针,然后释放鼠标。第 7 章的 Weather Viewer 应用中引入
捏指缩放	按住 Ctrl 键不放,会出现模拟两个点触动作的两个圆,将这两个圆移动到起点,按下鼠标并将圆拖到终点

图 1.13 仿真器中的 Android 手势

控制	仿真器动作	控制	仿真器动作
回退	Esc	搜索	F5
拨号按钮	F3	*(右软键)	Shift + F2 或者 Page Down 按钮
照相机	Ctrl + 小键盘数字 5, Ctrl + F3	旋转到前一个方向	小键盘数字 7, Ctrl + F11
结束拨号按钮	F4	旋转到后一个方向	小键盘数字 9, Ctrl + F12
主屏	主屏幕按钮	开启/关闭电话网络功能	F8
菜单(左软键)	F2 或者 PageUp 按钮	提升音量按钮	小键盘加号, Ctrl + F5
开关按钮	F7	降低音量按钮	小键盘减号, Ctrl + F6

图 1.14 仿真器中的 Android 硬件控制(更多控制方法,请访问 http://developer.android.com/tools/help/emulator.html)

[①] Android Studio 基于 JetBrains IntelliJ IDEA Java IDE(http://www.jetbrains.com/idea/)。

仿真器中无法获得的 Android 功能
• 发起或者接收真实的电话拨号(仿真器中只能使用模拟拨号) • 蓝牙 • USB 连接 • 与设备绑定的头戴式电话 • 判断网络连接状态 • 确定电池电量或者充电状态 • 确定 SD 卡的插入/拔出状态 • 直接支持传感器(加速计,气压计,指南针,光传感器,近距离传感器),但是也可以使用来自于 USB 设备的传感器设备

图 1.15　仿真器中无法获得的 Android 功能(http://developer.android.com/tools/devices/emulator.html#limitations)

1.8　面向对象编程:简短回顾

Android 采用面向对象的编程技术,因此本节将回顾对象技术的基本概念,本书中会用到这些思想。

当对新的、功能更强大的软件需求高涨时,快速、正确而经济地构建软件就成为了一个永恒的目标。对象(object),或者更确切地说是类对象(见第 3 章),本质而言就是可复用的软件组件。存在日期对象、时间对象、音频对象、视频对象、汽车对象、人对象,等等。几乎所有的名词都可以表述为软件对象,并可描述它的属性(attribute,如名字、颜色和尺寸)和行为(behavior,如计算、移动和沟通)等特征。软件开发人员发现,与先前流行的编程技术(如结构化编程)相比,采用模块化、面向对象的设计和实现方法,可以显著提高软件开发小组的生产率,而且面向对象程序通常更易于理解、更正和修改。

1.8.1　汽车作为对象

为了理解对象和它的内涵,先从一个简单的类比开始。假设要驾驶一辆汽车,并且通过踩加速踏板来使其跑得更快。在能够做这件事之前,必须先发生哪些事情呢?首先,在能够驾驶汽车之前,必须有人设计它。要制造汽车,通常都要从工程图开始,它类似于建造房子的设计图。工程图中包含加速踏板的设计。踏板对司机隐藏了使汽车跑得更快的复杂机制,就像刹车踏板隐藏了使汽车减速的机制、方向盘隐藏了使汽车拐弯的机制一样。这样,即使对引擎一无所知的人也能很容易地驾驶汽车。

正如无法在设计图中的厨房里做饭一样,也无法驾驶汽车的工程图。在能够驾驶汽车之前,必须先根据描述它的工程图制造这辆汽车。一辆完整的汽车会有一个真正的加速踏板,使汽车跑得更快。但这还不够——汽车不会自己加速(希望真能如此),因此司机必须踩加速踏板。

1.8.2　方法与类

下面用汽车类比的例子来引入主要的面向对象编程概念。执行程序中的某项任务,需要一个方法。方法(method)描述了实际执行任务的机制。方法对用户隐藏了这些机制,就像汽车的加速踏板对司机隐藏了使汽车跑得更快的复杂机制一样。称为"类"(class)的程序单元包含了执行这个类的任务的那些方法。例如,代表银行账户的类可以包含向账户存款的一个方法,可以包含从该账户取款的另一个方法,还可以包含查询余额的一个方法。在概念上,类与汽车的工程图相似,工程图中包含的是加速踏板、方向盘等的设计。

1.8.3 实例化

在能够真正驾驶汽车之前，必须先根据工程图纸将汽车制造出来。同样，程序在能够根据类描述的方法执行任务之前，必须先构建类的对象(object)。完成这一工作的过程称为实例化(instantiation)。这样，对象就可以称为类的实例。

1.8.4 复用

正如汽车的工程图能够多次使用建造出许多辆汽车一样，也可以将类多次使用来构建许多对象。在构建新的类和程序时复用现有的类，可节省时间、金钱和精力。复用也有助于程序员构建更可靠和更有效的系统，因为现有的类和组件通常都经过了大量的测试、调试和性能调优。正如工业革命时"可替换零件"理念是至关重要的一样，对于由对象技术所激励的软件革命而言，"可复用类"同样是至关重要的。

1.8.5 消息与方法调用

当驾驶汽车时,踩加速踏板就是向汽车发出执行任务的一个消息——让汽车加速。类似地，需向对象发送消息。每一个消息都是一个方法调用，它通知对象的方法执行任务。例如，程序可以调用特定银行账户的 deposit(存款)方法，增加账户余额。

1.8.6 属性与实例变量

汽车除了功能之外，它还具有许多属性，如颜色、车门数量、油箱容积、当前车速以及行驶总里程(即里程表读数)。和汽车的功能一样，汽车的属性也是作为工程图设计的一部分提供的(例如，工程图中需包含里程表和燃油表的设计)。当驾驶汽车时，这些属性总是与它相关。每辆汽车都有自己的属性。例如，每辆汽车都知道油箱中有多少油，但不知道其他汽车的油箱中有多少油。

类似地，当在程序中使用对象时,对象也具有属性。这些属性被指定为对象的类的一部分。例如，银行账户对象有一个余额属性，表示账户中的资金总额。每个银行账户对象都知道它所代表的账户中的余额，但是不知道银行中其他账户的余额。属性是由类的实例变量(instance variable)指定的。

1.8.7 封装

类将属性和方法封装(encapsulate)或打包在对象中,使对象的属性和方法紧密相关。对象具有信息隐藏的属性——通过良好定义的接口，对象可以知道如何与另一个对象通信，但通常不允许它获知另一个对象是如何实现的。信息隐藏对良好的软件工程而言是至关重要的。

1.8.8 继承

通过继承，可以快速而方便地创建对象的新类——新类会吸收已有类的特性，并可以定制自己，添加自己独有的特性。在前面的汽车类别中，"敞篷车"类的对象，当然具有比其更一般化的"汽车"类的特性，但它还有更特殊的地方：车篷可以展开和放下。

1.8.9 面向对象的分析与设计(OOAD)

该如何创建程序中的代码呢？也许和许多初学编程的人一样，你只是打开计算机，然后开始输入代码。这种方法可能只适合于小型程序，如果要建立软件系统，控制大银行的几千台自动柜员机(ATM)，该怎么办呢？如果是 1000 名软件开发人员共同建立一个新的美国空中交通控制系统,又该怎么办呢?对于这类大型的复杂项目,不能坐下来就开始编写程序。

为了创建最佳的解决方案,必须遵循一个详细的过程,分析(analysis)项目的需求(requirement),即确定系统需要完成什么(what),并开发出一个能够满足这些需求的设计(design),即确定系统该如何(how)完成这些功能。理想情况下,需要经过这一过程并在编写任何代码之前对设计进行仔细评估(或者由其他软件专家对设计进行审查)。如果这一过程是从面向对象的角度对系统进行分析和设计,则就称为面向对象的分析与设计(Object-Oriented Analysis and Design,OOAD)过程。类似于 Java 的语言都是面向对象的(object oriented)。用这类语言编写程序称为面向对象编程(Object-Oriented Programming,OOP),它使得计算机程序员可以将面向对象设计方便地实现成可工作的系统。

1.9 在 AVD 中测试 Tip Calculator 应用

本节将讲解如何运行我们自己设计的第一个 Android 应用,并与之交互。该应用可运行于 Android 虚拟设备或者真实的设备上。该应用如图 1.16(a)所示(将在第 3 章创建它),它计算并显示在餐馆消费时的小费额和总金额。只要通过点触数字键盘输入账单上的每一个数字,应用就会计算并显示小费额和总金额(小费与账单额的和),需付的小费百分比可以通过拖动条(SeekBar)指定,默认值为账单额的 15%。用户通过移动拖动条的滑块设置小费百分比(0~30%),这样操作时会更新所显示的小费百分比数字,同时更新拖动条下面的小费额和总金额,见图 1.16(b)。

(a) 首次加载 Tip Calculator 应用时的状态　　(b) 用户输入账单额并将小费百分比改成 25% 后的状态

图 1.16　首次加载 Tip Calculator 应用,然后用户输入账单额并改变小费百分比

1.9.1 在 Android Studio 中打开 Tip Calculator 应用的工程

为了打开应用的工程,需执行如下操作:

1. 检查设置情况。如果还没有对系统进行设置,则需要按照"学前准备"小节中给出的步骤设置系统。

2. 打开 Android Studio。使用 Android Studio 快捷键打开 IDE。Windows 系统中的快捷键位于"启动"菜单或者"开始"屏幕上；OS X 系统中的快捷键位于 Applications 文件夹中；Linux 下的快捷键位置与解压包含 Android Studio 压缩文件时的位置有关。首次打开 Android Studio 时，出现的是 Welcome to Android Studio 窗口（见图1.17）。

3. 打开 Tip Calculator 应用的工程。如果 Android Studio 中已经打开了另一个工程，则可以选择 File > Open...，找到工程所在的位置并打开它，或者在 Welcome to Android Studio 窗口（见图1.17）中单击 Open an existing Android Studio Project，打开 Open File or Project 对话框（见图1.18）。进入本书的示例文件夹，选择 TipCalculator 文件夹，然后单击 Choose（Mac）或者 OK（Windows/Linux）按钮。Android Studio 会为每一个所创建的工程将 Android SDK 的路径保存到该工程的设置中。如果系统中 SDK 的位置与作者的设置不同，则打开工程时会出现错误消息。只需单击 OK 按钮，Android Studio 就会将工程设置更新成使用当前系统中的 SDK。此时，IDE 会打开工程并在 IDE 左侧的 Project 窗口中显示它的内容（见图1.19）。如果看不到 Project 窗口，则可以通过选择 View > Tool Windows > Project 来查看它。

图1.17 Welcome to Android Studio 窗口　　　　　图1.18 Open File or Project 对话框

1.9.2 创建 Android 虚拟设备（AVD）

正如"学前准备"小节中所讲，通过创建模拟不同设备的 Android 虚拟设备（AVD），可以在多种设备上测试应用[①]。本节将创建两种 Android 6 AVD，分别模拟 Nexus 6 手机和 Nexus 9 平板电脑，用于测试书中的应用。为了创建这些 AVD，需执行如下步骤：

1. 在 Android Studio 中选择 Tools > Android > AVD Manager，显示 Android Virtual Device Manager 窗口（见图1.20）。

2. 单击 Create Virtual Device...，打开 Virtual Device Configuration 窗口（见图1.21）。默认选择的类别是 Phone（手机），但是也可以为 Tablet（平板电脑）、Wear（可穿戴设备）和

---

① 到本书编写时为止，当设置 Android Studio 时，它配置的 AVD 模拟的是运行 Android 6.0 (Marshmallow)的 Google Nexus 5 手机。为了测试书中的应用，依然需要执行1.9.2节中的那些步骤，以创建其他的 AVD。

TV（电视）创建 AVD。为方便起见，Google 为 AVD 的快速创建提供了一些预先配置好的设备。选择 Nexus 6，然后单击 Next 按钮。

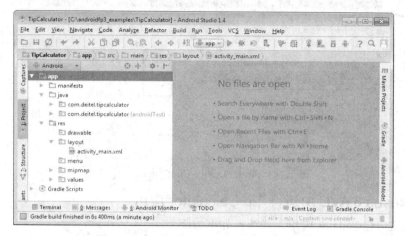

图 1.19　Tip Calculator 工程的 Project 窗口

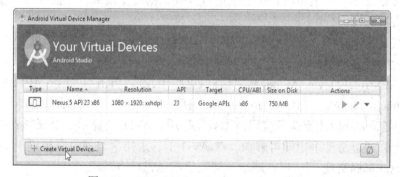

图 1.20　Android Virtual Device Manager 窗口

3. 为准备创建的虚拟设备选择系统配置，这里的 Android 平台 Release Name 值为 Marshmallow，API Level 值为 23，ABI（应用程序二进制接口）值为 x86，Target 值为 Android 6.0（with Google APIs），然后单击 Next 按钮。这个 Target 值会为 Android 6 创建 AVD，同时包含对 Google Play Services API 的支持。
4. 将 AVD 名称指定成 Nexus 6 API 23。
5. 单击 Virtual Device Configuration 窗口左下角的 Show Advanced Settings 按钮，然后滚动到高级设置的底部，取消 Enable Keyboard Input 选项的选择，然后单击 Finish 按钮，创建 AVD。
6. 重复以上 5 步，创建一个名称为 Nexus 9 API 23 的 Nexus 9 平板电脑 AVD，第 2 章中将用到它。

如果选中上面第 5 步中的 Enable Keyboard Input 选项，则可以使用计算机键盘来输入数据。不过，这将使软键盘不会显示在设备的屏幕上。

每一个 AVD 都有许多其他的选项，它们在 config.ini 文件中指定。为了更精确地匹配某个设备的硬件配置，可以按如下网站中的说明修改这个文件：

http://developer.android.com/tools/devices/managing-avds.html

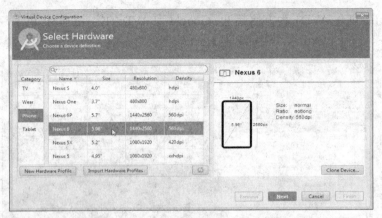

图 1.21　Virtual Device Configuration 窗口

1.9.3　在 Nexus 6 AVD 中运行 Tip Calculator 应用

为了测试 Tip Calculator 应用，需执行如下步骤：

1. 检查设置情况。如果还没有对系统进行设置，则需要按照"学前准备"小节中给出的步骤设置系统。
2. 启动 Nexus 6 AVD。这里将利用 1.9.2 节中创建的 Nexus 6 智能手机 AVD 来测试这个应用。为了启动 Nexus 6 AVD，需选择 Tools > Android > AVD Manager，显示一个 Android Virtual Device Manager 对话框（见图 1.22）。单击 Nexus 6 API 23 AVD 所在行的 Launch this AVD in the emulator 按钮(▶)。加载 AVD 可能会比较耗时——只有在 AVD 完成加载后才能执行应用。加载完毕后，AVD 会显示一个锁屏界面。在真实的设备上，通过滑动手指即可解锁。在 AVD 上，滑指手势通过鼠标置于 AVD "屏幕"上并拖动鼠标实现。图 1.23 展示了解锁后的 AVD "屏幕"。

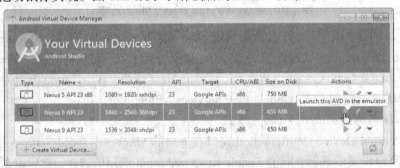

图 1.22　Android Virtual Device Manager 对话框

3. 启动 Tip Calculator 应用。在 Android Studio 中选择 Run > Run 'app'，或者单击工具栏上的 Run 'app'按钮(▶)。这会显示一个 Device Chooser 对话框（见图 1.24），它包含当前所选择的 AVD。单击 OK 按钮，在 AVD 中运行第 2 步中启动的 Tip Calculator 应用[①]。或

[①] 图 1.25 中显示的键盘可能会随 AVD 或设备的 Android 版本的不同而不同，也可能由于在设备上安装并选取了某种定制的键盘而不同。这里将 AVD 配置成以深色键盘显示，以突出抓取的屏幕内容。为此，需执行如下操作：在仿真器或者设备上点触主屏幕按钮(◯)。单击主屏幕上的启动程序图标(⋮⋮⋮)，打开 Settings 应用。点触 Personal 部分的 Language and Input 图标。然后，点触 AVD 上的 Android Keyboard (AOSP) 或者设备上的 Google Keyboard（标准 Android 键盘）。依次选择 Appearance & layouts > Theme > Touch Material Dark，将键盘背景设置成深色。

者，也可以单击 Android Studio 工具栏中的 Run 'app'按钮（▶），显示 Device Chooser 对话框。然后，可以利用对话框底部的 Launch emulator 选项，选择需运行该应用的 AVD。运行后的 Tip Calculator 界面如图 1.25 所示。

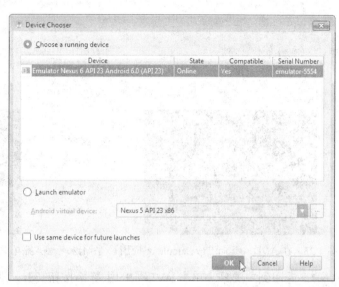

图 1.23　解锁后的 Nexus 6 AVD 主屏　图 1.24　Device Chooser 对话框，用于选择测试应用的 AVD 或设备

4. 探究 AVD。AVD 屏幕底部有多种软按钮，它们模拟设备的触摸屏上的按钮。点触这些按钮，可与应用及 Android OS 交互。AVD 中的点触操作是通过单击鼠标执行的。下按钮（▽）使键板消失。如果屏幕上没有键板，则会出现回退按钮（◁）。点回退按钮可返回到应用的前一个界面，或者回退到前一个应用（如果当前位于应用的初始界面）。主屏幕按钮（○）会回到设备的主界面。最近的应用按钮（□）会列出最近使用过的应用，这样就可以立即跳转到某一个应用。屏幕顶部是应用栏，它显示应用的名称，还可能包含与该应用相关的其他软按钮，软按钮可以位于应用栏中，也可能位于应用的选项菜单里，选项菜单在应用栏中以 ⋮ 的形式出现。应用栏中的选项个数，与设备的尺寸有关——这将在第 5 章探讨。

5. 输入账单额。按数字键盘上的数字键，输入账单额 56.32 美元。如果输入有误，可按删除按钮（⌫）来更正输入的最后一个数字。尽管键盘上有小数点键，但这个应用只允许输入数字 0～9。只要输入或者删除一个数字，应用都会读取它并即时显示出来——如果删除了所有数字，则应用会在顶部重新显示提示语 "Enter Amount"。这个应用会将所输入的值除以 100，并将结果在蓝色文本视图（TextView）中显示。然后，会相应计算并更新小费额和总金额。这里采用 Android 中特定于当地的货币格式来显示金额值。在美国，如果依次输入数字 5、6、3 和 2，则账单金额也会依次显示成$0.05，$0.56，$5.63 和$56.32。

6. 选择定制小费百分比。利用拖动条可以选择不同的小费百分比，而位于拖动条下面的两个文本视图里的值，会即时显示对应的小费额和总金额。向右移动拖动条的滑块，将小费百分比设置为 25%。移动滑块时，拖动条的值会连续地变化。对于每一个拖动条的值，应用会相应地更新小费百分比、小费额及总金额的值，直到用户释放了滑块为止。图 1.26 展示了输入账单额并选择小费百分比之后的结果。

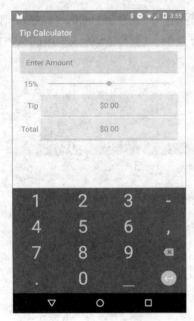 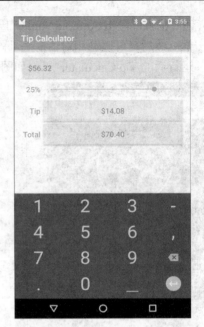

图 1.25　在 AVD 中运行 Tip Calculator 应用　　图 1.26　输入账单额和 25%小费百分比后的 Tip Calculator 结果

7. 返回到主屏幕。单击 AVD 中的主屏幕按钮(⬤)，即可返回到主屏幕。

排除启动 AVD 时的故障

如果执行 AVD 时遇到麻烦，则有可能是将太多内存分配给 AVD 的原因。为了减少 AVD 内存，需执行如下操作：

1. 在 Android Studio 中选择 Tools > Android > AVD Manager，打开 Android Virtual Device Manager 窗口。
2. 将看到已有的 AVD 列表。在 Actions 列中单击希望重新配置的 AVD 的铅笔按钮(✏)。
3. 在 Virtual Device Configuration 窗口中单击 Show Advanced Settings，然后滚动到 Memory and Storage 部分。
4. 将 RAM 的值从默认的 1536 MB(1.5 GB)减低至 1 GB。
5. 单击 Finish 按钮，关闭 Android Virtual Device Manager 窗口。

如果依然无法运行 AVD，则需重复上述步骤，将内存大小设置为 768 MB。

1.9.4　在 Android 设备上运行 Tip Calculator 应用

如果有 Android 设备，则可以容易地在其上执行这个应用以便测试它。

1. 启用设备上的开发人员选项。首先，必须在设备上启用调试功能。为此需打开设备的 Settings 应用，选择 About phone(或 About tablet)，找到(位于列表底部的)Build number 项，不断单击它，直到在屏幕上出现"You are now a developer"(现在你是一位开发人员)为止。这会使 Settings 应用中出现一个"Developer options"项。
2. 启用设备的调试功能。返回到 Settings 应用的主界面，选择 Developer options 并勾选 USB debugging。当首次启用设备上的开发人员选项时，通过 USB 调试应用是默认选项。
3. 连接设备。接下来，将设备与计算机通过 USB 线连接。如果是 Windows 系统，则可能需要为设备安装 USB 驱动程序。细节请参见如下站点：

> http://developer.android.com/tools/device.html
> http://developer.android.com/tools/extras/oem-usb.html

4. 在 Android 设备上运行 Tip Calculator 应用。在 Android Studio 中选择 Run > Run 'app'，或者单击工具栏上的 Run 'app'按钮（▶）。这会出现如图 1.24 所示的 Device Chooser 对话框。从正在运行的 AVD 和设备列表中选取想要的设备。单击 OK 按钮，就可以在所选 AVD 或设备上运行 Tip Calculator 应用。

测试本书中的应用

为了尽可能地体会本书所讲的内容，需对第 2～9 章中的每一个应用都进行测试。

准备分发应用

如果准备将应用通过 Google Play 分发，则应尽可能地在各种实际设备上测试它。记住，有些特性只有在实际的设备上才能测试到。如果手头没有足够多的实际设备，则可考虑创建能够模拟各种设备的 AVD，并在这些 AVD 中测试应用。AVD Manager 提供了许多预先配置好的 AVD 模板。当将 AVD 配置成模拟某种特定的设备时，应在线查看该设备的规范并据此配置 AVD。此外，还可以修改 AVD 的 config.ini 文件，这个文件的描述在以下 Web 站点的 Setting hardware emulation options 部分给出：

> http://developer.android.com/tools/devices/managing-avds-cmdline.html#hardwareopts

这个文件中包含的选项无法通过 Android Virtual Device Manager 进行配置。对这些选项进行修改，可以更精确地与实际设备的硬件配置情况相匹配。

1.10 创建好的 Android 应用

在已经有超过 160 万种应用的 Google Play 中[①]，该如何创建能够让人们发现、下载、使用并向其他人推荐的 Android 应用呢？一个响亮的名称、好看的图标、诱人的描述，可能就会将 Google Play 或者其他 Android 应用市场中的人吸引过来。但是，用户下载了应用之后，是什么使得他们能够经常使用它并会推荐给其他人呢？图 1.27 中列出了好的应用的一些特征。

好的应用的特征
好的游戏
● 娱乐和有趣味性
● 挑战型
● 递增的难度级别
● 给出玩家的成绩，并使用排行榜记录最好成绩
● 提供音视频反馈
● 提供单人、多人和网络游戏版本
● 具有高质量的动画效果
● 去除输入/输出代码和计算密集型代码，将执行线程分离出来，以提升界面响应性和应用的性能
● 利用增强现实技术进行创新，这可以利用虚拟组件来强化现实环境

图 1.27 好的应用的特征

---

① 参见 http://www.statista.com/statistics/266210/number-of-available-applications-in-the-google-play-store/。

好的应用的特征
有用的工具
● 提供有用的功能性和准确的信息
● 提高个人及企业的生产力
● 让任务更为方便(例如,维护"待办事项"列表、管理开支等)
● 向用户提供更好的通知信息
● 提供专题信息(例如,最新股票价格、新闻、暴风雪警告、交通信息等)
● 提供本地化服务(例如,当地商店的优惠券、本地价格最低的加油站、食物递送服务等)
一般特性
● 包含最新的 Android 特性,但是与多种 Android 版本相兼容,以最广泛地支持不同的用户
● 运行正常
● 错误得到及时修复
● 遵循标准的 Android 应用 GUI 规范
● 启动快速
● 反应灵敏
● 不要求太多的内存、带宽或者电能
● 新奇且具有创新性
● 持久性——愿意经常使用它
● 使用高质量的图标,它们会出现在 Google Play 和用户设备上
● 采用高质量的图形、图像、动画、音频和视频
● 具备直观性且易于使用(不需要大量的帮助文档)
● 残疾人也能使用(http://developer.android.com/guide/topics/ui/accessibility/index.html)
● 向用户指明将应用告知他人的理由以及方法(例如,可以让用户将游戏的得分记录发布到 Facebook 或 Twitter 上)
● 为内容型应用提供额外的内容(例如,额外的游戏难度、文章、智力游戏等)
● 为每一个国家进行了本地化工作(见第 2 章),例如,对应用的文本和音频文件进行了翻译,采用不同的图形等
● 与同类应用相比,具备更佳的性能和功能且易于使用
● 利用了设备的内置功能
● 不要求过多的许可
● 在各种 Android 设备上都运行得很好
● 指明合适的新硬件设备——指定应用所采用的某种硬件特性,这样 Google Play 就能够过滤并只针对兼容的设备显示它 (http://android-developers.blogspot.com/2010/06/future-proofing-your-app.html)

图 1.27(续) 好的应用的特征

1.11 Android 开发资源

图 1.28 中列出的这些重要文档来自于 Android Developer 站点。当进入 Android 应用开发领域时,可能会对开发工具、设计、安全等问题存在疑惑,网络上有多个 Android 开发者新闻组和论坛,可以从它们那里获取最新的信息,也可以咨询问题(见图 1.29)。图 1.30 中列出的几个 Web 站点,可从中找出 Android 开发技巧、视频及相关资源等。

标 题	URL
App Components	http://developer.android.com/guide/components/index.html
Using the Android Emulator	http://developer.android.com/tools/devices/emulator.html
Package Index	http://developer.android.com/reference/packages.html
Class Index	http://developer.android.com/reference/classes.html
Android Design	http://developer.android.com/design/index.html
Data Backup	http://developer.android.com/guide/topics/data/backup.html
Security Tips	http://developer.android.com/training/articles/securitytips.html
Android Studio	http://developer.android.com/sdk/index.html
Debugging	http://developer.android.com/tools/debugging/index.html
Tools Help	http://developer.android.com/tools/help/index.html

图 1.28 针对 Android 开发者的主要在线文档

标题	URL
Performance Tips	http://developer.android.com/training/articles/perftips.html
Keeping Your App Responsive	http://developer.android.com/training/articles/perfanr.html
Launch Checklist (for Google Play)	http://developer.android.com/distribute/tools/launchchecklist.html
Getting Started with Publishing	http://developer.android.com/distribute/googleplay/start.html
Managing Your App's Memory	http://developer.android.com/training/articles/memory.html
Google Play Developer Distribution Agreement	http://play.google.com/about/developer-distribution-agreement.html

图 1.28(续) 针对 Android 开发者的主要在线文档

标题	订阅	描述
Android Discuss	使用 Google 组订阅：android-discuss 通过 E-mail 订阅： android-discuss-subscribe@googlegroups.com	常规的 Android 问题讨论组，可获取有关应用开发问题的答案
Stack Overflow	http://stackoverflow.com/questions/tagged/android	Android 应用开发最佳实践的问题和答案
Android Developers	http://groups.google.com/forum/?fromgroups#!forum/android-developers	有经验的 Android 开发者将这个列表用于查找并解决应用、GUI 设计、性能以及其他方面的问题
Android 论坛	http://www.androidforums.com	咨询问题、与其他开发者共享经验并查找与特定的 Android 设备相关的论坛

图 1.29 与 Android 有关的新闻组和论坛

Android 开发技巧、视频以及资源	URL
Android 代码样本以及实用工具	https://github.com/google（使用过滤器"android"）
Bright Hub 站点中的 Android 编程提示以及 how-to 指南	http://www.brighthub.com/mobile/googleandroid.aspx
Android Developers 博客	http://android-developers.blogspot.com/
HTC 针对 Android 的 Developer Center	http://www.htcdev.com/
Motorola 的 Android 开发站点	http://developer.motorola.com/
Stack Overflow 中针对高级 Android 用户的主题	http://stackoverflow.com/tags/android/topusers
Android 周报	http://androidweekly.net/
Chet Haase 的 Codependent 博客	http://graphics-geek.blogspot.com/
Romain Guy 的 Android 博客	http://www.curious-creature.org/category/android/
YouTube 上的 Android 开发者频道	http://www.youtube.com/user/androiddevelopers
Google I/O 2015 开发者大会会议视频	https://events.google.com/io2015/videos

图 1.30 Android 开发技巧、视频以及相关资源

1.12 小结

本章讲解了 Android 的简要历史，探讨了它的功能。为一些主要的在线文档、新闻组以及论坛提供了链接，它们可用来与开发者社区进行沟通并获取问题的答案。探讨了 Android 操作系统的一些特性。给出了一些 Java，Android 以及 Google 包，通过它们就能利用硬件和软件的功能来创建各种 Android 应用。本书中将用到其中的许多个包。还探讨了 Java 编程以及 Android SDK。讲解了 Android 中的手势，并指明了如何在 Android 设备以及仿真器上操作这些手势。介绍了基本的对象技术概念，包括类、对象、属性、行为、封装、信息隐藏以及继承等。还在 Android 仿真器中针对智能手机和平板电脑 AVD 测试了 Tip Calculator 应用。

下一章将在 Android Studio 中首次创建 Android 应用。这个应用会显示一段文本和一个图像。下一章中还会讲解有关 Android 的辅助性功能及国际化问题。

第 2 章 Welcome 应用

Android Studio 简介：可视化 GUI 设计，布局，辅助性以及国际化

目标

本章将讲解

- Android Studio IDE 基础，用于编写、测试和调试 Android 应用
- 通过 IDE 创建新的应用工程
- 利用 IDE 的布局编辑器(无须编程)可视化地设计图形用户界面(GUI)
- 在 GUI 中显示文本和图像
- 编辑视图(GUI 组件)的属性
- 在 Android 仿真器中搭建并启动应用
- 利用 Android 的 TalkBack 和 Explore-by-Touch 特性，通过指定字符串以方便视障人士使用
- 支持国际化，使应用能以不同的语言显示字符

提纲

2.1 简介
2.2 技术概览
    2.2.1 Android Studio
    2.2.2 LinearLayout, TextView 和 ImageView
    2.2.3 可扩展标记语言(XML)
    2.2.4 应用的资源
    2.2.5 辅助性
    2.2.6 国际化
2.3 创建应用
    2.3.1 启动 Android Studio
    2.3.2 创建新工程
    2.3.3 Create New Project 对话框
    2.3.4 Target Android Devices 步骤
    2.3.5 Add an Activity to Mobile 步骤
    2.3.6 Customize the Activity 步骤
2.4 Android Studio 窗口
    2.4.1 Project 窗口
    2.4.2 编辑器窗口
    2.4.3 Component Tree 窗口
    2.4.4 应用的资源文件
    2.4.5 布局编辑器
    2.4.6 默认 GUI
    2.4.7 默认 GUI 的 XML
2.5 用布局编辑器构建应用的 GUI
    2.5.1 向工程添加图像
    2.5.2 添加应用图标
    2.5.3 将 RelativeLayout 改成 LinearLayout
    2.5.4 改变 LinearLayout 的 id 和 orientation 属性
    2.5.5 配置 TextView 的 id 和 text 属性
    2.5.6 配置 TextView 的 textSize 属性
    2.5.7 设置 TextView 的 textColor 属性

2.5.8 设置 TextView 的 gravity 属性
2.5.9 设置 TextView 的 layout:gravity 属性
2.5.10 设置 TextView 的 layout:weight 属性
2.5.11 添加 ImageView，显示图像
2.5.12 预览设计的效果
2.6 运行 Welcome 应用
2.7 为应用增加辅助功能
2.8 使应用国际化
2.8.1 本地化
2.8.2 为本地化资源命名文件夹
2.8.3 将字符串译文添加到工程中
2.8.4 本地化字符串
2.8.5 在 AVD 中测试西班牙语的应用
2.8.6 在设备中测试西班牙语的应用
2.8.7 TalkBack 与本地化
2.8.8 本地化清单
2.8.9 专业翻译
2.9 小结

2.1 简介

本章将建立一个 Welcome 应用，它显示一条欢迎消息和一个图像。我们将在 Android Studio 中创建这个简单的应用（见图 2.1），它可以按纵向模式和横向模式在 Android 手机或平板电脑上运行。

- 处于纵向模式时，设备的高度值大于宽度值；
- 横向模式时，宽度值大于高度值。

这里将利用拖放技术，通过 Android Studio 的布局编辑器来构建 GUI。还将直接编辑 GUI 的 XML 文件。然后，会在 Android 仿真器中执行它（或者也可以使用 Android 设备）。

对于视障人士，还需要为应用的图像提供描述性文字，以使应用更具辅助性。我们将看到，Android 的 Explore by Touch 功能使用户通过点触屏幕上的某一项就能够听到由 TalkBack 说出来的相关文字内容。本章将探讨如何测试这些特性，但它们只能用于 Android 设备上。

图 2.1 在 Android 仿真器中运行 Welcome 应用

最后需将应用国际化，以针对不同语言提供本地化字符串。接着，会在 Android 仿真器中更改本地设置，以便测试西班牙语版本的应用。执行应用时，Android 会根据设备的本地设置选择正确的字符串。后面将讲解如何在设备上更改本地设置。本章假定读者已经阅读了前言、"学前准备"以及 1.9 节中的内容。

2.2 技术概览

本节讲解用于构建这个 Welcome 应用的技术。

2.2.1 Android Studio

2.3 节中将使用 Android Studio 集成开发环境(IDE)来创建新应用。在那里将看到，IDE 创建了一个默认的 GUI，它包含文本"Hello world!"。然后，通过布局编辑器的 Design 视图和 Text 视图以及 Properties 窗口，可视化地构建一个简单的图形用户界面(GUI)，它由一些文字和一个图像组成(见 2.5 节)。

2.2.2 LinearLayout，TextView 和 ImageView

Android 中的 GUI 组件称为视图(view)。布局(layout)是包含并管理其他视图的视图。这里将使用一个纵向 LinearLayout 来管理应用的文本和图像，每一个都占据该 LinearLayout 纵向空间的一半。LinearLayout 也可以横向排列视图。

这个应用的文本是通过一个 TextView(文本视图)展示的，而图像是通过 ImageView(图像视图)显示的。由 Android Studio 创建的默认 GUI，已经包含一个 TextView。2.5.5 节中将更改它的属性，包括它的文本、字号、字体颜色以及尺寸等，这些属性与 LinearLayout 中的 ImageView 属性有关。还将使用布局编辑器的 Palette(调色板)(见图 2.11)，将 ImageView 拖放到 GUI 中(见 2.5.11 节)，然后配置它的属性，包括图像来源以及 LinearLayout 中的位置设定。

2.2.3 可扩展标记语言(XML)

可扩展标记语言(XML)是描述 GUI 内容的一种自然方法。XML 是人和计算机都可理解的文本语言，在 Android 上下文中，XML 用于指定要使用的布局和组件，以及它们的属性，比如大小、位置、颜色、字号、边界以及阴影等。Android Studio 会解析 XML 并在布局编辑器中显示它的设计样式，然后产生运行时 GUI 所需的 Java 代码。下一小节将利用 XML 文件来保存应用的资源，比如字符串、数字和颜色等(见 2.2.4 节)。

2.2.4 应用的资源

实践表明，将所有字符串值、数字值和其他的值在资源文件中定义，并将这些文件放到工程的 res 文件夹的子文件夹里，是一种好的做法。2.5.5 节中将讲解如何为字符串(比如 TextView 中的文本)及度量值(比如字号)创建资源。对于 TextView 的字体颜色，需通过 Google 的 Material Design 颜色调色板来创建一个颜色资源：

> http://www.google.com/design/spec/style/color.html

2.2.5 辅助性

Android 提供许多辅助功能，以帮助残障人士使用他们的设备。例如，有视觉障碍的人，可以利用 Android 的 TalkBack 功能，使设备读出屏幕上显示的文本内容，或者读出应用中为理解 GUI 组件的作用而设置的内容。Android 的 Explore by Touch 功能，使用户通过点触屏幕就能听到 TalkBack 发出的关于触点附近的信息的讲解。2.7 节中探讨的就是如何利用这些特性，以及如何为残障人士设置应用的视图。

2.2.6 国际化

Android 设备在全球广泛使用。为了尽可能地吸引更多用户，应用需要考虑本地化和语言定制的功能。能够使应用配置成各种本地化设置的定制功能，称为国际化；将应用定制成某种特定于本地设置的操作，称为本地化。2.8 节讲解的是如何将 Welcome 应用设置成西班牙语，并将它在该语言环境的 AVD 或西班牙语设备中进行测试。

2.3 创建应用

本书中的示例是用 Android 6 SDK 开发的，它是本书编写时最新的开发工具集。这一节讲解的是如何用 Android Studio 创建一个新工程，书中其他的地方还会介绍 IDE 的更多特性。

2.3.1 启动 Android Studio

正如 1.9 节所述，通过如下快捷按钮即可打开 Android Studio：　，打开后的 IDE 会显示 Welcome 窗口（见图 1.17）或者上一次打开的工程。

2.3.2 创建新工程

工程（project）是一组相关文件，如代码文件、资源文件和图像，它们构成了一个应用。为了创建应用，必须首先创建它的工程。为此，需单击 Welcome 窗口中的 Start a new Android Studio project，或者在打开的工程中选择 File > New > New Project…，这会显示一个 Create New Project 对话框（见图 2.2）。

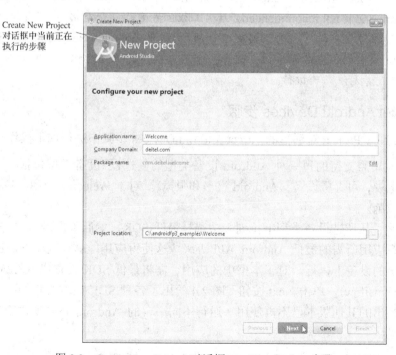

图 2.2　Create New Project 对话框——New Project 步骤

2.3.3 Create New Project 对话框

在Create New Project对话框的Configure your new project步骤（见图2.2），指定如下信息，然后单击Next按钮：

1. Application name：应用的名称。这里输入"Welcome"。
2. Company Domain：公司网站的域名。这里使用作者的 deitel.com 域名。如果用于学习，则可使用 example.com，但是在发布该应用时必须更改域名。
3. Package name：应用的源代码所用的 Java 包名称。Android 和 Google Play 商店将其作为应用的唯一标识符，在上载到 Google Play 商店的所有版本中，都必须保持一致。通常，包名称以公司或机构域名的逆序开头。例如，作者所在公司的域名是 deitel.com，则 Java 包名称将以 com.deitel 开头。一般情况下，后面紧跟着的是应用的名称（全为小写且不含空格）。习惯上，包名称为全小写字母形式。IDE 会根据 Application Name 和 Company Domain 中输入的文本来设置包名称。可以单击包名称右侧的 Edit 链接，以更改包名称。
4. Project location：用于保存工程文件的计算机路径。默认情况下，Android Studio 会将新的工程文件夹置于用户账户目录下的 AndroidStudioProjects 子文件夹下。工程的文件夹名称由删除了空格的工程名称组成。也可以通过输入一个路径来指定工程文件的位置，或者单击右边的省略号按钮，为工程挑选一个位置。选中某个位置后，单击 OK 按钮即可。单击 Next 按钮，进入下一步。

> **错误防止提示 2.1**
>
> 如果用于保存工程的文件夹路径名称包含空格，则 Create New Project 对话框会显示消息"Your project location contains whitespace. This can cause problems on some platforms and is not recommended."（"工程位置名称包含空格，这会在某些平台下导致问题。不推荐这样做。"）为了解决这个问题，需单击 Create New Project 对话框中 Project location 域右侧的省略号按钮，选择一个不含空格的位置名称。否则，工程可能无法编译通过或者无法正确执行。

2.3.4 Target Android Devices 步骤

在 Create New Project 对话框的 Target Android Devices 步骤中进行如下操作（见图2.3）：

1. 选中应用需支持的每一种 Android 设备类型的复选框（设备类型包括：手机和平板电脑，电视，可穿戴设备，Android 汽车和眼镜）。对于 Welcome 应用，只需选中手机和平板电脑。
2. 接下来，从所选设备类型下拉列表中选择最低 SDK，然后单击 Next 按钮。最低 SDK 是运行应用所需的最低 Android API 等级。这使得应用能够在处于该 API 等级以及更高等级的设备上执行。对于本书中的应用，需将最低 SDK 设置成 API23: Android 6.0（Marshmallow）。单击 Next 按钮。图 2.4 给出了各种 SDK 版本及它们的 API 等级——没有列出的其他版本已不再使用。运行不同平台的 Android 设备所占百分比的统计，请参见：

http://developer.android.com/about/dashboards/index.html

软件工程结论 2.1

将最低 SDK 值设置得越小，就可使应用能在更多的设备上运行。例如，到本书编写时为止，API 15 可运行于 94%的设备上。通常而言，需将应用设置成最低的 API 等级。如果需将应用安装到一些旧版本的平台上，则应禁用那些它们不支持的新特性。

图 2.3　Create New Project 对话框——Target Android Devices 步骤

SDK 版本	API 等级	SDK 版本	API 等级	SDK 版本	API 等级
6.0	23	4.3	18	2.3.3 ~ 2.3.7	10
5.1	22	4.2.x	17	2.2	8
5.0	21	4.1.x	16		
4.4	19	4.0.3 ~ 4.0.4	15		

图 2.4　不同的 Android SDK 版本以及 API 等级（http://developer.android.com/about/dashboards/index.html）

2.3.5　Add an Activity to Mobile 步骤

在 Add an Activity to Mobile 步骤（见图 2.5）可选择应用的模板。模板为常用的应用设计和逻辑关系提供了一些预配置值。

图 2.6 简要给出了图 2.5 中所用的 4 种常用模板。我们为 Welcome 应用选择 Empty Activity 模板，然后单击 Next 按钮。这个模板定义了一个单屏应用，显示字符串"Hello World!"。后续几章中将用到另外的模板。对于多屏应用，可以通过添加图 2.5 中所示的某种模板来定义新的界面。例如第 4 章的 Flag Quiz 应用中，通过添加一个 Settings Activity 模板来增加界面，让用户指定测验的设置。

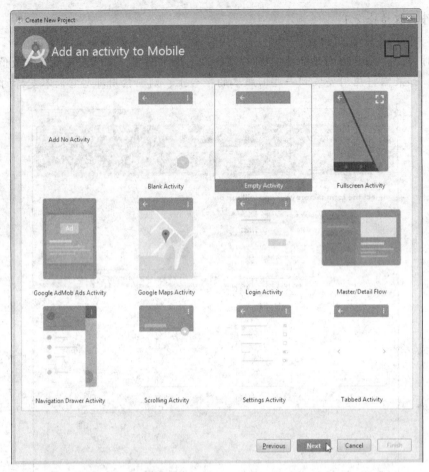

图 2.5　Create New Project 对话框——Add an activity to Mobile 步骤

模　板	描　述
Blank Activity	用于单屏应用，大多数 GUI 都位于这一屏中。会在应用的顶部提供一个应用栏，显示应用的名称及供用户与应用交互的控件。也包含材料设计 FloatingActionButton
Fullscreen Activity	用于单屏应用（与 Blank Activity 类似），但是可以显示或者隐藏设备的状态栏和应用的应用栏
Master/Detail Flow	用于显示一组项目清单的应用，用户可选择其一来查看细节，这与 Android 内置的 Email 应用和 Contacts 应用类似。用户从主清单选中某一项，就会在详细视图中显示它的内容。对于平板电脑，项目清单和细节会在同一屏幕上并排显示；对于手机，项目清单和细节会分屏显示

图 2.6　可供选择的三种模板

2.3.6　Customize the Activity 步骤

这一步（见图 2.7）与前一步中的所选模板有关。对于 Empty Activity 模板，可指定：

- Activity Name——MainActivity 是默认的名称。它会成为控制应用执行的 Activity 子类的名称。从下一章开始，将逐步修改这个类，以实现应用的功能。
- Layout Name——activity_main 是默认的名称。这个文件(扩展名为.xml)保存的是应用 GUI 的 XML 表示，该 GUI 将在 2.5 节中利用可视化技术创建。

对于这个应用保持默认的设置即可。最后单击 Finish 按钮，完成工程的创建工作。

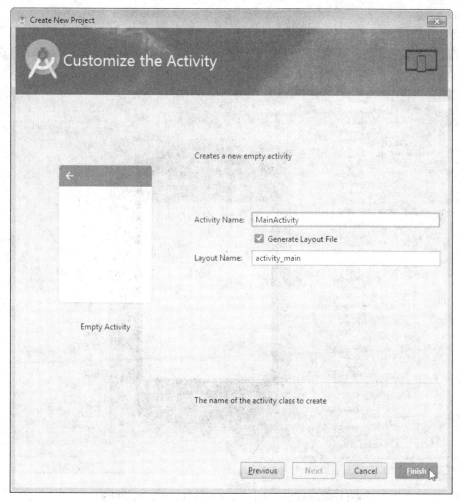

图 2.7　Create New Project 对话框——Customize the Activity 步骤

2.4　Android Studio 窗口

创建完工程后，IDE 会同时打开 MainActivity.java 文件和 activity_main.xml 文件。关闭前一个文件，使 IDE 如图 2.8 所示。这个 IDE 显示的是一个布局编辑器，在此可设计应用的 GUI。这里将只探讨设计 Welcome 应用时所需的那些 IDE 特性。书中其他的地方还会介绍更多的 IDE 特性。

2.4.1　Project 窗口

Project 窗口提供了对工程中所有文件的访问。可以同时在 IDE 中打开多个工程，每一个都具有自己的窗口。图 2.9 中展示了 Project 窗口中 Welcome 应用工程的内容，这里展开了 res 文件夹以及下面的 layout 文件夹。后面将编辑 app 文件夹中包含的文件，以创建应用的 GUI 和业务逻辑。app 文件夹的内容被分类成几个嵌套的子文件夹。本章中将只使用位于 res 文件夹下的文件，它们将在 2.4.4 节讨论，而其他文件夹下的内容会在后续几章中探讨。

图 2.8　在 Android Studio 中打开的 Welcome 工程

2.4.2　编辑器窗口

图 2.8 中 Project 窗口的右侧是布局编辑器窗口。双击 Project 中的某个文件，其内容会根据文件类型显示在某个编辑器窗口中。对于 Java 文件，会显示 Java 源代码编辑器；对于用来表述 GUI 的 XML 文件（比如 activity_main.xml），默认显示的是布局编辑器的 Design 选项卡（它包含设计效果的预览图），但可以单击 Text 选项卡来查看对应的 XML 文件内容。如果预览图没有出现，则可以选择 View > Tool Windows > Preview。对于其他的 XML 文件，根据文件性质的不同，显示的是某种定制的 XML 编辑器或者基于文本的 XML 编辑器。用于 Java 文件和 XML 文件的代码编辑器，可利用"代码补全"功能来快速输

图 2.9　Project 窗口

入正确的代码——输入代码时，可以按回车键根据当前"代码补全"窗口中高亮显示的内容来自动补全 Java 代码元素或 XML 元素的名称，以及属性的名称或值。

2.4.3 Component Tree 窗口

当 Design 视图中打开了布局编辑器时，Component Tree 窗口会出现在 IDE 的右侧（见图 2.8）。这个窗口中包含的是构成 GUI 的那些布局和视图（GUI 组件）以及它们的父子关系。例如，一个布局（父亲）可能包含多个嵌套的视图（儿子），也可能包含其他的布局。

2.4.4 应用的资源文件

诸如 activity_main.xml 的布局文件称为应用的资源，它们存放在工程 res 文件夹的子文件夹下。每一个子文件夹都包含不同的资源类型。Welcome 应用的三个资源子文件夹在图 2.10 中列出，其他的文件夹（menu，animator，anim，color，mipmap，raw 和 xml）会在别处探讨。

资源子文件夹	描述
drawable	包含可绘制的文件（通常包含图像）。这些文件夹也可能包含表示形状或其他可绘制类型的 XML 文件，比如体现按钮的按下/释放状态的图像
layout	包含描述 GUI 的 XML 文件，比如 activity_main.xml
values	包含指定某些值的 XML 文件，比如数组值（arrays.xml）、颜色值（colors.xml）、维度值（dimens.xml，包括宽度、高度、字号等）、字符串值（strings.xml）和样式值（styles.xml）。这些文件名称是一种习惯用法但并不是必须的，实际上，完全可以将所有类型的资源放入一个文件中。一种好的做法是将数组、颜色、尺寸、字符串、样式等数据在独立的资源文件中提供，以便修改时不必改动应用的 Java 代码。例如，如果代码中有多个地方需要用到维度资源，则只需一次性改动资源文件中的维度值，而不必在应用的 Java 源代码文件中用到维度值的多个地方逐一修改

图 2.10 本章中用到的工程 res 文件夹下的子文件夹

2.4.5 布局编辑器

首次创建工程时，IDE 会在布局编辑器中打开应用的 activity_main.xml 文件（见图 2.11）。也可以双击 res/layout 文件夹下的 activity_main.xml 文件，在布局编辑器中打开它。

选择屏幕类型

Android 应用可以在许多不同类型的设备上运行。本章将设计的是一个 Android 手机 GUI。正如"学前准备"小节中提到的那样，书中将使用模拟 Google Nexus 6 手机的 AVD。布局编辑器可以配置成多种设备，以模拟设计 GUI 时需使用的各种屏幕尺寸和分辨率。本章将使用预定义的 Nexus 6，它可以从图 2.11 布局编辑器顶部的虚拟设备下拉列表中选择——默认为 Nexus 4。这并不意味着应用只能在 Nexus 6 上执行，它表示设计是针对与 Nexus 6 具有相似屏幕尺寸和分辨率的设备的。后面的几章中，将讲解如何让 GUI 根据不同的设备相应地进行比例调整。

2.4.6 默认 GUI

只包含一个空白页的应用（见图 2.11），其默认的 GUI 是一个具有白色背景的 RelativeLayout 和一个包含文本"Hello World!"的 TextView。RelativeLayout 负责管理视图或者布局间的排列关系。例如，可以将一个视图指定成位于另一个视图的下方，且在 RelativeLayout 内水平居中放置。对于 Welcome 应用，需将 RelativeLayout 改成纵向 LinearLayout，以使文本和图像在屏幕上从上到下排列，且各占一半的屏幕高度。TextView 用于显示文本内容。还需添加一个 ImageView 来显示图像。2.5 节将进一步讲解 RelativeLayout 和 TextView。

图 2.11 应用的默认 GUI 的布局编辑器视图

2.4.7 默认 GUI 的 XML

前面说过，activity_main.xml 文件包含的是 GUI 的 XML 表述。图 2.12 给出了最初的 XML 文件内容。为了便于排版，书中减少了默认 XML 的行缩进量。后面将直接编辑这个 XML 文件，将 RelativeLayout 改成 LinearLayout。

属性值以"@"开头，比如第 6 行：

    @dimen/activity_vertical_margin

该资源的值在另一个文件中定义。默认情况下，XML 编辑器会显示资源的实际值（第 6 行中的资源为 16dp），并以浅绿色背景高亮显示该值（如果使用的是深色 Android Studio 主题，则为浅灰色）。这样就可以看到资源在某个特定环境下的实际值了。如果单击该字面值（@dimen/activity_vertical_margin 表示实际值 16dp），则编辑器会显示对应的资源名称。

```xml
1  <?xml version="1.0" encoding="utf-8"?>
2  <RelativeLayout xmlns:android="http://schemas.android.com/apk/res/android"
3      xmlns:tools="http://schemas.android.com/tools"
4      android:layout_width="match_parent"
5      android:layout_height="match_parent"
6      android:paddingBottom="@dimen/activity_vertical_margin"
7      android:paddingLeft="@dimen/activity_horizontal_margin"
8      android:paddingRight="@dimen/activity_horizontal_margin"
9      android:paddingTop="@dimen/activity_vertical_margin"
10     tools:context=".MainActivity">
11
12     <TextView
13         android:layout_width="wrap_content"
14         android:layout_height="wrap_content"
15         android:text="@string/hello_world" />
16
17 </RelativeLayout>
```

图 2.12 activity_main.xml 文件的初始内容

2.5 用布局编辑器构建应用的 GUI

接下来将创建 Welcome 应用的 GUI。IDE 的布局编辑器使用户能够通过拖放视图来建立应用的 GUI，比如 TextView（文本视图）、ImageView（图像视图）、Button（按钮）等。默认情况下，用 Empty Activity 模板创建的应用，其 GUI 布局被保存在一个 activity_main.xml 文件中，它位于工程的 res/layout 文件夹下。本章将通过布局编辑器和 Component Tree 窗口来创建 GUI。将编辑 activity_main.xml 文件的内容，更改应用的布局，以安排它的 TextView 和 ImageView。

2.5.1 向工程添加图像

我们需在工程中添加一个图像。这里使用的是 Deitel 小虫图标（bug.png）[①]，它位于本书配套资源的 images/Welcome 文件夹下。图像资源的文件名，以及其他所有资源的文件名，都只能包含小写字母。

drawable 文件夹

由于 Android 设备具有不同的屏幕尺寸、分辨率和像素密度（即每英寸的点数，DPI），所以 Android 允许用户提供具有不同分辨率的图像文件，操作系统会根据实际的设备像素密度进行选择。这些文件位于 res/drawable 文件夹下，每一个都具有不同的像素密度（见图 2.13）。例如，用于与 Google Nexus 6 的像素密度（560 dpi）相近的设备的图像文件（它会用在本书的手机 AVD 中），被放置在文件夹 drawable-xxxhdpi 下；用于低像素密度设备的图像文件，位于其他的 drawable 文件夹下。每一个文件夹所代表的像素密度，通常都与实际设备的像素密度最为接近。

即使工程包含多种密度的资源，Android Studio 也只会显示包含该应用的 drawable 资源的一个

密度	描述
drawable-ldpi	低密度。大约每英寸 120 点
drawable-mdpi	中密度。大约每英寸 160 点
drawable-hdpi	高密度。大约每英寸 240 点
drawable-xhdpi	超高密度。大约每英寸 320 点
drawable-xxhdpi	甚高密度。大约每英寸 480 点
drawable-xxxhdpi	极高密度。大约每英寸 640 点

图 2.13 Android 的像素密度

[①] 在使用图像之前，需确保已经获得授权。有些图像的版权要求付费才能使用，而其他的可以免费使用，或者具有 Creative Commons (creativecommons.org)许可。

drawable 文件夹。对于保存在文件夹 drawable-xxxhdpi 下的资源，Android Studio 会在工程的 drawable 文件夹下显示成

filename.xml (xxxhdpi)

对于这个应用，书中只为图像提供了一个版本。如果无法在 drawable 文件夹下找到与设备的像素密度最接近的图像文件，则 Android 会使用另一个 drawable 文件夹下的文件，并按比例缩放像素。默认情况下，Android Studio 只会创建一个不带 DPI 限定符的 drawable 文件夹，Welcome 应用中就是这样。关于 Android 中支持多种屏幕以及屏幕尺寸的详细信息，请访问：

http://developer.android.com/guide/practices/screens_support.html

 外观设计观察 2.1

> 低分辨率图形在缩放时的效果不佳。为了很好地呈现图形，与低像素密度的设备相比，高像素密度的设备需要更高分辨率的图形。

向工程添加 bug.png 图像

执行如下步骤可向工程添加这个图像：

1. 在 Project 窗口中展开工程的 res 文件夹。
2. 进入本书配套资源的 images/Welcome 文件夹下。
3. 将 bug.png 文件复制到 Android Studio 的 Project 窗口的 res/drawable 文件夹下。
4. 在 Copy 对话框中单击 OK 按钮。

现在，就可以将图像用于这个应用中了。

2.5.2 添加应用图标

将应用安装到设备上之后，它的图标和名称(以及其他已安装的应用)就会出现在启动栏中，单击主屏幕上的 图标，即可运行它。为了添加应用的启动图标，需选择 New > Image Asset，打开 Asset Studio 窗口(见图 2.14)，将应用的图标配置成一个图像、一张剪贴画或一段文本。

对于这个应用，选取来自于配套资源中 images 文件夹下的 DeitelOrange.png 图像作为图标。为此，需执行如下步骤：

1. 单击 Image file 域旁边的省略号按钮。
2. 进入本书例子目录下的 images 文件夹。
3. 选择 DeitelOrange.png 文件并单击 OK 按钮。对话框的 Preview 区会显示出图像的预览版本。
4. 依次单击 Next 和 Finish 按钮。

IDE 会创建该图像的多个缩放版本，每一个的名称都为 ic_launcher.png，而位置为 res 文件夹下不同的 mipmap 子文件夹①。这些 mipmap 子文件夹与 drawable 子文件夹类似，但它们专门用来保存应用的图标。当将应用上载到 Google Play 时，可以为不同设备尺寸和屏幕分辨率上载应用的多个版本。mipmap 文件夹下的所有图像文件，都会随应用而上载。不过对于针对某种特定像素密度的 drawable 文件夹，可以删除它而不上载，以最小化某种特定设备的总文件安装大小。

---

① 关于术语 mipmap 的解释，请参见 https://en.wikipedia.org/wiki/Mipmap。

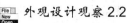
外观设计观察 2.2

有时，这些图像在进行分辨率调整时会表现得不尽如人意。对于希望将应用上载到 Google Play 商店的人而言，可能希望针对不同的分辨率都有一个经过艺术设计的图标。第 10 章中将探讨如何将应用提交给 Google Play 商店，并会列出几个提供免费或收费图标设计服务的公司。

图 2.14　在 Asset Studio 窗口中配置启动图标

2.5.3　将 RelativeLayout 改成 LinearLayout

打开一个布局 XML 文件时，该布局的设计样式会出现在布局编辑器中，而布局的视图以及它们的层次关系会出现在 Component Tree 窗口中(见图 2.15)。为了配置布局或视图，可在布局编辑器或 Component Tree 中选择它，然后通过 Component Tree 下面的 Properties 窗口来指定视图的属性值，而不必直接编辑 XML 文件。设计或修改更复杂的布局时，直接在 Component Tree 中进行操作通常更容易一些。

图 2.15　Component Tree 窗口中的分层 GUI 视图

对于某些 GUI 的改动，比如将默认 RelativeLayout 改成 LinearLayout，则必须直接编辑布局的 XML 文件(随着 Google 提升布局编辑器的功能，以后有可能无须这样做)。为此，需执行如下操作：

1. 单击布局编辑器底部的 Text 选项卡，将 Design 视图切换成布局的 XML 文本。
2. 在 XML 顶部（见图 2.12 第 2 行）双击 XML 元素名称 RelativeLayout，选中它，然后输入 LinearLayout。
3. 输入时，IDE 会同步编辑对应的结尾 XML 标签（见图 2.12 第 17 行），以保持它们的对应关系，同时还会出现一个代码补全窗口，其中包含以已输入的字母开头的元素名称。等到 LinearLayout 出现在代码补全窗口中且已被高亮选中时，按回车键，这会使 Android Studio 自动完成编辑。
4. 将文件存盘，返回到布局编辑器的 Design 选项卡。

图 2.16　将 RelativeLayout 改成 LinearLayout 后的 Component Tree

现在，Component Tree 窗口看起来应像图 2.16 那样。

2.5.4　改变 LinearLayout 的 id 和 orientation 属性

本节将设置 LinearLayout 的属性。通常而言，需要为每一个布局和组件定义一个名称。这样做可方便标识 Component Tree 中的视图，并便于在编程时对视图进行操作。后续的应用将这样做。

当 GUI 显示在布局编辑器中时，可以利用 Component Tree 下面的 Properties 窗口（见图 2.8）来配置所选视图的属性。也可以双击画布中的视图，编辑那些最常用的属性（本节中就将这样做）。布局编辑器会显示一个小对话框，设置视图的 id 属性以及其他的属性：

- 对于 LinearLayout，可将 orientation 属性设置成将它的子视图按横向或纵向排列。
- TextView 用于设置要显示的文本。
- ImageView 用于设置要显示的图像的来源。

设置 LinearLayout 的方向和 id 属性

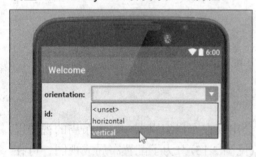

图 2.17　设置 LinearLayout 的方向

为了更改 LinearLayout 的方向，需双击布局编辑器中虚拟手机屏幕的白背景，显示一个包含常见 LinearLayout 属性的对话框，然后从 orientation 下拉列表中选择 vertical，如图 2.17 所示。这会设置属性的值，并且对话框消失。视图名称由其 id 属性定义，该属性在 XML 文件的 android:id 部分指定。双击虚拟手机屏幕的白背景，在 id 域中输入 welcomeLinearLayout，按回车键，对话框消失。

id 属性的 XML 表示

在布局的 XML 文件中（通过布局编辑器底部 Text 选项卡查看），LinearLayout 的 android:id 具有值：

    @+id/welcomeLinearLayout

语法 "@+id" 中的加号表明，应当为斜线右边的标识符创建一个新的 id。某些情况下，XML 文件中不带加号的语法表示的是一个已经存在的视图，例如，用于指定 RelativeLayout 中多个视图之间的关系。

2.5.5 配置 TextView 的 id 和 text 属性

Welcome 应用的默认 GUI 已经包含一个 TextView，所以只需修改它的属性即可。

设置 TextView 的 id 属性

双击布局编辑器中的 TextView，在出现的对话框中将 id 设置成 welcomeTextView，按回车键。

使用字符串资源配置 TextView 的 text 属性

根据 Android 针对应用资源的文档：

http://developer.android.com/guide/topics/resources/index.html

将字符串、字符串数组、图像、颜色、字号、维度以及其他应用资源的定义置于工程 res 文件夹的子文件夹内，以便将它们与应用的 Java 代码分离而单独管理它们，被认为是一种好的做法。这称为"外部化资源"。例如，如果在外部定义颜色值，则使用同一种颜色的所有组件都能够被更新到一种新的颜色，只需在中心资源文件中改变颜色的值即可。

如果希望在几种不同的语言中本地化应用，则将字符串的存储与应用的代码相分离，轻易就能够改变语言。在工程的 res 文件夹下的 values 子文件夹中，包含的 strings.xml 文件用于保存应用的默认语言设置——本书中为英语。为了向其他语言提供本地化文字，可以为每一种语言创建一个 values 文件夹，2.8 节中将演示这种做法。

为了设置 TextView 的 text 属性，需在 strings.xml 文件里创建一个新的字符串资源：

1. 双击或者选中布局编辑器里的 welcomeTextView，找到 Properties 窗口中的 text 属性。
2. 单击属性值右侧的省略号按钮，显示 Resources 对话框。
3. 在该对话框中单击 New Resource，然后选择 New String Value...，显示 New String Value Resource 对话框，按如图 2.18 所示分别输入 Resource name: 域和 Resource value: 域的值。其他设置保持不变（它们将在后面的小节中探讨），单击 OK 按钮，就创建了一个新的字符串资源 welcome，还将它设置成了 TextView 的 text 属性值。

现在，Properties 窗口中的 text 属性看起来应像图 2.19 那样。前缀 "@string/" 表示有一个字符串资源将被用来获取 text 属性的值，而 "welcome" 表示该字符串资源。默认情况下，字符串资源放在 strings.xml 文件中（位于 res/values 文件夹下）。

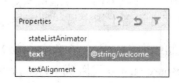

图 2.18　New String Value Resource 对话框　　图 2.19　更改了 TextView 的 text 属性后的 Properties 窗口

2.5.6 配置 TextView 的 textSize 属性

指定尺寸时可以有多种度量单位(见图 2.20)。用于支持多种屏幕尺寸的文档建议如下：为视图以及其他屏幕元素的维度使用密度无关像素(density-independent pixel)，为字号使用缩放无关像素(scaled-independent pixel)：

http://developer.android.com/guide/practices/screens_support.html

将 GUI 定义成密度无关像素，将使 Android 平台会根据实际设备屏幕的像素密度来自动缩放 GUI。1 个密度无关像素，等于 160 dpi(每英寸的点数)的屏幕上的 1 个像素。在 240 dpi 的屏幕上，每一个密度无关像素都会放大 240/160 倍(即 1.5 倍)。这样，一个具有 100 密度无关像素宽的屏幕，将被放大成 150 个实际的像素宽度。在 120 dpi 的屏幕上，

单位	描述
px	像素
dp 或 dip	密度无关像素
sp	缩放无关像素
in	英寸
mm	毫米

图 2.20 度量单位

每一个密度无关像素都会放大 120 / 160 倍(即 0.75 倍)。这样，一个具有 100 密度无关像素宽的屏幕，将被放大成 75 个实际的像素宽度。缩放无关像素会如同密度无关像素一样缩放，也会根据设备中指定的用户首选字号进行缩放。

为手机上的字号创建维度资源

我们需要放大 TextView 的字号。更改字号的方法如下：

1. 在布局编辑器中选取 welcomeTextView。
2. 找到 textSize 属性，然后在右侧列中单击以显示省略号按钮。单击该按钮，出现一个 Resources 对话框。
3. 在该对话框中单击 New Resource，然后选择 New Dimension Value…，显示 New Dimension Value Resource 对话框。
4. 在该对话框中将 Resource name 设置成 welcome_textsize，将 Resource value 设置成 40 sp，然后单击 OK 按钮，返回到 Resources 对话框。"40 sp"中的"sp"表示采用的是缩放无关像素；维度值(例如，10 dp)中的"dp"，表示密度无关像素。这里使用"40 sp"来显示手机上的文本。

现在，Properties 窗口中的 textSize 属性具有值：

@dimen/welcome_textsize

前缀"@dimen/"表示 textSize 属性的值为一个维度资源，而"welcome_textsize"就是这个维度资源。默认情况下，维度资源被放在 dimens.xml 文件中(位于 res/values 文件夹下)。

为大尺寸平板电脑设备上的字号创建维度资源

40 sp 的字号对于手机大小的设备而言正合适，但在平板电脑上就显得有点小了。Android 可以根据设备的尺寸、方向、像素密度、语言、位置等自动选择不同的资源值。为了在平板电脑这样的大尺寸设备上指定另一种字号，需进行如下操作：

1. 按上面的讲解打开 New Dimension Value Resource 对话框。
2. 将 Resource name 设置成 welcome_textsize(资源名称必须与 Android 自动选择不同资源值时的名称相匹配)，将 Resource value 改成 80 sp。

3. 接下来，需新创建一个针对大型设备(比如平板电脑，其宽度和高度至少为 600 dp)的 values 资源文件夹。在 New Dimension Value Resource 对话框中，不选中 values 复选框，单击 Add 按钮 ，打开 New Resource Directory 对话框。在该对话框的 Available qualifiers 列表中选择 Screen Width，单击双大于号按钮，将屏幕的 Screen Width 限定符添加到 Chosen qualifiers 列表中。在 Screen width 域中输入 600。

4. 接着，将 Screen Height 限定符添加到 Chosen qualifiers 列表中，在 Screen height 域中输入 600。

5. 单击 OK 按钮，就新创建了一个 values-xlarge 资源文件夹。

6. 在 New Dimension Value Resource 对话框中，选中 values-w600dp-h600dp 复选框，单击 OK 按钮。这会在 dimens.xml 文件中创建另一个 welcome_textsize 维度资源，该文件位于工程的 res/valuesw600dp-h600dp 文件夹下。Android 会为宽度和高度都超过 600 dp 的超大型屏幕使用该资源，尤其是 Android 平板电脑设备。这个新的 dimens.xml 资源文件会出现在 Android Studio 的 res/values/dimens.xml 节点下，形式为

    dimens.xml (w600dp-h600dp)

2.5.7 设置 TextView 的 textColor 属性

如果需要设置应用的颜色，Google 的材料设计指南推荐使用来自于材料设计颜色调色板中的色彩：

http://www.google.com/design/spec/style/color.html

颜色可用 RGB 值(红-绿-蓝)或 ARGB 值(Alpha-红-绿-蓝)指定。RGB 值由 0~255 的整数值构成，分别定义颜色中红色、绿色和蓝色分量的比例。这种颜色值以十六进制格式表示，因此 GRB 分量的值范围为 00(0 的十六进制值)到 FF(255 的十六进制值)。

Android 还支持范围为 00~FF 的 Alpha(透明度)值，其中 0 表示完全透明，而 FF 正好相反。如果希望使用 Alpha 值，则可以用格式#AARRGGBB 指定颜色，其中前两个十六进制数字表示 Alpha 值。

如果每一种颜色分量的两个数字都相同，则可以使用格式#RGB 或者#ARGB。例如，RGB 值#9AC 与#99AACC 等价，ARGB 值#F9AC 与#FF99AACC 等价。

为了将 TextView 的 textColor 属性设置成另一种颜色资源，需进行如下操作：

1. Properties 窗口中单击省略号按钮，显示 Resources 对话框，然后单击 New Resource，选择 New Color Value…。

2. 在 New Color Value Resource 对话框的 Resource name 域中输入 welcome_text_color，Resource value 域中输入#2196F3(见图 2.21)，然后单击 OK 按钮。

2.5.8 设置 TextView 的 gravity 属性

当 TextView 中的文本需折成多行居中显示时，需将它的 gravity 属性设置成 center。为此，应展开该属性对应的节点，选中 center 复选框(见图 2.22)。

2.5.9 设置 TextView 的 layout:gravity 属性

位于布局中的每一个视图，都具有各种布局属性，以便确定视图的尺寸和位置。当在布局

编辑器或者 Component Tree 中选取某个视图时，Properties 窗口会在顶部列出它的 layout 和 style 属性，后面则是按字母顺序排列的其他属性（见图 2.23）。

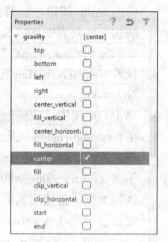

图 2.21　将 TextView 的 textColor 属性设置成另一种颜色资源　　图 2.22　TextView 的 Gravity 属性的选项

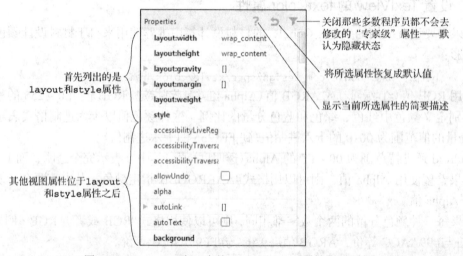

图 2.23　Properties 窗口中的 layout 和 style 属性位于顶部

这个应用中，需将 TextView 在 LinearLayout 里水平居中放置。为此，需按如下步骤将它的 layout:gravity 属性设置成水平居中：

1. 选中 TextView，展开 Properties 窗口中的 layout:gravity 属性节点。
2. 单击 center 选项右侧的值域，选择 horizontal 选项（见图 2.24）。

在布局 XML 文件中，布局属性的名称以"layout_"开头。前述 layout:gravity 属性设置在 XML 文件中被描述成

图 2.24　设置 layout:gravity 属性值

```
android:layout_gravity="center_horizontal"
```

2.5.10 设置 TextView 的 layout:weight 属性

LinearLayout 可以根据各个子视图的 layout:weight 属性按比例确定它们的大小,该属性指定布局中各个视图间的相对尺寸。默认情况下,添加到 LinearLayout 中的每一个视图,其 layout:weight 属性值都为 0,表示它不会按比例来确定大小。

本应用中,我们希望 TextView 和 ImageView 各占据 LinearLayout 竖向空间的一半。为此,需将这两个视图的 layout:weight 属性设置成相同值。LinearLayout 利用每一个视图的 layout:weight 值与总的 layout:weight 值的比例来为该视图分配空间。这里将 TextView 和 ImageView 的 layout:weight 值都设置成 1(见 2.5.11 节),因此总的 layout:weight 值为 2,每一个视图都会占据布局高度的一半空间。

如果只希望 TextView 占据 1/3 高度,则可以将它的 layout:weight 值设置成 1,而将 ImageView 的这个值设置成 2。这样,总的 layout:weight 值为 3,因此 TextView 只会占据 1/3 的空间,而 ImageView 会占据余下的 2/3。

将 TextView 的 layout:weight 值设置成 1 后,布局编辑器会在 layout:height 属性的左边显示一个灯泡图标(💡)。如果它没有即时出现,则需单击 Properties 窗口中的 layout:height 属性。这种图标由 IDE 中一个称为"Android Lint"的工具产生,它警告程序员有潜在的问题存在并提示如何修复它。单击这个图标,IDE 会显示消息"Use a layout_height of 0dp instead of wrap_content for better performance."(出于性能考虑,建议使用 0 dp 的 layout_height 属性值而不是 wrap_content)。单击这条消息,采用推荐的方法。这一变化会使 LinearLayout

图 2.25　配置完 TextView 后的布局编辑器

更高效率地计算它的视图大小。现在,布局编辑器窗口看起来应像图 2.25 那样。

> **错误防止提示 2.2**
>
> Android Lint 会检查工程中的常见错误,并会为更好的安全性、性能优化、辅助性提升、国际化等提供建议。这类检查可发生于构建应用和编写代码时。也可以选择 Analyze > Inspect Code…,对指定文件甚至整个工程进行额外的检查。更多信息,请访问 http://developer.android.com/tools/help/lint.html。有关 Android Lint 的配置选项和输出,请参见 http://developer.android.com/tools/debugging/improving-w-lint.html。

2.5.11 添加 ImageView,显示图像

接下来,将在 GUI 中添加一个 ImageView 视图控件,以显示 2.5.1 节添加到工程中的那个图像。具体做法是将 Palette 的 Widgets 部分中的 ImageView 拖放到 TextView 下面的画布中。将视图拖入画布时,布局编辑器会显示橘色或绿色的引导线,以及一个工具提示框:

- 橘色引导线表示布局中每一个已有的视图的边界。
- 绿色引导线表示新视图相对于已有视图将放置的位置——默认情况下，它将置于竖向 LinearLayout 的底部，除非将鼠标定位到布局中最上面那个视图的橘色框的上面。
- 工具提示框显示的是将视图放置在当前位置时会如何配置它。

为了添加并配置 ImageView，需进行如下操作：

1. 打开 Palette 的 Widgets 部分，将一个 ImageView 拖放到画布中，如图 2.26 所示。释放鼠标键之前，应确保位于顶部的工具提示框中出现的是 center，它表明布局编辑器会将 ImageView 的 layout:gravity 属性值设置成在 LinearLayout 里竖向居中。当通过释放鼠标键放置这个 ImageView 时，布局编辑器会假定它的 layout:weight 值与 TextView 的值相同，都为 1，同时也会将它的 layout_height 值设为 0 dp，正如对 TextView 进行设置时那样。新添加的 ImageView 出现在设计区中 TextView 的下方，在 Component Tree 中则位于 welcomeTextView 的下方。这个 ImageView 的属性显示在它的 Properties 窗口中。

图 2.26 将 ImageView 拖放到 GUI 中

2. Properties 窗口中找到 ImageView 的 src 属性（它确定要显示的图像），然后单击它的值域旁边的省略号按钮，显示 Resources 对话框（见图 2.27）。输入单词"bug"，找到 2.5.1 节中添加的那个图像文件，然后单击 OK 按钮。对于 drawable 文件夹下的每一个图像，IDE 都会产生一个唯一的资源 ID（即资源名称），可以通过它来引用这个图像。图像的资源 ID 为不带扩展名的图像文件名称——对于 bug.png 文件而言，资源 ID 即为 bug。
3. 在布局管理器中双击这个 ImageView，将它的 id 属性值设置成 bugImageView。

现在，GUI 看起来应像图 2.28 一样。如果在布局管理器里选中这个 ImageView，则 Android Lint 会在旁边显示一个灯泡图标（），单击它会出现一条消息，提醒没有为视障用户设置属性值。2.7 节中将解决这个问题。

图 2.27　在 Resources 对话框中选取 bug 图像资源

图 2.28　完成设计后的预览效果

2.5.12 预览设计的效果

Android Studio 也支持在多种设备的横向模式下预览设计效果。为了在纵向模式和横向模式间切换，只需单击布局编辑器顶部工具栏中的 Go to next state 按钮(🗔)即可。这有助于确定你的设计是否会随不同的设备模式而做相应调整。为了在多种设备上预览设计效果，需单击布局编辑器顶部的虚拟设备下拉列表(见图 2.11)，然后选择 Preview All Screen Sizes。这会显示清单中每一种设备的缩小版，纵向和横向模式都有(见图 2.29)。这有助于确定你的设计是否在各种设备上都能表现良好。

图 2.29　在各种设备上预览 Welcome 应用的设计效果

单击虚拟设备下拉列表并选择 Remove Previews，即可返回到只显示一种设备的模式。也可以只预览在某种特定设备下的设计效果，只需从虚拟设备下拉列表中选取这种设备即可。

2.6　运行 Welcome 应用

现在就可以运行这个 Welcome 应用了。按照 1.9.3 节中所述的步骤，分别在 Nexus 6 手机和 Nexus 9 平板电脑 AVD 上运行这个应用。图 2.30 和图 2.31 分别展示了它在 Nexus 6 AVD(纵向和横向模式)和 Nexus 9 AVD(横向模式)中的运行效果。按组合键 Ctrl + F11,即可使 AVD 在两种模式之间切换。通常而言,对于那些需同时运行于手机和平板电脑上的应用,还需要提供平板电脑的界面布局,以更好地使用屏幕空间。后面几章中将讲解如何操作。可以尝试按照 1.9.4 节中的步骤在 Android 设备上运行这个应用。

图 2.30　在 Nexus 6 AVD 中运行 Welcome 应用

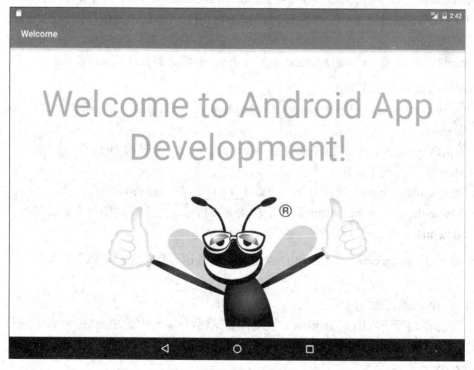

图 2.31　在 Nexus 9 AVD 中运行 Welcome 应用

2.7 为应用增加辅助功能

Android 提供许多辅助功能，以帮助残障人士使用他们的设备。对于视障人士，Android 的 TalkBack 功能可读出屏幕上的文本或者（在设计 GUI 或编程时）用户输入的文本，以帮助用户理解它们的作用。Android 还提供 Explore by Touch 功能，使用户能够听到 TalkBack 说出的所点触屏幕区域的内容。

启用 TalkBack 后，如果用户点触了某个具有辅助文本的视图，则设备会说出组件的辅助性文本并会振动设备，以提示用户。所有标准的视图都支持这种辅助功能。对于那些显示文本的组件，TalkBack 会默认读出其中的文本。例如，当用户点触一个 TextView，TalkBack 会读出它的文本内容。可以在 Accessibility 下面的 Settings 应用中启用 TalkBack。这个页面里还可以启用其他的 Android 辅助功能特性，比如较大的默认字体、使用手势放大屏幕区域等。AVD 目前还不支持 TalkBack，所以必须在设备上运行这个应用才能看到 TalkBack 读出文本的效果。启用 TalkBack 后，Android 会通过 Explore by Touch 提供一个如何使用它的教程。

为 ImageView 启用 TalkBack 功能

Welcome 应用中不必为 TextView 提供更多的描述性文本，因为 TalkBack 会读出它的内容。但是，对于 ImageView 而言，除非为它提供了文本，否则 TalkBack 将无内容可读。最好的做法是确保每一个视图都能使用 TalkBack，方法是为那些不显示文本的视图的 contentDescription 属性设置文本内容。正因为如此，在前面的设计中，IDE 通过布局编辑器 ImageView 旁边的灯泡按钮（ ）警告了我们（见图 2.28），指出存在设计错误。如果单击这个按钮，则会看到一条消息"[Accessibility] Missing contentDescription attribute on image."（[辅助性]图像的 contentDescription 属性缺失）。为这个属性设置的文本内容，必须有助于用户理解该组件的作用。对于 ImageView，文本应能够描述图像。

为 ImageView 设置 contentDescription 属性值（进而消除警告）的方法如下：

1. 布局编辑器中选取 bugImageView。
2. 在 Properties 窗口中单击 contentDescription 属性右边的省略号按钮，打开 Resources 对话框。
3. 单击 New Resource 按钮，选择 New String Value…，显示 New String Value Resource 对话框。
4. 在 Resource name 域中输入"deitel_logo"，在 Resource value 域中输入"Deitel double-thumbs-up bug logo"，然后单击 OK 按钮。这个新的字符串资源会被自动作为 contentDescription 属性的值。

一旦设置了 ImageView 的 contentDescription 属性值，布局编辑器就会移除那个警告灯泡标志。

测试启用了 TalkBack 的应用

将这个应用运行于启用了 TalkBack 的设备上，然后单击其中的 TextView 或者 ImageView，测试 TalkBack 是否读出了相应的文本内容。

动态创建的视图

有些应用可动态地产生视图，以响应用户的交互。对于这种视图，可以通过编程来设置它的辅助性文本。有关这种特性以及 Android 中其他的辅助性特性，请访问如下站点，它们也包含了开发具备辅助性功能的应用时需关注的事项：

> http://developer.android.com/design/patterns/accessibility.html
> http://developer.android.com/guide/topics/ui/accessibility

2.8 使应用国际化

为了使应用能尽可能多地被使用，在设计时必须考虑能够让用户定制自己的本地化特性以及语言。例如，如果希望在法国使用你的应用，则应将资源（文本文件、音频文件）翻译成法语。可能还需要根据本地设置情况挑选不同的颜色、图形和声音。对于每一种本地设置，应用需具备一套单独的、定制化的资源。用户启动某个应用时，Android 会自动找到并加载与设备的本地设置相匹配的那些资源。能够使应用配置成各种本地化设置的定制功能，称为国际化；将应用定制成某种特定于本地设置的操作，称为本地化。

2.8.1 本地化

将字符串值定义成字符串资源（正如 Welcome 应用中所做的那样），其主要好处是：通过创建用于其他语言里的字符串资源的 XML 资源文件，可以轻易地使应用本地化。每一个文件都使用相同的字符串资源名称，但提供不同语种的字符串。这样，Android 就能够根据用户的首选语言选择一个合适的资源文件。

2.8.2 为本地化资源命名文件夹

包含本地化字符串的 XML 资源文件，被放置在 res 文件夹的子文件夹里面。Android 使用一种特殊的文件夹命名机制，以便能够自动挑选正确的本地化资源。例如，values-fr 文件夹下面的 strings.xml 文件是用于法语的，而 values-es 文件夹下面的 strings.xml 文件用于西班牙语。还可以将这些文件夹命名成包含地区信息，比如 values-en-rUS 文件夹下面的 strings.xml 文件用于美式英语，而 values-en-rGB 文件夹下面的 strings.xml 文件用于英式英语。如果没有为某个本地设置提供资源，则 Android 会采用默认资源，即 res/values 文件夹下的资源。后面几章中，将更详细地探讨这些可替换资源的命名规范。

2.8.3 将字符串译文添加到工程中

Android Studio 提供了一个翻译编辑器（Translations Editor），用于在应用中快速且方便地添加字符串的各种译文。具体操作步骤如下：

1. 在 Project 窗口中展开 values 节点，打开 strings.xml 文件。
2. 单击编辑器右上角的 Open editor 链接，打开 Translations Editor。
3. 单击 Translations Editor 左上角的 Add Locale 按钮（）,选择"Spanish (es)"——搜索它时可输入该语言名称的一部分或者它的缩写(es)。选中了清单中的本地语言之后，会创建一个新的 strings.xml (es)文件，它位于 Project 窗口 strings.xml 节点之下（文件所在位置为 values-es 文件夹）。Translations Editor 还会显示一个新列，用于西班牙语字符串。
4. 为了给某个字符串资源添加西班牙译文，需单击该资源的 Spanish (es)单元格，然后在窗口底部的 Translation: 域中输入对应的西班牙文本。如果某个字符串无须翻译（例如，从来不会展示给用户的某个字符串），则只需选中 Untranslatable 复选框即可。对于 Welcome 应用，其对应的西班牙译文将在 2.8.4 节中给出。

对于希望使用的其他语种，重复上述步骤即可。

2.8.4 本地化字符串

Welcome 应用的 GUI 包含一个显示字符串的 TextView 和一个用于 ImageView 的内容描述字符串。这些字符串在 strings.xml 文件中被定义成字符串资源。现在需要将这些字符串翻译成新的语言版本，保存在 strings.xml 文件中。对于这个应用，只需将下面的字符串：

```
"Welcome to Android App Development!"
"Deitel double-thumbs-up bug logo"
```

翻译成对应的西班牙语即可：

```
"¡Bienvenido al Desarrollo de App Android!"
"El logo de Deitel que tiene el insecto con dedos pulgares
    hacia arriba"
```

为此，需在 Translation Editor 窗口中进行如下操作：

1. 单击 welcome 资源 Spanish (es) 译文所在的单元格，然后在窗口底部的 Translation: 域中输入西班牙语 "¡Bienvenido al Desarrollo de App Android!"。如果你的键盘无法输入西班牙语种的特殊字符和符号，则可以从 Welcome 应用最后版本的 res/values-es/strings.xml 文件中复制它们（位于 WelcomeInternationalized 文件夹下）。

2. 接下来，单击 deitel_logo 资源的值所在单元格，然后在 Translation: 域中输入 "El logo de Deitel que tiene el insecto con dedos pulgares hacia arriba"。

3. 尽管可以翻译 app_name 资源，但这里不这样做。现在，Translation Editor 窗口看起来应像图 2.32 那样。

4. 选择 File > Save All 或者单击 Save All 工具栏按钮（🖫），保存西班牙语的 strings.xml 文件。

图 2.32　包含西班牙文的 Translations Editor 窗口

2.8.5 在 AVD 中测试西班牙语的应用

为了在 AVD 中测试西班牙语的应用，可以利用已经安装在 AVD 上的 Custom Locale 应用：

1. 单击 AVD 上的主屏幕图标（⬤）。
2. 单击启动图标（⊕），找到并单击 Custom Locale 应用的图标，打开它。
3. 滚动鼠标，找到并单击 es-español 选项，然后单击 SELECT 'ES' 按钮，改变 AVD 的本地化设置。

这样，仿真器或设备就会将它的语言改成西班牙语。

接下来，运行 Welcome 应用，它会安装并启动一个本地化的应用（见图 2.33）。当开始运行应用时，Android 会检查 AVD（或设备）的语言设置情况，确定是西班牙语后，就会使用在 res/values-es/strings.xml 文件中定义的 welcome 和 deitel_logo 西班牙语字符串资源。不过要注意，应用的名称依然会以英语的形式出现在应用顶部的应用栏中。这是因为没有在 res/values-es/strings.xml 文件中提供 app_name 字符串资源的本地化版本。如果 Android 无法找到某个字符串资源的本地化版本，就会使用 res/values/strings.xml 文件中的默认版本。

图 2.33　在 Nexus 6 AVD 中运行西班牙语的 Welcome 应用

将 AVD 重新设置成英语

为了将 AVD 改回英语环境，需执行如下操作：

1. 单击 AVD 上的主屏幕图标（◉）。
2. 单击启动图标（⊕），找到并单击 Custom Locale 应用的图标，打开它。
3. 滚动鼠标，找到并单击 en-US-en-us 选项，然后单击 SELECT 'EN-US'按钮，改变 AVD 的本地化设置。

2.8.6　在设备中测试西班牙语的应用

首先，必须改变设备的语言设置。为此，需执行如下操作：

1. 点触 AVD 上的主屏幕图标（◉）。
2. 点触启动图标（⊕），然后找到并点触 Settings 应用图标（⚙）。
3. 在这个应用中滚屏到 Personal 部分，然后选择 Language & input。
4. 点触 Language（列表中的第一项），然后从语言列表中选择"Español（España）"。

设备会将它的语言设置改成西班牙语，并会返回到 Language & input 设置界面，现在它以西班牙语显示。在 IDE 中运行这个应用，在设备上安装并运行它的本地化版本。

将设备重新设置成英语

为了将 AVD 或设备改回英语环境，需执行如下操作：

1. 点触 AVD 或设备上的主屏幕图标（◉）。
2. 点触启动图标（⊕），然后找到并点触 Settings 应用图标（⚙）。在西班牙语中，这个应用的名称为 Ajustes。
3. 选取 Idioma e introduccion de texto 项，进入语言设置栏。
4. 选取 Idioma 项，然后在语言列表中选择 English（United States）。

2.8.7　TalkBack 与本地化

目前的 TalkBack 支持英语、西班牙语、意大利语、法语和德语。如果在西班牙语的设备上运行 Welcome 应用，且启用了 TalkBack 功能，则 TalkBack 会以西班牙语读出每一个视图的字符串内容。

首次将设备切换成西班牙语且启用 TalkBack 时,Android 会自动下载西班牙语的语音合成引擎。如果 TalkBack 没有读出西班牙语字符串,则表明西班牙语版本的语音合成引擎还没有完成下载和安装。这时,需等待一会再执行应用。

2.8.8 本地化清单

关于本地化应用资源的更多信息,可对照 Android 的本地化清单,这个清单位于:

```
http://developer.android.com/distribute/tools/localization-
    checklist.html
```

2.8.9 专业翻译

通常而言,开发应用的公司有专门人员从事翻译工作,也可将其外包给其他的公司。用来将应用发布到 Google Play 商店的 Google Play Developer Console 的上面,可以找到许多提供翻译服务的公司。Translations Editor 窗口中有一个 Order translations…链接。有关 Google Play Developer Console 的更多信息,请参见第 10 章以及:

```
http://developer.android.com/distribute/googleplay/developer-
    console.html
```

有关翻译的更多信息,请参见:

```
https://support.google.com/l10n/answer/6227218
```

2.9 小结

本章利用 Android Studio 建立了一个 Welcome 应用,它显示一条欢迎消息和一个图像——不需要编写任何代码。利用 IDE 的布局编辑器创建了一个简单的 GUI,并通过 Properties 窗口配置了视图的属性。

在布局 XML 文件中,将默认的 RelativeLayout 改成了 LinearLayout,从而可以竖向安排视图。这个应用在 TextView 中显示文本,在 ImageView 中显示图像。将 TextView 从默认的 GUI 修改成在 GUI 里居中显示应用的文本内容,并增大了字号,采用某种标准的颜色模式。还使用了布局编辑器的 Palette,将 ImageView 拖放到 GUI 中。遵从最佳实践的做法,在工程的 res 文件夹下的资源文件里定义了所有的字符串值和数字值。

Android 包含许多辅助功能,以帮助残障人士使用他们的设备。现在已经知道如何启用 Android 的 TalkBack 功能,使设备读出屏幕上显示的文本内容,或者读出应用中为理解视图的作用而设置的内容。探讨了 Android 的 Explore by Touch 功能,使用户通过点触屏幕就能听到 TalkBack 发出的关于触点附近的信息的讲解。对于应用中的 ImageView,所提供的内容描述将被用于 TalkBack 和 Explore by Touch。

最后,讲解了如何利用 Android 的国际化特性使应用被尽可能多的用户使用。本章讲解了如何在 Welcome 应用中以西班牙语本地化 TextView 的文本和 ImageView 的辅助性字符串,然后在配置成西班牙语的 AVD 中测试了这个应用。

进行 Android 开发是 GUI 设计和 Java 编码的结合。下一章中,将开发一个简单的小费计算应用,会利用布局编辑器可视化地设计 GUI,并通过 Java 编程来指定应用的行为。

第 3 章 Tip Calculator 应用

讲解 GridLayout，EditText，SeekBar，事件处理，NumberFormat，定制应用主题，利用 Java 定义应用功能

目标

本章将讲解
- 更改默认的 GUI 主题
- 定制 GUI 主题的颜色
- 用 GridLayout 设计 GUI
- 利用 IDE 的 Component Tree 窗口向 GridLayout 添加视图
- 使用 TextView、EditText 和 SeekBar
- 利用 Java 面向对象的编程能力，包括类、对象、接口、匿名内部类和继承，为应用添加功能
- 通过编程更改 TextView 中的文本
- 使用事件处理方法，通过 EditText 和 SeekBar 来响应用户交互
- 指定执行应用时显示键板
- 指定应用只支持纵向模式

提纲

3.1 简介
3.2 测试驱动的 Tip Calculator 应用
3.3 技术概览
 3.3.1 Activity 类
 3.3.2 Activity 类的生命周期方法
 3.3.3 AppCompat 库与 AppCompatActivity 类
 3.3.4 安排 GridLayout 中的视图
 3.3.5 利用布局编辑器，Component Tree 和 Properties 窗口创建并定制 GUI
 3.3.6 格式化数字，表示本地货币和百分比字符串
 3.3.7 实现 TextWatcher 接口，处理 EditText 中的文本变化
 3.3.8 实现 OnSeekBarChangeListener 接口，处理 SeekBar 中的滑块位置变化
 3.3.9 材料主题
 3.3.10 材料设计：高度和阴影
 3.3.11 材料设计：颜色
 3.3.12 AndroidManifest.xml
 3.3.13 在 Properties 窗口中搜索
3.4 构建 GUI
 3.4.1 GridLayout 简介
 3.4.2 创建 TipCalculator 工程
 3.4.3 改成 GridLayout 布局
 3.4.4 添加 TextView，EditText 和 SeekBar
 3.4.5 定制视图
3.5 默认主题及定制主题颜色
 3.5.1 parent 主题

3.5.2 定制主题颜色
3.5.3 样式的常用 View 属性值
3.6 添加应用的逻辑功能
　3.6.1 package 声明和 import 声明
　3.6.2 AppCompatActivity 的 MainActi-vity 子类
　3.6.3 类变量与实例变量
　3.6.4 重写 Activity 方法 onCreate
　3.6.5 MainActivity 方法 calculate
　3.6.6 实现 OnSeekBarChangeListener 接口的匿名内部类
　3.6.7 实现 TextWatcher 接口的匿名内部类
3.7 AndroidManifest.xml
　3.7.1 manifest 元素
　3.7.2 application 元素
　3.7.3 activity 元素
　3.7.4 intent-filter 元素
3.8 小结

3.1 简介

图 3.1(a)中的 Tip Calculator 应用，用于计算并显示某次餐厅消费需付的小费额。只要用户点触数字键板输入账单额，应用就会根据当前的小费百分比（默认为 15%）计算并显示小费额和总金额（小费与消费额的和）。定制的小费百分比可以通过移动 SeekBar 滑块在 0%和 30%之间确定，滑动时会更新所显示的定制百分比数字，并会重新计算小费额和总金额。所有的数字值都是根据本地设置的格式显示的。图 3.1(b)展示的是输入消费额 56.32 并将小费百分比改成 25%之后的结果。

首先，将通过测试体验这个应用，然后将讲解用来创建这个应用的技术。这个应用的 GUI 将通过 Android Studio 的布局编辑器和 Component Tree 窗口来构建。最后，将给出这个应用的完整 Java 代码并详细分析它。

(a) 初始GUI　　　　(b) 用户输入账单总金额56.32并将定制的小费百分比改成25%后的GUI

图 3.1　输入账单总金额并计算小费

关于屏幕截图中键盘的说明

图 3.1 中显示的键盘可能会随 AVD 或设备的 Android 版本的不同而不同，也可能由于在设备上安装并选取了某种定制的键盘而不同。这里将 AVD 配置成以深色键盘显示，以突出抓取的屏幕内容。为此，需执行如下操作：

1. 点触 AVD 或设备上的主屏幕图标（◉）。
2. 点触主屏幕上的启动按钮（⊞），打开 Settings 应用。
3. 点触 Personal 部分的 Language and Input 图标。
4. 点触 AVD 上的 Android Keyboard（AOSP），或者点触设备上的 Google Keyboard（标准 Android 键盘）。
5. 依次选择 Appearance & layouts > Theme。
6. 将键盘背景设置成深色。

3.2 测试驱动的 Tip Calculator 应用

打开并运行应用

按照 1.9.1～1.9.3 节中讲解的步骤，在 Android Studio 中打开 Tip Calculator 工程，然后在 Nexus 6 AVD 上运行这个应用。可以尝试按照 1.9.4 节中的步骤在 Android 手机上运行这个应用。

输入账单金额

按数字键盘上的数字键，输入账单金额 56.32。如果输入有错，则可按键盘上的删除按钮（⌫），删除最后一位数字。尽管键盘上有小数点键，但这个应用只允许输入数字 0～9 而忽略其他的输入键——点触了无效的输入按钮时，Android 设备会震动一下，表明输入无效。只要数位发生了改变（输入或者删除数位），应用就会读取它并且完成如下工作：

- 将它转换成数字。
- 将数字除以 100.0，显示成新的账单额。
- 根据当前的小费百分比（默认为 15%）重新计算小费额和总金额，并分别在 Tip 和 Total 两个 TextView 中显示它们的值。

如果所有的数位都删除了，则应用会在蓝色的 TextView 中重新显示 Enter Amount，在两个橙色 TextView 中显示 0.00。应用会将所输入的值除以 100.0，并将结果在蓝色 TextView 中显示。然后，会相应计算并更新橙色 TextView 中的小费额和总金额。

所有的金额值都会按本地的货币格式来显示，小费百分比也会显示成本地的百分比格式。在美国，如果依次输入数字 5，6，3 和 2，则账单金额也会依次显示成$0.05，$0.56，$5.63 和 $56.32。

选择小费百分比

这里利用 Seekbar 来指定小费百分比（Seekbar 在其他 GUI 技术中通常称为滑块）。拖动 Seekbar 的滑块，将小费百分比设置为 25%，见图 3.1(b)。移动滑块时，小费额和总金额的值会连续地变化。默认情况下，Seekbar 允许在 0～100 之间选择，但这个应用中规定的最大值为 30。

3.3 技术概览

这一节讲解创建这个 Tip Calculator 应用时需用到的 IDE 特性和 Android 技术。这里假定读者已经熟悉了 Java 面向对象编程的方法，否则建议先学习作者的另一本著作 *Java SE 8 for Programmers*（见 http://bit.ly/JavaSE8FP）。具体包括如下内容：

- 使用各种 Android 类创建对象。
- 对类和对象调用方法。
- 定义并调用自己的方法。
- 利用继承创建定义 Tip Calculator 功能的类，使用事件处理方法、匿名内部类和接口来处理用户的 GUI 交互。

3.3.1 Activity 类

Android 应用具有 4 种类型的可执行组件：activity（活动）、service（服务）、content provider（内容提供者）和 broadcast receiver（广播接收者）。本章将探讨 activity，它被定义成 Activity 类（位于 android.app 包中）的子类。一个应用可以有许多 activity，其中之一就是启动应用后首先看到的那一个。用户与 Activity 对象的交互是通过视图进行的，视图即继承自（android.view 包中的）View 类的 GUI 组件。

Android 3.0 之前的版本中，一个 Activity 对象通常是与应用的一个屏幕相关联的。在第 4 章中将看到，一个 Activity 可以管理多个 Fragment（碎片）。在手机上，通常一个 Fragment 就占据了整个屏幕，而 Activity 是根据用户的交互在 Fragment 间切换的；在平板电脑上，一个屏幕通常可显示多个 Fragment 内容，以更好地利用大尺寸屏幕。

3.3.2 Activity 类的生命周期方法

在整个生命周期中，Activity 可以具有如下几种状态之一：活跃的（运行的）、暂停的和停止的。Activity 在这些状态之间转换，以响应各种事件。

- 活跃的 Activity 在屏幕上是可见的并且具有焦点，即它位于前台。用户可以与位于前台的 Activity 交互。
- 暂停的 Activity 在屏幕上也是可见的，但不具备焦点，比如显示警告对话框时。用户无法与暂停的 Activity 交互（除非它变成活跃的），而是需先处理警告对话框。
- 停止的 Activity 在屏幕上是不可见的（它位于后台），当需要它的内存时，系统会将其"杀死"。当一个 Activity 进入前台变成活跃的时，另一个 Activity 会变成停止的。例如接听电话时，电话应用变成了活跃的，而之前的那个应用就变成停止的了。

当 Activity 在这些状态之间转换时，Android 运行时会调用各种 Activity 生命周期方法，它们都在 android.app 包的 Activity 类中定义。在每一个 Activity 中都需要重写 onCreate 方法。当启动 Activity 时（即当准备显示 GUI 以便用户能够与之交互时），Android 运行时会调用这个方法。其他的生命周期方法包括 onStart、onPause、onRestart、onResume、onStop 和 onDestroy。在后面的几章中将讨论其中的大多数。所重写的每一个 Activity 生命周期方法，都必须调用其超类版本，否则会发生异常。必须这样做，因为 Activity 超类中的每一个生命周期方法，都包含必须执行的代码及在重写的生命周期方法中定义的那些代码。有关 Activity 生命周期的更多探讨，请参见：

> http://developer.android.com/reference/android/app/Activity.html

3.3.3 AppCompat 库与 AppCompatActivity 类

当使用新的 Android 特性时，开发人员会遇到的一个大挑战是与以前的 Android 平台的向后兼容性问题。现在，Google 通过 Android 支持库(Support Library)引入了许多新的 Android 特性，Android 支持库是一个库集合，使针对当前及旧版本的 Android 平台的应用，也能够采用这些较新的 Android 特性。

其中有一个 AppCompat 库，它为运行于 Android 2.1(API 7)及更高版本设备上的应用提供了一个应用栏(以前称为动作栏)，应用栏最早是在 Android 3.0(API 11)中推出的。Android Studio 应用模板中可以使用这个库，使得所创建的应用能够在大多数 Android 设备上运行。

Android Studio 的 Empty Activity 应用模板，将 MainActivity 类定义成(android.support.v7.app 包的)AppCompatActivity 类的子类，而后者为 Activity 类的子类，Activity 类支持在运行于当前或旧版本 Android 平台上的应用中使用较新的 Android 特性。

软件工程结论 3.1
如果从一开始就用 AppCompat 创建应用，就可以避免当需要支持旧版本的 Android 时重新部署代码的问题。

软件工程结论 3.2
即使采用了 AppCompat 库，有些 Android 特性在早期的 Android 版本下也是不可用的。例如，Android 的打印功能只能用于 Android 4.4 及以后的版本。如果需要在应用中使用这类特性，则可以将应用限制成只能在所支持的平台上使用，或者在不支持它的平台上禁用这个特性。

有关 Android 支持库的更多信息，包括何时使用及如何设置它的讲解，请参见：

> http://developer.android.com/tools/support-library

3.3.4 安排 GridLayout 中的视图

前面讲过，GUI 的视图是通过布局来设置的。这里将使用(android.widget 包中的)GridLayout 布局，将视图安排在矩形网格的单元格中。单元格可以占据多行多列，构成复杂的布局。通常，GridLayout 布局要求 API 的级别为 14 或更高。但是，Android 支持库还提供其他版本的 GridLayout 及许多视图和布局，以使它们能在旧版本的 Android 中使用。关于这个支持库的更多信息及其用法，请访问：

> http://developer.android.com/tools/support-library/index.html

后面几章中，将讲解更多的布局和视图。有关布局和视图的完整列表，请访问：

> http://developer.android.com/reference/android/widget/package-summary.html

3.3.5 利用布局编辑器、Component Tree 和 Properties 窗口创建并定制 GUI

后面将利用布局编辑器（见第 2 章）和 Component Tree 窗口来创建 TextView、EditText 和 SeekBar，然后通过 IDE 的 Properties 窗口定制它们。

在其他的 GUI 技术中，EditText 常称为文本框或者文本域，它是 TextView 的一个子类（见第 2 章），可用来显示文本并可从用户处接收文本输入。这里将通过 EditText 来进行数字输入，使用户只能输入数字且会限制能够输入的最大值。

默认情况下，SeekBar 代表的就是一个 0~100 的整数，允许用户通过移动滑块选择该范围内的一个数字。这里会将 SeekBar 定制成只允许用户在 0~30 范围内选择小费百分比。

3.3.6 格式化数字，表示本地货币和百分比字符串

这里将使用（java.text 包中的）NumberFormat 类来创建本地货币和百分比字符串——国际化的重要组成部分。还将添加辅助性字符串并利用 2.7 节~2.8 节中讲解的技术，将应用国际化成其他语种。

3.3.7 实现 TextWatcher 接口，处理 EditText 中的文本变化

这里将使用匿名内部类来实现（来自于 android.text 包的）TextWatcher 接口，以响应用户更改了 EditText 中的文本后发生的事件。特别地，将利用 onTextChanged 方法来显示货币格式的账单额，并在用户输入每一位数字时计算小费额和总金额。如果还不熟悉匿名内部类，可以参阅：

http://bit.ly/AnonymousInnerClasses

3.3.8 实现 OnSeekBarChangeListener 接口，处理 SeekBar 中的滑块位置变化

还将使用另一个匿名内部类，实现（android.widget 包中的）SeekBar.OnSeekBarChangeListener 接口，使得当移动 SeekBar 滑块时能够响应用户。特别地，当用户移动滑块时，将使用 onProgressChanged 方法来显示定制的小费百分比，并计算小费额和总金额。

3.3.9 材料主题

主题可使应用的外观符合 Android 的设计规范。在 Android 5 或更高版本中创建的工程，使用的主题必须遵循 Google 的材料设计指南中所规定的原则。存在几个预定义的材料设计主题：

- light 主题具有白色应用栏、白色应用背景、黑色文本或者深灰色阴影。
- 具有黑色应用栏的 light 主题与上面类似，但默认的应用栏为黑色而其中的文本为白色。
- dark 主题具有黑色应用栏、深灰色应用背景、白色文本或者浅灰色阴影。

每一个主题，都具有如下两种版本：

- Theme.Material 版本（例如 Theme.Material.Light）用于不使用任何 AppCompat 库且运行于 Android 5 或更高版本上的应用。
- Theme.AppCompat 版本（例如 Theme.AppCompat.Light）用于使用 AppCompat 库且运行于 Android 2.1 或更高版本上的应用。

设计 GUI 时，可以选择使用预定义的主题，也可以创建自己的主题。本章中将使用 Theme.AppCompat.Light.DarkActionBar，它是 Android Studio 应用模板中的默认主题。使用

AppCompat 库的应用，必须采用某个 AppCompat 主题，否则有些视图可能会显示异常。有关每一种主题的更多信息及它们的截屏示例，请参见：

```
http://www.google.com/design/spec/style/color.html#color-themes
http://developer.android.com/training/material/theme.html
```

性能提示 3.1

如今的许多 Android 手机都采用 AMOLED 显示屏。在这种显示屏上，黑色像素会关闭显示，从而不会消耗电能。以黑色主题为主的应用，能够减少大约 40%的电能消耗（见 http://bit.ly/AndroidAMOLEDDisplay）。

3.3.10 材料设计：高度和阴影

Google 的材料设计指南，建议将用户界面中的对象设计成投影效果，就如同现实世界中的对象那样。当设置视图的 elevation 属性时，Android 就会自动为它呈现投影效果。elevation 值越大，投影越明显。对于这个 Tip Calculator 应用，我们将设置用来显示货币值的蓝色和橙色 TextView 的高度（elevation 值）。

材料设计指南中已经给出了各种屏幕组件的建议高度，例如，对话框建议使用 24 dp，而菜单的推荐值为 8 dp。有关其他建议高度值的详细信息，请参见：

```
http://www.google.com/design/spec/what-is-material/elevation-
    shadows.html
```

3.3.11 材料设计：颜色

应用开发人员经常需要定制主题的颜色，以与公司的品牌相匹配。如果需要定制主题颜色，Google 针对颜色的材料设计指南建议采用由一种主颜色[①]（primary color），不超过三种色调/明暗度）和一种强化色（accent color）构成的颜色调色板。主颜色通常用在屏幕顶部的状态栏和应用栏中，但也可用于 GUI；强化色用于 GUI 中的各种视图，比如 SeekBar、CheckBox 和 RadioButton。一旦选定了调色板，就可以通过 Android Studio 的 Theme Editor（见 3.5.2 节）来修改主题的颜色。

从如下的材料设计颜色调色板中，可以找到推荐的色块样本：

```
http://www.google.com/design/spec/style/color.html#color-color-
    palette
```

有关调色板颜色的推荐指南，请参见：

```
http://www.materialpalette.com/
```

这个站点可从 Google 的材料设计颜色调色板中选取两种颜色，然后它会给出建议的三种阴影，分别用于主颜色、辅助色及用于文本和图标的颜色。

这个应用将使用 Android Studio 的 Theme Editor 中显示的色块，具体操作为

- 应用栏的背景色称为主颜色（primary color），这里定义成蓝色。
- 应用栏上方状态栏的颜色称为暗主色（dark primary color），这里定义成深蓝色。
- SeekBar 的颜色称为强化色（accent color），这里定义成橙色。

[①] 参见 http://www.google.com/design/spec/style/color.html。

对于账单金额 TextView 的浅蓝色及小费额和总金额 TextView 的浅橙色，采用的是从材料设计颜色调色板中选取主颜色和强化色的轻量级阴影。

3.3.12 AndroidManifest.xml

AndroidManifest.xml 文件是在创建新的应用工程时由 IDE 生成的。这个文件包含 Create New Project 对话框中指定的许多设置，比如应用的名称、包名称、Activity 名称，等等。后面将编辑这个 XML 文件，添加新的设置，以使开始执行应用时显示软键盘。还将指定应用只支持纵向模式，即设备的长边是上下方向的。

3.3.13 在 Properties 窗口中搜索

Properties 窗口可用来按名称(或者名称的一部分)来搜索某个属性，这有助于更快地找到并设置属性。为此，需单击 Properties 窗口的标题栏，然后输入属性的名称。在属性列表的顶部会出现一个 Search for 工具提示，显示已经输入了的内容，而 Android Studio 会高亮显示属性列表中与已输入的部分或全部匹配的那些属性名称。这样，就能够滚动这个列表，以查找包含高亮部分的那些属性名称。

这个窗口也会滚动到与已输入的内容最匹配的那个属性名称。例如，如果要搜索某个 TextView 的属性，若输入了 "text co" 或者 "textco"，则 Properties 窗口会高亮显示许多属性的一部分，但会特别滚动并高亮显示 textColor 属性。

3.4 构建 GUI

本节将详细讲解构建 Tip Calculator 应用 GUI 的步骤，包括如何定制材料主题的主颜色和强化色。

3.4.1 GridLayout 简介

这个应用通过(android.widget 包中的)GridLayout 布局来将视图排列成 4 行 2 列。和数组中的元素一样，行和列的索引都是从 0 开始的。可以在 Properties 窗口中制定 GridLayout 的行数和列数。GridLayout 中的每一个单元格可以为空，也可以包含一个或多个视图，甚至可以是含有其他视图的布局。某一行的高度由该行中最高的那个视图确定。同样，某一列的宽度由该列中最宽的那个视图决定。图 3.2 展示的是用 Tip Calculator 的行和列标识的 GridLayout——各行和各列都用一条线分隔开了。一个视图可以跨越多行或者多列——例如，图 3.2 中的 Enter Amount TextView 就横跨了第 0 行中的两列。

当将一个视图拖入 GridLayout 中时，它会占据下一个可用的单元格——单元格是按从左到右的顺序填充 GridLayout 的，直到这一行被填满为止，此时下一个视图就会被放到下一行的第一列中。后面将看到，也可以直接指定需放置的视图的行和列位置。后面构建 GUI 的过程中，将会探讨 GridLayout 的其他特性。

视图的 id 属性值

图 3.3 给出了各个视图的 id 属性值。为简单起见，这里的命名规范遵从视图 id 属性和 Java 变量名称中使用的类名称。第一行中，实际上有两个组件位于同一个单元格中——amount-

TextView（显示的初始值为 Enter Amount）隐藏了 amountEditText，后者接收用户输入的数字。很快就会看到，用户的输入被限制成整数，所以输入 3456 表示的是账单额 34.56 美元。这样可确保不会输入无效的数据。不过，输入的数值必须显示成货币值。每输入一个数字，就会将它除以 100.0 并在 amountTextView 中显示带本地货币符号的结果。

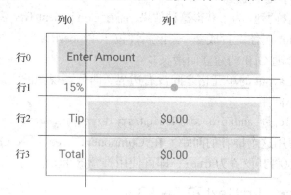

图 3.2　Tip Calculator GUI 的 GridLayout，用行和列标记

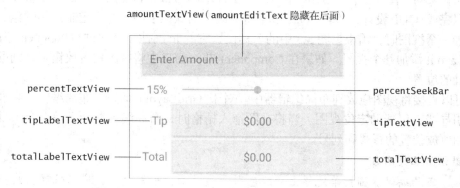

图 3.3　Tip Calculator 视图，用它们的 id 属性值标记

3.4.2　创建 TipCalculator 工程

按照 2.3 节中讲解的步骤，利用 Empty Activity 模板创建一个新工程。在 Create New Project 对话框的 New Project 步中指定如下这些值：

- Application name: Tip Calculator
- Company Domain: deitel.com（或者其他域名）

其他步骤中的设定，与 2.3 节中的相同。此外，还需按照 2.5.2 节中讲解的步骤为工程添加一个应用图标。

在 Android Studio 中打开工程后，从布局编辑器的虚拟设备下拉清单中选取 Nexus 6（见图 2.11）。我们再次将这种设备作为设计的基础。此外，还需删除"Hello world！"TextView。

3.4.3　改成 GridLayout 布局

前面说过，Empty Activity 的默认布局是 RelativeLayout。这里需将它改成 GridLayout。步骤如下：

1. 单击布局编辑器底部的 Text 选项卡，将 Design 视图切换成布局的 XML 文本。
2. 在该 XML 文件的顶部，将 RelativeLayout 改成 GridLayout。
3. 返回到布局编辑器的 Design 选项卡。

为 GridLayout 指定两列和默认边界

图 3.2 中的 GUI 包含两列。为了获得这种效果，需在 Component Tree 窗口中选取 GridLayout，然后将它的 columnCount 属性设置成 2——该属性位于 Properties 窗口的顶部。这里无须设置 rowCount 属性值，它会随 GUI 的建立而增长。

默认情况下，GridLayout 的单元格之间没有边界，即分隔视图的空间。材料设计指南建议视图间采用 8 dp 的最小间距：

http://developer.android.com/design/style/metrics-grids.html。

GridLayout 可以强制使用这个推荐的间距。在 Component Tree 选取 GridLayout 后，复选其 useDefaultMargins 属性(将其设置为 true)，即可使用推荐的单元格间距。

3.4.4 添加 TextView，EditText 和 SeekBar

现在就来构建图 3.2 中的 GUI，本节中将设计基本的布局和视图，3.4.5 节中将设置视图的属性，以完成 GUI 设计。接着，3.5 节中将更改它的默认主题，并将定制两种颜色。每次向 GUI 添加一个视图时，需根据图 3.3 中的名称设置它的 id 属性。将通过 Component Tree 窗口向 GridLayout 添加几个视图。如果在 Component Tree 窗口中将视图位置放错了，则可将它拖放到正确的位置。

也可以直接将视图拖放到布局编辑器中。对于 GridLayout 而言，布局编辑器会显示绿色的栅格引导线，以帮助定位视图。当将视图拖入栅格时，布局编辑器会显示一个工具提示，给出视图所放位置的行号和列号。

 错误防止提示 3.1

布局编辑器栅格单元格上的绿色引导线很细，如果视图放错了位置，则布局编辑器可能会修改 GridLayout 的 rowCount 和 columnCount 属性值，并错误地设置视图的 layout:row 和 layout:column 属性值，导致 GUI 显示出错。如果发生这种情况，则需根据设计需要重新设置 GridLayout 的 rowCount 和 columnCount 属性值，并需将视图的 layout:row 和 layout:column 属性值改成正确的行号和列号。

步骤 1：为第一行添加视图

第一行由 amountTextView 和 amountEditText 构成——二者占据同一个单元格且横跨两列。每次在 Component Tree 窗口中将视图拖入 GridLayout 中时，视图就会被放入布局中下一个开放的单元格中，除非通过设置它的 layout:row 和 layout:column 属性来指定位置。这一步中就将按照后一种方法操作，以便两个视图 amountEditText 和 amountTextView 都出现在同一个单元格中且 amountTextView 位于前面。

这个应用中的所有 TextView，都采用来自于主题的中等字号。布局编辑器的 Palette 包含几个预先配置好的 TextView，用于各种不同的字号，它们的名称分别为 Plain Text, Large Text, Medium Text 和 Small Text。其中 Plain Text TextView 采用主题的默认字号。对于其他的 TextView，IDE 利用 Material 主题的样式配置它们的 textAppearance 属性，并设置对应的字号。

分别执行下列步骤，向 GridLayout 添加一个 EditText 和一个 TextView，分别用于接收和显式账单额：

1. 这个应用只允许用户输入非负整数，然后会将它除以 100.0 以显示账单额。Palette 的 Text Fields 部分提供了许多预配置的 EditText 用于各种格式的输入(例如、人名、口令、电子邮件地址、电话号码、时间、日期、数字)。当用户与某个 EditText 交互时，会根据它的输入类型显示合适的键盘。在 Palette 的 Text Fields 部分，将一个 Number EditText 拖放到 Component Tree 窗口中的 GridLayout 节点——这会在 GridLayout 中创建一个 id 属性为 editText 的 EditText。将它的 id 属性值改成 amountEditText。这个 EditText 会被放置在 GridLayout 第一行的第一列。将它的 layout:column 设为 0，layout:columnSpan 设为 2——这两个设置可确保它会占据第一行的两列。

2. 从 Palette 的 Widgets 部分将一个 Medium Text TextView 拖放到 Component Tree 窗口中的 amountEditText 上——一条黑竖线会出现在 amountEditText 的下面，表明该 TextView 会被放置在 amountEditText 之后。IDE 会新创建一个名称为 textView 的 TextView 并将其嵌入 GridLayout 节点中。默认文本"Medium Text"会出现在布局编辑器中。步骤 5 中将更改它的文本内容(见 3.4.5 节)。将该 TextView 的 id 属性值设为 amountTextView，layout:row 和 layout:column 设为 0，layout:columnSpan 设为 2——这些设置可确保它横跨第一行的两列，更改它的背景色后就能看到效果。

步骤 2：为第二行添加视图

接下来，向 GridLayout 添加一个 percentTextView 和一个 percentSeekBar，分别用于显示和选择小费百分比(需确保每一个视图的 id 属性值是所指定的名称)：

1. 将一个 Medium TextView(percentTextView) 从 Palette 的 Widgets 部分拖到 Component Tree 窗口中的 GridLayout 节点 amountTextView 的上面。这个新视图就成为了第二行(行 1)中的第一个视图。

2. 将一个 SeekBar(percentSeekBar) 从 Palette 的 Widgets 部分拖到 Component Tree 窗口中的 GridLayout 节点 percentTextView 的上面。这个新视图就成为了第二行中的第二个视图。

步骤 3：为第三行添加视图

接着，为 GridLayout 添加 tipLabelTextView 和 tipTextView，用于显示小费额：

1. 将一个 Medium TextView(tipLabelTextView) 拖到 GridLayout 节点 percentSeekBar 上。这个新视图就成为了第三行(行 2)中的第一个视图。

2. 将一个 Medium TextView(tipTextView) 拖到 GridLayout 节点 tipLabelTextView 上。这个新视图就成为了第三行中的第二个视图。

步骤 4：为第四行添加视图

接着，为 GridLayout 添加 totalLabelTextView 和 totalTextView，用于显示小费额：

1. 将一个 Medium TextView(totalLabelTextView) 拖到 GridLayout 节点 tipTextView 上。它会成为第四行(行 3)中的第一个视图。

2. 将一个 Medium TextView(totalTextView) 拖到 GridLayout 节点 totalLabelTextView 上。它会成为第四行中的第二个视图。

查看现有的布局效果

现在，GUI 和 Component Tree 窗口看起来应像图 3.4 那样。布局编辑器和 Component Tree 窗口中的警告标志将随 GUI 设计的完成而消失(见 3.4.5 节)。

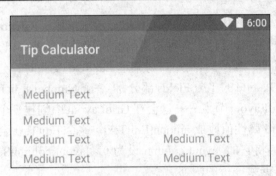 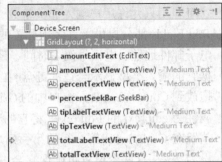

(a) 目前为止的GUI外观　　　　(b) Component Tree窗口包含Tip Calculator的布局和视图

图 3.4　为 GridLayout 添加了所有视图后的 GUI 和 Component Tree 窗口

有关 EditText 虚拟键盘的说明

显示虚拟键盘时，设备的回退按钮（◁）会变成向下按钮（▽），以便能够收起软键盘。收起软键盘之后，向下按钮（▽）会变成回退按钮（◁），点触它可返回到前一个 Activity——可能是前一个应用，也可能是设备的主屏幕。

通常而言，需要点触某个 EditText 才会重新显示虚拟键盘。但是在这个应用中，这个 EditText 隐藏在 TextView 之后。如果已经收起了软键盘，则必须先退出应用才能显示软键盘。我们本可以通过编程来强制在屏幕上显示键盘，但这样做就会无法显示回退按钮，进而无法返回到前一个 Activity，而这一功能是每一个用户都希望有的。

这里使用了 Android 虚拟键盘来演示如何针对某个 EditText 显示键盘。另一种办法是在屏幕上显示几个按钮，代表数字 0～9，然后处理每一个按钮的单击事件，利用 String 操作方法而不是 EditText 来获得用户的输入情况。

3.4.5　定制视图

现在设置视图的其他属性值。正如 2.5 节中所讲，还需要创建几个 String、维度及颜色资源。

步骤 5：指定显示的文本内容

这一步中将为 amountTextView，percentTextView，tipLabelTextView 及 totalLabelTextView 分别指定显示的文本内容。如果 TextView 的 text 属性值为空，则会显示它的 hint 属性值（如果指定了该值）——hint 属性值用于 EditText（TextView 的子类），以帮助用户理解 EditText 的作用。amountTextView 中采用类似的方法来告诉用户需输入账单额：

1. 在 Component Tree 窗口中选取 amountTextView，在 Properties 窗口中找到它的 hint 属性。
2. 单击属性值右侧的省略号按钮，显示 Resources 对话框。
3. 在该对话框中单击 New Resource，然后选择 New String Value…，显示 New String Value Resource 对话框，将 Resource name 设置成 enter_amount，Resource value 设置成 "Enter Amount"。其他设置保持不变。单击 OK 按钮，就创建了一个新字符串资源并将它设置成 amountTextView 的 hint 属性值。

重复上述步骤，用图 3.5 中给出的值分别设置 percentTextView, tipLabelTextView 和 totalLabelTextView 的 text 属性值。

视 图	资源名称	资 源 值
percentTextView	tip_percentage	15%
tipLabelTextView	tip	Tip
totalLabelTextView	total	Total

图 3.5　字符串资源值及资源名称

步骤 6：将左列中的 TextView 右对齐

图 3.2 中，percentTextView、tipLabelTextView 和 totalLabelTextView 是右对齐的。按照如下方法，可以同时使这三个 TextView 右对齐：

1. 选取 percentTextView。
2. 按住 Ctrl 键（Windows/Linux）或 Command 键（Mac），并单击 tipLabelTextView 和 totalLabelTextView。现在，三个 TextView 都被选中了。
3. 展开 layout:gravity 属性的节点，选中 right 复选框。

步骤 7：配置 amountEditText

这个应用的最终版本中，amountEditText 被隐藏在 amountTextView 的后面，且被配置成只允许用户输入数字。选择 amountEditText，分别设置如下属性：

1. 将 digits 属性设置成 0123456789——这样就只允许输入数字，尽管数字键盘还包含其他的字符，比如减号、逗号和点号。
2. 将 maxLength 属性值设置为 6。这会将账单额的最大值限制在 6 个数字，即最大的账单额是 9999.99。

步骤 8：配置 amountTextView

为了完成 amountTextView 的格式化，需选择它并设置如下属性：

1. 删除默认的 text 属性值（"Medium Text"）——将在程序中根据用户的输入来显示文本。
2. 展开 layout:gravity 属性的节点，将 fill 属性设置成 horizontal。这表示它应当占据这个 GridLayout 行中所有剩余的水平空间。
3. 将 background 属性（它指定视图的背景色）设置成一个名称为 amount_background 的新颜色资源，它具有值#BBDEFB——从 Google 的材料设计颜色调色板中选取的浅蓝色。
4. 设置 TextView 四周的内边距。视图的内边距（padding）指定视图内容四周与其他视图的间距。all 属性表示内边距值适应于视图内容的上、下、左、右，也可以单独为某一边设置内边距。展开 padding 属性的接口，单击 all 属性，然后单击省略号按钮。创建一个名称为 textview_padding 的维度资源，其值为 12 dp。后面还将用到这个资源。
5. 最后，将视图的 elevation 属性设置为 elevation 资源，其值为 4 dp，为视图添加阴影。这里定义的 elevation 资源只是出于演示目的，以展示阴影效果。

步骤 9：配置 percentTextView

注意，percentTextView 的对齐位置高于 percentSeekBar。如果将它垂直居中，则会更好看些。为此，需展开 layout:gravity 属性的节点，将它的 center 值设置成 vertical。前面已经将它的 layout:gravity 值设置成 right，所以在布局 XML 文件中，这些设置组合在一起就成为

```
android:layout_gravity="center_vertical|right"
```

上面的竖线被用来分隔多个 layout:gravity 值，它表示这个 TextView 在单元格里应右对齐且垂直居中。

步骤 10：配置 percentSeekBar

选取 percentSeekBar 并配置如下属性：

1. 默认情况下，SeekBar 的值范围是 0～100，其当前值由 progress 属性指定。这个应用中，小费百分比的选取范围为 0～30%，默认值为 15%。将 SeekBar 的 max 属性设置成 30，progress 属性设置成 15。
2. 展开 layout:gravity 属性的节点，将 fill 属性设置成 horizontal，这样这个 SeekBar 就会在 GridLayout 列中占据整个水平空间。
3. 将 layout:height 属性值设置成一个新的维度资源(seekbar_height)，其值为 40dp，以增加 SeekBar 的垂直空间。

步骤 11：配置 tipTextView 和 totalTextView

为了完成 tipTextView 和 totalTextView 的格式化，需选择它并设置如下属性：

1. 删除默认的 text 属性值("Medium Text")——将在程序中计算小费额和总金额。
2. 展开 layout:gravity 属性的节点，将 fill 属性设置成 horizontal，这样这个 TextView 就会在 GridLayout 列中占据整个水平空间。
3. 将它的 background 属性设置成一个新的颜色资源(result_background)，其值为#FFE0B2——从 Google 的材料设计颜色调色板中选取的浅蓝色。
4. 将 gravity 属性设置成 center，以便计算出来的小费额和总金额会在各自的 TextView 中居中显示。
5. 展开 padding 属性的节点，单击 all 属性旁边的省略号按钮，选取 textview_padding 维度资源(它是在设置 amountTextView 属性值时创建的)。
6. 最后，需为每一个视图添加内边距，将其 elevation 属性设置成前面创建的 elevation 维度资源。

3.5 默认主题及定制主题颜色

每一个应用都存在一个用于定义标准视图默认外观的主题。这个主题在应用的 AndroidManifest.xml 文件中指定(见 3.7 节)。可以定制这个主题的各个方面，比如颜色主题可通过 res/values 文件夹下 styles.xml 文件中的 style 资源来定义。

3.5.1 parent 主题

style.xml 资源文件包含一个名称为"AppTheme"的样式，它引用自应用的 AndroidManifest.xml 文件，用来指定应用的主题。这个样式还指定了一个 parent 主题，它与 Java 中的超类概念类似——新样式会继承它的 parent 主题的属性及它们的默认值。正如 Java 中的子类那样，样式也可以重写 parent 主题的属性，针对特定的应用指定自己的值。例如，一个公司可能需要采用自己独有的品牌色。3.5.2 节中将利用这个概念来定制应用主题中的三种颜色。

第 3 章 Tip Calculator 应用

前面说过，Android Studio 的应用模板现在已经支持 AppCompat 库，从而可以在旧版本的 Android 中使用 Android 的新特性。默认情况下，Android Studio 会将 parent 主题设置成：

```
Theme.AppCompat.Light.DarkActionBar
```

它是 AppCompat 库中预定义的几种主题中的一种。采用这种主题的应用具有浅背景色，但其顶部的应用栏为深色。每一个 AppCompat 主题采用的都是 Google 材料设计中推荐的方案，以统一应用的 GUI。

3.5.2 定制主题颜色

3.3.11 节中探讨了主题的主颜色、暗主色和强化色，它们被用于应用的界面元素上。本节将利用 Android Studio 的 Theme Editor 来修改这三种颜色，从而重新设置图 3.6 中 android:colorPrimary、android:colorPrimaryDark 和 android:colorAccent 主题属性的值。还可以重新设置许多其他主题属性的值。有关主题属性的详细探讨，请参见：

```
http://developer.android.com/reference/android/R.attr.html
```

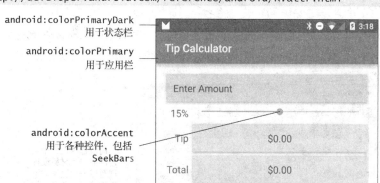

图 3.6　分别用于主颜色、暗主色和强化色的主题属性

修改主题的主颜色、暗主色和强化色

为了定制这些颜色，需进行如下操作：

1. 打开 styles.xml 文件，单击编辑器右上角的 Open editor 链接，显示 Theme Editor（见图 3.7），里面列出了当前 colorPrimary、colorPrimaryDark 和 colorAccent 的颜色值，分别为深蓝色、带深色阴影的深蓝色和亮粉色，它们是 Android Studio 的 Empty Activity 应用模板中指定的默认色。对于这个应用，需将 colorPrimary 和 colorPrimaryDark 改成浅蓝色，将 colorAccent 改成橙色。

2. 单击 colorPrimary 下面的色块（见图 3.7），打开一个 Resources 对话框（见图 3.8）。单击 Material Blue 500 色块，然后单击 OK 按钮，改变 colorPrimary 的值——将鼠标悬停于某个色块上面，就会在工具提示中显示它的名称。数字"500"表示 Material Blue 颜色的一种阴影效果。每种颜色的阴影值在 50（浅阴影）到 900（深阴影）之间变化，它们的样本可在如下站点查看：

```
https://www.google.com/design/spec/style/color.html#color-
    color-palette
```

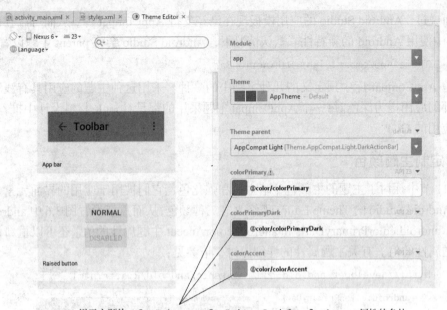

用于主题的 colorPrimary、colorPrimaryDark 和 colorAccent 属性的色块

图 3.7　Theme Editor 界面，左侧为视图的预览图，右侧为主题的属性值

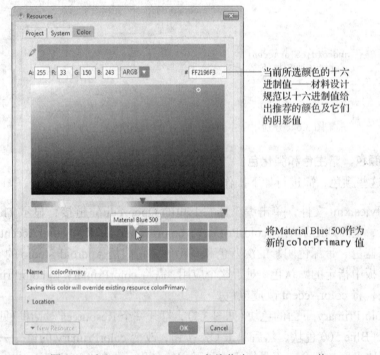

图 3.8　选取 Material Blue 500 色块作为 colorPrimary 值

3. 接下来，单击 Theme Editor 中的 colorPrimaryDark 色块，显示 Resources 对话框。Theme Editor 能够获知新的 colorPrimary 值并自动显示一个包含建议的深色 colorPrimary 阴影值的色块，用于这个 colorPrimaryDark——这里的值为 Material Blue 700。选中这个色块（见图 3.9），然后单击 OK 按钮。

图 3.9 选取 Material Blue 700 色块作为 colorPrimaryDark 值

4. 接下来，单击 Theme Editor 中的 colorAccent 色块，显示 Resources 对话框。同样，Theme Editor 可获知 colorPrimary 的新值并会为各种辅助性的强化色显示不同的色块。选取这个对话框中的 Orange accent 400 色块，单击 OK 按钮，改变 colorAccent 的值（见图 3.10），然后再次单击 OK 按钮。

至此就完成了应用的设计，它应如图 3.11 所示的那样。

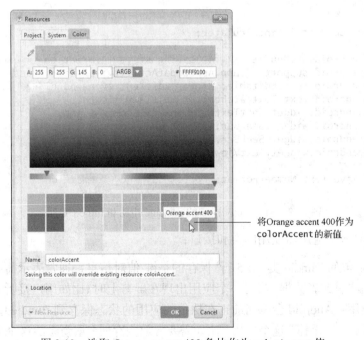

图 3.10 选取 Orange accent 400 色块作为 colorAccent 值

3.5.3 样式的常用 View 属性值

在后面的几个应用中将看到，多个视图中同一个属性的值可以在样式资源中定义。将样式资源赋予某个视图的方法是设置它的 style 属性。以后对样式资源的任何改变，都会自动应用于使用它的全部视图上。例如，考虑 3.4.5 节步骤 11 中对 tipTextView 和 totalTextView 的配置。我们可以定义一个样式资源，指定 layout:gravity、background、gravity、padding 和 elevation 属性的值，然后将这两个 TextView 的 style 属性设置成同一个样式资源即可。

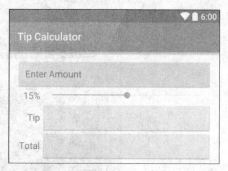

图 3.11 完成后的 GUI 设计

3.6 添加应用的逻辑功能

MainActivity 类（见图 3.12 ~ 图 3.18）实现了 Tip Calculator 应用的逻辑。它计算小费额及总金额，并以本地货币格式显示。为了查看这个文件，需在 Project 窗口中展开 app/Java/com.deitel.tipcalculator 节点，然后双击 MainActivity.java，需要手工输入图 3.12 ~ 图 3.18 中的大多数代码。

3.6.1 package 声明和 import 声明

图 3.12 中给出的是 MainActivity.java 中的 package 声明和 import 声明，第 3 行中的 package 声明语句是在创建工程时插入的。当在 IDE 中打开这个 Java 文件时，import 声明语句是缩合的——在其左边会显示一个 ⊕ 符号。单击这个符号，可看到 import 声明的完整清单。

```
1  // MainActivity.java
2  // Calculates a bill total based on a tip percentage
3  package com.deitel.tipcalculator;
4
5  import android.os.Bundle; // for saving state information
6  import android.support.v7.app.AppCompatActivity; // base class
7  import android.text.Editable; // for EditText event handling
8  import android.text.TextWatcher; // EditText listener
9  import android.widget.EditText; // for bill amount input
10 import android.widget.SeekBar; // for changing the tip percentage
11 import android.widget.SeekBar.OnSeekBarChangeListener; // SeekBar listener
12 import android.widget.TextView; // for displaying text
13
14 import java.text.NumberFormat; // for currency formatting
15
```

图 3.12 MainActivity 中的 package 声明和 import 声明

第 5 ~ 14 行导入了应用需使用的类和接口：

- android.os 包的 Bundle 类（第 5 行）保存的是键/值对信息，通常表示需要在不同活动之间传递的状态或者数据。当另一个应用出现在屏幕上时（比如用户接听来电或者启动了另一个应用），Android 会将当前正在执行的应用的状态保存到 Bundle 中。随后，Android 运行时可能会"杀掉"这个应用，比如需要释放内存时。重新激活这个应用时，Android 运行时会将以前保存在 Bundle 中的状态传递给 Activity 方法 onCreate（见 3.6.4 节）。这样，应用就可以利用保存的状态将它返回到启动另一个应用之前的模样。第 8 章中将使用几个 Bundle 让数据在不同活动之间传递。
- android.support.v7.app 包的 AppCompatActivity 类 (第 6 行) 提供基本的生命周期方法 (稍后将讨论)。AppCompatActivity 为 (android.app 包中的) Activity 类的间接子类，通过它可在老版本的 Android 平台上使用较新的 Android 特性。
- android.text 包的 Editable 接口 (第 7 行) 使用户能够更改 GUI 中文本的内容和标记。
- 位于 android.text 包中的 TextWatcher 接口 (第 8 行)，使得当用户与某个 EditText 组件交互时能够响应事件。
- android.widget 包 (第 9，10 和 12 行) 包含 Android GUI 中用到的窗件 (即视图) 和布局。这个应用使用了 EditText (第 9 行)、SeekBar (第 10 行) 和 TextView (第 12 行) 等窗件。
- 位于 android.widget 包中的 SeekBar.OnSeekBarChangeListener 接口 (第 11 行)，使得当移动 SeekBar 的滑块时能够响应用户。
- java.text 包的 NumberFormat 类 (第 14 行) 提供数字式格式化功能，比如本地货币和百分比的格式。

3.6.2　AppCompatActivity 的 MainActivity 子类

MainActivity 类 (见图 3.13~图 3.18) 是 Tip Calculator 应用的 Activity 子类。当创建 TipCalculator 工程时，IDE 会将这个类作为 Activity 的间接子类 AppCompatActivity 的一个子类产生，并会提供重写的 onCreate 方法 (见图 3.15)。每一个 Activity 子类都必须重写这个方法。稍后将讨论 onCreate 方法。

```
16  // MainActivity class for the Tip Calculator app
17  public class MainActivity extends Activity {
18
```

图 3.13　MainActivity 类是 Activity 类的子类

3.6.3　类变量与实例变量

图 3.14 中声明了 MainActivity 类的变量。NumberFormat 对象 (第 20~23 行) 被分别用来格式化货币值和百分比。NumberFormat 静态方法 getCurrencyInstance 返回一个 NumberFormat 对象，利用设备的本地设置格式化货币值。类似地，静态方法 getPercentInstance 利用设备的本地设置将值格式化成百分比。

```
19  // currency and percent formatter objects
20  private static final NumberFormat currencyFormat =
21     NumberFormat.getCurrencyInstance();
22  private static final NumberFormat percentFormat =
23     NumberFormat.getPercentInstance();
24
25  private double billAmount = 0.0; // bill amount entered by the user
26  private double percent = 0.15; // initial tip percentage
27  private TextView amountTextView; // shows formatted bill amount
28  private TextView percentTextView; // shows tip percentage
29  private TextView tipTextView; // shows calculated tip amount
30  private TextView totalTextView; // shows calculated total bill amount
31
```

图 3.14　MainActivity 类的实例变量

用户在 amountEditText 中输入的账单额，会被读取并以 double 格式保存在 billAmount 中（第 25 行）。定制的小费百分比（0~30 的整数）是用户通过移动 Seekbar 滑块设置的，将它除以 100.0，得到一个 double 值保存在 percent 中（第 26 行）。例如，如果将滑块移到 25，则 percent 的值就为 0.25，所以应用就会将账单额乘以 0.25 以计算小费额。

> **软件工程结论 3.3**
>
> 对于精确的货币计算，需使用（java.math 包中的）BigDecimal 类来表示货币值并进行货币计算，而不应使用 double 类型的变量。

第 27 行声明的 TextView 用于显示货币格式的账单额；第 28 行声明的 TextView，用于显示对应于 SeekBar 滑块位置的小费百分比，参见图 3.1(a)中的 15%。第 29~30 行中的变量用于保存显示在屏幕上的小费额和总金额。

3.6.4 重写 Activity 方法 onCreate

onCreate 方法（见图 3.15）是当创建应用的工程时在第 33~36 行自动产生的，启动 Activity 时系统会调用这个方法。通常，onCreate 方法用于初始化 Activity 的实例变量和视图。应使这个方法尽可能简单，以便能够快速启动应用。事实上，如果加载应用的时间超过 5 秒，则操作系统会显示一个 ANR（Application Not Responding，应用未响应）对话框，允许用户强制终止它。第 9 章中将讲解如何防止出现此类问题。

```
32    // called when the activity is first created
33    @Override
34    protected void onCreate(Bundle savedInstanceState) {
35       super.onCreate(savedInstanceState); // call superclass's version
36       setContentView(R.layout.activity_main); // inflate the GUI
37
38       // get references to programmatically manipulated TextViews
39       amountTextView = (TextView) findViewById(R.id.amountTextView);
40       percentTextView = (TextView) findViewById(R.id.percentTextView);
41       tipTextView = (TextView) findViewById(R.id.tipTextView);
42       totalTextView = (TextView) findViewById(R.id.totalTextView);
43       tipTextView.setText(currencyFormat.format(0)); // set text to 0
44       totalTextView.setText(currencyFormat.format(0)); // set text to 0
45
46       // set amountEditText's TextWatcher
47       EditText amountEditText =
48          (EditText) findViewById(R.id.amountEditText);
49       amountEditText.addTextChangedListener(amountEditTextWatcher);
50
51       // set percentSeekBar's OnSeekBarChangeListener
52       SeekBar percentSeekBar =
53          (SeekBar) findViewById(R.id.percentSeekBar);
54       percentSeekBar.setOnSeekBarChangeListener(seekBarListener);
55    }
56
```

图 3.15 重写的 Activity 方法 onCreate

onCreate 方法的 Bundle 参数

在应用执行期间，用户可以改变设备的配置，比如旋转设备、连接蓝牙键盘或者滑出硬键盘。为了使用户有好的体验，应用需在这些配置发生改变时依然能够流畅地操作。系统调用

onCreate 方法时，它会传递一个包含 Activity 的保存状态的 Bundle 实参(如果有保存状态)。通常，状态会通过 Activity 方法 onPause 或 onSaveInstanceState 保存(后面的几个应用中会用到)。第 35 行调用超类的 onCreate 方法，当重写 onCreate 方法时，一定要这么做。

产生的 R 类包含资源 ID

当构建应用的 GUI 并向它添加资源时(如 strings.xml 文件中的那些字符串，或者 activity_main.xml 文件中的那些视图)，IDE 会产生一个名称为 R 的类，它包含代表工程的 res 文件夹下每一种资源类型的嵌套类。嵌套类被声明成静态的，这样就能在代码中通过 R.ClassName 访问。在 R 类的嵌套类中，IDE 会创建一些 static final int 常量，使用户能够通过编码来引用这些资源(稍后将讨论)。R 类中包含的部分嵌套类如下：

- R.drawable 类。包含代表任何 drawable 项(比如图像)的常量，这些 drawable 项被放入应用的 res 文件夹下的各种 drawable 文件夹中。
- R.id 类。包含表示 XML 布局文件中视图的常量。
- R.layout 类。包含表示工程中每一个布局文件(例如，activity_main.xml)的常量。
- R.string 类。包含表示 strings.xml 文件中每一个字符串的常量。

填充 GUI

对 setContentView 的调用(第 36 行)接收常量 R.layout.activity_main，指明哪一个 XML 文件代表了 MainActivity 的 GUI，此处这个常量表示 activity_main.xml 文件。setContentView 方法使用这个常量来加载对应的 XML 文档，然后解析它并将它转换成应用的 GUI。这一过程称为"填充"(inflating) GUI。

获取窗件的引用

一旦填充了布局，就可以取得各个窗件的引用，从而可以通过编码与窗件交互。为此，需利用 Activity 类的 findViewById 方法。这个方法的实参是一个 int 型常量，表示指定视图的 Id，并返回该视图的引用。每一个视图的 R.id 常量名称，是由组件的 Id 属性确定的，Id 属性在设计 GUI 时由用户指定。例如，amountEditText 的常量名称是 R.id.amountEditText。

第 39~42 行获得被应用更改了的几个 TextView 的引用。第 39 行获得 amountTextView 的引用，当用户输入账单额时它会发生变化。第 40 行获得 percentTextView 的引用，当用户改变小费百分比时它会发生变化。第 41~42 行获得的几个 TextView 的引用，用于计算小费额和总金额。

在 TextView 中显示初始值

第 43~44 行将 tipTextView 和 totalTextView 的文本设置成 0，并通过调用 currencyFormat 对象的 format 方法将其格式化成本地货币形式。每一个 TextView 中的文本内容都会随用户输入账单额时发生变化。

注册事件监听器

第 47~49 行取得 amountEditText 并调用它的 addTextChangedListener 方法，注册 TextWatcher 对象，以响应用户更改了 EditText 的内容时所产生的事件。这个事件监听器(见图 3.18)被定义成匿名内部类对象，并将其赋予实例变量 amountEditTextWatcher。尽管可以在第 49 行 amountEditTextWatcher 的位置定义这个匿名内部类，但这里的做法是在后面定义它，以使代码更易理解。

软件工程结论 3.4

为了使代码更易调试、修改和维护，不宜将匿名内部类在一个大型方法中定义，而是应将它定义成一个私有 final 实例变量。

第 52～53 行获得 percentSeekBar 的引用，第 54 行调用 SeekBar 的 setOnSeekBarChangeListener 方法，注册 OnSeekBarChangeListener 对象，该对象响应移动 SeekBar 滑块时所产生的事件。这个事件监听器（见图 3.17）被定义成匿名内部类对象，并将其赋予实例变量 seekBarListener。

有关 Android 6 数据绑定的说明

Android 提供一个数据绑定支持库，它可用在 Android 2.1（API 级别 7）及以上的版本中。布局 XML 文件中可以包含数据绑定表达式，用于操作 Java 对象，动态地更新用户界面上的数据。

此外，每一个包含视图和视图 id 的布局 XML 文件，都有一个对应的自动产生的类。对于每一个具有 id 的视图，这个类都包含一个引用该视图的公共 final 实例变量。可以创建一个代表这种"绑定"类的实例，以替换对 findViewById 的全部调用。这样做能够极大地简化复杂用户界面中 Activity 类和 Fragment 类里的 onCreate 方法。实例变量的名称，就是布局中与视图相对应的 id。"绑定"类的名称以布局的名称为基础——对于 activity_main.xml，类名称为 ActivityMainBinding。

到本书编写时为止，数据绑定库依然为一个早期的 Beta 版本，将来可能会在数据绑定表达式语法和 Android Studio 的支持工具方面有重大改动。关于 Android 数据绑定方面的更多知识，请参见：

https://developer.android.com/tools/data-binding/guide.html

3.6.5 MainActivity 方法 calculate

calculate 方法（见图 3.16）由 EditText 和 SeekBar 的监听器调用，以便只要用户更改了账单额就更新小费额和总金额的 TextView。第 60 行在 percentTextView 中显示小费百分比；第 63～64 行根据 billAmount 计算小费额和总金额；第 67～68 行以货币格式显示这两个值。

```
57    // calculate and display tip and total amounts
58    private void calculate() {
59       // format percent and display in percentTextView
60       percentTextView.setText(percentFormat.format(percent));
61
62       // calculate the tip and total
63       double tip = billAmount * percent;
64       double total = billAmount + tip;
65
66       // display tip and total formatted as currency
67       tipTextView.setText(currencyFormat.format(tip));
68       totalTextView.setText(currencyFormat.format(total));
69    }
70
```

图 3.16 MainActivity 方法 calculate

3.6.6 实现 OnSeekBarChangeListener 接口的匿名内部类

图 3.17 的第 72～87 行创建了一个匿名内部类对象，响应 percentSeekBar 的事件。这个对

象被赋予实例变量 seekBarListener。第 54 行（见图 3.15）将 seekBarListener 注册成 percentSeekBar 的 OnSeekBarChangeListener 事件处理器对象。为清晰起见，所有事件处理对象都以这种最简单的方式定义，这样就不会与 onCreate 方法的代码混淆了。

```
71     // listener object for the SeekBar's progress changed events
72     private final OnSeekBarChangeListener seekBarListener =
73        new OnSeekBarChangeListener() {
74           // update percent, then call calculate
75           @Override
76           public void onProgressChanged(SeekBar seekBar, int progress,
77              boolean fromUser) {
78              percent = progress / 100.0; // set percent based on progress
79              calculate(); // calculate and display tip and total
80           }
81
82           @Override
83           public void onStartTrackingTouch(SeekBar seekBar) { }
84
85           @Override
86           public void onStopTrackingTouch(SeekBar seekBar) { }
87        };
88
```

图 3.17　实现 OnSeekBarChangeListener 接口的匿名内部类

重写 OnSeekBarChangeListener 接口的 onProgressChanged 方法

第 75～86 行（见图 3.17）实现 OnSeekBarChangeListener 接口的方法。当改变 SeekBar 的滑块位置时，会调用 onProgressChanged 方法。第 78 行用该方法的 progress 参数计算 percent 值，这个 int 型参数表示滑块的位置。需将它除以 100.0 以得到小费百分比。第 79 行调用 calculate 方法，重新计算并显示小费额和总金额。

重写 OnSeekBarChangeListener 接口的 onStartTrackingTouch 方法和 onStopTrackingTouch 方法

Java 要求重写所实现的接口中的每一个方法。这个应用并不要求知道用户何时开始移动滑块（onStartTrackingTouch）或停止移动滑块（onStopTrackingTouch），所以只需为每个方法提供一个空语句体即可（第 82～86 行），以符合接口的要求。

用于重写方法的 Android Studio 工具

Android Studio 能够创建用于重写从类的超类继承的方法的空方法，也可以创建用于实现接口方法的空方法。将光标置于类体，然后选择 Code > Override Methods…菜单项，IDE 就会显示一个 Select Methods to Override/Implement 对话框，给出当前类中可以被重写的所有方法。这些方法包含所有类层次中所继承的方法，以及类层次中任何接口所实现的方法。

错误防止提示 3.2

利用 Android Studio 的 Code > Override Methods…菜单项，可更快地编写代码并能尽可能地减少错误。

3.6.7　实现 TextWatcher 接口的匿名内部类

图 3.18 第 90～114 行创建了一个匿名内部类对象，响应 amountEditText 的事件，并将这个对象赋予实例变量 amountEditTextWatcher。第 49 行（见图 3.15）将这个对象注册成监听 amountEditText 的文本发生改变时所产生的事件。

```
 89     // listener object for the EditText's text-changed events
 90     private final TextWatcher amountEditTextWatcher = new TextWatcher() {
 91        // called when the user modifies the bill amount
 92        @Override
 93        public void onTextChanged(CharSequence s, int start,
 94           int before, int count) {
 95
 96           try { // get bill amount and display currency formatted value
 97              billAmount = Double.parseDouble(s.toString()) / 100.0;
 98              amountTextView.setText(currencyFormat.format(billAmount));
 99           }
100           catch (NumberFormatException e) { // if s is empty or non-numeric
101              amountTextView.setText("");
102              billAmount = 0.0;
103           }
104
105           calculate(); // update the tip and total TextViews
106        }
107
108        @Override
109        public void afterTextChanged(Editable s) { }
110
111        @Override
112        public void beforeTextChanged(
113           CharSequence s, int start, int count, int after) { }
114     };
115  }
```

图 3.18　实现 TextWatcher 接口的匿名内部类

重写 TextWatcher 接口的 onTextChanged 方法

当改动了 amountEditText 中的文本时，会调用 onTextChanged 方法（第 92～106 行）。这个方法接收 4 个参数。这个例子中只使用了 CharSequence s，它包含 amountEditText 中的文本副本。其他的参数表明从 start 处开始，用 count 个字符替换 before 长度之前的文本。

第 97 行将用户在 amountEditText 中的输入转换成一个 double 值。应用中只允许用户输入以美分为单位的整数值，所以需将它除以 100.0 得到实际的账单额。例如，如果输入 2495，则账单额就是 24.95。第 98 行显示更新后的账单额。如果有异常发生，则第 101～102 行清空 amountTextView 并将 billAmount 设置成 0.0。第 105 行调用 calculate 方法，根据当前的账单额重新计算并显示小费额和总金额。

amountEditTextWatcher TextWatcher 中的其他方法

这个应用不需要知道对文本做了哪些改变（beforeTextChanged）或文本是否已经完成改变（afterTextChanged），所以只需简单地用空语句体重写 TextWatcher 接口中的这两个方法即可（第 108～113 行），以符合接口的要求。

3.7　AndroidManifest.xml

这一节将修改 AndroidManifest.xml 文件，以使应用的 Activity 只支持设备的纵向模式，且虚拟键盘会一直在屏幕上出现。为了打开这个清单文件，需在 Project 的 manifests 文件夹下双击 AndroidManifest.xml。图 3.19 展示的完整文件内容中，有变化的部分被着重标出，而其他部分是创建应用的工程时由 Android Studio 自动产生的。这里将只探讨其中的一部分内容。有关清单文件中可以包含的元素、元素的属性及它的值的完整列表，请参见：

```
    http://developer.android.com/guide/topics/manifest/manifest-
        intro.html
1   <?xml version="1.0" encoding="utf-8"?>
2   <manifest xmlns:android="http://schemas.android.com/apk/res/android"
3       package="com.deitel.tipcalculator" >
4
5       <application
6           android:allowBackup="true"
7           android:icon="@mipmap/ic_launcher"
8           android:label="@string/app_name"
9           android:supportsRtl="true"
10          android:theme="@style/AppTheme" >
11          <activity
12              android:name=".MainActivity"
13              android:label="@string/app_name"
14              android:screenOrientation="portrait"
15              android:windowSoftInputMode="stateAlwaysVisible">
16              <intent-filter>
17                  <action android:name="android.intent.action.MAIN" />
18
19                  <category android:name="android.intent.category.LAUNCHER" />
20              </intent-filter>
21          </activity>
22      </application>
23
24  </manifest>
```

图 3.19　AndroidManifest.xml 文件的内容

3.7.1　manifest 元素

manifest 元素（第 2～24 行）表明这个 XML 文件的内容代表应用的清单。元素的 package 属性指定应用的 Java 包名称，它是在创建应用的工程时配置的（见 3.4.2 节）。前面说过，对于需提交到 Google Play 商店的应用而言，包名称被当做应用的唯一标识符。

3.7.2　application 元素

嵌套在 manifest 元素下的 application 元素（第 5～21 行）指定应用的属性。这个属性可以是

- android:allowBackup——应用的数据是否应由 Android 自动备份，以便以后可以在设备上恢复这些数据，或者将数据复制到一个新设备。
- android:icon——应用的图标，点触它可执行应用。
- android:label——应用的名称。通常显示在图标的下面，执行应用时则显示在应用栏中。
- android:supportsRtl——指定应用的界面是否支持从右到左的语言，比如阿拉伯文和希伯来文。
- android:theme——决定应用的默认外观的主题。

嵌套在 application 元素里的那些元素，用于定义应用的组件，比如它的活动。

3.7.3　activity 元素

嵌套在 application 元素里的 activity 元素（第 10～20 行），用于描述一个 Activity。一个应用可以具有许多种活动，其中之一是专门用于点触图标启动应用时显示在屏幕上的一个 Activity。每一个 activity 元素都需至少指定如下的几个属性：

- android:name——Activity 的类名称。名称 ".MainActivity" 为 "com.deitel.MainActivity"（其中 com.deitel 为创建应用的工程时所指定的域名的逆序）的简写形式。
- android:label——Activity 的名称。当这个 Activity 位于屏幕上时，它的名称通常会出现在应用栏中。对于只有一个 Activity 的应用，Activity 名称通常与应用的名称相同。

对于 MainActivity，还增加了如下的几个属性：
- android:screenOrientation——通常而言，大多数应用都需要同时支持纵向模式和横向模式。纵向模式中，设备的长边是垂直的；横向模式中，设备的长边是水平的。在 Tip Calculator 应用中，将设备旋转成横向模式，通常会导致数字键盘占据太多的 GUI。为此，将这个属性设置成 portrait，以只支持纵向模式。
- android:windowSoftInputMode——Tip Calculator 应用中，启动应用时就需立即显示软键盘，且只要用户返回到这个应用，就应显示软键盘。为此，需将这个属性设置成 stateAlwaysVisible。注意，如果提供了硬键盘，则软键盘不会显示。

3.7.4 intent-filter 元素

Intent 是 Android 用来在各种可执行组件之间通信的一种机制，比如活动、背景服务及操作系统。给定一个 intent，Android 就会用它来与那些可执行组件沟通，以完成该 intent 希望做的事情。这种松耦合机制更易于混合和匹配不同的应用。只需告诉 Android 你希望完成的事情，Android 就会负责从已安装的应用中找到能够完成该任务的那一个。

应用间通信

有关如何使用 Intent 的一个示例是不同应用间的通信。考虑 Android 处理照片分享的方法：
- 大多数 Android 社交应用都具有照片分享功能。所有应用都能够在它的清单文件中指定一个 Activity，用于将照片上载到用户账户中。
- 其他应用能够利用这种照片分享功能，而不必自己实现这种功能。例如，照片编辑应用可以具有一个 Share Photo 选项，它能够响应用户的照片分享请求，方法是创建一个照片分享 Intent 并将它传递给 Android。
- Android 会根据这个 Intent 找到那些具有分享照片功能的应用。
- 如果只存在一个这样的应用，则 Android 会执行它的照片分享 Activity。
- 如果有多个这样的应用，则 Android 会显示它们并询问用户应当使用哪一个。

这种松耦合机制的一个主要优势是照片编辑应用的开发人员无须考虑对每一种可能的社交站点的支持。通过发出一个照片分享 Intent，应用就能够自动支持在其清单中声明了照片分享 Activity 的任何其他应用，这些应用可以是已经安装了的，也可以是还没有安装的。有关可以用于 Intent 的项目列表，请参见：

```
http://developer.android.com/reference/android/content/
Intent.html#constants
```

执行应用

使用 Intent 的另一个例子是在启动一个活动时。当在设备的启动器应用中点触应用图标时，就表示希望执行这个应用。这时，启动器会发出一个 Intent，以执行该应用的主 Activity（稍后将讨论）。Android 响应这个 Intent，启动应用并执行在它的清单中被指定为主 Activity 的那个 Activity。

确定执行哪一个 Activity

Android 利用清单中的信息来确定响应 Intent 的那些活动，以及确定能够处理这个 Intent 的那个 Activity。在清单文件中，嵌套在 activity 元素下的 intent-filter 元素（见图 3.19 第 16 ~ 20 行）指定哪些 Intent 类型能够启动 Activity。如果 Intent 只与一个 Activity 的 intent-filter 相匹配，则 Android 就会执行这个 Activity；如果相匹配的 intent-filter 有多个，则 Android 会给出一个应用列表供用户挑选，然后用所选应用执行该 Activity。

Android 还会将 Intent 传递给 Activity，因为一个 Intent 通常包含 Activity 可用来执行任务的数据。例如，照片编辑应用可以包含在一个照片共享 Intent 中，共享指定的照片。

这个 intent-filter 元素必须包含一个或者多个 action 元素。图 3.19 第 17 行中的 action "android.intent.action.MAIN"，表示 MainActivity 为启动应用时需执行的那个 Activity。第 19 行中可选的 category 元素指定由谁发起这个 Intent——对于"android.intent.category.LAUNCHER"，即为设备的启动器。这个类别还表明 Activity 应有一个图标出现在设备的启动器中，就像用户安装的其他应用那样。

下一章中将探讨 Intent 并对它编程。关于 Intent 和 Intent 过滤器的更多信息，请访问：

http://developer.android.com/guide/components/intents-filters.html

3.8 小结

本章创建了一个交互式的 Tip Calculator 应用。探讨了这个应用的功能，然后以测试的方法运行它，以根据输入的账单额计算小费额和总金额。这个应用的 GUI 通过 Android Studio 的布局编辑器、Component Tree 窗口和 Properties 窗口来构建。还编辑了布局的 XML，并用 Theme Editor 来定制 Theme.AppCompat.Light.DarkActionBar 主题的主颜色、暗主色和强化色，它们是在创建工程时由 IDE 设置的。本章给出了 MainActivity 类（AppCompatActivity 类的子类——Activity 类的间接子类）的代码，定义应用的逻辑。

在这个应用的 GUI 中，用 GridLayout 将视图排列成行和列的形式。还在几个 TextView 中显示了文本，并从一个 EditText 和 SeekBar 中接收用户输入。

MainActivity 类利用了许多 Java 面向对象的编程能力，包括类、匿名内部类、对象、方法、接口和继承。解释了根据 XML 文件填充 GUI，呈现屏幕内容的概念。还学习了 Android 的 Activity 类及它的部分生命周期方法。特别地，重写了 onCreate 方法，以便在启动应用时对其初始化。在 onCreate 方法中用到了 Activity 方法 findViewById，以获得应用与所交互的每一个视图的引用。还定义了一个匿名内部类，它实现了 TextWatcher 接口，以便当用户输入账单额时，应用能够计算出新的小费额和总金额。对 customSeekBar 定义了一个匿名内部类，它实现了 OnSeekBarChangeListener 接口，以便当用户通过移动 SeekBar 滑块改变了小费百分比时，应用能够计算出新的小费额和总金额。

最后，在 IDE 的 Android Manifest 编辑器中打开了 AndroidManifest.xml 文件，以使 MainActivity 只支持纵向模式且总是显示软键盘。还探讨了在创建工程时由 Android Studio 置于清单中的其他元素。

第 4 章中将建立一个 Flag Quiz 应用，它显示某个国家的国旗图案，用户必须从 2、4、6 或者 8 个选项中猜出这个国家。这个应用将使用菜单和复选框来设计，指定待选项的数量，列出世界上特定地区的国家和国旗供选择。

第 4 章　Flag Quiz 应用

Fragment，菜单，性能，显式 Intent，Handler，AssetManager，补间动画，Animator，Toast，颜色状态表，用于多种设备方向的布局，用于调试的日志记录错误消息

目标

本章将讲解
- 通过 Fragment 更好地利用设备的屏幕
- 在应用栏中显示一个设置图标，使用户能够配置应用的首选项
- 使用 PreferenceFragment 自动管理和保持应用的用户首选项
- 使用 SharedPreferences.Editor 修改与应用相关的键/值对数据
- 使用应用的 assets 子文件夹管理图像资源并通过 AssetManager 操作它们
- 定义一个动画并将其用于 View
- 使用 Handler 安排未来的任务，在 GUI 线程上执行
- 使用 Toast 向用户简要显示消息
- 通过显式 Intent 启动特定的 Activity
- 使用来自于 java.util 包的各种集合
- 为多种设备模式定义布局
- 使用 Android 的日志记录机制，将错误消息记录成日志

提纲

4.1　简介
4.2　测试驱动的 Flag Quiz 应用
　　4.2.1　配置应用的设置
　　4.2.2　运行应用
4.3　技术概览
　　4.3.1　菜单
　　4.3.2　Fragment
　　4.3.3　Fragment 生命周期方法
　　4.3.4　管理 Fragment
　　4.3.5　首选项
　　4.3.6　assets 文件夹
　　4.3.7　资源文件夹
　　4.3.8　支持不同屏幕尺寸和分辨率
　　4.3.9　确定设备方向
　　4.3.10　用于显示消息的 Toast
　　4.3.11　使用 Handler 在未来执行一个 Runnable 对象
　　4.3.12　将动画用于 View
　　4.3.13　使用 ViewAnimationUtils 创建环形缩放动画
　　4.3.14　通过颜色状态表根据视图状态确定颜色

4.3.15 AlertDialog
4.3.16 为异常消息做日志
4.3.17 通过显示 Intent 启动另一个活动
4.3.18 Java 数据结构
4.3.19 Java SE 7 特性
4.3.20 AndroidManifest.xml
4.4 创建工程，资源文件和另外的类
  4.4.1 创建工程
  4.4.2 Blank Activity 模板布局
  4.4.3 配置对 Java SE 7 的支持
  4.4.4 向工程添加国旗图像
  4.4.5 strings.xml 与格式化的字符串资源
  4.4.6 arrays.xml
  4.4.7 colors.xml
  4.4.8 button_text_color.xml
  4.4.9 编辑 menu_main.xml
  4.4.10 创建国旗飘扬动画
  4.4.11 指定应用设置的 preferences.xml
  4.4.12 添加 SettingsActivity 类和 SettingsActivityFragment 类
4.5 构建应用的 GUI
  4.5.1 用于纵向模式设备的 activity_main.xml 布局
  4.5.2 设计 fragment_main.xml 布局
  4.5.3 Graphical Layout 编辑器工具栏
  4.5.4 用于横向设备的 content_main.xml 布局
4.6 MainActivity 类
  4.6.1 package 声明和 import 声明
  4.6.2 字段
  4.6.3 重写的 Activity 方法 onCreate
  4.6.4 重写的 Activity 方法 onStart
  4.6.5 重写的 Activity 方法 onCreateOptionsMenu
  4.6.6 重写的 Activity 方法 onOptionsItemSelected
  4.6.7 实现 OnSharedPreferenceChangeListener 的匿名内部类
4.7 MainActivityFragment 类
  4.7.1 package 声明和 import 声明
  4.7.2 字段
  4.7.3 重写的 Fragment 方法 onCreateView
  4.7.4 updateGuessRows 方法
  4.7.5 updateRegions 方法
  4.7.6 resetQuiz 方法
  4.7.7 loadNextFlag 方法
  4.7.8 getCountryName 方法
  4.7.9 animate 方法
  4.7.10 实现 OnClickListener 的匿名内部类
  4.7.11 disableButtons 方法
4.8 SettingsActivity 类
4.9 SettingsActivityFragment 类
4.10 AndroidManifest.xml
4.11 小结

4.1 简介

  Flag Quiz 应用测试用户正确识别 10 个国家的国旗的能力（见图 4.1）。开始时，它会向用户呈现一个国旗图案和四个代表国家名称的按钮，其中有一个与国旗一致，而另外三个是随机选择的、无重复的错误答案。这个应用会在整个测试过程中显示进度，在当前国旗图案上面的 TextView 中给出问题的编号（一共 10 个问题）。

  应用还允许用户控制测试的难度（显示 2 个、4 个、6 个或 8 个备选答案按钮），也可选择只希望测试哪些洲的国家。这些选项会根据不同的设备而显示——应用支持所有设备的纵向模式，但只支持平板电脑的横向模式。

  纵向模式下，应用会在应用栏中显示一个设置图标(⚙)。用户单击该图标，应用就会显示一个独立的界面(另一个 Activity)，供用户设置备选答案按钮数量和希望包含的洲。在横向平板电脑上(见图 4.2)，应用会采用另一种布局，同时显示设置项和题目。

首先，将通过测试体验这个应用，然后将讲解用来构建它的技术。接下来是设计它的 GUI。最后，将给出应用的完整源代码并分析它，更详细地探讨应用中的新特性。

图 4.1 以纵向模式运行于智能手机上的 Flag Quiz 应用

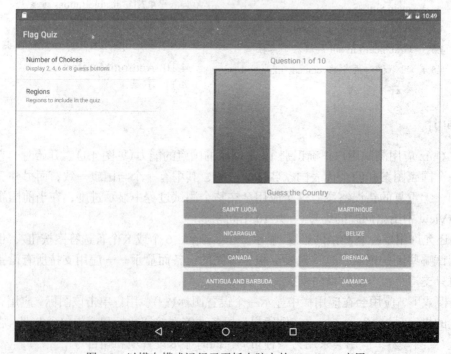

图 4.2 以横向模式运行于平板电脑上的 Flag Quiz 应用

4.2 测试驱动的 Flag Quiz 应用

现在通过测试体验一下这个 Flag Quiz 应用。为此，需启动 Android Studio，从本书示例文件夹下的 FlagQuiz 文件夹下打开 Flag Quiz 应用，然后在 AVD 或设备上执行它。这会构建工程并运行应用（见图 4.1 或图 4.2）。

4.2.1 配置应用的设置

首次安装并运行它时，测验被配置成显示 4 个备选按钮，且国旗来自于各大洲。为了体验它，可以更改应用的选项，使国旗只来自于北美洲，但依然保持每次 4 个备选答案不变。

对于纵向模式的手机、平板电脑或 AVD，需点触应用栏上的设置图标(✿)（见图 4.1），以便打开 Settings 界面，见图 4.3(a)；在横向模式的平板电脑或 AVD 上，应用的设置选项出现在屏幕左侧（见图 4.2）。点触 Number of Choices，显示如图 4.3(b) 所示的对话框，可设置针对每一面国旗将显示的答案按钮数。（在横向模式的平板电脑设备或 AVD 上，应用会变灰，而对话框会出现在屏幕中央。）默认显示的按钮数为 4。为了使题目变易，可选择 2，也可选择 6 或 8 使题目更难。点触 CANCEL（或对话框以外的区域），即可返回到 Settings 界面。

(a) 用户点触了 Number of Choices 的菜单　　　　(b) 显示答案按钮数量选项的对话框

图 4.3　Flag Quiz 的设置界面和 Number of Choices 对话框

接下来，点触图 4.4(a) 中的 Regions，会显示如图 4.4(b) 所示的复选框，列出了全世界不同的洲。默认情况下，当首次执行应用时会使用全部的洲，因此测验中会随机选择全世界任何国家的国旗。点触 Africa、Asia、Europe、Oceania(澳大利亚、新西兰及周边岛屿)和 South America 旁边的复选框,去选它们,这样就排除了这些地区的国家。点触 OK 按钮,保存设置。在纵向模式的手机、平板电脑或 AVD 上,点回退按钮(◁),返回到测验界面,用更新后的设置重新开始测验;在横向模式的平板电脑设备或 AVD 上,更新了设置的新测验会立即显示在屏幕右侧。

(a) 用户点触了Regions的菜单　　　　　　　(b) 显示洲名的对话框

图 4.4　Flag Quiz 的设置界面和 Regions 对话框(只选择 North America)

4.2.2　运行应用

启动一个新测验,其备选答案个数由用户预先设置,而国旗只会从所选洲中挑选。点触你认为匹配国旗的国家名称,完成一次测验。

答题正确

如果答案无误,见图 4.5(a),则应用会禁用所有的答案按钮,并以绿色显示国家的名称,后接一个惊叹号,见图 4.5(b)。经过很短的延迟后,应用会加载下一个国旗动画并显示一组新的答案按钮。从当前测验转换到下一个测验是通过环形缩放动画(circular reveal animation)实现的:

- 首先,屏幕上有一个大直径的圆缩小至直径为 0,从而隐藏当前的测验国旗和答案按钮。
- 接着,圆的直径从 0 增长到新的国旗和答案按钮在屏幕上完全可见为止。

答题错误

如果点触了错误的按钮,见图 4.6(a),则应用将:

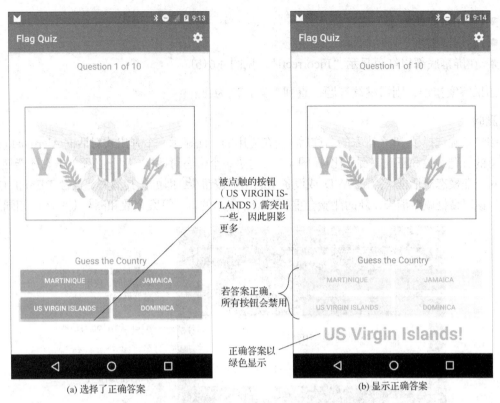

图 4.5 用户选择了正确的答案后会显示的内容

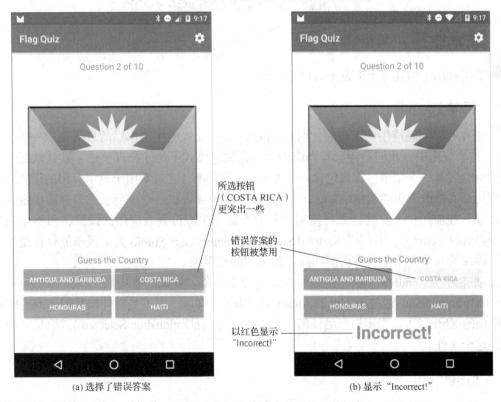

图 4.6 在 Flag Quiz 应用中禁用错误的答案

- 禁用对应的国家名称按钮
- 利用动画水平摇动国旗
- 在屏幕底部以红色显示"Incorrect!",见图4.6(b)

如果答案错误,则需继续答题,直到答案正确为止。

完成测验

用户正确选择了10个国家的名称后,会在应用的上面显示一个弹出式对话框AlertDialog,并给出总的答题次数和正确率百分比(见图4.7)。这是一个模态对话框,因此必须单击它才能使其消失。对于非模态对话框,点触AVD或设备上的回退按钮(◁)即可让其消失。点触RESET QUIZ按钮,该对话框就会消失,新的测验会重新开始,显示的备选答案个数和洲与上一次的相同。

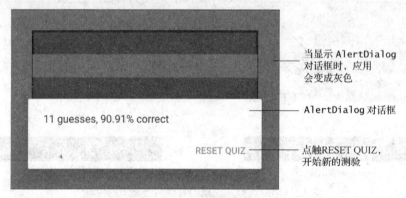

图4.7 完成测验后的结果提示

4.3 技术概览

本节讲解用于构建这个Flag Quiz应用的技术。

4.3.1 菜单

当在IDE中创建应用的工程时,会将MainActivity配置成在动作栏的右侧显示一个选项菜单(⋮)。这个应用中,我们希望只有当应用运行在纵向模式下时才出现菜单。默认情况下,点触该图标会展开一个菜单,它只包含一个Settings菜单项,它通常用于显示应用的设置项。对于此应用,需修改菜单的XML文件,为Settings菜单项提供一个图标(✿),并需指定该图标应直接显示在应用栏上。这样做可使用户只需点触一次即可查看应用的设置,而不必先打开菜单项再选择Settings。可利用Android Studio的Vector Asset Studio为工程添加材料设计设置图标。后面的几个应用中,将讲解如何创建更多的菜单项。

选项菜单是(android.view包的)Menu类的对象。4.6.5节中将重写Activity方法onCreateOptionsMenu,通过该方法的Menu实参添加菜单项,而不是额外编写程序或者使用描述菜单项的XML文档。当用户点触任何一个菜单项时,onOptionsItemSelected方法(见4.6.6节)会响应这个事件。

4.3.2 Fragment

Fragment通常表示Activity的用户界面的可复用部分,但它也可以表示可复用的逻辑代码。

这个应用中用 Fragment 来创建并管理不同的 GUI 部分。可以组合多个 Fragment 来创建充分利用平板电脑屏幕尺寸的用户界面。也可以很容易地互换不同的 Fragment，以使 GUI 更显动态——第 9 章中将这样做。

所有 Fragment 的基类是(android.app 包的) Fragment 类。通过 Fragment 使用 AppCompat-Activity 类的子类时，必须利用来自于 android.support.v4.app 包的该类的 Android 支持库版本。Flag Quiz 应用直接或间接定义了如下的 Fragment 子类：

- MainActivityFragment 类(见 4.7 节)——Fragment 类的直接子类——显示测验的 GUI 并定义测验的逻辑。和 Activity 类一样，每一个 Fragment 都有自己的布局，它通常被定义成一个 XML 布局资源文件，但也可以动态地创建 GUI。4.5.2 节中将构建 MainActivity-Fragment 的 GUI。我们将为 MainActivity 创建两种布局，一种用于纵向设备，另一种用于横向平板电脑设备。然后，在这两种布局中都将复用 MainActivityFragment。
- SettingsActivityFragment 类(见 4.9 节)为(android.preference 包的) PreferenceFragment 子类，它通过与应用相关的一个文件自动维护应用的用户首选项。我们将看到，可以创建一个描述用户首选项的 XML 文件，并让 PreferenceFragment 类利用这个文件来构建具有相应首选项的 GUI(见图 4.3 和图 4.4)。4.3.5 节中将更详细地探讨首选项。
- 测验完成后，应用会创建一个(android.support.v4.app 包的) DialogFragment 匿名子类，并显示一个 AlertDialog 对话框(4.3.15 节中将讲解)，给出测验结果(见 4.7.10 节)。

Fragment 必须位于一个 Activity 中，它自己无法独立执行。当应用运行于横向平板电脑上时，MainActivity 会管理所有的 Fragment；在纵向模式下，SettingsActivity(见 4.8 节)会管理 SettingsActivityFragment，其他的 Fragment 由 MainActivity 负责。

4.3.3 Fragment 生命周期方法

和 Activity 一样，每一个 Fragment 都有生命周期，并且提供了一些可重写的方法，以响应生命周期事件。本应用中，将重写如下方法：

- onCreate——创建 Fragment 时会调用这个方法(将在 SettingsActivityFragment 类中重写它)。MainActivityFragment 和 SettingsActivityFragment 是在应用填充它们的父活动的布局时创建的。用于显示结果的 DialogFragment，则是在测验完成后动态创建并显示的。
- onCreateView——在 onCreate 方法之后会调用这个方法(将在 MainActivityFragment 类中重写它)，以构建并返回一个包含 Fragment 的 GUI 的 View。这个方法接收一个 LayoutInflater，用它通过编程来填充 Fragment 的 GUI，填充时需利用来自于预定义的 XML 布局文件中对组件的设置。

Fragment 可以将自己的菜单项添加到主 Activity 的菜单下。与 Activity 类相似，Fragment 也具有生命周期方法 onCreateOptionsMenu 和事件处理方法 onOptionsItemSelected。

其他的 Fragment 生命周期方法，在后面遇到时将会分析它们。有关 Fragment 生命周期方法的详细信息，请访问：

http://developer.android.com/guide/components/fragments.html

4.3.4 管理 Fragment

Activity 通过（android.app 包的）FragmentManager 管理它的 Fragment，FragmentManager 可由 Activity 的 getFragmentManager 方法获得。如果 Activity 需要与在该 Activity 的布局中声明的 Fragment 交互且 Fragment 具有 id 属性值，则该 Activity 会调用 FragmentManager 方法 findFragmentById，以获得该 Fragment 的引用。第 9 章中将看到，FragmentManager 可以利用 FragmentTransactions 来动态地添加、删除 Fragment 或者在 Fragment 间进行转换。

考虑到向上兼容性，AppCompatActivity 子类必须使用来自 android.support.v4.app 包的 FragmentManager 的 Android 支持库版本，而不能使用 android.app 包中的版本。AppCompatActivity 类从 Android 支持库的 FragmentActivity 类继承了 getSupportFragmentManager 方法，以获得正确的 FragmentManager。

4.3.5 首选项

4.2.1 节中修改过应用的设置，以定制这个测验。这些设置以键/值对的形式永久保存在一个文件中——通过一个键能快速找到对应的值。文件中的键必须是 String 类型，而值可以是 String 类型，也可以为基本类型。这种文件由（android.content 包的）SharedPreferences 类对象管理，且只能由创建该文件的应用访问。

PreferenceFragment 利用 Preference 对象（android.preference 包的）来管理应用的设置，并将这些设置通过一个 SharedPreferences 对象保存在一个文件中。这个应用使用 Preference 子类 ListPreference 来管理所显示的答案按钮数，用子类 MultiSelectListPreference 来管理测验中需包含的那些洲。ListPreference 创建了几个互斥单选钮，其中只有一个能够被选中，参见图 4.3(b)；MultiSelectListPreference 创建的 GUI 包含复选框，可随意选取任何项，参见图 4.4(b)。应用中将使用一个（android.preference 包的）PreferenceManager 对象来访问默认的 SharedPreferences 文件并与之交互。

也可通过如下方法直接与应用的默认 SharedPreferences 文件交互：

- 启动测验时，将根据应用的首选项来确定备选答案按钮数量，以及从哪些洲挑选国旗。
- 只要更改了洲的设置，应用就会确保至少有一个洲被选中了，否则就不会在测验中显示国旗。如果没有选择洲，则应用会将洲的首选项设为北美。

为了修改 SharedPreferences 文件的内容，需使用 SharedPreferences.Editor 对象（见 4.6.7 节）。

4.3.6 assets 文件夹

只有当需要时，才会载入这个应用中的国旗图案，它们位于 assets 文件夹下[①]。为了向工程添加更多的图像，需将本书例子文件夹下每一个洲的文件夹拖放到 assets 文件夹下（见 4.4.4 节）。这些图像文件与本书的例子一样，位于 images/FlagQuizImages 文件夹下。

与应用中要求每一个文件夹下的图像内容位于根级的 drawable 文件夹不同，assets 文件夹可以包含能够按子文件夹组织的任何类型的文件——在每一个子文件夹下包含的是某个洲的

---

① 这些图像是从 http://www.free-country-flags.com 获得的。

国家的国旗图案。assets 子文件夹中的文件是通过（android.content.res 包的）AssetManager 访问的，它可以提供特定子文件夹下全部文件名称的清单，并可用来访问每一个图像文件。

4.3.7 资源文件夹

2.4.4 节中讲解过应用的 res 文件夹下的 drawable、layout 和 values 子文件夹。在这个应用中，还将用到 menu、anim、color 和 xml 资源文件夹。图 4.8 中给出了这些文件夹及 animator 和 raw 文件夹的用途。

资源子文件夹	描述
anim	以 "anim" 开头的文件夹包含 XML 文件，它们定义了渐变动画，这种动画能随时间改变对象的透明度、尺寸、位置和方向。4.4.10 节中将定义一个渐变动画，然后在 4.7.10 节中将利用它来实现一种摇动效果，当用户选择错误时提醒用户
animator	以 "animator" 开头的文件夹包含 XML 文件，它们定义了属性动画，它会随时间而改变对象属性的值。Java 中，属性通常被实现成类中的实例变量，具有 set 方法和 get 方法
color	以 "color" 开头的文件夹包含 XML 文件，定义了用于各种状态的颜色，比如按钮的状态（未按下、按下、启用、禁用，等等）。4.4.8 节中将利用颜色状态表来定义不同的颜色，表示答案按钮的启用和禁用状态
raw	以 "raw" 开头的文件夹包含各种资源文件（比如音频文件），它们作为字节流被读入应用中。第 6 章中将利用这种资源来播放声音
menu	以 "menu" 开头的文件夹包含的 XML 文件，描述了菜单的内容。当创建工程时，IDE 会自动用 Settings 选项定义菜单
xml	以 "xml" 开头的文件夹包含的 XML 文件，是不适合放入上面那些文件夹中的文件——通常为应用所使用的 XML 数据文件。4.4.11 节中将创建一个 XML 文件，它包含应用的 SettingsActivityFragment 所显示的首选项

图 4.8 工程 res 文件夹下的其他子文件夹

4.3.8 支持不同屏幕尺寸和分辨率

2.5.1 节中讲解过，Android 设备具有各种屏幕尺寸、分辨率和像素密度（DPI）。还讲解了通常需要为多种分辨率的屏幕提供各种图像和其他可视化资源，以便 Android 能够根据设备的情况挑选最佳资源。此外，2.8 节中还讲解了如何为不同的语言和国家提供字符串资源。Android 利用带有限定名的资源文件夹来根据设备的像素分辨率挑选合适的图像，根据设备的本地设置来挑选正确的语言。这种机制也可用于选择 4.3.7 节中给出的那些资源文件夹。

对于这个应用的 MainActivity，将使用最小屏幕宽度和模式限定符来决定使用哪种布局：一种是用于手机和平板电脑的纵向模式，另一种是只用于平板电脑的横向模式。为此，需定义两种 MainActivity 布局：

- content_main.xml 为默认布局，它只显示 MainActivityFragment。
- content_main.xml（sw700dp-land）只用于横向模式的设备（比如平板电脑）。

限定的资源文件夹名称具有格式：

name-qualifiers

其中 qualifiers 由一个或多个用短线分隔的限定符组成。当前有 19 种限定符类型，Android 通过它们来选择特定的资源文件。后面将会讲解其他的限定符用法。所有 res 子文件夹限定符及如何在完整的文件夹名称中定义它们的顺序的规则，请参见：

http://developer.android.com/guide/topics/resources/providing-resources.html#AlternativeResources

4.3.9 确定设备方向

这个应用中，只有当它运行于手机大小的设备或者纵向模式的平板电脑上时，才会显示菜单（见 4.6.5 节）。为此，需获得（android.content.res 包的）Configuration 类的一个对象，它包含一个公共实例变量 orientation，该变量的值 ORIENTATION_PORTRAIT 或 ORIENTATION_LANDSCAPE 代表设备的当前模式。

4.3.10 用于显示消息的 Toast

（android.widget 包的）Toast 类可用来短时间显示消息，然后消息会从屏幕上消失。我们用 Toast 来简要显示不重要的错误消息或信息。使用 Toast 的方法如下：

- 改变了应用的设置后提示测验将重新开始。
- 如果用户没有选择任何洲，则显示一个 Toast，提醒必须至少选择一个洲。

4.3.11 使用 Handler 在未来执行一个 Runnable 对象

如果用户选择了正确答案，则应用会显示该答案 2 秒，然后进入下一个测验。为此，需使用（来自 android.os 包的）Handler 类。Handler 方法 postDelayed 接收的实参是要执行的 Runnable 对象和延迟的毫秒数。等延迟的时间过去之后，会在创建了该 Handler 的同一个线程中执行这个 Runnable 对象。

错误防止提示 4.1

与 GUI 交互或者修改 GUI 的操作，都必须在 GUI 线程（也称为 UI 线程或主线程）中执行，因为 GUI 组件不是线程安全的。

4.3.12 将动画用于 View

如果用户回答错误，则应用会向 ImageView 传递一个（android.view.animation 包的）Animation 对象，摇动国旗。我们使用 AnimationUtils 类的静态方法 loadAnimation，从一个指定动画选项的 XML 文件中加载动画。还用 Animation 方法 setRepeatCount 指定了动画的重复次数，并且通过调用 View 方法 startAnimation（实参为一个 Animation 对象），对 ImageView 对象执行动画。

4.3.13 使用 ViewAnimationUtils 创建环形缩放动画

动画效果使应用更具吸引力。本应用中，用户点击了正确答案后，国旗会摇动一下，且答案按钮会从屏幕上消失，接着下一面国旗会出现，新的答案按钮也会显示出来。4.7.9 节中，将使用 ViewAnimationUtils 类通过调用 createCircularReveal 方法来创建一个环形缩放动画对象。接着，调用 Animator 方法 setDuration 和 start，分别设置动画的持续时间和启动时间。这种动画表现为一个缩小或扩大的环形窗口，窗口里显示 UI 元素的一部分。

4.3.14 通过颜色状态表根据视图状态确定颜色

颜色状态表资源文件定义的颜色资源，用来根据视图的状态改变颜色。例如，可以为按钮的背景色定义一个颜色状态表，为按钮的按下、释放、启用和禁用状态指定不同的颜色。同样，可以为复选框的选中和不选中状态指定不同的颜色。

本应用中，如果用户答题错误，则会禁用那个错误按钮；如果答案正确，则会禁用全部按钮。对于禁用的按钮，白色文字不易阅读。为了解决这个问题，需定义一个颜色状态表，根据按钮的启用和禁用状态指定按钮的文本色（见 4.4.8 节）。关于颜色状态表的更多信息，请参见：

http://developer.android.com/guide/topics/resources/color-list-resource.html

4.3.15 AlertDialog

（android.app 包的）AlertDialog 可用来显示消息、选项和确认信息。AlertDialog 是一种模态对话框——显示该对话框后，用户无法与应用交互，除非已经释放（关闭）了它。正如所看到的，创建和配置 AlertDialog 的方法是利用一个 AlertDialog.Builder 对象。

AlertDialog 中可以显示按钮、复选框、单选钮或者项目清单，用户点触某一个即可响应该对话框。AlertDialog 也可以显示定制的 GUI。标准的 AlertDialog 最多能有如下三个按钮：

- 消极动作——取消对话框中指定的动作，常被标记成 CANCEL 或 NO。如果对话框中有多个按钮，则它会位于最左边。
- 积极动作——接收对话框中指定的动作，常被标记成 OK 或 YES。如果对话框中有多个按钮，则它会位于最右边。
- 中立动作——表示用户不希望取消或接受对话框中指定的动作。例如，如果应用要求用户注册以获得查看更多特性的权限，则会提供一个 REMIND ME LATER 按钮。

该应用中将 AlertDialog 用于测验的末尾，以向用户显示测验结果（见 4.7.10 节），并允许用户点触一个按钮来开始一个新测验。该按钮的事件是由（android.content 包的）DialogInterface.OnClickListener 接口实现的。关于 Android 对话框的更多知识，请参见：

http://developer.android.com/guide/topics/ui/dialogs.html

4.3.16 为异常消息做日志

发生异常或者希望跟踪执行代码时的重要信息时，可以用日志记录消息，利用 Android 的内置日志记录机制来调试应用。Android 提供的（android.util 包的）Log 类具有几个静态方法，它们按不同的详细程度呈现消息。被记录下的消息可通过位于 Android Device Monitor 底部的 LogCat 选项卡查看，也可利用 Android logcat 工具。在 Android Studio 中选择 View > Tool Windows > Android Monitor，即可打开 Android Device Monitor 窗口。关于记录消息日志的更多信息，请访问：

http://developer.android.com/tools/debugging/debugging-log.html

4.3.17 通过显示 Intent 启动另一个活动

正如 3.7.4 节中所讲，Android 使用一种称为意图信息传送（intent messaging）的技术来在应用内或应用间的不同 Activity 之间通信。AndroidManifest.xml 文件中声明的每一个 Activity，都可以指定多个意图过滤器（intent filter），表明该 Activity 可以处理的动作。前面的几个应用中，IDE 所创建的意图过滤器表明它只会响应预定义的 android.intent.action.MAIN 动作，表示它只能用来启动这个应用。Intent（意图）被用来启动某个 Activity——表示要执行的动作和执行该动作所需的数据。

隐式和显式 Intent

本章中的这个应用采用的是显式 Intent。当它运行于纵向模式设备时,其首选项会直接(显式地)出现在 SettingsActivity 中(见 4.8 节),这是一种特定的 Activity,它知道如何管理应用的首选项。4.6.6 节中将讲解如何利用一个显式 Intent 在同一个应用中启动指定的 Activity。

Android 也支持隐式 Intent,即没有明确地指定该 Intent 应由哪个组件处理。例如,可以创建一个显示 URL 内容的 Intent,并且允许 Android 根据该种数据类型启动一个最为合适的动作(启用 Web 浏览器)。如果有多个 Activity 可以处理传递给 startActivity 的动作和数据,则系统会显示一个对话框,用户可从中选择(有可能是挑选多个浏览器中的一个)。如果系统无法找到能够处理动作的 Activity,则 startActivity 方法会抛出 ActivityNotFoundException 异常。通常而言,好的做法是处理这种异常,以防止应用崩溃。防止出现这种异常的另一种办法是先使用 Intent 方法 resolveActivity,判断是否存在处理该 Intent 的 Activity。关于 Intent 的更多信息,请访问:

> http://developer.android.com/guide/components/intents-filters.html

4.3.18 Java 数据结构

这个应用中使用了来自于 java.util 包的各种数据结构。应用会动态地加载所启用地区的国旗文件名称,并将它们保存在一个 ArrayList<String>对象中。对每一个新游戏,都使用 Collections 的 shuffle 方法来随机化 ArrayList<String>中国旗文件名称的顺序(见 4.7.7 节)。第二个 ArrayList<String>对象用于保存当前测验中所有国家的国旗文件名称。还将使用一个 Set<String>来保存世界各大洲的名称。引用 ArrayList<String>对象时使用了一个 List<String>接口类型的变量。

软件工程结论 4.1
　　引用集合对象时应使用对应的泛型接口类型变量,这样做可使改变数据结构时不会影响到其他的代码。

4.3.19 Java SE 7 特性

Android 完全支持 Java SE 7。有关 Java SE 7 的特性列表,请参见:

> http://www.oracle.com/technetwork/java/javase/jdk7-relnotes-418459.html

该应用中使用了 Java SE 7 的如下特性:

- 用于泛型实例创建的类型推断——如果编译器能够从上下文中推断出泛型对象的类型,则在创建对象时可以用<>替换<type>。例如,在 Flag Quiz 的 MainActivityFragment 代码中,实例变量 quizCountriesList 被声明为 List<String>类型,所以编译器知道该集合必须包含字符串。这样,当创建对应的 ArrayList 对象时,可以像下列语句中那样使用<>运算符,编译器会根据 quizCountriesList 的声明推断出<>应为<String>:

    ```
    quizCountriesList = new ArrayList<>();
    ```
- 带资源声明的 try 语句(try-with-resources statement)——无须声明资源,而是在 try 语句块里使用资源并在 finally 语句块里将其关闭,这样就可以使用带资源声明的 try 语句在 try 语句块的括号内声明资源,并在 try 语句块里使用它。若程序流程离开了 try 语句块，则该资源会被自动关闭。例如，在 Flag Quiz 的 MainActivityFragment 代码中，使用了 InputStream 来读取国旗图像中的字节，并用这些字节来创建 Drawable 对象（见 4.7.7 节）：

```
try (InputStream stream =
    assets.open(region + "/" + nextImage + ".png")) {
    // code that might throw an exception
}
```

4.3.20 AndroidManifest.xml

正如第 3 章所讲，创建应用时也会生成一个 AndroidManifest.xml 文件。Android 应用中的所有活动，都必须在清单文件中列出。后面将讲解如何为工程添加额外的活动。向工程添加 SettingsActivity 时（见 4.4.12 节），IDE 也会将它添加到清单文件中。关于 AndroidManifest.xml 文件的完整细节，请参见：

> http://developer.android.com/guide/topics/manifest/manifest-intro.html

本书后续的应用中，将讲解这个文件中的各种设置。

4.4 创建工程、资源文件和另外的类

这一节将创建 Flag Quiz 应用的工程，并配置字符串资源、数组、颜色和动画资源等。还将为第二个 Activity 创建更多的类，这个 Activity 可让用户更改应用的设置。

4.4.1 创建工程

按照 2.3 节所讲创建一个新工程。在 Create New Project 对话框的 New Project 步中指定如下这些值：

- Application name: Flag Quiz
- Company Domain: deitel.com（或者其他域名）

其他步骤中的设定与 2.3 节中的相同，但这一次在 Add an activity to Mobile 步中，选择 Blank Activity 而不是 Empty Activity，并需选中 Use a Fragment 复选框。Activity Name, Layout Name, Title 和 Menu Resource Name 保留默认值，然后单击 Finish 按钮，创建这个工程。IDE 会创建各种 Java 文件和资源文件，包括：

- 一个 MainActivity 类
- 一个名称为 MainActivityFragment 的 Fragment 子类，由 MainActivity 显示
- 用于 MainActivity 和 MainActivityFragment 的布局文件
- 一个定义 MainActivity 的选项菜单的 menu_main.xml 文件

此外，还需按照 2.5.2 节中讲解的步骤为工程添加一个应用图标。

在 Android Studio 中打开这个工程时，IDE 会在布局编辑器中显示 content_main.xml 的内容。从虚拟设备下拉列表中选择 Nexus 6（见图 2.11），这里再次将此设备作为设计该应用的基础。

4.4.2 Blank Activity 模板布局

Blank Activity 模板是一个向后兼容的应用模板(用于 Android 2.1 及更高版本),它使用了 Android 设计支持库的特性。这个模板不管是否采用了 Fragment 都可以使用。采用 Fragment 时,IDE 创建的布局名称分别为 activity_main.xml,content_main.xml 和 fragment_main.xml。

activity_main.xml

activity_main.xml 中的布局包含一个 CoordinatorLayout(来自于 Android 设计支持库中的 android.support.design.widget 包)。定义在 Android Studio 应用模板中的 CoordinatorLayout 布局,通常包含一个应用栏,在 android.support.v7.widget 包中定义成一个 Toolbar。这些模板定义的应用栏与 Android 的早期版本具有后向兼容性。CoordinatorLayout 也方便了对嵌套视图中以材料设计为基础的交互活动的管理——比如当屏幕上有一个动画视图显示时,可将 GUI 的一部分移出,而当动画从屏幕上消失时,可将 GUI 恢复到原来的位置。

默认的 activity_main.xml 布局(通过 XML 中的<include>元素)嵌套了 content_main.xml 中定义的 GUI。默认布局还包含一个 FloatingActionButton 按钮,一个来自于 Android 设计支持库的圆形按钮,它比其他的 GUI 组件要突出一些,所以会"悬浮"在 GUI 上。FloatingActionButton 按钮通常用于强调重要的动作,用户点触该按钮即可执行该动作。以 Blank Activity 模板为基础的所有应用,都包含一个 FloatingActionButton 按钮,还具有其他的材料设计特性。第 7 章中将讲解 FloatingActionButton 的使用。

content_main.xml

content_main.xml 布局定义 MainActivity 的 GUI 部分,这些 GUI 位于应用栏的下面、系统栏的上面。采用 Blank Activity 模板的 Fragment 选项时,这个文件只包含一个<fragment>元素,它显示那些在 fragment_main.xml 中定义的 MainActivityFragment 的 GUI。如果不选择 Fragment 选项,则该文件会定义一个包含 TextView 的 RelativeLayout,而 MainActivity 的 GUI 需要在此定义。

fragment_main.xml

只有选择了 Blank Activity 模板的 Fragment 选项时,才会定义 fragment_main.xml 布局。采用 Fragment 时,该文件就是定义主 GUI 的地方。

设计 GUI 之前的准备工作

本应用中不需要 FloatingActionButton 按钮,所以需打开 activity_main.xml 布局文件,删除右下角的亮粉色按钮。此外,需选中 Component Tree 中的 CoodinatorLayout,将它的 id 设置成 coordinatorLayout。打开 fragment_main.xml 文件,删除由模板定义的"Hello World!" TextView。

4.4.3 配置对 Java SE 7 的支持

本应用中采用了 Java SE 7 的编程特性。默认情况下,新的 Android Studio 工程使用的是 Java SE 6。为了使用 Java SE 7,需进行如下操作:

1. 右击工程的 app 文件夹,选择 Open Module Settings,打开 Project Structure 窗口。
2. 选择窗口顶部的 Properties 选项卡。

3. 同时在 Source Compatibility 和 Target Compatibility 下拉列表中选择 1.7,然后单击 OK 按钮。

4.4.4 向工程添加国旗图像

按如下步骤创建 assets 文件夹并将一些国旗文件添加到工程中:

1. 右击 Project 窗口中的 app 文件夹,选择 New > Folder > Assets Folder。在 Customize the Activity 对话框中单击 Finish 按钮。
2. 进入磁盘中包含本书示例文件的文件夹,复制 images/FlagQuizImages 文件夹下的所有子文件夹内容。
3. 单击 Project 窗口中的 assets 文件夹,在此处粘贴上一步中所复制的那些文件夹内容。在 Copy 对话框中单击 OK 按钮,将那些文件夹及其图像文件复制到工程中。

4.4.5 strings.xml 与格式化字符串资源

3.4.5 节中讲解过如何通过 Resources 对话框创建字符串资源。对于这个应用,将先创建 String(以及其他)资源,然后将它们用于 GUI 设计中,在编写程序代码时也会用到。这里将使用 Translations Editor(2.8 节中讲解过)来创建新的字符串资源:

1. 在 Project 窗口中展开 res/values 节点,打开 strings.xml 文件。
2. 单击编辑器右上角的 Open Editor 链接,打开 Translations Editor。
3. 单击 Translations Editor 左上角的 Add Key 按钮(+)。
4. 在出现的对话框中,Key 部分输入 number_of_choices,Default Value 部分输入 Number of Choices。然后单击 OK 按钮,创建这个新资源。
5. 重复上一步,根据图 4.9 中所列内容设置其他资源。

外观设计观察 2.1
    Android 设计指南指出,显示在 GUI 中的文本应简洁且友好,只提供重要的信息。有关这些文本的编写规范的详细信息,请参见 http://developer.android.com/design/style/writing.html。

键	默认值
number_of_choices_description	Display 2, 4, 6 or 8 guess buttons
world_regions	Regions
world_regions_description	Regions to include in the quiz
guess_country	Guess the Country
results	%1$d guesses, %2$.02f%% correct
incorrect_answer	Incorrect!
default_region_message	One region must be selected. Setting North America as the default region.
restarting_quiz	Quiz will restart with your new settings
question	Question %1$d of %2$d
reset_quiz	Reset Quiz
image_description	Image of the current flag in the quiz
default_region	North_America

图 4.9 Flag Quiz 应用中用到的字符串资源

将格式字符串用于字符串资源

results 和 question 资源为格式字符串。如果字符串资源中包含多个格式指定符，则必须对它们进行编号，以方便本地化。results 资源中：

```
%1$d guesses, %2$.02f%% correct
```

"%1$d"中的"1$"表示 String 中的第一个值必须替换格式指定符"%1$d"。类似地，"%2$.02f"中的"2$"表示 String 中的第二个值必须替换格式指定符"%2$.02f"。第一个格式指定符中的"d"用于格式化整数，而第二个格式指定符中的"f"用于格式化浮点数。若有必要，在本地化版本的 strings.xml 中，格式指定符"%1$d"和"%2$.02f"可以互换，以正确地翻译对应的字符串资源。第一个值将替换"%1$d"——不管它出现在格式字符串的什么位置，而第二个值将替换"%2$.02f"。

4.4.6　arrays.xml

就技术而言，res/values 文件夹下应用的所有资源都可以在一个文件中定义。但是，通常的做法是将不同类型的资源分成不同的文件定义，以方便管理。例如，数组资源一般定义在 arrays.xml 文件中，颜色位于 colors.xml 文件里，字符串用 strings.xml 定义，而数字值位于 values.xml。这个应用使用了 arrays.xml 中的三个字符串数组资源：

- regions_list 列出了各个洲的名称，洲名里的单词用下画线分隔——这些值用于从不同文件夹下加载国旗文件名称，并充当用户在 SettingsActivityFragment 中选择的国家值。
- regions_list_for_settings 列出了各个洲的名称，洲名里的单词用空格分隔——这些值用在 SettingsActivityFragment 中，以向用户显示那些洲名复选框。
- guesses_list 列出了字符串 2，4，6 和 8——这些值用在 SettingsActivityFragment 中，用于显示一组单选钮，供用户选择将显示的答案按钮个数。

图 4.10 中列出了这三个资源的名称和对应的值。

数组资源名称	值
regions_list	Africa, Asia, Europe, North_America, Oceania, South_America
regions_list_for_settings	Africa, Asia, Europe, North America, Oceania, South America
guesses_list	2, 4, 6, 8

图 4.10　定义在 arrays.xml 中的字符串数组资源

为了创建 arrays.xml 文件并配置数组资源，需执行如下步骤：

1. 在 res 文件夹中右击 values 文件夹，然后选择 New > Values resource file，显示一个 New Resource File 对话框。由于是用鼠标右击的 values 文件夹，所以对话框会被预先配置成在 values 文件夹下添加一个 Values 资源文件。
2. 在 File name 域指定 arrays.xml，然后单击 OK 按钮，创建这个文件。
3. Android Studio 并没有为 String 类型的数组提供字符串资源编辑器，因此需要编辑 XML 文件以创建这些字符串数组资源。

每一个字符串数组资源都具有如下格式：

```xml
<string-array name="resource_name">
    <item>first element value</item>
    <item>second element value</item>
    ...
</string-array>
```

图 4.11 给出了完整的 XML 文件内容。

```xml
1  <?xml version="1.0" encoding="utf-8"?>
2  <resources>
3
4      <string-array name="regions_list">
5          <item>Africa</item>
6          <item>Asia</item>
7          <item>Europe</item>
8          <item>North_America</item>
9          <item>Oceania</item>
10         <item>South_America</item>
11     </string-array>
12
13     <string-array name="regions_list_for_settings">
14         <item>Africa</item>
15         <item>Asia</item>
16         <item>Europe</item>
17         <item>North America</item>
18         <item>Oceania</item>
19         <item>South America</item>
20     </string-array>
21
22     <string-array name="guesses_list">
23         <item>2</item>
24         <item>4</item>
25         <item>6</item>
26         <item>8</item>
27     </string-array>
28
29 </resources>
```

图 4.11 arrays.xml 文件定义了 Flag Quiz 应用中用到的字符串数组资源

4.4.7 colors.xml

这个应用以绿色显示正确的答案，以红色显示错误的答案。和其他资源一样，颜色资源也应当定义在 XML 文件中，以方便更改颜色而不必改动 Java 源代码，这样就可以利用 Android 的资源选择功能来为各种场景提供颜色资源，比如不同的本地化设置、白天/夜晚的颜色等。通常而言，颜色在 colors.xml 文件中定义，该文件可通过大多数 Android Studio 的应用模板创建，也可利用 2.5.7 节中讲解的技术在定义颜色时创建，还可以自己创建这个文件。

Blank Activity 应用模板已经包含一个 colors.xml 文件，它定义了主题的主颜色、暗主色和强化色资源。这里将为答案正确和错误的情况分别添加颜色资源，还将修改应用的强化色。这里将直接编辑 XML 文件，而不是通过 Theme Editor 来修改主题色（3.5 节中是这么做的）。

打开 res/values 文件夹下的 colors.xml 文件（见图 4.12），添加第 6 行和第 7 行的内容。此外，还需将 colorAccent 颜色的十六进制值（第 5 行）从#FF4081（由应用模板定义的默认亮粉色）改成#448AFF（比 colorPrimary 和 colorPrimaryDark 的颜色浅一些的蓝色阴影）。注意，IDE 中的 XML 编辑器会在每一种颜色的左边显示一个颜色手表。

```xml
1  <?xml version="1.0" encoding="utf-8"?>
2  <resources>
3      <color name="colorPrimary">#3F51B5</color>
4      <color name="colorPrimaryDark">#303F9F</color>
5      <color name="colorAccent">#448AFF</color>
6      <color name="correct_answer">#00CC00</color>
7      <color name="incorrect_answer">#FF0000</color>
8  </resources>
```

图 4.12 colors.xml 定义应用的颜色资源

4.4.8 button_text_color.xml

正如 4.3.14 节所讲,如果将颜色状态表资源用于按钮颜色(背景或前景),则会根据按钮的状态从状态表中选择合适的颜色。对于此应用,需为答案按钮的启用和禁用两种状态的文本分别定义颜色。为了创建颜色状态表资源文件,需进行如下操作:

1. 右击 res 文件夹,然后选择 New > Andorid resource file,显示一个 New Resource File 对话框。
2. 将 File name 设为 button_text_color.xml。
3. 在 Resource type 下拉列表中选择 Color。Root 元素会自动改成 selector,Directory name 也会自动变成 color。
4. 单击 OK 按钮,创建这个文件。button_text_color.xml 文件将会被放入 res/color 文件夹下,该文件夹会随文件的创建而自动生成。
5. 将如图 4.13 所示的内容添加到该文件中。

<selector>元素(第 2 ~ 10 行)中包含的每一个<item>元素,都指定了特定按钮状态的颜色。这份颜色状态清单中,<item>元素的 android:state_enabled 属性被分别设置成第 5 行的 true(按钮启用)和第 9 行的 false(按钮禁用)。第 4 行和第 8 行的 android:color 属性,指定了每一种状态的颜色。

```xml
1  <?xml version="1.0" encoding="utf-8"?>
2  <selector xmlns:android="http://schemas.android.com/apk/res/android">
3      <item
4          android:color="@android:color/primary_text_dark"
5          android:state_enabled="true"/>
6  
7      <item
8          android:color="@android:color/darker_gray"
9          android:state_enabled="false"/>
10 </selector>
```

图 4.13 button_text_color.xml 文件定义按钮不同状态的文本颜色

4.4.9 编辑 menu_main.xml

测试该应用时,通过点触 ✿ 图标来访问应用的设置。这里需将该图标添加到工程中,然后编辑 menu_main.xml 文件,以在应用栏中显示它。为了将这个图标添加到工程中,需执行如下步骤:

1. 选择 File > New > Vector Asset,显示 Vector Asset Studio,利用这个工具可将 Google 推荐的任何材料设计图标添加到工程中(https://www.google.com/design/icons)。每一个图标都被定义成可缩放的矢量图形,能平滑地缩放成任意尺寸。

2. 单击 Choose 按钮,然后在出现的对话框中滚动到⚙图标,选中它并单击 OK 按钮。IDE 会自动更新 Resource name 的设定,以匹配所选图标。当然,也可以随意为其定义一个名称。其他设置保持不变。
3. 依次单击 Next 和 Finish 按钮,将图标对应的 ic_settings_24dp.xml 文件添加到 res/drawable 文件夹下。
4. 以这种方式添加到工程的所有图标默认为黑色的,在深蓝色应用栏背景下不易看见。为此,需打开 ic_settings_24dp.xml 文件,将<path>元素的 android:fillColor 属性改成白色:

```
android:fillColor="@android:color/white"
```

接下来,需将该图标添加到 menu_main.xml 中:

1. 在编辑器中打开 menu_main.xml 文件,它位于 res/menu 文件夹下。
2. 在<item>元素中添加如下 android:icon 属性(该图标的预览图出现在该行左侧的灰色边界里):

```
android:icon="@drawable/ic_settings_24dp"
```

3. 可以强制让菜单项出现在应用栏中,这种菜单项被称为"动作"。默认情况下,动作会被显示成菜单项的图标(如果存在图标);若没有图标,则显示的是菜单项的文本。为了强制将菜单项显示成应用栏中的一个动作,需将<item>元素的 app:showAsAction 属性改成:

```
app:showAsAction="always"
```

下一章中,将讲解如何将菜单项设置成只有当应用栏还有空间时才显示。

4.4.10 创建国旗飘扬动画

本节中将创建用户回答错误时摇动国旗的动画。4.7.10 节将讲解这个动画如何用在应用中。为了创建动画,需执行如下步骤:

1. 右击 res 文件夹,然后选择 New > Android resource file,显示一个 New Resource file 对话框。
2. 在 File name 域中输入名称 incorrect_shake.xml。
3. 在 Resource type 下拉列表中选择 Animation。IDE 会将 Root element 改成 set,将 Directory name 改成 anim。
4. 单击 OK 按钮,创建这个文件。这个 XML 文件会立即打开。

IDE 不会为动画提供编辑器,所以必须将它修改成如图 4.14 中所示的 XML 内容。

```
1   <?xml version="1.0" encoding="utf-8"?>
2
3   <set xmlns:android="http://schemas.android.com/apk/res/android"
4      android:interpolator="@android:anim/decelerate_interpolator" >
5
6      <translate android:duration="100" android:fromXDelta="0"
7         android:toXDelta="-5%p" />
8
9      <translate android:duration="100" android:fromXDelta="-5%p"
10        android:toXDelta="5%p" android:startOffset="100" />
11
12     <translate android:duration="100" android:fromXDelta="5%p"
13        android:toXDelta="-5%p" android:startOffset="200" />
14  </set>
```

图 4.14 incorrect_shake.xml 文件定义的国旗动画用于回答错误的情况

在这个例子中，使用了几个 View 动画来达到摇旗的效果，它由位于一个动画集(set)中的三个动画构成(第 3～14 行)，一个动画集即为构成一个大动画的集合。这个动画集可以包含渐变动画的任意组合：alpha(透明度)、scale(尺寸调整)、translate(移动)和 rotate(旋转)。这里的摇旗动画由三个移动动画构成。移动动画会在它的父 GUI 中移动一个 View。Android 还支持属性动画，可以使任何对象的任何属性具有动画效果。

第一个移动动画(第 6～7 行)在指定的时间段内将一个 View 从起始位置移动到终止位置。android:fromXDelta 属性是 View 的开始时的偏移量，而 android:toXDelta 属性为结束时的偏移量。这些属性都具有如下的值：

- 绝对值(像素单位)
- View 尺寸的百分比
- View 的父 GUI 尺寸的百分比

对于 android:fromXDelta 属性，指定其绝对值为 0；对于 android:toXDelta 属性，指定其值为-5%p，表示 View 应按父 GUI(由值中的"p"表明)的宽度向左(由值中的负号表明)移动 5%。如果希望移动 View 宽度的 5%，则应省略"p"。android:duration 属性指定动画持续的毫秒数。这样，第 6～7 行中的动画将在 100 毫秒内将 View 向它的父视图左侧移动 5%。

第二个动画(第 9～10 行)从前一个动画完成的地方开始，在 100 毫秒内将 View 从-5%p 移动%5p 的偏移量。默认情况下，一个动画集中的多个动画会同时执行(即并行运行)，但是可以利用 android:startOffset 属性来指明哪个动画应当先开始的毫秒数。这可以用来依次执行动画集中的多个动画。这里，第二个动画是在第一个的 100 毫秒之后启动的。第三个动画(第 12～13 行)与第二个相同，但方向相反，且在第一个动画 200 毫秒之后才启动。

4.4.11 指定应用设置的 preferences.xml

这一节中将创建一个 preferences.xml 文件，SettingsActivityFragment 用它来显示应用的首选项。为了创建这个文件，需完成如下步骤：

1. 右击 res 文件夹，然后选择 New > Android resource file，显示一个 New Resource File 对话框。
2. 在 File name 域中输入名称 preferences.xml。
3. 在 Resource type 下拉列表中选择 XML。Root element 会自动变成 PreferenceScreen，它代表显示这些首选项的屏幕。Directory name 会自动变成 xml。
4. 单击 OK 按钮，创建这个文件。preferences.xml 文件将被放于 xml 文件夹下，该文件夹是自动创建的。
5. 如果 IDE 没有自动打开 res/xml/preferences.xml 文件，则需双击它。

现在需添加两种类型的首选项：ListPreference 和 MultiSelectListPreference。ListPreference 首选项的属性见图 4.15，MultiSelectListPreference 首选项的属性见图 4.16。为了添加这些首选项及其属性，需编辑这个 XML 文件。图 4.17 给出了完整的 XML 文件内容。

属性	值	描述
entries	@array/guesses_list	显示在选项清单中的一个字符串数组
entries	@array/guesses_list	String 类型的数组,显示为一组选项列表
key	pref_numberOfChoices	首选项的名称保存在应用的 SharedPreferences 中
title	@string/number_of_choices	显示在 GUI 中的首选项的标题
summary	@string/number_of_choices_description	显示在标题之下的首选项的简要描述
Persistent	True	终止应用后是否应保留首选项——如果为 true,则 PreferenceFragment 类会在每次改变首选项的值后立即保留它
defaultValue	4	默认被选中的 Entries 属性中的项

图 4.15 ListPreference 属性的值

属性	值	描述
entries	@array/regions_list_for_settings	显示在选项清单中的一个字符串数组
entryValues	@array/regions_list	一个与 Entries 属性中的选项相关联的值数组 所选项的值将被保存在应用的 SharedPreferences 中
key	pref_regionsToInclude	首选项的名称保存在应用的 SharedPreferences 中
title	@string/world_regions	显示在 GUI 中的首选项的标题
summary	@string/world_regions_description	显示在标题之下的首选项的简要描述
persistent	true	终止应用后是否应保留首选项
defaultValue	@array/regions_list	这个首选项的默认值数组——这里是所有洲都被选中

图 4.16 MultiSelectListPreference 属性的值

```xml
1  <?xml version="1.0" encoding="utf-8"?>
2  <PreferenceScreen
3    xmlns:android="http://schemas.android.com/apk/res/android">
4
5    <ListPreference
6      android:entries="@array/guesses_list"
7      android:entryValues="@array/guesses_list"
8      android:key="pref_numberOfChoices"
9      android:title="@string/number_of_choices"
10     android:summary="@string/number_of_choices_description"
11     android:persistent="true"
12     android:defaultValue="4" />
13
14   <MultiSelectListPreference
15     android:entries="@array/regions_list_for_settings"
16     android:entryValues="@array/regions_list"
17     android:key="pref_regionsToInclude"
18     android:title="@string/world_regions"
19     android:summary="@string/world_regions_description"
20     android:persistent="true"
21     android:defaultValue="@array/regions_list" />
22
23 </PreferenceScreen>
```

图 4.17 preferences.xml 定义由 SettingsActivityFragment 显示的首选项

4.4.12 添加 SettingsActivity 类和 SettingsActivityFragment 类

本节将创建一个 SettingsActivity 类(见 4.8 节)和一个 SettingsActivityFragment 类(见 4.9 节),向工程新添加一个使用 Fragment 的 Blank Acitivty。为了添加 SettingsActivity 和 SettingsActivity-Fragment(以及它们的布局),需执行如下步骤:

1. 右击 app 文件夹并选择 New > Activity > Blank Activity,打开 New Android Activity 对话框。

2. 在 Activity Name 域中输入 SettingsActivity。Layout Name 和 Title 会根据 Activity Name 域中的输入内容自动更新。
3. 在 Title 域中输入 Settings，向 strings.xml 添加一个新的字符串资源，它将显示在 SettingsActivity 的应用栏上。
4. 选中 Use a Fragment，创建 SettingsActivityFragment 类及对应的布局。
5. 将这个 SettingsActivity 的 Hierarchical Parent 设置成 MainActivity（下拉列表右侧的省略号按钮）。这会使 Android Studio 生成将按钮置于应用栏的代码，用户点触该按钮可返回到父动作（即 MainActivity）。这种按钮称为上按钮。
6. 单击 Finish 按钮，创建这两个新类及它们的布局。

IDE 会在 res/layout 文件夹下创建布局文件 activity_settings.xml、content_settings.xml 和 fragment_settings.xml，在 Java 包文件夹下创建代码文件 SettingsActivity.java 和 SettingsActivityFragment.java。按照 4.4.2 节中针对 activity_main.xml 文件所做的那样，打开 activity_settings.xml 文件，删除 FloatingActionButton 按钮。

4.5 构建应用的 GUI

本节将搭建 Flag Quiz 应用的用户界面。前两章中讲解过创建 GUI 和配置组件属性的方法，因此 4.5.1 ~ 4.5.4 节将重点关注那些新特性。需设置的多数组件属性，都会在表中给出。

4.5.1 用于纵向模式设备的 activity_main.xml 布局

前两个应用是在 activity_main.xml 中定义 GUI 的。当采用 Fragment 时，Actvity 的 GUI 通常会包含一个或多个 Fragment 的 GUI。本应用中，用于 MainActivity 布局的 activity_main.xml 文件在 XML 中使用了一个<include>元素，将 content_main.xml 中定义的 GUI 包含在 MainActivity 的布局中。而 content_main.xml 布局为定义在 fragment_main.xml 中的 GUI 显示 MainActivityFragment。这三个布局文件都是在 4.4.1 节中创建工程时由 IDE 创建的。

由 IDE 定义的 content_main.xml 文件将<fragment>元素作为它的根布局。运行应用时，MainActivityFragment 的 GUI 将填充由这个<fragment>元素占据的屏幕部分。

外观设计观察 4.2
根据 Android 设计指南，16 dp 是设备可点触区边缘与应用内容之间推荐的间距，不过也有许多应用（比如游戏）采用全屏幕。

这个应用的代码中，将用到多个 Fragment。为了使获取这些 Fragment 的引用的代码更易理解，需更改这个<fragment>元素的 id 属性。为此，需执行如下操作：

1. 在 Design 选项卡中打开 content_main.xml 文件。
2. 在 Component Tree 窗口中选择 fragment，它是由 IDE 创建的默认 id。
3. 在 Properties 窗口中将 id 设置成 quizFragment。
4. 保存 content_main.xml 文件。

4.5.2 设计 fragment_main.xml 布局

通常需要为每一个 Fragment 定义一个布局，尽管无须为该应用的 SettingsActivityFragment

定义布局，这个 Fragment 的 GUI 将由它的超类 PreferenceFragment 通过继承自动产生。本节将给出 MainActivityFragment 的布局 (fragment_main.xml)。图 4.18 中给出了 MainActivityFragment GUI 的 id 属性值，当向布局添加组件时，应设置这些 id 值。

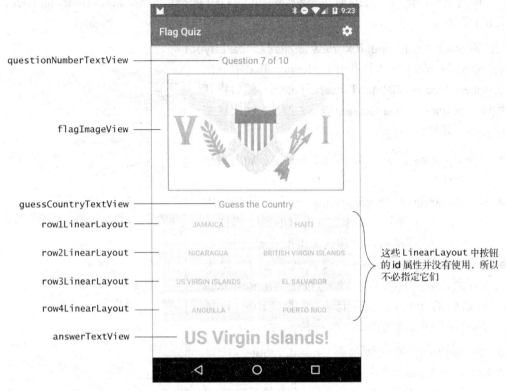

图 4.18　Flag Quiz GUI 组件的 id 属性值，组件按垂直 LinearLayout 方式排列

利用第 3 章中讲解的技术，可以构建图 4.18 中的 GUI。前面说过，在 Component Tree 窗口中选取某个特定的 GUI 组件是最方便的。下面将从基本的布局和控件开始，然后设置控件的属性以完成设计。

步骤 1：将布局从 RelativeLayout 改成 LinearLayout

正如前两个应用中的 activity_main.xml 布局那样，fragment_main.xml 中的默认布局为 RelativeLayout。为此，需在这个应用中将它改成垂直 LinearLayout：

1. 打开 fragment_main.xml 文件，进入 Text 选项卡。
2. 在 XML 中将 RelativeLayout 改成 LinearLayout。
3. 返回到 Design 选项卡。
4. 在 Component Tree 中选择 LinearLayout。
5. 在 Properties 窗口将 LinearLayout 的方向设置成 vertical。
6. 确保 layout:width 和 layout:height 的设置为 match_parent。
7. 将 LinearLayout 的 id 设置成 quizLinearLayout，以便于编程。

默认情况下，IDE 会将布局的 Padding Left 和 Padding Right 属性设置成预定义的维度资源 "@dimen/activity_horizontal_margin"，它在工程的 res/values 文件夹下的 dimens.xml 文件里定

义。资源的值为 16 dp，所以布局的左右两边都会有 16 dp 的间距。当创建应用的工程时，IDE 就会生成这个资源文件。类似地，IDE 将 Padding Top 和 Padding Bottom 属性设置成 "@dimen/activity_ vertical_margin"，它是另一个预定义的维度资源值 16 dp。即布局的上下也会有 16 dp 的空间。这样，MainActivityFragment 的 GUI 四周都会与 MainActivity 的 GUI 四周有 16 dp 的距离。

步骤 2：将 questionNumberTextView 添加到 LinearLayout

从 Palette 的 Widgets 部分将一个 Medium Text 组件拖入 Component Tree 窗口的 quizLinearLayout 中，然后将其 id 属性设置成 questionNumberTextView。然后，利用这个窗口设置如下属性：

- layout:gravity center: horizontal——在布局内水平居中组件。
- layout:margin: @dimen/spacing——这个属性只用于底边，在组件的下面添加 8 dp 的间距。需使用 2.5.6 节中讲解的技术创建这个维度资源。
- text: @string/question——设置该属性时需单击 text 属性域，然后单击省略号按钮。在 Resources 对话框的 Project 选项卡下（见图 4.19），选择 question 资源，然后单击 OK 按钮。

步骤 3：将 flagImageView 添加到 LinearLayout

从 Palette 的 Widgets 部分将一个 ImageView 组件拖入 Component Tree 窗口的 quizLinearLayout 中，然后将其 id 属性设置成 flagImageView。然后，利用 Properties 窗口设置如下属性：

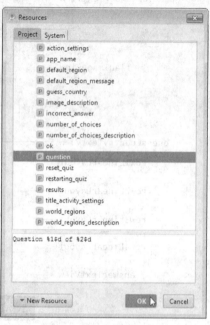

图 4.19 Resource Chooser 对话框——选择现有的字符串资源 question

- layout: width：match_parent
- layout: height：0 dp——这会使视图的高度由 layout:weight 属性确定。
- layout: gravity center：both
- layout: margin bottom：@dimen/spacing——在该组件的下面添加 8 dp 的间距。
- layout: margin left 和 right：@dimen/activity_horizontal_margin——在该组件的左右添加 16 dp 的间距，这样当左右摇动国旗时能够完整显示国旗。
- layout: weight：1——将该值设置为 1（默认为 0），可使 flagImageView 在 quizLinearLayout 的所有组件中显得更加重要。Android 部署组件时，只会占据它们所需的垂直空间，而 flagImageView 会占据余下的全部空间。IDE 推荐将 flagImageView 的 layout:height 设置成 0 dp，这有助于在运行时能更快地部署 GUI。
- adjustViewBounds：true——将 ImageView 的 Adjust View Bounds 属性设置成 true（选中复选框），表明 ImageView 会维持它的图形的纵横比不变。
- contentDescription：@string/image_description
- scaleType：fitCenter——表示 ImageView 应缩放图形，以填充 ImageView 的宽度或高

度，但保持原始图形的纵横比不变。如果图形宽度小于 ImageView 的宽度，则图形会水平居中。同样，如果图形高度小于 ImageView 的高度，则图形会垂直居中。

外观设计观察 4.3

前面说过，最好的做法是确保每一个 GUI 组件都能够使用 TalkBack。对于那些不具备描述性文本的组件，比如 ImageView，可设置它的 contentDescription 属性值。

步骤 4：将 guessCountryTextView 添加到 LinearLayout

从 Palette 的 Widgets 部分将一个 Medium Text 组件拖入 Component Tree 窗口的 quizLinearLayout 中，然后将其 id 属性设置成 guessCountryTextView。然后，利用 Properties 窗口设置如下属性：

- layout:gravity center: horizontal
- text: @string/guess_country

步骤 5：将按钮添加到 LinearLayout

对于该应用，需按行将按钮添加到布局中——每一行都是一个水平 LinearLayout，包含两个按钮。步骤 7 中将设置这 8 个按钮的属性。按如下步骤将这些按钮添加到布局中：

1. 将一个 LinearLayout（Horizontal）组件从 Palette 的 Layouts 部分拖入 Component Tree 窗口中的 quizLinearLayout 节点上，并将它的 id 设置成 row1LinearLayout，layout:height 设置成 wrap_content。
2. 将一个 Button 组件从 Palette 的 Widgets 部分拖入 Component Tree 窗口中的 row1LinearLayout。这里无须设置它的 id，因为这个应用的 Java 代码中不是通过其 id 来引用按钮的。
3. 重复上一步，设置第一行中的另一个按钮。
4. 重复步骤 1~3，设置其他三个 LinearLayout 并将它们的 id 设置成如图 4.18 所示的值，以创建后面三行中的按钮。

步骤 6：将 answerTextView 添加到 LinearLayout

从 Palette 的 Widgets 部分将一个 Medium Text 组件拖入 Component Tree 窗口的 quizLinearLayout 中，然后将其 id 属性设置成 answerTextView。然后，利用 Properties 窗口设置如下属性：

- layout:gravity: 选中 bottom 并将 center 设置成 horizontal。
- gravity: center_horizontal——如果 TextView 的文本显示成两行或者多行，则会将它们居中显示。
- textSize: @dimen/answer_size——将文本字号改成 36sp。需使用 2.5.6 节中讲解的技术创建这个维度资源。
- textStyle: bold

该 TextView 的 text 属性将会通过编程设置。现在，Component Tree 窗口看起来应像图 4.20 那样。

步骤7：设置按钮的属性

完成步骤6之后，需用图4.21中所示的值配置按钮的属性——可以在Component Tree中选择全部8个按钮，然后一次性配置它们的属性：

- 将每个按钮的 layout:width 设置成 0 dp，layout:weight 设置成 1，可使它们在某一个 LinearLayout 中等距地占据水平空间。
- 将所有按钮的 layout:height 属性设置成 match_parent，使它们的高度与 LinearLayout 的高度相同。
- 将按钮的 lines 属性设置成 2，使所有国家名称都具有相同的高度，不管名称占据几行——如果按钮文本太长，则位于两行文本之外的内容将丢弃。
- 将 style 属性设置成 "@android:style/Widget.Material.Button.Colored"，使按钮的颜色会根据应用主题的颜色而变。

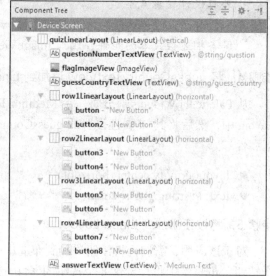

图 4.20　fragment_main.xml 的 Component Tree 窗口

按钮的颜色为应用的强化色，它在 4.4.7 节中定义。为了设置这个属性，单击省略号按钮，打开 Resources 对话框，然后从 System 选项卡中选择 Widget.Material.Button.Colored 并单击 OK 按钮。

- 将 textColor 属性设置成 "@color/button_text_color" 颜色状态表（它在 4.4.8 节中定义），确保按钮文本会根据其启用和禁用状态而变色。

GUI 组件	属　　性	值
按钮	布局参数	
	layout:width	0dp
	layout:height	match_parent
	layout:weight	1
	其他属性	
	lines	2
	textColor	@color/button_text_color
	style	@android:style/Widget.Material.Button.Colored

图 4.21　fragment_main.xml 中按钮组件的属性值

4.5.3　Graphical Layout 编辑器工具栏

至此，就已经完成了 MainActivityFragment 的 GUI 设计。布局编辑器的工具栏（见图 4.22）包含各种按钮，使用户能够预览不同屏幕尺寸和方向的设计效果。特别地，需要能够查看不同屏幕尺寸和方向的缩略图。为此，需首先打开 content_main.xml 文件，然后单击布局编辑器顶部的虚拟设备下拉列表，选择 Preview All Screen Sizes。图 4.23 给出了布局编辑器工具栏中的部分按钮功能。

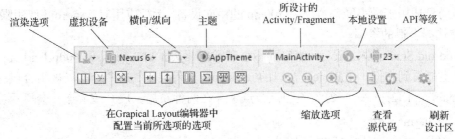

图 4.22 布局编辑器的配置选项

选项	描述
渲染选项	一次查看一个设计界面,或者立即查看各种屏幕尺寸下的设计效果
虚拟设备	Android 运行在各种设备上,所以布局编辑器需配置成多种设备,以模拟设计 GUI 时需使用的各种屏幕尺寸和分辨率。本书中根据应用的不同而使用预设的 Nexus 6 和 Nexus 9 屏幕。图 4.22 中选择的是 Nexus 6
横向/纵向	让设计区在横向和纵向模式间切换
主题	可用来为 GUI 设置主题
所设计的 Activity/fragment	显示对应于 GUI 的 Activity 类或 Fragment 类
本地设置	对于国际化应用(见 2.8 节),需允许用户选择一种特定的本地化设置,以便能够看到在各种不同语言环境下的设计效果
API 等级	为设计制定目标 API 等级。对每一个新的 API 等级,通常都具有新的 GUI 特性。布局编辑器窗口只显示了那些可用于所选 API 等级的特性

图 4.23 Canvas 配置选项的含义

4.5.4 用于横向设备的 content_main.xml 布局

前面说过,MainActivity 的默认 content_main.xml 布局显示的是 MainActivityFragment 的 GUI。现在定义 MainActivity 的横向模式布局(用于平板电脑),它会并排显示 SettingsActivity-Fragment 和 MainActivityFragment。为此,需创建第二个 content_main.xml 布局,Android 只会将其用于合适的设备上。

创建用于横向设备的 content_main.xml

为了创建这个布局,需执行如下操作:

1. 用鼠标右击 res/layout 文件夹,然后选择 New > Layout resource file。
2. 在 New Resource File 对话框的 File name 域中输入 content_main.xml。
3. 在 Root element 域选中 LinearLayout。
4. 从 Available qualifiers 列表中选取 Smallest Screen Width 限定,然后单击>>按钮,将该限定添加到 Chosen Qualifiers 列表中,并将其值设置为 700,表示该布局只适应于 700 像素宽度及以上的屏幕。
5. 从 Available qualifiers 列表中选取 Orientation 限定,然后单击>>按钮,将该限定添加到 Chosen Qualifiers 列表中,并将其值设置为 Landscape。
6. 单击 OK 按钮。

这样就新创建了一个 content_main.xml 文件,它位于 res 子文件夹下,命名为

```
layout-sw700dp-land
```

表示该布局只适用于最小屏幕宽度为 700 dp 的横向设备。运行应用时，Android 使用限定符 sw 和 land 来选择合适的资源。

在 Android Studio 中，Project 窗口并不会显示出 layout 和 layout-sw700dp-land 文件夹，但是在磁盘上能看到它们。在 Project 窗口的 res/layout 文件夹下，这两个布局被组合成一个节点 content_main.xml（2）——"（2）"表明该节点下存在两种布局。展开该节点，会显示：

- content_main.xml
- content_main.xml（sw700dp-land）

不带圆括号限定符的布局，为默认布局。带有圆括号限定符的布局，只有在合适时才会使用。创建了文件之后，Android Studio 会在布局编辑器中打开它。Design 视图会以布局设定的模式呈现它。

创建横向布局的 GUI

接下来将设计横向布局的 GUI：

1. 在 Component Tree 窗口中选择 LinearLayout（vertical），将 orientation 属性设置成 horizontal。
2. 单击 Palette 中 Custom 部分的<fragment>。在 Fragments 对话框中选择 SettingsActivityFragment 并单击 OK 按钮。然后单击 Component Tree 窗口中的 LinearLayout 节点。这样就将<fragment>添加到布局中了。将<fragment>的 id 设置成 settingsActivityFragment。
3. 重复上一步，但这次选择的是 MainActivityFragment。此外，还需将<fragment>的 id 设置成 quizFragment。
4. 选择 Component Tree 窗口中的 settingsActivityFragment 节点。将 layout:width 设为 0 dp，layout:height 设为 match_parent，layout:weight 设为 1。
5. 选择 Component Tree 窗口中的 quizFragment 节点。将 layout:width 设为 0 dp，layout:height 设为 match_parent，layout:weight 设为 2。MainActivityFragment 的 layout:weight 为 2 而 SettingsActivityFragment 的这个值为 1，这样总的权重为 3，且 MainActivityFragment 将占据布局水平空间的 2/3。
6. 选取 Text 选项卡，将如下两行内容添加到起始 LinearLayout 标签的后面，以确保布局的顶部位于应用栏的下面而不是在其后面：

```
xmlns:app="http://schemas.android.com/apk/res-auto"
app:layout_behavior="@string/appbar_scrolling_view_behavior"
```

在布局编辑器的 Design 视图中预览 Fragment

布局编辑器的 Design 视图中能够预览布局中显示的任何 Fragment。如果没有指定预览哪一个 Fragment，则布局编辑器会显示一条"Rendering Problems"消息。为了指定需预览的 Fragment，需右击它（Design 视图或 Component Tree 窗口），然后单击 Choose Preview Layout...，然后在 Resources 对话框中选取 Fragment 布局的名称。

4.6 MainActivity 类

MainActivity 类（见 4.6.1 ~ 4.6.7 节）负责运行于纵向模式时应用的 MainActivityFragment，以及运行于平板电脑横向模式时的 SettingsActivityFragment 和 MainActivityFragment。

4.6.1 package 声明和 import 声明

图 4.24 中给出了这个应用的 MainActivity package 声明和 import 声明。第 6~19 行导入了应用使用的各种 Java 及 Android 的类和接口。那些新的 import 声明语句已经被高亮显示了，这里只探讨与 4.3 节中内容相对应的那些类和接口，因为它们会在 4.6.2~4.6.7 节中遇到。

```java
1   // MainActivity.java
2   // Hosts the MainActivityFragment on a phone and both the
3   // MainActivityFragment and SettingsActivityFragment on a tablet
4   package com.deitel.flagquiz;
5
6   import android.content.Intent;
7   import android.content.SharedPreferences;
8   import android.content.SharedPreferences.OnSharedPreferenceChangeListener;
9   import android.content.pm.ActivityInfo;
10  import android.content.res.Configuration;
11  import android.os.Bundle;
12  import android.preference.PreferenceManager;
13  import android.support.v7.app.AppCompatActivity;
14  import android.support.v7.widget.Toolbar;
15  import android.view.Menu;
16  import android.view.MenuItem;
17  import android.widget.Toast;
18
19  import java.util.Set;
20
```

图 4.24　MainActivity package 声明和 import 声明

4.6.2 字段

图 4.25 中声明了 MainActivity 类的字段。第 23~24 行定义的常量用于 4.4.11 节中创建的首选项键常量，将利用它们来访问对应的首选项值。布尔变量 phoneDevice（第 26 行）确定应用是否运行在手机上——如果是，则只允许采用纵向模式。布尔变量 preferencesChanged（第 27 行）确定是否更改了应用的首选项——如果是，则 MainActivity 的 onStart 生命周期方法（见 4.6.4 节）将调用 MainActivityFragment 的 updateGuessRows 方法（见 4.7.4 节）和 updateRegions 方法（见 4.7.5 节），以根据新的设置重新配置测验题。开始时，将这个布尔值设为 true，以使首次执行应用时能用默认的首选项进行配置。

```java
21  public class MainActivity extends Activity {
22     // keys for reading data from SharedPreferences
23     public static final String CHOICES = "pref_numberOfChoices";
24     public static final String REGIONS = "pref_regionsToInclude";
25
26     private boolean phoneDevice = true; // used to force portrait mode
27     private boolean preferencesChanged = true; // did preferences change?
28
```

图 4.25　MainActivity 类的声明及其字段

4.6.3 重写的 Activity 方法 onCreate

图 4.26 给出了重写的 Activity 方法 onCreate——删除了预定义的 FloatingActionButton 事件处理器，本应用中没有用到它。第 33 行调用 setContentView 方法，设置 MainActivity 的 GUI。

前面说过，activity_main.xml 在它的布局中嵌套了 content_main.xml 文件的内容，而这个文件有两个版本。解析 activity_main.xml 时，Android 会默认读取 res/layout 文件夹下的 content_main.xml 文件——除非设备的横向宽度超过了 700 像素，这时读取的是 res/layout-sw700dp-land 文件夹下的 content_main.xml 文件。第 34~35 行由 IDE 产生，它将 MainActivity 布局中定义的工具栏设置成应用栏(以前称为动作栏)。这里采用了向后兼容的形式。

设置默认首选项值并注册一个值变化监听器

首次安装并运行这个应用时，第 38 行会调用 PreferenceManager 方法 setDefaultValues，设置默认首选项，这个方法会用 preferences.xml 中的值创建并初始化应用的 SharedPreferences 文件。该方法要求三个实参：

- 首选项的 Context (位于 android.content 包)提供了有关运行应用所需环境的信息，从而可以利用各种 Android 服务——此处的 Context 为 Activity (this)，表示设置的是默认首选项。
- 4.4.11 节中创建的首选项 XML 文件的资源 ID (R.xml.preferences)。
- 一个布尔值，表明每次调用 setDefaultValues 方法时是否应重置默认值——布尔值 false 表示只有当首次调用该方法时才需要设置默认的首选项值。

```
29    // configure the MainActivity
30    @Override
31    protected void onCreate(Bundle savedInstanceState) {
32        super.onCreate(savedInstanceState);
33        setContentView(R.layout.activity_main);
34        Toolbar toolbar = (Toolbar) findViewById(R.id.toolbar);
35        setSupportActionBar(toolbar);
36
37        // set default values in the app's SharedPreferences
38        PreferenceManager.setDefaultValues(this, R.xml.preferences, false);
39
40        // register listener for SharedPreferences changes
41        PreferenceManager.getDefaultSharedPreferences(this).
42            registerOnSharedPreferenceChangeListener(
43                preferencesChangeListener);
44
45        // determine screen size
46        int screenSize = getResources().getConfiguration().screenLayout &
47            Configuration.SCREENLAYOUT_SIZE_MASK;
48
49        // if device is a tablet, set phoneDevice to false
50        if (screenSize == Configuration.SCREENLAYOUT_SIZE_LARGE ||
51            screenSize == Configuration.SCREENLAYOUT_SIZE_XLARGE)
52            phoneDevice = false; // not a phone-sized device
53
54        // if running on phone-sized device, allow only portrait orientation
55        if (phoneDevice)
56            setRequestedOrientation(
57                ActivityInfo.SCREEN_ORIENTATION_PORTRAIT);
58    }
59
```

图 4.26　MainActivity 中重写的 Activity 方法 onCreate

只要用户更改了应用的首选项，MainActivity 就应调用 MainActivityFragment 的 updateGuessRows 方法或者 updateRegions 方法，以重新配置测验题。MainActivity 会注册一个 OnSharedPreferenceChangedListener 监听器(第 41~43 行)，以便每次首选项发生变化时都能得

到通知。PreferenceManager 方法 getDefaultSharedPreferences 返回表示首选项的 SharedPreferences 对象的引用，而 SharedPreferences 方法 registerOnSharedPreferenceChangeListener 注册这个监听器，其定义位于 4.6.7 节中。

配置纵向模式的手机

第 46~52 行判断应用是否运行在平板电脑或手机上。继承的 getResources 方法返回应用的 Resources 对象（位于 android.content.res 包），可用它来访问应用的资源并明确关于应用所处环境的信息。getConfiguration 方法返回一个 Configuration 对象（位于 android.content.res 包），它包含公共实例变量 screenLayout，可用来确定设备的屏幕尺寸类别。为此，需首先利用"位与"运算符（&）将 screenLayout 的值与 Configuration.SCREENLAYOUT_SIZE_MASK 进行组合，然后将结果与常量 SCREENLAYOUT_SIZE_LARGE 和 SCREENLAYOUT_SIZE_XLARGE 进行比较（第 50~51 行）。如果有任何一个相匹配，就表明应用运行在平板电脑上。最后，如果设备为手机，则第 56~57 行调用继承的 Activity 方法 setRequestedOrientation，强制应用只在纵向模式下显示 MainActivity。

4.6.4 重写的 Activity 方法 onStart

在两种情形下会调用重写的 Activity 生命周期方法 onStart（见图 4.27）：

- 首次执行应用时，它在 onCreate 方法之后会被调用。这里使用 onStart 方法来确保当首次运行应用时，它会根据默认首选项来正确地配置那些测验题，或者在以后运行应用时，能够根据用户更新后的首选项来配置测验题。
- 如果应用运行在纵向模式且用户打开了 SettingsActivity，则在显示 SettingsActivity 期间，MainActivity 会停止执行。若用户返回到 MainActivity，则会再次调用 onStart 方法。这里使用 onStart 方法以确保在首选项发生变化的情况下能够正确地提供测验题。

```
60     // called after onCreate completes execution
61     @Override
62     protected void onStart() {
63        super.onStart();
64
65        if (preferencesChanged) {
66           // now that the default preferences have been set,
67           // initialize MainActivityFragment and start the quiz
68           MainActivityFragment quizFragment = (MainActivityFragment)
69              getSupportFragmentManager().findFragmentById(
70                 R.id.quizFragment);
71           quizFragment.updateGuessRows(
72              PreferenceManager.getDefaultSharedPreferences(this));
73           quizFragment.updateRegions(
74              PreferenceManager.getDefaultSharedPreferences(this));
75           quizFragment.resetQuiz();
76           preferencesChanged = false;
77        }
78     }
79
```

图 4.27 MainActivity 中重写的 Activity 方法 onStart

对于这两种情况，如果 preferencesChanged 为 true，则 onStart 方法调用 MainActivityFragment 的 updateGuessRows 方法（见 4.7.4 节）和 updateRegions 方法（见 4.7.5 节），以重新配置测验题。

为了得到 MainActivityFragment 的引用，以便调用它的方法，第 68～70 行使用继承的 AppCompatActivity 方法 getSupportFragmentManager，获得 FragmentManager，然后调用它的 findFragmentById 方法。接下来，第 71～74 行调用 MainActivityFragment 的 updateGuessRows 方法和 updateRegions 方法，将应用的 SharedPreferences 对象作为实参传递给它们，以便能够加载当前的首选项。第 75 行重新设置测验，第 76 行将 preferencesChanged 设置成 false。

4.6.5 重写的 Activity 方法 onCreateOptionsMenu

重写的 Activity 方法 onCreateOptionsMenu（见图 4.28）初始化 Activity 的选项菜单——该方法以及 onOptionsItemSelected 方法（见 4.6.6 节）由 Android Studio 的 Blank Activity 模板自动产生。系统会在 Menu 对象中传递选项将出现的位置。这个应用中，我们希望只有当应用运行在纵向模式下时才出现菜单，因此需修改这个方法以检查设备的模式。第 84 行利用 Activity 的 Resources 对象（由继承方法 getResources 返回）获得一个 Configuration 对象（由 getConfiguration 方法返回），它代表设备的当前配置。该对象的公共实例变量 orientation 包含常量 Configuration.ORIENTATION_PORTRAIT 或 Configuration.ORIENTATION_LANDSCAPE。如果设备为纵向模式（第 87 行），则第 89 行从 menu_main.xml 创建菜单，这个默认菜单资源文件是在创建工程时由 IDE 定义的。继承的 Activity 方法 getMenuInflater 返回一个 MenuInflater，inflate 方法会用两个实参调用它，这两个实参分别是填充菜单的菜单资源和一个放置菜单项的 Menu 对象。onCreateOptionsMenu 返回 true 表示需显示这个菜单。

```java
80      // show menu if app is running on a phone or a portrait-oriented tablet
81      @Override
82      public boolean onCreateOptionsMenu(Menu menu) {
83          // get the device's current orientation
84          int orientation = getResources().getConfiguration().orientation;
85
86          // display the app's menu only in portrait orientation
87          if (orientation == Configuration.ORIENTATION_PORTRAIT) {
88              // inflate the menu
89              getMenuInflater().inflate(R.menu.menu_main, menu);
90              return true;
91          }
92          else
93              return false;
94      }
95
```

图 4.28　MainActivity 中重写的 Activity 方法 onCreateOptionsMenu

4.6.6 重写的 Activity 方法 onOptionsItemSelected

当选择了某个菜单项时，会调用如图 4.29 所示的 onOptionsItemSelected 方法。在这个应用中，创建工程时由 IDE 提供的默认菜单只包含一个 Settings 菜单项，所以如果调用了 onOptionsItemSelected 方法，则表明用户选择了 Settings。第 99 创建了一个显式 Intent，用于启动 SettingsActivity。这里使用的 Intent 构造方法接收将启动 Activity 的 Context 及表示要启动的 Activity 的那个类（SettingsActivity.class）。然后，将这个 Intent 传递给继承的 Activity 方法 startActivity，启动这个 Activity（第 100 行）。

```
96      // displays the SettingsActivity when running on a phone
97      @Override
98      public boolean onOptionsItemSelected(MenuItem item) {
99         Intent preferencesIntent = new Intent(this, SettingsActivity.class);
100        startActivity(preferencesIntent);
101        return super.onOptionsItemSelected(item);
102     }
103
```

图 4.29　MainActivity 中重写的 Activity 方法 onOptionsItemSelected

4.6.7　实现 OnSharedPreferenceChangeListener 的匿名内部类

preferencesChangeListener（见图4.30）是一个匿名内部类对象，它实现了 OnSharedPreferenceChangeListener 接口。这个对象是在 onCreate 方法中注册的，用于监听应用的 SharedPreferences 的变化。如果 SharedPreferences 发生改变，则 onSharedPreferenceChanged 方法将 preferencesChanged 设置成 true（第 111 行），然后获得 MainActivityFragment 的引用（第 113～115 行），以便测验能根据新的首选项重置。如果首选项 CHOICES 发生了改变，则第 118～119 行调用 MainActivityFragment 的 updateGuessRows 方法和 resetQuiz 方法。

```
104     // listener for changes to the app's SharedPreferences
105     private OnSharedPreferenceChangeListener preferencesChangeListener =
106        new OnSharedPreferenceChangeListener() {
107           // called when the user changes the app's preferences
108           @Override
109           public void onSharedPreferenceChanged(
110              SharedPreferences sharedPreferences, String key) {
111              preferencesChanged = true; // user changed app settings
112
113              MainActivityFragment quizFragment = (MainActivityFragment)
114                 getSupportFragmentManager().findFragmentById(
115                    R.id.quizFragment);
116
117              if (key.equals(CHOICES)) { // # of choices to display changed
118                 quizFragment.updateGuessRows(sharedPreferences);
119                 quizFragment.resetQuiz();
120              }
121              else if (key.equals(REGIONS)) { // regions to include changed
122                 Set<String> regions =
123                    sharedPreferences.getStringSet(REGIONS, null);
124
125                 if (regions != null && regions.size() > 0) {
126                    quizFragment.updateRegions(sharedPreferences);
127                    quizFragment.resetQuiz();
128                 }
129                 else {
130                    // must select one region--set North America as default
131                    SharedPreferences.Editor editor =
132                       sharedPreferences.edit();
133                    regions.add(getString(R.string.default_region));
134                    editor.putStringSet(REGIONS, regions);
135                    editor.apply();
136
137                    Toast.makeText(MainActivity.this,
138                       R.string.default_region_message,
139                       Toast.LENGTH_SHORT).show();
```

图 4.30　实现 OnSharedPreferenceChangeListener 的匿名内部类

```
140                    }
141                }
142
143                Toast.makeText(MainActivity.this,
144                    R.string.restarting_quiz,
145                    Toast.LENGTH_SHORT).show();
146            }
147        };
148    }
```

图 4.30(续)　实现 OnSharedPreferenceChangeListener 的匿名内部类

如果首选项 REGIONS 发生了改变，则第 122～123 行获得包含所选洲名的 Set<String>。SharedPreferences 方法 getStringSet 根据指定的键返回一个 Set<String>。测验题要求必须至少选择了一个洲，所以如果 Set<String>非空，则第 126～127 行会调用 MainActivityFragment 的 updateRegions 方法和 resetQuiz 方法。

如果 Set<String>为空，则第 131～135 行将 REGIONS 首选项更新成默认的 North America。为了获得默认的洲名称，第 133 行调用 Activity 的继承方法 getString，它返回特定资源 ID（R.string.default_region）的字符串资源。

为了更改 SharedPreferences 对象的内容，必须首先调用它的 edit 方法，获得一个 SharedPreferences.Editor 对象（第 131～132 行），从而可以对 SharedPreferences 文件中的键/值对数据进行添加、删除和修改等操作。第 134 行调用 SharedPreferences.Editor 方法 putStringSet，保存 regions（即 Set<String>）的内容。第 135 行通过调用 SharedPreferences.Editor 方法 apply，提交（保存）更改后的首选项，这会导致 SharedPreferences 的内存表示立即发生变化，并且在后台会将这些变化写入文件。有一个 commit 方法可用来同步（立即）将所做的改变写入文件。

第 137～139 行利用 Toast 来提醒用户已经设置了默认的洲。Toast 方法 makeText 接收的三个实参是：显示该 Toast 对象的 Context、要显示的消息及将显示的时长。Toast 方法 show 用于显示这个 Toast。不管是否改变了首选项，第 143～145 行都会显示一个 Toast，表明测验将会根据新的首选项重置。图 4.31 展示的 Toast 出现在用户改变了首选项之后。

图 4.31　首选项发生改变之后显示的 Toast

4.7　MainActivityFragment 类

MainActivityFragment 类（见图 4.32～图 4.42）为 Android 支持库中 Fragment 类（android.support.v4.app 包）的子类，它用于搭建 Flag Quiz 的 GUI 和实现应用的业务逻辑。

4.7.1　package 声明和 import 声明

图 4.32 中给出了这个应用的 MainActivityFragment package 声明和 import 声明。第 5～36 行导入了应用使用的各种 Java 及 Android 的类和接口。那些重要的 import 声明语句已经被高亮显示了，这里只探讨与 4.3 节中内容相对应的那些类和接口，因为它们会在 4.7.2～4.7.11 节中遇到。

4.7.2　字段

图 4.33 包含 MainActivityFragment 类的静态变量和实例变量。常量 TAG（第 40 行）用在将

错误消息用 Log 类来做日志记录的情况（见图 4.38），以将这个 Activity 的错误消息与写入设备的日志记录中的其他错误消息相区分。常量 FLAGS_IN_QUIZ（第 42 行）表示测验中的国旗数。

```java
1   // MainActivityFragment.java
2   // Contains the Flag Quiz logic
3   package com.deitel.flagquiz;
4
5   import java.io.IOException;
6   import java.io.InputStream;
7   import java.security.SecureRandom;
8   import java.util.ArrayList;
9   import java.util.Collections;
10  import java.util.List;
11  import java.util.Set;
12
13  import android.animation.Animator;
14  import android.animation.AnimatorListenerAdapter;
15  import android.app.AlertDialog;
16  import android.app.Dialog;
17  import android.content.DialogInterface;
18  import android.content.SharedPreferences;
19  import android.content.res.AssetManager;
20  import android.graphics.drawable.Drawable;
21  import android.os.Bundle;
22  import android.support.v4.app.DialogFragment;
23  import android.support.v4.app.Fragment;
24  import android.os.Handler;
25  import android.util.Log;
26  import android.view.LayoutInflater;
27  import android.view.View;
28  import android.view.View.OnClickListener;
29  import android.view.ViewAnimationUtils;
30  import android.view.ViewGroup;
31  import android.view.animation.Animation;
32  import android.view.animation.AnimationUtils;
33  import android.widget.Button;
34  import android.widget.ImageView;
35  import android.widget.LinearLayout;
36  import android.widget.TextView;
37
```

图 4.32　MainActivityFragment package 声明和 import 声明

```java
38  public class MainActivityFragment extends Fragment {
39      // String used when logging error messages
40      private static final String TAG = "FlagQuiz Activity";
41
42      private static final int FLAGS_IN_QUIZ = 10;
43
44      private List<String> fileNameList; // flag file names
45      private List<String> quizCountriesList; // countries in current quiz
46      private Set<String> regionsSet; // world regions in current quiz
47      private String correctAnswer; // correct country for the current flag
48      private int totalGuesses; // number of guesses made
49      private int correctAnswers; // number of correct guesses
50      private int guessRows; // number of rows displaying guess Buttons
51      private SecureRandom random; // used to randomize the quiz
52      private Handler handler; // used to delay loading next flag
53      private Animation shakeAnimation; // animation for incorrect guess
```

图 4.33　MainActivityFragment 字段

```
54
55      private LinearLayout quizLinearLayout; // layout that contains the quiz
56      private TextView questionNumberTextView; // shows current question #
57      private ImageView flagImageView; // displays a flag
58      private LinearLayout[] guessLinearLayouts; // rows of answer Buttons
59      private TextView answerTextView; // displays correct answer
60
```

图 4.33(续)　MainActivityFragment 字段

好的编程经验 4.1

为了便于阅读和修改，应使用 String 常量表示不需本地化的那些文件名 String 字面值（例如文件名称或者用于记录日志的错误消息），因此不在 strings.xml 文件中定义它们。

变量 fileNameList（第 44 行）用于保存当前被选择的洲中的国旗图像文件名称；quizCountriesList（第 45 行）保存用在测验中的国家的国旗文件名称；regionsSet（第 46 行）保存被选中的洲。

correctAnswer（第 47 行）保存当前国旗的正确答案的国旗文件名称；totalGuesses（第 48 行）保存玩家已经答过题的总次数（包括回答正确和回答错误的次数）；correctAnswers（第 49 行）是回答正确的题数，它最终应当与 FLAGS_IN_QUIZ 相等（如果完成了测验）；guessRows（第 50 行）用于保存那些 LinearLayout 的行数，一个 LinearLayout 中有两个按钮，用户显示备选答案——这是由应用的设置控制的（见 4.7.4 节）。

random（第 51 行）是一个随机数发生器，用来随机地挑选测验中的国旗，也用于确定备选答案中哪一个按钮是正确答案。如果用户选择了正确答案且测验没有结束，则会用 Handler 对象 handler（第 52 行）在一个短延迟之后加载下一面国旗。

Animation shakeAnimation（第 53 行）用于动态地填充摇旗动画，它用在用户回答错误的情况。第 55～59 行包含的变量用于操作各种 GUI 组件。

4.7.3　重写的 Fragment 方法 onCreateView

MainActivityFragment 的 onCreateView 方法（见图 4.34）填充 GUI 并初始化 MainActivity-Fragment 的大多数实例变量——guessRows 和 regionsSet 变量是在 MainActivity 调用 MainActivity-Fragment 的 updateGuessRows 方法和 updateRegions 方法时被初始化的。调用了超类的 onCreateView 方法之后（第 65 行），用 onCreateView 方法接收的实参 LayoutInflater 填充 MainActivityFragment 的 GUI（第 66～67 行）。LayoutInflater 的 inflate 方法接收三个实参：

- 表示要填充的布局的资源 ID。
- 用于显示 Fragment 的 ViewGroup（布局对象），它作为 onCreateView 方法的第二个实参接收。
- 一个布尔值，表示所填充的 GUI 是否需要与第二个实参中的 ViewGroup 捆绑。在 Fragment 的 onCreateView 方法中，该布尔值应为 false，表示系统会自动将该 Fragment 与合适的宿主 Activity 的 ViewGroup 捆绑。如果传递的值为 true，则会导致异常，因为 Fragment 的 GUI 已经被捆绑了。

inflate 方法返回包含所填充 GUI 的 View 引用。需将这个引用保存在局部变量 view 中，以便当 MainActivityFragment 的其他实例变量被初始化之后能由 onCreateView 方法返回。[注：

这里删除了类中自动产生的、无实参的空构造方法(它是由 IDE 创建的，位于 onCreateView 方法之前)，因为编译器会为每一个不带构造方法的类提供一个默认构造方法。]

```java
61   // configures the MainActivityFragment when its View is created
62   @Override
63   public View onCreateView(LayoutInflater inflater, ViewGroup container,
64      Bundle savedInstanceState) {
65      super.onCreateView(inflater, container, savedInstanceState);
66      View view =
67         inflater.inflate(R.layout.fragment_main, container, false);
68
69      fileNameList = new ArrayList<>();          // diamond operator
70      quizCountriesList = new ArrayList<>();
71      random = new SecureRandom();
72      handler = new Handler();
73
74      // load the shake animation that's used for incorrect answers
75      shakeAnimation = AnimationUtils.loadAnimation(getActivity(),
76         R.anim.incorrect_shake);
77      shakeAnimation.setRepeatCount(3); // animation repeats 3 times
78
79      // get references to GUI components
80      quizLinearLayout =
81         (LinearLayout) view.findViewById(R.id.quizLinearLayout);
82      questionNumberTextView =
83         (TextView) view.findViewById(R.id.questionNumberTextView);
84      flagImageView = (ImageView) view.findViewById(R.id.flagImageView);
85      guessLinearLayouts = new LinearLayout[4];
86      guessLinearLayouts[0] =
87         (LinearLayout) view.findViewById(R.id.row1LinearLayout);
88      guessLinearLayouts[1] =
89         (LinearLayout) view.findViewById(R.id.row2LinearLayout);
90      guessLinearLayouts[2] =
91         (LinearLayout) view.findViewById(R.id.row3LinearLayout);
92      guessLinearLayouts[3] =
93         (LinearLayout) view.findViewById(R.id.row4LinearLayout);
94      answerTextView = (TextView) view.findViewById(R.id.answerTextView);
95
96      // configure listeners for the guess Buttons
97      for (LinearLayout row : guessLinearLayouts) {
98         for (int column = 0; column < row.getChildCount(); column++) {
99            Button button = (Button) row.getChildAt(column);
100           button.setOnClickListener(guessButtonListener);
101        }
102     }
103
104     // set questionNumberTextView's text
105     questionNumberTextView.setText(
106        getString(R.string.question, 1, FLAGS_IN_QUIZ));
107     return view; // return the fragment's view for display
108  }
109
```

图 4.34　MainActivityFragment 重写的 Fragment 方法 onCreateView

第 69~70 行创建的 ArrayList<String>对象，分别用于保存当前所选的洲下的国旗文件名称和用在当前测验中的国家名称。第 71 行创建的 SecureRandom 对象用于随机化测试的国旗及答案按钮。第 72 行创建了 Handler 对象 handler，用于在用户答对一道题之后延迟 2 秒显示下一道题。

第 75~76 行动态地加载摇旗动画,用于回答错误的情况。AnimationUtils 的静态方法 loadAnimation 加载 XML 文件中由常量 R.anim.incorrect_shake 表示的动画。第一个实参表示包含用于动画的资源的 Context——继承的 Fragment 方法 getActivity 返回的 Activity 拥有这个 Fragment。Activity 为 Context 的间接子类。第 77 行用 Animation 方法 setRepeatCount 指定动画应重复的次数。

第 80~94 行获得各种 GUI 组件的引用,Java 代码中将操作这些组件。第 97~102 行从 4 个 guessLinearLayouts 中获得一个答案按钮,并将 guessButtonListener(见 4.7.10 节)注册成 OnClickListener——这个接口用于处理用户单击了某个答案按钮而产生的事件。

第 105~106 行将 questionNumberTextView 中的文本设置成通过调用重载的 Fragment 继承方法 getString 而返回的一个字符串。format 方法的第一个实参为字符串资源 R.string.question,表示格式字符串:

```
Question %1$d of %2$d
```

该字符串包含两个整型值的占位符(见 4.4.5 节的讨论)。其他实参为插入该格式字符串的值。第 107 行返回 MainActivityFragment 的 GUI。

4.7.4 updateGuessRows 方法

启动应用或者用户改变了备选答案数量时,应用的 MainActivity 就会调用 updateGuessRows 方法(见图 4.35)。第 113~114 行使用该方法的 SharedPreferences 实参获得键 MainActivity.CHOICES 的字符串值,它为一个常量,表示 SettingsActivityFragment 保存了要显示的备选答案按钮个数的首选项的名称。第 115 行将首选项的值转换成一个 int 值并将它除以 2,以得到 guessRows 的值,这个值表示应该显示多少个 guessLinearLayouts,每一个都具有两个备选按钮。接下来,第 118~119 行隐藏所有的 guessLinearLayouts,以便第 122~123 行能够根据 guessRows 的值显示相应的 guessLinearLayouts。常量 View.GONE(第 119 行)表明当在布局中放置组件时,Android 不必考虑组件的尺寸。另一个常量为 View.INVISIBLE,它会隐藏组件,且分配给该组件的空间在屏幕上显示为空。

```
110     // update guessRows based on value in SharedPreferences
111     public void updateGuessRows(SharedPreferences sharedPreferences) {
112        // get the number of guess buttons that should be displayed
113        String choices =
114           sharedPreferences.getString(MainActivity.CHOICES, null);
115        guessRows = Integer.parseInt(choices) / 2;
116
117        // hide all guess button LinearLayouts
118        for (LinearLayout layout : guessLinearLayouts)
119           layout.setVisibility(View.GONE);
120
121        // display appropriate guess button LinearLayouts
122        for (int row = 0; row < guessRows; row++)
123           guessLinearLayouts[row].setVisibility(View.VISIBLE);
124     }
125
```

图 4.35 MainActivityFragment 方法 updateGuessRows

4.7.5 updateRegions 方法

启动应用或者用户改变了关于洲名的选择时,应用的 MainActivity 就会调用 updateRegions

方法(见图 4.36)。第 128~129 行使用这个方法的 SharedPreferences 实参来获得所有被选中的洲的名称,并放入一个 Set<String>中。常量 MainActivity.REGIONS 包含的首选项名称,即 SettingsActivityFragment 所保存的那些被选中的洲名。

```
126    // update world regions for quiz based on values in SharedPreferences
127    public void updateRegions(SharedPreferences sharedPreferences) {
128        regionsSet =
129            sharedPreferences.getStringSet(MainActivity.REGIONS, null);
130    }
131
```

图 4.36 MainActivityFragment 方法 updateRegions

4.7.6 resetQuiz 方法

resetQuiz 方法(见图 4.37)设置并启动一个测验。前面说过,这个游戏中使用的图像被保存在应用的 assets 文件夹下。为了访问这个文件夹的内容,这个方法通过调用父 Activity 的 getAssets 方法来获得应用的 AssetManager(第 135 行)。接下来,第 136 行清除 fileNameList 对象的内容,准备加载被启用地区的国家的国旗文件名称。第 140~146 行迭代遍历所有被选中的洲。对于每一个洲,都使用 AssetManager 的 list 方法(第 142 行)来获得全部国旗文件名称的一个数组,即 String 数组 paths。第 144~145 行将每个文件名称的.png 扩展名删除,并将新名称放入 fileNameList 中。AssetManager 的 list 方法抛出 IOException,这是一种受检异常(即必须捕获它或者声明它)。如果由于应用不能访问 assets 文件夹而发生异常,则第 148~150 行会捕获它并用 Android 内置的日志记录机制做日志,以方便调试。Log 静态方法 e 用于记录错误消息。有关 Log 方法的完整列表,请参见:

http://developer.android.com/reference/android/util/Log.html

```
132    // set up and start the next quiz
133    public void resetQuiz() {
134        // use AssetManager to get image file names for enabled regions
135        AssetManager assets = getActivity().getAssets();
136        fileNameList.clear(); // empty list of image file names
137
138        try {
139            // loop through each region
140            for (String region : regionsSet) {
141                // get a list of all flag image files in this region
142                String[] paths = assets.list(region);
143
144                for (String path : paths)
145                    fileNameList.add(path.replace(".png", ""));
146            }
147        }
148        catch (IOException exception) {
149            Log.e(TAG, "Error loading image file names", exception);
150        }
151
152        correctAnswers = 0; // reset the number of correct answers made
153        totalGuesses = 0; // reset the total number of guesses the user made
154        quizCountriesList.clear(); // clear prior list of quiz countries
155
```

图 4.37 MainActivityFragment 方法 resetQuiz

```
156      int flagCounter = 1;
157      int numberOfFlags = fileNameList.size();
158
159      // add FLAGS_IN_QUIZ random file names to the quizCountriesList
160      while (flagCounter <= FLAGS_IN_QUIZ) {
161         int randomIndex = random.nextInt(numberOfFlags);
162
163         // get the random file name
164         String filename = fileNameList.get(randomIndex);
165
166         // if the region is enabled and it hasn't already been chosen
167         if (!quizCountriesList.contains(filename)) {
168            quizCountriesList.add(filename); // add the file to the list
169            ++flagCounter;
170         }
171      }
172
173      loadNextFlag(); // start the quiz by loading the first flag
174   }
175
```

图 4.37(续)　MainActivityFragment 方法 resetQuiz

接下来，第 152～154 行将用户已经得到的正确答案数(correctAnswers)和总猜测数(totalGuesses)重新设置成 0，并清除 quizCountriesList。

第 160～171 行向 quizCountriesList 添加 FLAGS_IN_QUIZ(10)个随机选择的文件名称。得到国旗总数后，对它们随机产生一个索引，范围为 0 到比国旗数少 1。程序利用这个索引来从 fileNameList 中选择一个图像文件名称。如果 quizCountriesList 还没有包含这个文件名称，则将它添加到 quizCountriesList 中，并递增 flagCounter。重复这个过程，直到 10(FLAGS_IN_QUIZ)个不同的文件名称都被选择了。然后，第 173 行调用 loadNextFlag 方法(见图 4.38)，加载测验中的第一面国旗。

4.7.7　loadNextFlag 方法

loadNextFlag 方法(见图 4.38)加载并显示下一面国旗以及对应的答案按钮组。quizCountriesList 中的图像文件的格式是

regionName-countryName

不包含.png 扩展名。如果地区名或者国家名中包含多个单词，则用下画线分隔。

```
176      // after the user guesses a correct flag, load the next flag
177      private void loadNextFlag() {
178         // get file name of the next flag and remove it from the list
179         String nextImage = quizCountriesList.remove(0);
180         correctAnswer = nextImage; // update the correct answer
181         answerTextView.setText(""); // clear answerTextView
182
183         // display current question number
184         questionNumberTextView.setText(getString(
185            R.string.question, (correctAnswers + 1), FLAGS_IN_QUIZ));
186
187         // extract the region from the next image's name
188         String region = nextImage.substring(0, nextImage.indexOf('-'));
189
```

图 4.38　MainActivityFragment 方法 loadNextFlag

```java
190        // use AssetManager to load next image from assets folder
191        AssetManager assets = getActivity().getAssets();
192
193        // get an InputStream to the asset representing the next flag
194        // and try to use the InputStream
195        try (InputStream stream =
196            assets.open(region + "/" + nextImage + ".png")) {
197            // load the asset as a Drawable and display on the flagImageView
198            Drawable flag = Drawable.createFromStream(stream, nextImage);
199            flagImageView.setImageDrawable(flag);
200
201            animate(false); // animate the flag onto the screen
202        }
203        catch (IOException exception) {
204            Log.e(TAG, "Error loading " + nextImage, exception);
205        }
206
207        Collections.shuffle(fileNameList); // shuffle file names
208
209        // put the correct answer at the end of fileNameList
210        int correct = fileNameList.indexOf(correctAnswer);
211        fileNameList.add(fileNameList.remove(correct));
212
213        // add 2, 4, 6 or 8 guess Buttons based on the value of guessRows
214        for (int row = 0; row < guessRows; row++) {
215            // place Buttons in currentTableRow
216            for (int column = 0;
217                column < guessLinearLayouts[row].getChildCount();
218                column++) {
219                // get reference to Button to configure
220                Button newGuessButton =
221                    (Button) guessLinearLayouts[row].getChildAt(column);
222                newGuessButton.setEnabled(true);
223
224                // get country name and set it as newGuessButton's text
225                String filename = fileNameList.get((row * 2) + column);
226                newGuessButton.setText(getCountryName(filename));
227            }
228        }
229
230        // randomly replace one Button with the correct answer
231        int row = random.nextInt(guessRows); // pick random row
232        int column = random.nextInt(2); // pick random column
233        LinearLayout randomRow = guessLinearLayouts[row]; // get the row
234        String countryName = getCountryName(correctAnswer);
235        ((Button) randomRow.getChildAt(column)).setText(countryName);
236    }
237
```

图 4.38(续)　MainActivityFragment 方法 loadNextFlag

第 179 行从 quizCountriesList 中删除第一个名称，并将它保存在 nextImage 中。还将这个名称保存在 correctAnswer 中，以便能在后面用它来判断用户的答案是否正确。接下来，清除 answerTextView 并利用格式化的字符串资源 R.string.question 在 questionNumberTextView 中显示当前的题数(第 184～185 行)。

第 188 行从 nextImage 中抽取洲名，用做 assets 子文件夹的名称，将从这个文件夹下加载图像。接下来获得一个 AssetManager 对象，然后将其用于一个带资源的 try 语句中，以打开一个(java.io 包的)InputStream，用于读取国旗图像文件中的字节。将这个字节流作为 Drawable

类的静态方法 createFromStream 的实参,这个方法会创建一个(android.graphics.drawable 包的)Drawable 对象。Drawable 对象被设置成 flagImageView 的一项,setImageDrawable 方法会显示它。如果发生异常,则会记录错误消息供调试(第 204 行)。接下来,用 false 实参调用 animate 方法,摇动屏幕上的下一面国旗和答案按钮(第 201 行)。

然后,第 207 行搅乱(即随机化)fileNameList,第 210~211 行定位 correctAnswer 并将它移动到 fileNameList 的末尾——后面将会把它随机地插入到那些答案按钮中。

第 214~228 行在 guessLinearLayouts 中迭代遍历这些按钮。对于每一个按钮,各行的作用如下:

- 第 220~221 行获得下一个按钮的引用。
- 第 222 行启用这个按钮。
- 第 225 行从 fileNameList 获得国旗文件名。
- 第 226 行将按钮的文本设置成由 getCountryName 方法(见 4.7.8 节)返回的国家名称

第 231~235 行(根据当前的 guessRows 数)随机挑选一行和一列,然后设置对应按钮的文本。

4.7.8　getCountryName 方法

getCountryName 方法(见图 4.39)解析图像文件名称中的国家名称。首先,获得从短线开始的子串,短线用于区分洲名与国家名。然后,调用 String 方法 replace,用空格替换下画线。

```
238     // parses the country flag file name and returns the country name
239     private String getCountryName(String name) {
240         return name.substring(name.indexOf('-') + 1).replace('_', ' ');
241     }
242
```

图 4.39　MainActivityFragment 方法 getCountryName

4.7.9　animate 方法

animate 方法(见图 4.40)在测验的整个布局(quizLinearLayout)上执行环形缩放动画,以转换不同的测验。第 246~247 行立即返回首个测验,以使它没有动画动作就在屏幕上显示。第 250~253 行计算测验 UI 中心的屏幕坐标;第 256~257 行计算动画中圆的最大半径(最小半径为 0)。animate 方法接收一个参数 animateOut,有两种用法。第 262 行使用 animateOut 参数判断是否应显示或隐藏动画。

```
243     // animates the entire quizLinearLayout on or off screen
244     private void animate(boolean animateOut) {
245         // prevent animation into the the UI for the first flag
246         if (correctAnswers == 0)
247             return;
248
249         // calculate center x and center y
250         int centerX = (quizLinearLayout.getLeft() +
251             quizLinearLayout.getRight()) / 2;
252         int centerY = (quizLinearLayout.getTop() +
253             quizLinearLayout.getBottom()) / 2;
254
```

图 4.40　MainActivityFragment 方法 animate

```
255        // calculate animation radius
256        int radius = Math.max(quizLinearLayout.getWidth(),
257           quizLinearLayout.getHeight());
258
259        Animator animator;
260
261        // if the quizLinearLayout should animate out rather than in
262        if (animateOut) {
263           // create circular reveal animation
264           animator = ViewAnimationUtils.createCircularReveal(
265              quizLinearLayout, centerX, centerY, radius, 0);
266           animator.addListener(
267              new AnimatorListenerAdapter() {
268                 // called when the animation finishes
269                 @Override
270                 public void onAnimationEnd(Animator animation) {
271                    loadNextFlag();
272                 }
273              }
274           );
275        }
276        else { // if the quizLinearLayout should animate in
277           animator = ViewAnimationUtils.createCircularReveal(
278              quizLinearLayout, centerX, centerY, 0, radius);
279        }
280
281        animator.setDuration(500); // set animation duration to 500 ms
282        animator.start(); // start the animation
283     }
284
```

图 4.40（续） MainActivityFragment 方法 animate

如果用 true 值调用 animate 方法，则它会让 quizLinearLayout 从屏幕上以动画形式消失（第 264～274 行）。第 264～265 行通过调用 ViewAnimationUtils 方法 createCircularReveal，创建一个环形缩放动画对象。该方法具有 5 个参数：

- 第一个参数指定实施动画的视图（quizLinearLayout）。
- 第二和第三个参数提供动画圆中心点的 x 坐标和 y 坐标。
- 最后两个参数判断圆的起始半径和结束半径。

由于是将 quizLinearLayout 从屏幕上消失，所以其起始半径为计算得出的 radius 而结束半径为 0。第 266～274 行用 Animator 创建并分配一个 AnimatorListenerAdapter。AnimatorListenerAdapter 的 onAnimationEnd 方法（第 269～272 行）在动画完成且加载下一面国旗（第 271 行）时调用。

如果用 false 值调用 animate 方法，则它会让 quizLinearLayout 在下一个测验题开始时从屏幕上以动画形式出现。第 277～278 行调用 createCircularReveal 方法创建一个 Animator，这次的起始半径为 0，而结束半径为计算得出的 radius。这会使 quizLinearLayout 以动画形式出现在屏幕上而不是从屏幕消失。

第 281 行调用 Animator 方法 setDuration，指定动画时间为 500 毫秒。最后，第 282 行启动这个动画。

4.7.10 实现 OnClickListener 的匿名内部类

图 4.34 第 97～102 行将 guessButtonListener（见图 4.41）注册成每一个答案按钮的事件处理

对象。实例变量 guessButtonListener 引用实现了 OnClickListener 接口的匿名内部类对象，以响应按钮事件。该方法将被单击的按钮作为参数 v 接收。第 290 行取得该按钮的文本，第 291 行取得被解析的国家名称，然后将 totalGuesses 加 1。如果答案正确（第 294 行），则将 correctAnswers 加 1。接下来，将 answerTextView 的文本设置成国家名称，并将它的颜色改成由常量 R.color.correct_answer 代表的颜色（绿色）。然后，调用实用工具方法 disableButtons（见 4.7.11 节），禁用所有的答案按钮。

```java
285     // called when a guess Button is touched
286     private OnClickListener guessButtonListener = new OnClickListener() {
287         @Override
288         public void onClick(View v) {
289             Button guessButton = ((Button) v);
290             String guess = guessButton.getText().toString();
291             String answer = getCountryName(correctAnswer);
292             ++totalGuesses; // increment number of guesses the user has made
293
294             if (guess.equals(answer)) { // if the guess is correct
295                 ++correctAnswers; // increment the number of correct answers
296
297                 // display correct answer in green text
298                 answerTextView.setText(answer + "!");
299                 answerTextView.setTextColor(
300                     getResources().getColor(R.color.correct_answer,
301                         getContext().getTheme()));
302
303                 disableButtons(); // disable all guess Buttons
304
305                 // if the user has correctly identified FLAGS_IN_QUIZ flags
306                 if (correctAnswers == FLAGS_IN_QUIZ) {
307                     // DialogFragment to display quiz stats and start new quiz
308                     DialogFragment quizResults =
309                         new DialogFragment() {
310                             // create an AlertDialog and return it
311                             @Override
312                             public Dialog onCreateDialog(Bundle bundle) {
313                                 AlertDialog.Builder builder =
314                                     new AlertDialog.Builder(getActivity());
315                                 builder.setMessage(
316                                     getString(R.string.results,
317                                         totalGuesses,
318                                         (1000 / (double) totalGuesses)));
319
320                                 // "Reset Quiz" Button
321                                 builder.setPositiveButton(R.string.reset_quiz,
322                                     new DialogInterface.OnClickListener() {
323                                         public void onClick(DialogInterface dialog,
324                                             int id) {
325                                             resetQuiz();
326                                         }
327                                     }
328                                 );
329
330                                 return builder.create(); // return the AlertDialog
331                             }
332                         };
333
```

图 4.41 实现 OnClickListener 的匿名内部类

```
334              // use FragmentManager to display the DialogFragment
335              quizResults.setCancelable(false);
336              quizResults.show(getFragmentManager(), "quiz results");
337           }
338           else { // answer is correct but quiz is not over
339              // load the next flag after a 2-second delay
340              handler.postDelayed(
341                 new Runnable() {
342                    @Override
343                    public void run() {
344                       animate(true); // animate the flag off the screen
345                    }
346                 }, 2000); // 2000 milliseconds for 2-second delay
347           }
348        }
349        else { // answer was incorrect
350           flagImageView.startAnimation(shakeAnimation); // play shake
351
352           // display "Incorrect!" in red
353           answerTextView.setText(R.string.incorrect_answer);
354           answerTextView.setTextColor(getResources().getColor(
355              R.color.incorrect_answer, getContext().getTheme()));
356           guessButton.setEnabled(false); // disable incorrect answer
357        }
358     }
359  };
360
```

图 4.41(续) 实现 OnClickListener 的匿名内部类

如果 correctAnswers 的值为 FLAGS_IN_QUIZ(第 306 行)，则测验结束。第 308~332 行创建了一个新的匿名内部类，它扩展了 DialogFragment(位于 android.support.v4.app 包)，用于显示答案。DialogFragment 的 onCreateDialog 方法利用一个 AlertDialog.Builder(稍后将讨论)来配置和创建这个 AlertDialog，用于显示测验结果，然后返回它。用户点触对话框的 Reset Quiz 按钮后，会调用 resetQuiz 方法开始新一轮的测验(第 325 行)。第 335 行表明该对话框是不可取消的——用户必须与它交互，点触对话框以外的地方或者点触回退按钮，都不会返回到测验本身。为了显示 DialogFragment，第 336 行调用它的 show 方法，实参为由 getFragmentManager 方法返回的 FragmentManager 和一个 String。第二个实参可用于 FragmentManager 方法 getFragmentByTag，获得 DialogFragment 的引用，但这个应用中并不需要这样做。

如果 correctAnswers 的值小于 FLAGS_IN_QUIZ，则第 340~346 行会调用 Handler 对象 handler 的 postDelayed 方法。第一个实参定义一个实现 Runnable 接口的匿名内部类——表示需执行任务 animate(true)，即需将国旗和答案按钮以动画形式移出屏幕并过渡到下一题。第二个实参是要延迟的毫秒数(2000)。如果回答错误，则第 350 行会调用 flagImageView 的 startAnimation 方法，播放在 onCreateView 方法中加载的 shakeAnimation 对象。还在 answerTextView 设置了文本，以红色显示"Incorrect!"(第 353~355 行)，然后禁用对应于该错误答案的 guessButton。

外观设计观察 4.4

可以用 AlertDialog.Builder 方法 setTitle 设置 AlertDialog 的标题(它会出现在对话框消息的上方)。根据 Android 设计指南的说明(http://developer.android.com/design/building-blocks/dialogs.html)，大多数对话框都不需要标题。需要标题的情况仅限于"高

风险操作",比如可能丢失数据、网络连接性、外部电源供应等。此外,显示选项列表的对话框,可利用标题来表明对话框的目的。

创建并配置 AlertDialog

第 313～329 行利用 AlertDialog.Builder 创建并配置一个 AlertDialog。第 313～314 行创建这个 AlertDialog.Builder,将 Fragment 的 Activity 作为 Context 实参,表示对话框将在包含 MainActivityFragment 的 Activity 上下文中显示。接下来,第 315～318 行设置对话框消息,以格式字符串显示测验结果——资源 R.string.results 包含的占位符分别表示总答题次数和正确率。

这个 AlertDialog 中只需要一个按钮,以使用户知晓这条消息并重新开始测验。这里将它设置成对话框中的确认按钮(第 321～328 行)——点这个按钮表明用户已经知晓了显示在对话框中的消息。setPositiveButton 方法接收按钮的卷标(用字符串资源 R.string.reset_quiz 指定)和按钮事件处理器的引用。如果应用无须响应事件,则可以将事件处理器指定成 null。这时,需提供一个实现 DialogInterface.OnClickListener 接口的匿名内部类对象。重写这个接口的 onClick 方法,以响应用户点触了对话框中对应按钮所发生的事件。

4.7.11　disableButtons 方法

图 4.42 中的 disableButtons 方法迭代遍历这些答案按钮并禁用它们。用户回答正确时会调用这个方法。

```
361    // utility method that disables all answer Buttons
362    private void disableButtons() {
363        for (int row = 0; row < guessRows; row++) {
364            LinearLayout guessRow = guessLinearLayouts[row];
365            for (int i = 0; i < guessRow.getChildCount(); i++)
366                guessRow.getChildAt(i).setEnabled(false);
367        }
368    }
369 }
```

图 4.42　MainActivityFragment 方法 disableButtons

4.8　SettingsActivity 类

图 4.43 中的 SettingsActivity 类用于当应用运行于纵向模式时的 SettingsActivityFragment。重写的方法 onCreate(第 11～18 行)调用 setContentView 方法,以填充由 activity_settings.xml(用资源 R.layout.activity_settings 表示)定义的 GUI,然后显示在 SettingsActivity 的布局中定义的 Toolbar。第 17 行在应用栏上显示一个上按钮,点触它可返回到父 MainActivity。当向工程添加 SettingsActivity 且指定了它所继承的父 MainActivity 时,IDE 会添加这一行(见 4.4.12 节)。这里删除了类中其他自动产生的代码,因为应用中不会用到它们。还可以删除不会使用的菜单资源 menu_settings.xml。

```
1   // SettingsActivity.java
2   // Activity to display SettingsActivityFragment on a phone
3   package com.deitel.flagquiz;
4
5   import android.os.Bundle;
```

图 4.43　SettingsActivity 在手机和纵向平板设备上显示 SettingsActivityFragment

```
 6    import android.support.v7.app.AppCompatActivity;
 7    import android.support.v7.widget.Toolbar;
 8
 9    public class SettingsActivity extends AppCompatActivity {
10       // inflates the GUI, displays Toolbar and adds "up" button
11       @Override
12       protected void onCreate(Bundle savedInstanceState) {
13          super.onCreate(savedInstanceState);
14          setContentView(R.layout.activity_settings);
15          Toolbar toolbar = (Toolbar) findViewById(R.id.toolbar);
16          setSupportActionBar(toolbar);
17          getSupportActionBar().setDisplayHomeAsUpEnabled(true);
18       }
19    }
```

图 4.43（续） SettingsActivity 在手机和纵向平板设备上显示 SettingsActivityFragment

4.9 SettingsActivityFragment 类

SettingsActivityFragment 类（见图 4.44）继承自 PreferenceFragment（来自 android.preference 包）。创建 SettingsActivityFragment 时，onCreate 方法（第 10～14 行）通过调用继承的 PreferenceFragment 方法 addPreferencesFromResource 根据 preferences.xml 搭建首选项 GUI（见 4.4.11 节）。用户在此 GUI 中操作时，这些首选项会被自动保存到设备的 SharedPreferences 文件中。如果文件不存在，则会创建它；若存在则进行更新操作。这里删除了类中其他未使用的自动生成代码。

```
 1    // SettingsActivityFragment.java
 2    // Subclass of PreferenceFragment for managing app settings
 3    package com.deitel.flagquiz;
 4
 5    import android.os.Bundle;
 6    import android.preference.PreferenceFragment;
 7
 8    public class SettingsActivityFragment extends PreferenceFragment {
 9       // creates preferences GUI from preferences.xml file in res/xml
10       @Override
11       public void onCreate(Bundle bundle) {
12          super.onCreate(bundle);
13          addPreferencesFromResource(R.xml.preferences); // load from XML
14       }
15    }
```

图 4.44 PreferenceFragment 的 SettingsActivityFragment 子类显示应用的首选项

4.10 AndroidManifest.xml

图 4.45 显示 Flag Quiz 应用自动产生的清单文件 AndroidManifest.xml。应用中的每一个 Activity 都必须在 AndroidManifest.xml 文件中声明，否则 Android 就无法知道它的存在，从而不能启动它。创建应用时，IDE 在这个文件中声明 MainActivity（第 11～21 行）。第 12 行的：

.MainActivity

表明该类位于第 2 行所指定的包中，它表示：

```
com.deitel.flagquiz.MainActivity
```

额外添加的第 14 行将稍后讨论。

```xml
1  <?xml version="1.0" encoding="utf-8"?>
2  <manifest package="com.deitel.flagquiz"
3      xmlns:android="http://schemas.android.com/apk/res/android">
4
5      <application
6          android:allowBackup="true"
7          android:icon="@mipmap/ic_launcher"
8          android:label="@string/app_name"
9          android:supportsRtl="true"
10         android:theme="@style/AppTheme">
11         <activity
12             android:name=".MainActivity"
13             android:label="@string/app_name"
14             android:launchMode="singleTop"
15             android:theme="@style/AppTheme.NoActionBar">
16             <intent-filter>
17                 <action android:name="android.intent.action.MAIN"/>
18
19                 <category android:name="android.intent.category.LAUNCHER"/>
20             </intent-filter>
21         </activity>
22         <activity
23             android:name=".SettingsActivity"
24             android:label="@string/title_activity_settings"
25             android:parentActivityName=".MainActivity"
26             android:theme="@style/AppTheme.NoActionBar">
27             <meta-data
28                 android:name="android.support.PARENT_ACTIVITY"
29                 android:value="com.deitel.flagquiz.MainActivity"/>
30         </activity>
31     </application>
32
33 </manifest>
```

图 4.45　声明了 SettingsActivity 的 AndroidManifest.xml

向工程添加 SettingsActivity 时（见 4.4.1 节），IDE 也会自动将它添加到清单文件中（第 22～30 行）。如果创建新 Activity 时没有使用 IDE 工具，则必须像第 22～30 行那样插入一个 <activity> 元素来声明它。有关清单文件的细节，请参见：

```
http://developer.android.com/guide/topics/manifest/manifest-
    intro.html
```

启动模式

第 14 行指定 MainActivity 的启动模式。默认情况下，每一个所创建的 Activity 都采用"标准"启动模式。在这种模式下，当接收到一个 Intent 来启动 Activity 时，Android 会为该 Activity 创建一个新实例。

4.4.12 节中为 SettingsActivity 指定了一个父 MainActivity。这会使 Android 在应用栏上定义一个上按钮，点触它可返回到特定的父 Activity。这时，父 Activity 会采用"标准"启动模式，而 Android 是通过 Intent 来启动该父 Activity 的。这会导致产生一个新的 MainActivity 实例，也会使应用崩溃——MainActivity 的 OnSharedPreferenceChangeListener（见 4.6.7 节）会试图更新并不存在的 quizFragment，它在另一个 MainActivity 实例中定义。

第 14 行解决了这个问题，将 MainActivity 的启动模式改成"singleTop"。在该模式下，若用户点触了上按钮，则 Android 会将现有 MainActivity 置于前台，而不是创建一个新的 MainActivity 对象。有关<activity>元素启动模式的完整讨论，请参见：

> https://developer.android.com/guide/topics/manifest/activity-element.html#lmode

4.11 小结

本章建立了一个 Flag Quiz 应用，它测试用户正确识别不同国家国旗的能力。本章的一个重要内容是用 Fragment 来创建一个 Activity 的 GUI 的各个部分。当以纵向模式运行应用时，使用了两个 Activity 来分别显示 MainActivityFragment 和 SettingsActivityFragment。若以横向模式运行应用，则只使用一个 Activity 来同时显示两个 Fragment，从而更好地利用了屏幕空间。使用了 PreferenceFragment 的子类来自动维护和保存应用的设置，使用 DialogFragment 的子类来向用户显示 AlertDialog。探讨了 Fragment 生命周期的不同阶段，讲解了如何通过 FragmentManager 来获得 Fragment 的引用，以便在 Java 代码中与它交互。

纵向模式下，为 MainActivity 的 Settings 菜单项提供了一个图标。它出现在应用栏中，用户点触它会显示一个包含 SettingsActivityFragment 的 SettingsActivity。为了启动 SettingsActivity，使用了显式 Intent。讲解了如何从 SharedPreferences 文件获取应用的首选项，如何用 SharedPreferences.Editor 编辑这个文件。

探讨了如何利用 Configuration 对象来判断应用是否运行在横向模式的设备上。演示了如何利用应用的 assets 文件夹来管理大量的图像资源，以及如何通过 AssetManager 来访问这些资源。讲解了如何从 InputStream 读取图像的字节并创建一个 Drawable 对象，然后将它显示在一个 ImageView 中。

本章还了解了 res 文件夹下其他子文件夹的用途——menu 用于菜单资源文件，anim 用于动画资源文件，而 xml 用于 XML 数据文件。探讨了如何利用限定符来创建文件夹，保存只供横向模式下平板电脑使用的布局。还讲解了如何通过颜色状态表资源来确保按钮上的文本是可读的，不管按钮是启用状态还是禁用状态。

使用了 Toast 来简要显示不重要的错误消息或者提示性消息。为了在一个短延迟之后显示下一面国旗，使用了 Handler 在指定的毫秒数之后执行一个 Runnable 对象。这个应用中的 Runnable 是在创建了该 Handler 对象（GUI）的线程中执行的。

以 XML 形式定义了一个 Animation，并将其用于应用的 ImageView，若回答错误，可向用户提供一种可视化的反馈。还利用了 ViewAnimationUtils 来创建环形缩放动画，用于两个测验题之间的过渡。讲解了如何利用 Android 内置的日志记录机制和 Log 类来记录异常信息以供调试。还使用了来自于 java.util 包中的其他类和接口，包括 List、ArrayList、Collections 和 Set。

最后，给出了应用的 AndroidManifest.xml 文件。探讨了自动生成的<activity>元素。还将 MainActivity 的启动模式改成了"singleTop"，使应用只使用一个 MainActivity 实例，而不是当用户点触应用栏中的上按钮时创建一个新实例。

第 5 章将讲解 Doodlz 应用，它利用 Android 的图形功能将设备的屏幕变成一块虚拟画布。还会讲解 Android 中的沉浸模式以及打印功能。

第 5 章　Doodlz 应用

二维图形，Canvas，Bitmap，加速计，SensorManager，多点触事件，MediaStore，打印，Android 6.0 许可及 Gradle

目标

本章将讲解

- 检测用户何时点触了屏幕、何时用手指滑过屏幕及手指何时离开屏幕
- 处理多点触事件，使用户能够同时使用多个手指
- 利用 SensorManager 和加速计检测位移事件
- 使用 Paint 对象指定线的颜色和宽度
- 利用 Path 对象保存每一条线的数据，并用 Canvas 将每一条线绘入 Bitmap 中
- 创建菜单并在应用栏中显示菜单项
- 利用打印框架和 Android 支持库的 PrintHelper 类，打印绘制的图形
- 使用 Android 6.0 的新许可模式，请求将图形保存到外部存储设备的许可
- 利用 Gradle 构建系统将库添加到应用中

提纲

5.1　简介
5.2　在 AVD 中测试 Doodlz 应用
5.3　技术概览
　5.3.1　Activity 和 Fragment 的生命周期方法
　5.3.2　定制视图
　5.3.3　使用 SensorManager 监听加速计事件
　5.3.4　定制的 DialogFragment
　5.3.5　使用 Canvas，Paint 和 Bitmap 画图
　5.3.6　处理多点触事件并在 Path 中保存线信息
　5.3.7　保存图形
　5.3.8　打印功能及 Android 支持库的 PrintHelper 类
　5.3.9　Android 6.0 的新许可模型
　5.3.10　利用 Gradle 构建系统添加依赖性
5.4　创建工程和资源
　5.4.1　创建工程
　5.4.2　Gradle：向工程添加支持库
　5.4.3　strings.xml
　5.4.4　为菜单项导入材料设计图标
　5.4.5　MainActivityFragment 菜单
　5.4.6　在 AndroidManifest.xml 中添加许可

5.5 构建应用的 GUI
    5.5.1 MainActivity 的 content_main.xml 布局
    5.5.2 MainActivityFragment 的 fragment_main.xml 布局
    5.5.3 ColorDialogFragment 的 fragment_color.xml 布局
    5.5.4 LineWidthDialogFragment 的 fragment_line_width.xml 布局
    5.5.5 添加 EraseImageDialogFragment 类
5.6 MainActivity 类
5.7 MainActivityFragment 类
    5.7.1 package 声明、import 声明与字段
    5.7.2 重写的 Fragment 方法 onCreateView
    5.7.3 onResume 方法和 enableAccelerometerListening 方法
    5.7.4 onPause 方法和 disableAccelerometerListening 方法
    5.7.5 用于处理加速计事件的匿名内部类
    5.7.6 confirmErase 方法
    5.7.7 重写的 Fragment 方法 onCreateOptionsMenu 和 onOptionsItemSelected
    5.7.8 saveImage 方法
    5.7.9 重写的 onRequestPermissionResult 方法
    5.7.10 getDoodleView 方法和 setDialogOnScreen 方法
5.8 DoodleView 类
    5.8.1 package 声明和 import 声明
    5.8.2 静态变量和实例变量
    5.8.3 构造方法
    5.8.4 重写的 View 方法 onSizeChanged
    5.8.5 clear, setDrawingColor, getDrawingColor, setLineWidth 和 getLineWidth 方法
    5.8.6 重写的 View 方法 onDraw
    5.8.7 重写的 View 方法 onTouchEvent
    5.8.8 touchStarted 方法
    5.8.9 touchMoved 方法
    5.8.10 touchEnded 方法
    5.8.11 saveImage 方法
    5.8.12 printImage 方法
5.9 ColorDialogFragment 类
    5.9.1 重写的 DialogFragment 方法 onCreateDialog
    5.9.2 getDoodleFragment 方法
    5.9.3 重写的 Fragment 生命周期方法 onAttach 和 onDetach
    5.9.4 响应 alpha, red, green 和 blue SeekBar 事件的匿名内部类
5.10 LineWidthDialogFragment 类
    5.10.1 onCreateDialog 方法
    5.10.2 响应 widthSeekBar 事件的匿名内部类
5.11 EraseImageDialogFragment 类
5.12 小结

5.1 简介

Doodlz 应用(见图 5.1)使用户能够通过在屏幕上拖动一个或者多个手指来画图。该应用提供设置绘制颜色和线宽的选项。其他选项可用于：

- 清除屏幕
- 将当前绘制的图形保存到设备上
- 打印绘制的图形

根据设备屏幕尺寸的不同，选项中的部分或全部会作为图标直接显示在应用栏中，而没有显示的那些会出现在应用栏的溢出选项菜单(⋮)中。

该应用会涉及 Android 6.0 的新许可机制。例如，Android 会请求用户许可来允许应用将文件（比如该应用中绘制的图形）保存到设备上。Android 6.0 中，安装应用时不会给出所要求的完整许可列表，而是在首次执行某项任务时单独请求所要求的每一项许可。该应用中，当用户第一次试图保存图形时，Android 会提示请求许可。

首先，我们将通过测试体验这个应用，然后将讲解用来构建它的技术。接下来是设计它的 GUI。最后，将给出应用的完整源代码并分析它，更详细地探讨应用中的新特性。

图 5.1 完成了一幅画作的 Doodlz 应用

5.2 在 AVD 中测试 Doodlz 应用

打开并运行应用

启动 Android Studio，从本书示例文件夹下的 Doodlz 文件夹下打开 Doodlz 应用，然后在 AVD 或设备上执行它。这会构建工程并运行应用。

理解应用的选项

图 5.2（a）和图 5.2（b）给出了 Nexus 6 AVD 中的应用栏和溢出选项菜单，而图 5.2（c）为 Nexus 9 AVD 中的应用栏。

(a) Nexus 6 AVD 应用栏

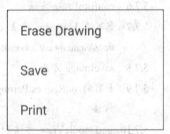

(b) Nexus 6 AVD 溢出选项菜单

(c) Nexus 9 AVD 应用栏——有足够的空间在应用栏中将所有菜单项显示成图标

图 5.2 Doodlz 应用栏和溢出选项菜单

该应用包含如下菜单项：

- Color（🎨）——显示用来改变线颜色的对话框。
- Line Width（✏）——显示的对话框用于改变用手指在屏幕上绘图时的线宽。
- Erase Image（🗑）——首先询问是否一定要删除整个图形，得到肯定回答后会清除整个绘图区。
- Save（💾）——将图形保存到设备上。打开 Google Photos 应用，点触 Device Folders，可以查看该图形的缩略图[①]。

---

① 对于某些设备，在 Doodlz 应用中将图形保存之前，可能需要利用设备的拍照应用拍一个照片。

- Print (🖨)——显示一个选择可用打印机的 GUI，然后可以打印图形或者将它保存成 PDF 文档(默认设置)。

稍后将逐一体验这些选项的作用。

外观设计观察 5.1

当菜单项在应用栏中显示时，如果它具有图标，则会显示成图标，否则会以较小的大写字母形式显示菜单项的文本。该应用中无法显示在应用栏中的那些菜单项，可通过下列选项菜单(⋮)访问，该菜单中的菜单项被显示成文本。

将画刷颜色变成红色

为了改变画刷颜色，需点触应用栏中的🎨图标，或者从选项菜单中选择 Color。这会显示一个 Choose Color 对话框(见图 5.3)。

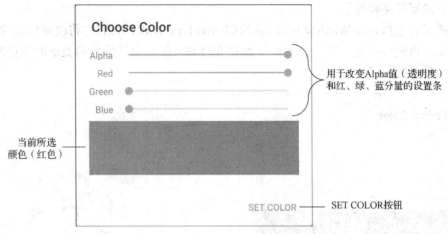

图 5.3 将绘图色改成红色

颜色是用 ARGB 配色方案定义的，其中的 Alpha 值(即透明度)和红、绿、蓝各分量用 0～255 的一个整数指定。Alpha 值为 0 表示完全透明，值 255 则正好相反。对于其他三个分量，0 值表示没有这种颜色，255 则表示使用这个颜色的最大量。在由 Alpha, Red, Green 和 Blue 构成的 GUI 中，拖动设置条可相应设置某个分量的比例。当拖动时，应用会在设置条的下面显示新的颜色。现在，将图 5.3 中的 Red 设置条拖至右边，选择红色。点触 SET COLOR 按钮，将该颜色设置成绘图色并让对话框消失。如果不希望更改颜色，则只需点触对话框以外的区域，让对话框消失即可。如果想擦除图形，则只需将绘图色改成白色即可(将 4 个设置条移动到最右边)。

改变线宽

为了改变线宽，可点触应用栏上的✏图标，或者从选项菜单中选择 Line Width。这会显示一个 Choose Line Width 对话框。将改变线宽的设置条向右侧拖动，可使线变宽(见图 5.4)。点触 SET LINE WIDTH 按钮，返回到绘图区。

绘制花瓣

在绘图区中拖动"手指"(仿真器中的鼠标)，画一些花瓣(见图 5.5)。

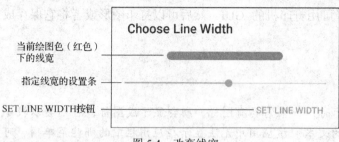

图 5.4　改变线宽　　　　　　　　　　图 5.5　绘制花瓣

将画刷颜色变成深绿色

点触🎨或者选择 Color 菜单项，显示 Choose Color 对话框。将 Green SeekBar 拖到右边，并使 Red 和 Blue SeekBar 尽量靠左，将颜色设置成深绿色，见图 5.6(a)。

改变线宽并绘制花茎和叶子

点触✏或者选择 Line Width 菜单项，显示 Choose Line Width 对话框。将改变线宽的 SeekBar 向右侧拖动，可使线变宽，见图 5.6(b)。绘制花茎和叶子。以浅绿色和更细的线重复前述操作，绘制小草(见图 5.7)。

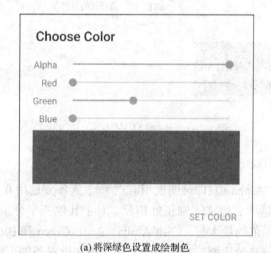

(a) 将深绿色设置成绘制色

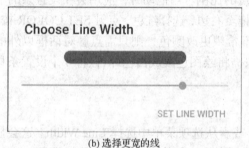

(b) 选择更宽的线

图 5.6　将颜色改成深绿色并使线变宽

图 5.7　绘制花茎和叶子

完成画图

接下来，将绘制色改成半透明蓝色，并使线更窄，分别见图 5.8(a) 和图 5.8(b)。然后，画一些雨滴(见图 5.9)。

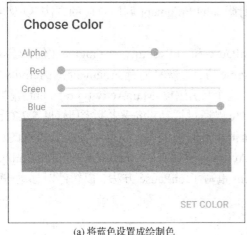

(a) 将蓝色设置成绘制色

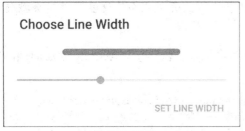

(b) 选择更细的线

图 5.8　将线的颜色改成蓝色并使线变细

图 5.9　以新的颜色和线宽绘制雨点

保存图形

可以将图形保存到设备上并通过 Photos 应用查看它。为此，需点触应用栏上的 按钮或者从选项菜单中选择 Save。以后可以通过打开 Photos 应用来查看这个图形保存在设备中的其他图形。

打印图形

为了打印图形，需点触应用栏上的 按钮或者从选项菜单中选择 Print。这会显示一个包含打印选项的对话框。默认情况下，图形会被保存成一个 PDF 文档。要选择某台打印机，可单击 Save as PDF 并从可用的打印机中挑选一个。如果列表中没有任何打印机，则需要配置 Google 云打印服务。关于这方面的信息，可访问：

http://www.google.com/cloudprint/learn/

5.3　技术概览

这一节给出在 Doodlz 应用中使用的那些新技术。

5.3.1　Activity 和 Fragment 的生命周期方法

Fragment 的生命周期与其父 Activity 紧密相关。有 6 种 Activity 生命周期方法与 Fragment 的生命周期方法相对应，它们是：onCreate、onStart、onResume、onPause、onStop 和 onDestroy。

系统对某个 Activity 调用这些方法时，也会对它所附加的 Fragment 调用对应的方法(以及可能的其他 Fragment 生命周期方法)。

这个应用重写了 Fragment 的生命周期方法 onPause 和 onResume。当 Fragment 位于屏幕上且等待用户与其交互时，会调用 Activity 的 onResume 方法。恢复拥有 Fragment 的 Activity 时，所有 Fragment 的 onResume 方法都会被调用。这个应用中，MainActivityFragment 重写了 onResume 方法，以监听加速计事件，从而使用户可以通过摇动设备来擦除图形(见 5.7.3 节)。

Activity 的 onPause 方法在另一个 Activity 获得焦点时被调用，这会中止丧失焦点的那个 Activity 的执行，并将它送至后台。被中止了的 Activity 所拥有的 Fragment，它们的 onPause 方法都会被调用。本应用中，MainActivityFragment 重写了 onPause 方法，以暂停对摇动-擦除加速计事件的监听(见 5.7.4 节)。

性能提示 5.1
一旦应用被中止，就应停止对传感器事件的监听，从而使这些事件不会被传递给不在屏幕上的应用。这样可以节省电能。

后面还会探讨到其他的 Activity 和 Fragment 生命周期方法。有关 Activity 生命周期的完整信息，请参见：

```
http://developer.android.com/reference/android/app/Activity.html
    #ActivityLifecycle
```

有关 Fragment 生命周期的完整信息，请参见：

```
http://developer.android.com/guide/components/fragments.html
    #Lifecycle
```

5.3.2 定制视图

通过扩展 View 类或者它的子类，可以创建定制的视图，就如同对 DoodleView 类所做的那样(见 5.8 节)，它扩展了 View 类。为了在布局 XML 文件中添加定制的组件，必须提供它的完全限定名(即包名称和类名称)，所以定制的 View 的类必须预先存在。5.5.2 节中将讲解如何创建 DoodleView 类并将它添加到布局中。

5.3.3 使用 SensorManager 监听加速计事件

这个应用允许用户摇动设备来擦除当前绘制的图形。大多数设备都带有加速计，用于监测设备的移动情况。目前 Android 所支持的其他传感器包括重力、陀螺仪、光线、线性加速度、磁场、方向、压力、接近度、旋转量及温度。这里将使用 Sensor 类的传感器类型常量来指定应用接收数据的传感器。有关 Sensor 常量的列表，请参见：

```
http://developer.android.com/reference/android/hardware/Sensor.html
```

7.5 节中将探讨对加速计和传感器事件的处理。有关 Android 传感器的完整讨论，请参见：

```
http://developer.android.com/guide/topics/sensors/
    sensors_overview.html
```

5.3.4 定制的 DialogFragment

前面的几个应用中使用了 DialogFragment 中的 AlertDialog 来向用户显示信息，或者询问问题和接收响应,要求用户单击某个按钮。前面所创建的所有 AlertDialog,都是用扩展了 DialogFragment 的匿名内部类来创建的,只能显示文本和按钮。AlertDialog 中也可以包含定制的 View。这个应用中,将定义 DialogFragment 的三个子类:

- ColorDialogFragment(见 5.9 节)显示的 AlertDialog 包含一个定制的 View,其中的 GUI 组件用来预览并选择一种新的 ARGB 绘制颜色。
- LineWidthDialogFragment(见 5.10 节)显示的 AlertDialog 包含一个定制的 View,其中的 GUI 组件用来预览并选择线的宽度。
- EraseImageDialogFragment(见 5.11 节)显示一个标准的 AlertDialog,要求用户确认是否删除整个图形。

对于 ColorDialogFragment 和 EraseImageDialogFragment,需通过布局资源文件来填充整个定制的 View。对于每一个 DialogFragment 子类,还需要重写如下的 Fragment 生命周期方法:

- onAttach——Fragment 与父 Activity 绑定时调用的第一个 Fragment 生命周期方法。
- onDetach——Fragment 与父 Activity 分离时调用的最后一个 Fragment 生命周期方法。

防止同时出现多个对话框

当屏幕上已经显示了一个对话框时,用于处理摇动事件的事件处理器可能会显示一个用来擦除图形的确认对话框。为了防止出现这种情况,需利用 onAttach 和 onDetach 方法来设置一个布尔值,表示是否有对话框出现在屏幕上。当布尔值为 true 时,就不允许摇动事件的事件处理器显示对话框。

5.3.5 使用 Canvas,Paint 和 Bitmap 画图

我们使用 Canvas 类中的几个方法来绘制文本、线条和圆。这些方法用于在 View 的 Bitmap(二者来自于 android.graphics 包)上进行绘制。可以将 Canvas 与 Bitmap 相关联,然后使用 Canvas 来在 Bitmap 上进行绘制,然后可以将 Bitmap 显示在屏幕上(见 5.8 节),也可以将 Bitmap 对象保存到文件中。当用户点触了 Save 选项时,将通过这种能力将绘制的图形保存到设备的图片库中。Canvas 类中的每一个绘制方法都使用(android.graphics 包的)Paint 类的一个对象来指定绘制特性,包括颜色、线宽、字体大小等。这些功能在 DoodleView 类的 onDraw 方法上得以体现(见 5.8.6 节)。有关 Paint 对象附加绘制特性的更多信息,请参见:

http://developer.android.com/reference/android/graphics/Paint.html

5.3.6 处理多点触事件并在 Path 中保存线信息

在屏幕上滑动一根或几根手指,即可在上面作画。每一个手指的信息会被保存成一个(android.graphics 包的)Path 对象,它代表由线段和曲线组成的几何路径。点触事件是由重写的 View 方法 OnTouchEvent 处理的(见 5.8.7 节)。这个方法接收一个(android.view 包的)MotionEvent 对象,它包含所发生的点触事件的类型及产生该事件的手指的 ID(即指针)。应用中使用 ID 来区分不同的手指,并将信息添加到相应的 Path 对象中。我们使用点触事件的类型来判断是用户点触了屏幕、用手指滑过屏幕还是让手指离开屏幕。

除了标准的点触事件处理,Android 6.0 还提供对蓝牙手写笔的支持,包括读取压力数据

及获知用户所按的手写笔按钮。例如在本应用中，可以利用手写笔按钮来指定擦除模式，也可以利用手写笔压力数据来动态改变绘图时的线宽。更多信息，请访问：

> https://developer.android.com/about/versions/marshmallow/android-6.0.html#bluetooth-stylus

5.3.7 保存图形

该应用的 Save 选项用于将绘制的图形保存到设备上。从应用的菜单中选择 Device Folders，即可通过 Photos 应用查看所保存图形的缩略图——点触该缩略图即可查看完整尺寸的图形。(android.content 包的)ContentResolver 类使应用能够从设备读取或者保存数据。我们将使用 5.8.11 节中的 ContentResolver 和 MediaStore.Images.Media 类的 insertImage 方法来将图形保存到设备的 Photos 应用中。MediaStore 负责管理保存在设备上的媒体文件(图形、音频和视频文件)。

5.3.8 打印功能及 Android 支持库的 PrintHelper 类

这个应用中，将使用 Android 打印框架中的 PrintHelper 类(见 5.8.12 节)来打印绘制的图形。PrintHelper 类为用户提供了选择打印机的接口，具有判断某个设备是否支持打印功能的方法，并为打印位图文件提供了方法。PrintHelper 位于 Android 支持库中，它为当前及旧版本的系统提供新的 Android 特性。这个支持库中也包含其他的一些特性，它们和 PrintHelper 类一样，可用于支持特定的 Android 版本。

5.3.9 Android 6.0 的新许可模型

在应用能够写入外部存储设备之前，Android 要求存在 android.permission.WRITE_EXTERNAL_PERMISSION 类型的许可。对于 Doodlz 应用，这个许可用于保存用户所绘图形。

Android 6.0(Marshmallow)采用一种新的许可模式，以获得更好的用户体验。对于 6.0 以前的版本，Android 要求在安装时用户就已经获得了应用所需的全部许可，这经常导致用户不愿安装某些应用。在新模式下，安装应用时不需要任何许可，而是在首次运行相关的特性时才会要求用户已经获得了许可。

一旦获得许可，应用就一直拥有该许可，直到下列情况之一出现：

- 重新安装应用
- 用户通过 Android 的 Settings 应用更改了许可

5.7.8～5.7.9 节中将讲解如何实现这种新的许可模式。

5.3.10 利用 Gradle 构建系统添加依赖性

Android Studio 采用 Gradle 构建系统将代码编译成 APK 文件，这是一种可安装的应用。Gradle 也会处理工程里的依赖性事宜，比如在构建过程中包含应用所使用的各种库文件。对于 Doodlz 应用，将为工程添加 Android 支持库依赖性，以便能够利用 PrintHelper 类来打印图形(见 5.4.2 节)。

5.4 创建工程和资源

本节将创建这个工程，导入应用菜单项所需的材料设计图标，编辑 GUI 和 Java 代码所用的各种资源。

5.4.1 创建工程

创建一个新的 Blank Activity 工程。在 Create New Project 对话框的 New Project 中指定如下这些值：

- Application name: Doodlz
- Company Domain: deitel.com（或者其他域名）

其他步骤中的设定与 4.4.1 节中的相同。这样就创建了一个包含 Fragment 的 MainActivity。该 Fragment 将定义应用的绘图区并响应用户的操作。此外，还需按照 2.5.2 节中讲解的步骤为工程添加一个应用图标。

在 Android Studio 中打开工程后，从布局编辑器的虚拟设备下拉列表中选取 Nexus 6（见图 2.11）。此外，还需删除 fragment_main.xml 中的 "Hello world!" TextView 和 activity_main.xml 中的 FloatingActionButton。

利用 Theme Editor（见 3.5.2 节）将 Material Blue 500 设置成应用的主颜色，Material Blue 700 为暗主色，Light blue accent 400 为强化色。此外，按照 4.4.3 节中的步骤将工程配置成支持 Java SE 7。

5.4.2 Gradle：向工程添加支持库

该应用需要 Android 支持库才能使用 PrintHelper 类。为此，需进行如下操作：

1. 右击 app 文件夹，选择 Open Module Settings。
2. 在 Project Structure 窗口中选择 Dependencies 选项卡。
3. 单击 Add 按钮（ + ），选择 Library dependency，打开 Choose Library Dependency 对话框。
4. 从清单中选择 support-v4（com.android.support:support-v4:23.1.0），然后单击 OK 按钮。它会出现在 Dependencies 选项卡下的清单中。
5. 单击 OK 按钮。配置工程时，IDE 会显示 Gradle project sync in progress...，以使用 Android 支持库。

有关 Android 支持库的更多信息，请参见：

```
http://developer.android.com/tools/support-library
http://developer.android.com/tools/support-library/setup.html
```

5.4.3 strings.xml

前面几章中已经创建过字符串资源，所以这里只给出一个表（见图 5.10），列出它们的名称和对应的值。双击 res/values 文件夹下的 strings.xml 文件，然后单击 Open editor 链接，会显示一个用于创建这些字符串资源的 Translations Editor。

外观设计观察 5.2

对于支持大写字母的语言，Google 的材料设计规范要求按钮的文本应全使用大写字母（例如，CANCEL 或 SET COLOR）。

键	默 认 值
button_erase	Erase Image
button_set_color	Set Color
button_set_line_width	Set Line Width
line_imageview_description	This displays the line thickness
label_alpha	Alpha
label_red	Red
label_green	Green
label_blue	Blue
menuitem_color	Color
menuitem_delete	Erase Drawing
menuitem_line_width	Line Width
menuitem_save	Save
menuitem_print	Print
message_erase	Erase the drawing
message_error_saving	There was an error saving the image
message_saved	Your saved painting can be viewed in the Photos app by selecting Device Folders from that app\'s menu [注:"\'"为单引号转义序列,如果没有前面的反斜线,则 IDE 会警告"单引号前没有\"。]
message_error_printing	Your device does not support printing
permission_explanation	To save an image, the app requires permission to write to external storage
title_color_dialog	Choose Color
title_line_width_dialog	Choose Line Width

图 5.10　Doodlz 应用中用到的字符串资源

5.4.4　为菜单项导入材料设计图标

该应用的菜单为每一个菜单项都指定了一个图标。出现在应用栏中的菜单项(与设备有关),都会显示成对应的图标。利用 4.4.9 节中讲解的技术,导入如下的材料设计矢量图标:

- 🎨(ic_palette_24dp)
- ✏(ic_brush_24dp)
- 🗑(ic_delete_24dp)
- 💾(ic_save_24dp)
- 🖨(ic_print_24dp)

括号中的名称,是当鼠标悬停在图形上方时在 Vector Asset Studio 对话框中作为工具提示显示的名称。对于每一个图形,都需打开它的 XML 文件,将 fillColor 改成:

```
@android:color/white
```

以便图标在蓝色应用栏中显示成白色。

5.4.5　MainActivityFragment 菜单

第 4 章中利用了 IDE 提供的默认菜单来显示 Flag Quiz 应用的 Settings 菜单项。这个应用中将为 MainActivityFragment 定义自己的菜单。这里没有使用 MainActivity 的默认菜单,所以可以删除 res/menu 文件夹下的 menu_main.xml 文件。还应删除 MainActivity 类中的 onCreateOptionsMenu 方法和 onOptionsItemSelected 方法,因为不会用到它们。

针对不同 Android 版本的菜单

需注意的是，Android 4.4 以前的版本并不支持打印功能。如果应用针对多种 Android 版本，则需利用前面几个应用中探讨过的方法，通过资源限定符来创建多个菜单资源。例如，可以为 Android 4.4 及以前的版本创建一个菜单资源，而为后面的版本创建另一个菜单资源。在前一种菜单资源中，可以抛弃那些不可用的菜单选项。关于创建菜单资源的更多信息，请访问：

```
http://developer.android.com/guide/topics/ui/menus.html
```

创建菜单

为了创建菜单资源，需执行如下步骤：

1. 右击 res/menu 文件夹，然后选择 New > Menu resource file，显示一个 New Resource File 对话框。
2. 在 File name 域中输入 doodle_fragment_menu.xml，单击 OK 按钮。IDE 会在编辑器中打开该文件。必须直接编辑这个 XML 文件，将菜单项添加到菜单资源中。
3. 这个菜单中，将使用每一个菜单项的 showAsAction 属性来标明它应出现在应用栏中（只要有空间）。为了使 Android 支持库提供的应用栏具有后向兼容性，必须从 XML 名字空间 app 中选择 showAsAction 属性，而不是从 XML 名字空间 android 中选择。编辑<menu>元素的开始标签，以包含 app XML 名字空间：

```
xmlns:app="http://schemas.android.com/apk/res-auto"
```

4. 将图 5.11 中第一个菜单项的代码添加到 XML 文件中。菜单项的 id 为@+id/color，title 属性为@string/menuitem_color，icon 属性为@drawable/ic_palette_24dp，showAsAction 属性为 ifRoom。值 ifRoom 表示只要有空间，Android 就应在应用栏中显示菜单项，否则，菜单项就会以文本的形式出现在应用栏右边的溢出选项菜单中。showAsAction 的其他值可参见：

```
http://developer.android.com/guide/topics/resources/menu-resource.html
```

```
1   <item
2       android:id="@+id/color"
3       android:title="@string/menuitem_color"
4       android:icon="@drawable/ic_palette_24dp"
5       app:showAsAction="ifRoom">
6   </item>
```

图 5.11 <item>元素代表菜单项

5. 为图 5.12 中的每一个 ID 和标题重复步骤 3，以分别创建 Line Width、Delete、Save 和 Print 的菜单项。最后，保存并关闭这个菜单文件。完成后的 XML 文件内容见图 5.13。

ID	标题
@+id/line_width	@string/menuitem_line_width
@+id/delete_drawing	@string/menuitem_delete
@+id/save	@string/menuitem_save
@+id/print	@string/menuitem_print

图 5.12 MainActivityFragment 中其他的菜单项

```xml
1  <?xml version="1.0" encoding="utf-8"?>
2  <menu xmlns:android="http://schemas.android.com/apk/res/android"
3      xmlns:app="http://schemas.android.com/apk/res-auto">
4      <item
5          android:id="@+id/color"
6          android:title="@string/menuitem_color"
7          android:icon="@drawable/ic_palette_24dp"
8          app:showAsAction="ifRoom">
9      </item>
10
11     <item
12         android:id="@+id/line_width"
13         android:title="@string/menuitem_line_width"
14         android:icon="@drawable/ic_brush_24dp"
15         app:showAsAction="ifRoom">
16     </item>
17
18     <item
19         android:id="@+id/delete_drawing"
20         android:title="@string/menuitem_delete"
21         android:icon="@drawable/ic_delete_24dp"
22         app:showAsAction="ifRoom">
23     </item>
24
25     <item
26         android:id="@+id/save"
27         android:title="@string/menuitem_save"
28         android:icon="@drawable/ic_save_24dp"
29         app:showAsAction="ifRoom">
30     </item>
31
32     <item
33         android:id="@+id/print"
34         android:title="@string/menuitem_print"
35         android:icon="@drawable/ic_print_24dp"
36         app:showAsAction="ifRoom">
37     </item>
38 </menu>
```

图 5.13 doodle_fragment_menu.xml 文件内容

5.4.6 在 AndroidManifest.xml 中添加许可

除了利用 Android 6.0 新的许可模式动态地获取许可之外，所有应用还必须在 AndroidManifest.xml 文件中指定其他的许可。为此，需执行如下操作：

1. 展开工程的 manifests 文件夹，打开 AndroidManifest.xml 文件。
2. 在<manifest>元素里、<application>元素之前加入如下两行：

```xml
<uses-permission
    android:name="android.permission.WRITE_EXTERNAL_STORAGE" />
```

5.5 构建应用的 GUI

本节将创建应用的 GUI 和用于对话框的那些类。

5.5.1 MainActivity 的 content_main.xml 布局

用于 MainActivity 的 content_main.xml 布局只包含一个 MainActivityFragment，它是在创建工程时自动产生的。为了使代码可读，需更改该 Fragment 的 id 属性：

1. 在布局编辑器的 Design 视图下打开 content_main.xml 文件。
2. 选择 Component Tree 下的这个 Fragment，然后在 Properties 窗口中将它的 id 改成 doodleFragment。保存文件。

5.5.2 MainActivityFragment 的 fragment_main.xml 布局

用于 MainActivityFragment 的 fragment_main.xml 布局只需显示一个 DoodleView 视图。这个布局文件是在创建工程时用 RelativeLayout 自动生成的。为了将布局的根元素从 RelativeLayout 改成 DoodleView，必须首先创建 DoodleView 类（一个 View 子类），以便在将定制的视图放入布局中时能够选中它：

1. 展开 Project 窗口下的 java 文件夹。
2. 右击 com.deitel.doodlz 节点，选择 New > Java Class。
3. 在 Create New Class 对话框的 Name 域中输入 DoodleView，然后单击 OK 按钮。这个文件会在编辑器中自动打开。
4. 在 DoodleView.java 中为 View 类的定义添加 extends View，可指定 DoodleView 类为它的一个子类。如果 IDE 没有为 android.view.View 添加一条 import 声明语句，则需将光标置于 extends View 之后，然后单击在 DoodleView 类定义开头部分的上面出现的红色灯泡按钮（），选择 Import Class。
5. IDE 会给出一条错误消息，提示还没有为新类定义构造方法。为此，需将光标置于 extends View 之上，单击在 DoodleView 类定义开头部分的上面出现的红色灯泡按钮（），选择 Create constructor matching super。在 Choose Super Class Constructors 对话框中选择带有两个实参的构造方法，然后单击 OK 按钮。IDE 会将该构造方法添加到类中。5.8.3 节中将为该构造方法添加代码。这个两实参构造方法为在填充 DoodleView 时由 Android 调用——第二个实参表示布局 XML 文件中的 View 属性集。关于 View 类构造方法的更多知识，请参见：

```
http://developer.android.com/reference/android/view/
    View.html#View(android.content.Context)
```

6. 回到布局编辑器中的 fragment_main.xml 文件，选择 Text 选项卡。
7. 将 RelativeLayout 改成 com.deitel.doodlz.DoodleView。
8. 删除填充顶部、底部、左边、右边的那些属性——DoodleView 需占据整个屏幕。
9. 选择 Design 视图 Component Tree 窗口中的 CustomView - com.deitel.doodlz.DoodleView，将其 id 设置成 doodleView。
10. 保存并关闭 fragment_main.xml 文件。

5.5.3 ColorDialogFragment 的 fragment_color.xml 布局

ColorDialogFragment 的 fragment_color.xml 布局包含一个两列的 GridLayout，它显示的 GUI 用于选择并预览新的绘制颜色。本节中，将创建 ColorDialogFragment 的布局和一个 ColorDialog-Fragment 类。为了添加 fragment_color.xml 布局，需进行如下操作：

1. 在 Project 窗口中展开工程的 res/layout 节点。

2. 右击 layout 文件夹，然后选择 New > Layout resource file，显示一个 New Resource File 对话框。
3. 在 File name 域中输入 fragment_color.xml。
4. 在 Root element 域中输入 GridLayout，然后单击 OK 按钮。
5. 在 Component Tree 窗口中选择 GridLayout。
6. 在 Properties 窗口中，将 id 值改成 colorDialogGridLayout，columnCount 值设为 2。
7. 利用布局编辑器的 Palette，将几个 Plain TextView 和 SeekBar 拖到 Component Tree 窗口中的 colorDialogGridLayout 节点上。按如图 5.14 中所给出的顺序拖放它们并按图中所示设置它们的 id 属性值。后面将讲解如何添加 colorView。

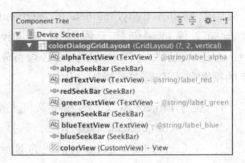

图 5.14　fragment_color.xml 的 Component Tree 视图

为布局添加 colorView

colorView 无须拥有自己的类——将利用 View 类的方法通过编程来改变 colorView 显示的颜色。Android Studio 没有为在布局中添加 View 类对象提供拖放方式，因此必须直接编辑布局的 XML 文件，以添加 colorView。为此，需执行如下操作：

1. 单击布局编辑器底部的 Text 选项卡，将 Design 视图切换成布局的 XML 文本。
2. 在</GridLayout>结尾标签之后添加图 5.15 中所示的代码。

```
1  <View
2      android:layout_width="wrap_content"
3      android:layout_height="@dimen/color_view_height"
4      android:id="@+id/colorView"
5      android:layout_column="0"
6      android:layout_columnSpan="2"
7      android:layout_gravity="fill_horizontal"/>
```

图 5.15　fragment_color.xml 文件

3. 返回到布局编辑器的 Design 选项卡。
4. 利用图 5.16 中给出的值配置 GUI 组件的属性。对于维度值 color_view_height，可以在 Resources 对话框中单击 New Resource，选择 New Dimension Value...，打开 New Dimension Value Resource 对话框，为其指定一个 80 dp 的值即可。
5. 保存并关闭 fragment_color.xml 文件。

向工程添加 ColorDialogFragment 类

为了将 ColorDialogFragment 类添加到工程中，需执行如下步骤：

1. 用鼠标右击 java 文件夹下的包名称 com.deitel.doodlz 并选择 New > Java Class，显示 Create New Class 对话框。
2. 在 Name 域中输入 ColorDialogFragment。
3. 单击 OK 按钮，创建这个类。5.9 节中将创建这个类的代码。

第 5 章　Doodlz 应用

GUI 组件	属　性	值	GUI 组件	属　性	值
colorDialog-GridLayout	columnCount orientation useDefaultMargins padding top padding bottom padding left padding right	2 vertical true @dimen/activity_vertical_margin @dimen/activity_vertical_margin @dimen/activity_horizontal_margin @dimen/activity_horizontal_margin	greenTextView	布局参数 　layout:column 　layout:gravity 　layout:row 其他属性 　text	 0 right, center_vertical 2 @string/label_green
alphaTextView	布局参数 　layout:column 　layout:gravity 　layout:row 其他属性 　text	 0 right, center_vertical 0 @string/label_alpha	greenSeekBar	布局参数 　layout:column 　layout:gravity 　layout:row 其他属性 　max	 1 fill_horizontal 2 255
alphaSeekBar	布局参数 　layout:column 　layout:gravity 　layout:row 其他属性 　max	 1 fill_horizontal 0 255	blueTextView	布局参数 　layout:column 　layout:gravity 　layout:row 其他属性 　text	 0 right, center_vertical 3 @string/label_blue
redTextView	布局参数 　layout:column 　layout:gravity 　layout:row 其他属性 　text	 0 right, center_vertical 1 @string/label_red	blueSeekBar	布局参数 　layout:column 　layout:gravity 　layout:row 其他属性 　max	 1 fill_horizontal 3 255
redSeekBar	布局参数 　layout:column 　layout:gravity 　layout:row 其他属性 　max	 1 fill_horizontal 1 255	colorView	布局参数 　layout:height 　layout:column 　layout:columnSpan 　layout:gravity	 @dimen/color_view_height 0 2 fill_horizontal

图 5.16　fragment_color.xml 中 GUI 组件的属性值

5.5.4　LineWidthDialogFragment 的 fragment_line_width.xml 布局

LineWidthDialogFragment 的 fragment_line_width.xml 布局包含一个 GridLayout，它显示的 GUI 用于选择并预览新的线宽。本节中，将创建 LineWidthDialogFragment 的布局和一个 LineWidthDialogFragment 类。为了添加 fragment_line_width.xml 布局，需进行如下操作：

1. 在 Project 窗口中展开工程的 res/layout 节点。
2. 右击 layout 文件夹，然后选择 New > Layout resource file，显示一个 New Resource File 对话框。
3. 在 File name 域中输入 fragment_line_width.xml。
4. 在 Root element 域中输入 GridLayout，然后单击 OK 按钮。
5. 在 Component Tree 窗口中选择 GridLayout，并将它的 id 值改成 lineWidthDialog-GridLayout。
6. 利用布局编辑器的 Palette，将一个 ImageView 和一个 SeekBar 拖到 Component Tree 窗口中的 lineWidthDialogGridLayout 节点上，出现如图 5.17 所示的窗口。按图中所示设置每一项的 id 属性值。
7. 利用图 5.18 中给出的值配置 GUI 组件的属性。将维度值 line_imageview_height 设置成 50 dp。

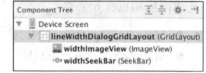

图 5.17　fragment_line_width.xml 的 Component Tree 视图

8. 保存并关闭 fragment_line_width.xml 文件。

GUI 组件	属性	值
lineWidthDialog-GridLayout	column Count	1
	orientation	vertical
	useDefaultMargins	true
	padding top	@dimen/activity_vertical_margin
	padding bottom	@dimen/activity_vertical_margin
	padding left	@dimen/activity_horizontal_margin
	padding right	@dimen/activity_horizontal_margin
widthImageView	布局参数	
	layout:height	@dimen/line_imageview_height
	layout:gravity	fill_horizontal
	其他属性	
	contentDescription	@string/line_imageview_description
widthSeekBar	布局参数	
	layout:gravity	fill_horizontal
	其他属性	
	max	50

图 5.18　fragment_line_width.xml 中 GUI 组件的属性值

向工程添加 LineWidthDialogFragment 类

为了将 LineWidthDialogFragment 类添加到工程中，需执行如下步骤：

1. 右击 java 文件夹下的包名称 com.deitel.doodlz 并选择 New > Java Class，显示 Create New Class 对话框。
2. 在 Name 域中输入 LineWidthDialogFragment。
3. 单击 OK 按钮，创建这个类。

5.5.5　添加 EraseImageDialogFragment 类

EraseImageDialogFragment 并不要求布局资源，因为它只显示一个包含文本的简单 AlertDialog。为了将 EraseImageDialogFragment 类添加到工程中，需执行如下步骤：

1. 右击 java 文件夹下的包名称 com.deitel.doodlz 并选择 New > Java Class，显示 Create New Class 对话框。
2. 在 Name 域中输入 EraseImageDialogFragment。
3. 单击 OK 按钮，创建这个类。

5.6　MainActivity 类

这个应用包含 6 个类：

- MainActivity（见下面的讨论）——应用中 Fragments 的父 Activity。
- MainActivityFragment（见 5.7 节）——管理 DoodleView 并处理加速计事件。
- DoodleView（见 5.8 节）——提供绘图、保存和打印功能。
- ColorDialogFragment（见 5.9 节）——用户选择设置绘图颜色选项时显示的 DialogFragment。

- LineWidthDialogFragment（见 5.10 节）——用户选择设置线宽选项时显示的 DialogFragment。
- EraseImageDialogFragment（见 5.11 节）——用户选择设置擦除选项或摇动设备擦除当前所绘图形时显示的 DialogFragment。

MainActivity 类的 onCreate 方法（见图 5.19）会填充 GUI（第 16 行）并配置应用栏（第 17~18 行），然后利用 4.6.3 节中讲解过的技术来判断设备的尺寸并设置 MainActivity 的（横向或纵向）模式。如果运行于一种超大型设备上（第 26 行），则会将其设置成横向模式（第 27~28 行），否则为纵向模式（第 30~31 行）。这里删除了 MainActivity 类中其他自动产生的方法，因为该应用中不会用到它们。

```java
1  // MainActivity.java
2  // Sets MainActivity's layout
3  package com.deitel.doodlz;
4
5  import android.content.pm.ActivityInfo;
6  import android.content.res.Configuration;
7  import android.os.Bundle;
8  import android.support.v7.app.AppCompatActivity;
9  import android.support.v7.widget.Toolbar;
10
11 public class MainActivity extends AppCompatActivity {
12    // configures the screen orientation for this app
13    @Override
14    protected void onCreate(Bundle savedInstanceState) {
15       super.onCreate(savedInstanceState);
16       setContentView(R.layout.activity_main);
17       Toolbar toolbar = (Toolbar) findViewById(R.id.toolbar);
18       setSupportActionBar(toolbar);
19
20       // determine screen size
21       int screenSize =
22          getResources().getConfiguration().screenLayout &
23             Configuration.SCREENLAYOUT_SIZE_MASK;
24
25       // use landscape for extra large tablets; otherwise, use portrait
26       if (screenSize == Configuration.SCREENLAYOUT_SIZE_XLARGE)
27          setRequestedOrientation(
28             ActivityInfo.SCREEN_ORIENTATION_LANDSCAPE);
29       else
30          setRequestedOrientation(
31             ActivityInfo.SCREEN_ORIENTATION_PORTRAIT);
32    }
33 }
```

图 5.19　MainActivity 类

5.7　MainActivityFragment 类

MainActivityFragment 类（见 5.7.1~5.7.10 节）显示 DoodleView（见 5.8 节），管理显示在应用栏和选项菜单中的菜单项，并负责处理支持摇动-擦除特性（shake-to-erase）的传感器事件。

5.7.1　package 声明、import 声明与字段

5.3 节中探讨过 MainActivityFragment 类使用的主要新类和接口。图 5.20 中已经将这些类

和接口重点标出。DoodleView 变量 doodleView(第 24 行)表示绘制区域。加速计信息通过浮点值传送给应用。第 25~27 行中的浮点值变量，用于计算设备的加速度变化情况，以判断何时发生了摇动事件(进而可询问用户是否希望擦除图形)。第 28 行定义的布尔变量具有默认值 false，它将用来判断屏幕上是否有对话框存在。这样做可以防止同时出现多个对话框。例如，如果显示了一个 Choose Color 对话框而用户又摇动了设备，则不应当出现擦除图形的对话框。第 31 行中的常量用于确保设备的轻微移动(经常发生)不会被理解成摇动——该常量是通过摇动安装了这个应用的多种不同类型的设备后，用经验值获得的。第 35 行中的常量用于获取保存图形所需的许可请求。

```java
1   // MainActivityFragment.java
2   // Fragment in which the DoodleView is displayed
3   package com.deitel.doodlz;
4
5   import android.Manifest;
6   import android.app.AlertDialog;
7   import android.content.Context;
8   import android.content.DialogInterface;
9   import android.content.pm.PackageManager;
10  import android.hardware.Sensor;
11  import android.hardware.SensorEvent;
12  import android.hardware.SensorEventListener;
13  import android.hardware.SensorManager;
14  import android.os.Bundle;
15  import android.support.v4.app.Fragment;
16  import android.view.LayoutInflater;
17  import android.view.Menu;
18  import android.view.MenuInflater;
19  import android.view.MenuItem;
20  import android.view.View;
21  import android.view.ViewGroup;
22
23  public class MainActivityFragment extends Fragment {
24     private DoodleView doodleView; // handles touch events and draws
25     private float acceleration;
26     private float currentAcceleration;
27     private float lastAcceleration;
28     private boolean dialogOnScreen = false;
29
30     // value used to determine whether user shook the device to erase
31     private static final int ACCELERATION_THRESHOLD = 100000;
32
33     // used to identify the request for using external storage, which
34     // the save image feature needs
35     private static final int SAVE_IMAGE_PERMISSION_REQUEST_CODE = 1;
36
```

图 5.20 MainActivityFragment 类的 package 声明、import 声明和字段

5.7.2 重写的 Fragment 方法 onCreateView

onCreateView 方法(见图 5.21)填充 MainActivityFragment 的 GUI 并初始化实例变量。Fragment 可以将菜单项放入应用栏和选项菜单中。为此，Fragment 必须用实参 true 调用它的 setHasOptionsMenu 方法。如果父 Activity 也具有选项菜单中的项，则二者的菜单项都会出现在应用栏或选项菜单中(视它们的设置情况而定)。

```java
37      // called when Fragment's view needs to be created
38      @Override
39      public View onCreateView(LayoutInflater inflater, ViewGroup container,
40         Bundle savedInstanceState) {
41         super.onCreateView(inflater, container, savedInstanceState);
42         View view =
43            inflater.inflate(R.layout.fragment_main, container, false);
44
45         setHasOptionsMenu(true); // this fragment has menu items to display
46
47         // get reference to the DoodleView
48         doodleView = (DoodleView) view.findViewById(R.id.doodleView);
49
50         // initialize acceleration values
51         acceleration = 0.00f;
52         currentAcceleration = SensorManager.GRAVITY_EARTH;
53         lastAcceleration = SensorManager.GRAVITY_EARTH;
54         return view;
55      }
56
```

图 5.21 重写的 Fragment 方法 onCreateView

第 48 行获得 DoodleView 的引用，第 51～53 行初始化几个实例变量，以计算加速度的变化情况，从而判断用户是否摇动了设备。开始时，将 currentAcceleration 变量和 lastAcceleration 变量设置成 SensorManager 的 GRAVITY_EARTH 常量，它表示由于地球引力而产生的加速度。SensorManager 还提供了太阳系中其他行星的加速度常量、针对月球的加速度常量等。细节可访问：

    http://developer.android.com/reference/android/hardware/
    SensorManager.html

5.7.3 onResume 方法和 enableAccelerometerListening 方法

只有当 MainActivityFragment 位于屏幕上时，才应当启用加速度监听功能。为此，需重写 Fragment 生命周期方法 onResume（图 5.22 第 58～62 行），当 Fragment 位于屏幕上供用户交互时会调用它。onResume 方法调用 enableAccelerometerListening 方法（第 65～75 行），监听加速计事件。SensorManager 用于注册加速计事件的监听器。

```java
57      // start listening for sensor events
58      @Override
59      public void onResume() {
60         super.onResume();
61         enableAccelerometerListening(); // listen for shake event
62      }
63
64      // enable listening for accelerometer events
65      private void enableAccelerometerListening() {
66         // get the SensorManager
67         SensorManager sensorManager =
68            (SensorManager) getActivity().getSystemService(
69               Context.SENSOR_SERVICE);
70
71         // register to listen for accelerometer events
72         sensorManager.registerListener(sensorEventListener,
73            sensorManager.getDefaultSensor(Sensor.TYPE_ACCELEROMETER),
74            SensorManager.SENSOR_DELAY_NORMAL);
75      }
76
```

图 5.22 onResume 方法和 enableAccelerometerListening 方法

enableAccelerometerListening 方法首先使用 Activity 的 getSystemService 方法,取得系统的 SensorManager 服务,它使应用能够与设备的传感器交互。然后,第 72～74 行使用 SensorManager 的 registerListener 方法,将这个服务注册成接收加速计事件。这个方法接收三个实参:

- 响应事件的 SensorEventListener(在 5.7.5 节中定义)。
- 一个表示应用希望接收的传感器类型的 Sensor 对象。这是通过调用 SensorManager 的 getDefaultSensor 方法,并传递一个传感器类型常量给它而获得的(本应用中的传感器类型常量为 Sensor.TYPE_ACCELEROMETER)。
- 这里使用 SENSOR_DELAY_NORMAL 来以默认速率接收传感器事件——更快的速率可用来取得更精确的数据,但会更耗费 CPU 和电能。

5.7.4　onPause 方法和 disableAccelerometerListening 方法

为了确保当 MainActivityFragment 不在屏幕上时能够禁用加速度监听功能,需要重写 Fragment 的生命周期方法 onPause(见图 5.23 第 78～82 行),它会调用 disableAccelerometerListening 方法(第 85～94 行)。这个方法利用 SensorManager 的 unregisterListener 方法来停止对加速计事件的监听。

```
77    // stop listening for accelerometer events
78    @Override
79    public void onPause() {
80        super.onPause();
81        disableAccelerometerListening(); // stop listening for shake
82    }
83
84    // disable listening for accelerometer events
85    private void disableAccelerometerListening() {
86        // get the SensorManager
87        SensorManager sensorManager =
88            (SensorManager) getActivity().getSystemService(
89            Context.SENSOR_SERVICE);
90
91        // stop listening for accelerometer events
92        sensorManager.unregisterListener(sensorEventListener,
93            sensorManager.getDefaultSensor(Sensor.TYPE_ACCELEROMETER));
94    }
95
```

图 5.23　onPause 方法和 disableAccelerometerListening 方法

5.7.5　用于处理加速计事件的匿名内部类

图 5.24 重写了 SensorEventListener 方法 onSensorChanged(第 100～123 行),处理加速计事件。如果用户移动了设备,则这个方法会判断是否可以将移动断定为摇动。如果是,则第 121 行调用 confirmErase 方法(见 5.7.6 节),显示一个 EraseImageDialogFragment(见 5.11 节),要求用户确认是否希望擦除图形。SensorEventListener 接口中也包含了 onAccuracyChanged 方法(第 127 行),这个应用中没有使用它,所以只提供了一个空的方法体——因为这个接口要求有这个方法存在。

即使屏幕上已经出现了对话框,用户也可以摇动设备。为此,onSensorChanged 方法需首先检验是否有对话框显示在屏幕上(第 103 行)。这个测试可确保没有其他的对话框显示,否则,onSensorChanged 方法会直接返回。这样做很重要,因为传感器事件发生在不同的执行线程里。如果没有这个测试,则当有一个对话框在屏幕上时,还能够显示一个用于擦除图形的确认对话框。

```
 96        // event handler for accelerometer events
 97        private final SensorEventListener sensorEventListener =
 98           new SensorEventListener() {
 99              // use accelerometer to determine whether user shook device
100              @Override
101              public void onSensorChanged(SensorEvent event) {
102                 // ensure that other dialogs are not displayed
103                 if (!dialogOnScreen) {
104                    // get x, y, and z values for the SensorEvent
105                    float x = event.values[0];
106                    float y = event.values[1];
107                    float z = event.values[2];
108
109                    // save previous acceleration value
110                    lastAcceleration = currentAcceleration;
111
112                    // calculate the current acceleration
113                    currentAcceleration = x * x + y * y + z * z;
114
115                    // calculate the change in acceleration
116                    acceleration = currentAcceleration *
117                       (currentAcceleration - lastAcceleration);
118
119                    // if the acceleration is above a certain threshold
120                    if (acceleration > ACCELERATION_THRESHOLD)
121                       confirmErase();
122                 }
123              }
124
125              // required method of interface SensorEventListener
126              @Override
127              public void onAccuracyChanged(Sensor sensor, int accuracy) {}
128           };
129
```

图 5.24 实现 SensorEventListener 接口的匿名内部类,处理加速计事件

SensorEvent 参数包含关于所发生的传感器事件的信息。对于加速计事件,这个参数的 values 数组包含三个元素,它们代表 x(左/右)、y(上/下)、z(前/后)三个方向上的加速度(单位为 m/s^2)。关于 SensorEvent API 使用的坐标系统的描述和图示,请参见:

http://developer.android.com/reference/android/hardware/SensorEvent.html

这个链接还描述了每一个不同的 Sensor 在真实世界中 SensorEvent 的 x,y 和 z 值的含义。

第 105~107 行保存加速计的值。需着重指出的是,应快速处理传感器事件或者复制事件数据(这里是这么做的),因为传感器的数组值会被每一个传感器事件所产生的值覆盖。第 110 行保存 currentAcceleration 最后的值。第 113 行计算 x,y 和 z 加速度值的平方和,并将结果保存在 currentAcceleration 中。然后,使用 currentAcceleration 值和 lastAcceleration 值计算出一个 acceleration 值,并将它与 ACCELERATION_THRESHOLD 常量进行比较。如果它大于这个常量,则表明用户移动设备时足够可以将它认为是摇动。这时会调用 confirmErase 方法。

5.7.6 confirmErase 方法

confirmErase 方法(见图 5.25)创建一个 EraseImageDialogFragment(见 5.11 节),并利用 DialogFragment 方法 show 来显示它。

```
130    // confirm whether image should be erased
131    private void confirmErase() {
132        EraseImageDialogFragment fragment = new EraseImageDialogFragment();
133        fragment.show(getFragmentManager(), "erase dialog");
134    }
135
```

图 5.25   confirmErase 方法显示一个 EraseImageDialogFragment

5.7.7   重写的 Fragment 方法 onCreateOptionsMenu 和 onOptionsItemSelected

图 5.26 重写了 Fragment 的 onCreateOptionsMenu 方法(第 137~141 行),利用它的 MenuInflater 实参向 Menu 实参添加菜单项。当用户点触任何一个菜单项时,Fragment 方法 onOptionsItem-Selected(第 144~169 行)会响应这个事件。

第 147 行利用 MenuItem 实参的 getItemID 方法,获得所选菜单项的资源 ID,然后采取不同的动作。这些动作如下所示。

- 对于 R.id.color,第 149~150 行创建并显示一个 ColorDialogFragment(见 5.9 节),允许用户选择一种新的绘图颜色。
- 对于 R.id.line_width,第 153~155 行创建并显示一个 LineWidthDialogFragment(见 5.10 节),允许用户选择一种新的线宽。
- 对于 R.id.delete_drawing,第 158 行调用 confirmErase 方法(见 5.7.6 节),显示一个 EraseImageDialogFragment(见 5.11 节),要求用户确认是否希望擦除图形。
- 对于 R.id.save,第 161 行调用 saveImage 方法,在获得写入外部设备的许可后将图形保存到设备的 Photos 应用下。
- 对于 R.id.print,第 164 行调用 doodleView 的 printImage 方法,允许用户将图形保存为 PDF 文件或者打印出来。

```
136    // displays the fragment's menu items
137    @Override
138    public void onCreateOptionsMenu(Menu menu, MenuInflater inflater) {
139        super.onCreateOptionsMenu(menu, inflater);
140        inflater.inflate(R.menu.doodle_fragment_menu, menu);
141    }
142
143    // handle choice from options menu
144    @Override
145    public boolean onOptionsItemSelected(MenuItem item) {
146        // switch based on the MenuItem id
147        switch (item.getItemId()) {
148            case R.id.color:
149                ColorDialogFragment colorDialog = new ColorDialogFragment();
150                colorDialog.show(getFragmentManager(), "color dialog");
151                return true; // consume the menu event
152            case R.id.line_width:
153                LineWidthDialogFragment widthDialog =
154                    new LineWidthDialogFragment();
155                widthDialog.show(getFragmentManager(), "line width dialog");
156                return true; // consume the menu event
157            case R.id.delete_drawing:
158                confirmErase(); // confirm before erasing image
159                return true; // consume the menu event
160            case R.id.save:
161                saveImage(); // check permission and save current image
162                return true; // consume the menu event
163            case R.id.print:
```

图 5.26   重写的 Fragment 方法 onCreateOptionsMenu 和 onOptionsItemSelected

5.7.8 saveImage 方法

saveImage 方法（见图 5.27）在用户选择选项菜单中的 Save 选项时，由 onOptionsItemSelected 方法调用。saveImage 方法实现了 Android 6.0 许可模式的功能，在执行任务之前首先检查应用是否具有所要求的许可。如果没有，则应用会从用户处请求许可，然后再执行任务。

```java
171    // requests the permission needed for saving the image if
172    // necessary or saves the image if the app already has permission
173    private void saveImage() {
174       // checks if the app does not have permission needed
175       // to save the image
176       if (getContext().checkSelfPermission(
177          Manifest.permission.WRITE_EXTERNAL_STORAGE) !=
178          PackageManager.PERMISSION_GRANTED) {
179
180          // shows an explanation of why permission is needed
181          if (shouldShowRequestPermissionRationale(
182             Manifest.permission.WRITE_EXTERNAL_STORAGE)) {
183             AlertDialog.Builder builder =
184                new AlertDialog.Builder(getActivity());
185
186             // set Alert Dialog's message
187             builder.setMessage(R.string.permission_explanation);
188
189             // add an OK button to the dialog
190             builder.setPositiveButton(android.R.string.ok,
191                new DialogInterface.OnClickListener() {
192                   @Override
193                   public void onClick(DialogInterface dialog, int which) {
194                      // request permission
195                      requestPermissions(new String[]{
196                         Manifest.permission.WRITE_EXTERNAL_STORAGE},
197                         SAVE_IMAGE_PERMISSION_REQUEST_CODE);
198                   }
199                }
200             );
201
202             // display the dialog
203             builder.create().show();
204          }
205          else {
206             // request permission
207             requestPermissions(
208                new String[]{Manifest.permission.WRITE_EXTERNAL_STORAGE},
209                SAVE_IMAGE_PERMISSION_REQUEST_CODE);
210          }
211       }
212       else { // if app already has permission to write to external storage
213          doodleView.saveImage(); // save the image
214       }
215    }
216
```

图 5.27　saveImage 方法

第 176~178 行判断应用是否已经获得了写入外部存储设备的许可，从而可以保存图形。如果没有获得 android.permission.WRITE_EXTERNAL_STORAGE 许可，则第 181~182 行利用内置的 shouldShowRequestPermissionRationale 方法，判断是否应该显示应用需要这种许可的理由。如果这有助于向用户解释需要许可的原因（比如以前用户拒绝过这种许可），则该方法应返回 true。为此，第 183~203 行创建并显示一个包含解释信息的对话框。用户单击该对话框的 OK 按钮后，第 195~197 行利用继承的 Fragment 方法 requestPermissions，请求 android.permission.WRITE_EXTERNAL_STORAGE 许可。如果没有必要给出解释（比如应用首次需要这种许可），则第 207~209 行立即请求该许可。

requestPermissions 方法接收一个代表许可的字符串数组和一个整数 SAVE_IMAGE_PERMISSION_REQUEST_CODE，前者为应用所请求的许可，后者用于标识该许可请求。调用这个方法时，Android 会显示一个对话框（见图 5.28），允许用户拒绝（DENY）或允许（ALLOW）所请求的许可。系统会调用回调方法 onRequestPermissionsResult（见 5.7.9 节），处理用户的响应。如果应用已经具有所请求的许可，则第 123 行调用 DoodleView 的 saveImage 方法，保存图形。

图 5.28 提示用户拒绝或允许写入外部存储设备的对话框

5.7.9 重写的 onRequestPermissionsResult 方法

onRequestPermissionsResult 方法（见图 5.29）接收所请求的 requestCode 许可，并将它传递给第 224~229 行的 switch 语句，执行相应的代码。该应用只有一个许可请求，所以 switch 语句只有由 SAVE_IMAGE_PERMISSION_REQUEST_CODE 常量标识的一种情况。对于需要多种许可的应用，调用 requestPermissions 方法时需为每一种许可指定唯一值。第 226 行判断用户是否已经获得了写入外部存储设备的许可。如果是，则第 227 行调用 DoodleView 的 saveImage 方法，保存图形。

```
217    // called by the system when the user either grants or denies the
218    // permission for saving an image
219    @Override
220    public void onRequestPermissionsResult(int requestCode,
221       String[] permissions, int[] grantResults) {
222       // switch chooses appropriate action based on which feature
223       // requested permission
224       switch (requestCode) {
225          case SAVE_IMAGE_PERMISSION_REQUEST_CODE:
226             if (grantResults[0] == PackageManager.PERMISSION_GRANTED)
227                doodleView.saveImage(); // save the image
228             return;
229       }
230    }
231
```

图 5.29 重写的 Fragment 方法 onRequestPermissionsResult

 软件工程结论 5.1

如果用户尝试保存图形但拒绝了许可，则下一次保存图形时，对话框中会包含一个 Never ask again 复选框。如果选中了该复选框且拒绝了许可，则以后保存图形时，会用实参 PackageManager.PERMISSION_DENIED 调用 onRequestPermissionResult 方法。应用需处理这种情况并告知用户如何通过 Settings 应用更改许可。

5.7.10 getDoodleView 方法和 setDialogOnScreen 方法

getDoodleView 方法和 setDialogOnScreen 方法(见图 5.30)由 DialogFragment 子类的方法调用。getDoodleView 方法返回这个 DoodleView 的引用,以便 DialogFragment 能够设置绘制颜色、线宽或者擦除图形。setDialogOnScreen 方法由 DialogFragment 子类的 Fragment 生命周期方法调用,表示什么时候对话框应出现在屏幕上。

软件工程结论 5.2

这个应用的几个 Fragment 直接彼此交互。采用这种紧密耦合的方法完全是出于简单性考虑的。通常而言,一个父 Activity 会管理应用的 Fragment 间的交互。为了向 Fragment 传递数据,父 Activity 需提供一组实参。每一个 Fragment 类都会提供一个回调方法的接口,该方法由父 Activity 实现。当一个 Fragment 需要将状态变化情况通知给父 Activity 时,它会调用相应的回调方法。这些技术使得 Fragment 在各个 Activity 间的操作更方便。第 9 章的应用中就采用这种方式。

```
232    // returns the DoodleView
233    public DoodleView getDoodleView() {
234        return doodleView;
235    }
236
237    // indicates whether a dialog is displayed
238    public void setDialogOnScreen(boolean visible) {
239        dialogOnScreen = visible;
240    }
241 }
```

图 5.30 getDoodleView 方法和 setDialogOnScreen 方法

5.8 DoodleView 类

DoodleView 类(见 5.8.1 ~ 5.8.12 节)处理用户的点触事件并绘制相应的线条。

5.8.1 package 声明和 import 声明

图 5.31 列出了 DoodleView 的 package 声明和 import 声明。新的类和接口以加阴影的方式突出显示。它们中的大多数都已经在 5.3 节中探讨过,其他的会在分析 DoodleView 类的过程中讲解。

```
1   // DoodleView.java
2   // Main View for the Doodlz app.
3   package com.deitel.doodlz;
4
5   import android.content.Context;
6   import android.graphics.Bitmap;
7   import android.graphics.Canvas;
8   import android.graphics.Color;
9   import android.graphics.Paint;
10  import android.graphics.Path;
11  import android.graphics.Point;
12  import android.provider.MediaStore;
13  import android.support.v4.print.PrintHelper;
14  import android.util.AttributeSet;
15  import android.view.Gravity;
16  import android.view.MotionEvent;
17  import android.view.View;
18  import android.widget.Toast;
19
20  import java.util.HashMap;
21  import java.util.Map;
22
```

图 5.31 DoodleView 中的 package 声明和 import 声明

5.8.2 静态变量和实例变量

DoodleView 类中的静态变量和实例变量(见图 5.32)被用来管理用户当前正在绘制的线集合的数据,并会绘制出这些线。第 34 行创建的 pathMap,将每一个手指 ID(称为指针)映射到对应的 Path 对象,供正在绘制的线使用。第 35 行创建了一个 previousPointMap 对象,它维护每一个手指最后所在的点的位置——当移动每一个手指时,将在它的当前点与前一个点之间画一条线。其他的字段,会在 DoodleView 类中遇到它们时再探讨。

```
23    // custom View for drawing
24    public class DoodleView extends View {
25       // used to determine whether user moved a finger enough to draw again
26       private static final float TOUCH_TOLERANCE = 10;
27
28       private Bitmap bitmap; // drawing area for displaying or saving
29       private Canvas bitmapCanvas; // used to to draw on the bitmap
30       private final Paint paintScreen; // used to draw bitmap onto screen
31       private final Paint paintLine; // used to draw lines onto bitmap
32
33       // Maps of current Paths being drawn and Points in those Paths
34       private final Map<Integer, Path> pathMap = new HashMap<>();
35       private final Map<Integer, Point> previousPointMap = new HashMap<>();
36
```

图 5.32　DoodleView 的静态变量和实例变量

5.8.3 构造方法

图 5.33 中的构造方法初始化这个类的几个实例变量,两个 Map 已经在图 5.32 的声明中被初始化了。图 5.33 第 43 行创建的 Paint 对象 paintScreen,用于显示用户在屏幕上绘制的内容,而第 43 行创建的 Paint 对象 paintLine,指定了用户当前正在绘制的线的设置。第 44~48 行指定 paintLine 对象的设置。将 true 值传递给 Paint 的 setAntiAlias 方法,会启用图形保真(anti-aliasing,抗锯齿)功能,这会使线的边沿变得光滑。接下来,用 Paint 的 setStyle 方法将它的风格设置成 Paint.Style.STROKE。线的风格可以是 STROKE、FILL 或者 FILL_AND_STROKE,前两者分别表示不带边框的填充形状和带边框的填充形状。默认选项是 Paint.Style.FILL。这里是使用 Paint 的 setStrokeWidth 方法设置线的宽度的,这会将应用的默认线宽设置成 5 个像素。还利用了 Paint 方法 setStrokeCap,通过 Paint.Cap.ROUND 使线的末端变圆滑。

```
37    // DoodleView constructor initializes the DoodleView
38    public DoodleView(Context context, AttributeSet attrs) {
39       super(context, attrs); // pass context to View's constructor
40       paintScreen = new Paint(); // used to display bitmap onto screen
41
42       // set the initial display settings for the painted line
43       paintLine = new Paint();
44       paintLine.setAntiAlias(true); // smooth edges of drawn line
45       paintLine.setColor(Color.BLACK); // default color is black
46       paintLine.setStyle(Paint.Style.STROKE); // solid line
47       paintLine.setStrokeWidth(5); // set the default line width
48       paintLine.setStrokeCap(Paint.Cap.ROUND); // rounded line ends
49    }
50
```

图 5.33　DoodleView 构造方法

5.8.4 重写的 View 方法 onSizeChanged

在将 DoodleView 对象填充并添加到 MainActivity 的 View 层次中之前,它的大小还不能确定。因此，不能在 onCreate 方法中判断所绘制的 Bitmap 的大小。所以，图 5.34 中重写了 View 方法 onSizeChanged，当 DoodleView 对象的大小发生变化时会调用这个方法。例如，将对象添加到 Activity 的 View 层次中时或者当用户旋转了设备时。在这个应用中，只有当将 DoodleView 添加到 Doodlz Activity 的 View 层次中时才会调用 onSizeChanged 方法，因为应用会总是在手机和小型平板电脑上以纵向模式显示，在大型平板电脑上以横向模式显示。

 软件工程结论 5.3

对于同时支持横向和纵向设备的应用，只要用户旋转了设备，就会调用 onSizeChanged 方法。本应用中，这将导致每次调用该方法时得到一个新的 Bitmap。重新放置 Bitmap 之前，必须调用前一个 Bitmap 的 recycle 方法，以释放其资源。

```
51   // creates Bitmap and Canvas based on View's size
52   @Override
53   public void onSizeChanged(int w, int h, int oldW, int oldH) {
54      bitmap = Bitmap.createBitmap(getWidth(), getHeight(),
55         Bitmap.Config.ARGB_8888);
56      bitmapCanvas = new Canvas(bitmap);
57      bitmap.eraseColor(Color.WHITE); // erase the Bitmap with white
58   }
59
```

图 5.34 重写的 View 方法 onSizeChanged

Bitmap 的 static createBitmap 方法用指定的宽度和高度创建一个 Bitmap 对象，这里使用的是 DoodleView 的宽度和高度。createBitmap 方法的最后一个实参是 Bitmap 的编码，它指定了在 Bitmap 中如何保存每一个像素。常量 Bitmap.Config.ARGB_8888 表示每一个像素的颜色以 4 字节保存，分别保存每个像素颜色的 Alpha、红、绿和蓝值。接下来，创建一个新 Canvas 对象，直接在 Bitmap 上绘制形状。最后，通过 Bitmap 的 eraseColor 方法用白像素填充 Bitmap ——默认的 Bitmap 背景色是黑色。

5.8.5 clear、setDrawingColor、getDrawingColor、setLineWidth 和 getLineWidth 方法

图 5.35 中定义了 clear 方法（第 61~66 行）、setDrawingColor 方法（第 69~71 行）、getDrawingColor 方法（第 74~76 行）、setLineWidth 方法（第 79~81 行）及 getLineWidth 方法（第 84~86 行），它们在 MainActivityFragment 中被调用。clear 方法用在 EraseImageDialogFragment 中，它会清空 pathMap 和 previousPointMap，通过将全部像素设置成白色来擦除 Bitmap，然后调用继承的 View 方法 invalidate，表示需要重新绘制 View。然后，系统会自动判断何时应该调用 View 的 onDraw 方法。setDrawingColor 通过设置 Paint 对象 paintLine 的颜色，改变当前的绘制颜色。Paint 的 setColor 方法接收一个 int 实参，它代表 ARGB 格式的一种新颜色。getDrawingColor 方法返回当前颜色，它用在 ColorDialogFragment 中。setLineWidth 方法将 paintLine 的线宽设置成指定的像素数。getLineWidth 方法返回当前的线宽，它用在 LineWidthDialogFragment 中。

```
60   // clear the painting
61   public void clear() {
62      pathMap.clear(); // remove all paths
63      previousPointMap.clear(); // remove all previous points
64      bitmap.eraseColor(Color.WHITE); // clear the bitmap
65      invalidate(); // refresh the screen
```

图 5.35 DoodleView 的 clear、setDrawingColor、getDrawingColor、setLineWidth 及 getLineWidth 方法

```
66     }
67
68     // set the painted line's color
69     public void setDrawingColor(int color) {
70         paintLine.setColor(color);
71     }
72
73     // return the painted line's color
74     public int getDrawingColor() {
75         return paintLine.getColor();
76     }
77
78     // set the painted line's width
79     public void setLineWidth(int width) {
80         paintLine.setStrokeWidth(width);
81     }
82
83     // return the painted line's width
84     public int getLineWidth() {
85         return (int) paintLine.getStrokeWidth();
86     }
87
```

图 5.35（续） DoodleView 的 clear, setDrawingColor, getDrawingColor, setLineWidth 及 getLineWidth 方法

5.8.6 重写的 View 方法 onDraw

当需要重新绘制 View 时，会调用它的 onDraw 方法。图 5.36 中重写了 onDraw 方法，通过调用 Canvas 实参的 drawBitmap 方法在 DoodleView 上显示 bitmap（包含绘制内容的一个 Bitmap 对象）。第一个实参是要绘制的 Bitmap 对象，接下来的两个实参是 View 中放置的 Bitmap 的左上角 x, y 坐标，而最后一个实参是指定绘制特性的一个 Paint 对象。然后，第 95～96 行会循环执行并显示当前被绘制的 Path。对于 pathMap 中的每一个键，都将对应的 Path 传递给 Canvas 的 drawPath 方法，用 paintLine 对象在屏幕上绘制每一个 Path，paintLine 对象定义了线的宽度和颜色。

```
88     // perform custom drawing when the DoodleView is refreshed on screen
89     @Override
90     protected void onDraw(Canvas canvas) {
91         // draw the background screen
92         canvas.drawBitmap(bitmap, 0, 0, paintScreen);
93
94         // for each path currently being drawn
95         for (Integer key : pathMap.keySet())
96             canvas.drawPath(pathMap.get(key), paintLine); // draw line
97     }
98
```

图 5.36 重写的 View 方法 onDraw

5.8.7 重写的 View 方法 onTouchEvent

当 View 接收到点触事件时，会调用 onTouchEvent 方法（见图 5.37）。Android 支持多点触，即允许用多根手指点触屏幕。用户可以用多根手指点触屏幕，也可以将手指从屏幕移开。为此，每一根手指（称为指针）都具有唯一的 ID，以便在点触事件中区分它们。我们使用这个 ID 来确定对应的 Path 对象，它代表当前要绘制的每一条线。Path 对象保存在 pathMap 中。

```
 99      // handle touch event
100      @Override
101      public boolean onTouchEvent(MotionEvent event) {
102          int action = event.getActionMasked(); // event type
103          int actionIndex = event.getActionIndex(); // pointer (i.e., finger)
104
105          // determine whether touch started, ended or is moving
106          if (action == MotionEvent.ACTION_DOWN ||
107              action == MotionEvent.ACTION_POINTER_DOWN) {
108              touchStarted(event.getX(actionIndex), event.getY(actionIndex),
109                  event.getPointerId(actionIndex));
110          }
111          else if (action == MotionEvent.ACTION_UP ||
112              action == MotionEvent.ACTION_POINTER_UP) {
113              touchEnded(event.getPointerId(actionIndex));
114          }
115          else {
116              touchMoved(event);
117          }
118
119          invalidate(); // redraw
120          return true;
121      }
122
```

图 5.37 重写的 View 方法 onTouchEvent

MotionEvent 的 getActionMasked 方法(第 102 行)返回一个 int 值，表示 MotionEvent 的类型，可以将它与来自于 MotionEvent 类的常量一起使用，判断应该如何处理每一个事件。MotionEvent 的 getActionIndex 方法(第 103 行)返回一个整数索引，表示是哪一根手指引起的事件。这个索引与手指的唯一 ID 不同，它只是该手指的信息在 MotionEvent 对象中所处位置的一个索引。为了获得持续发生在 MotionEvent 中直到离开屏幕的那根手指的唯一 ID，需使用 MotionEvent 的 getPointerID 方法(第 109 行和第 113 行)，传递给它的实参是该手指的索引值。

如果动作是 MotionEvent.ACTION_DOWN 或者 MotionEvent.ACTION_POINTER_DOWN (第 106~107 行)，则表明用户是在用一个新手指点触屏幕。点触屏幕的第一根手指会产生一个 MotionEvent.ACTION_DOWN 事件，而所有其他的手指会产生 MotionEvent.ACTION_POINTER_DOWN 事件。对于这些情况，需调用 touchStarted 方法(见图 5.38)来保持点触时的初始坐标。如果动作是 MotionEvent.ACTION_UP 或者 MotionEvent.ACTION_POINTER_UP，则表明用户是在从屏幕上移走手指，因此调用 touchEnded 方法(见图 5.40)来向 bitmap 绘制完整的 Path，这样就能使该 Path 具有长久的记录。对于所有其他的点触事件，都调用 touchMoved 方法(见图 5.39)来画线。处理完这种事件后，图 5.37 第 119 行调用继承的 View 方法 invalidate，重新绘制屏幕，而第 120 行返回的 true 值表明事件已经处理完毕。

5.8.8 touchStarted 方法

当手指第一次点触屏幕时，会调用 touchStarted 方法(见图 5.38)。触点的坐标和线的 ID 会被当做实参提供。如果对给定的 ID 已经存在 Path 对象(第 129 行)，则会调用 Path 的 reset 方法清除任何已经存在的点，这样就能对新的线重新使用 Path。否则，会创建一个新的 Path 对象，将它添加到 pathMap，然后将这个新的 Point 对象添加到 previousPointMap 中。第 142~144 行调用 Path 的 moveTo 方法，设置 Path 的起始坐标并指定新 Point 对象的 x 值和 y 值。

```
123     // called when the user touches the screen
124     private void touchStarted(float x, float y, int lineID) {
125        Path path; // used to store the path for the given touch id
126        Point point; // used to store the last point in path
127
128        // if there is already a path for lineID
129        if (pathMap.containsKey(lineID)) {
130           path = pathMap.get(lineID); // get the Path
131           path.reset(); // resets the Path because a new touch has started
132           point = previousPointMap.get(lineID); // get Path's last point
133        }
134        else {
135           path = new Path();
136           pathMap.put(lineID, path); // add the Path to Map
137           point = new Point(); // create a new Point
138           previousPointMap.put(lineID, point); // add the Point to the Map
139        }
140
141        // move to the coordinates of the touch
142        path.moveTo(x, y);
143        point.x = (int) x;
144        point.y = (int) y;
145     }
146
```

图 5.38　DoodleView 类的 touchStarted 方法

5.8.9　touchMoved 方法

当用户在屏幕上移动一根或者多根手指时，会调用 touchMoved 方法（见图 5.39）。如果屏幕上同时有多根手指在移动，则传递给 onTouchEvent 方法的 MotionEvent 实参会包含它们的点触信息。MotionEvent 方法 getPointerCount（第 150 行）返回这个 MotionEvent 实参描述的点触的数量。对于每一根手指，都将它的 ID 保存在 pointerID 中（第 152 行），并将这个 MotionEvent 中对应的手指索引保存在 pointerIndex 中（第 153 行）。然后，检查在 pathMap 中是否存在对应的 Path（第 156 行）。如果存在，则使用 MotionEvent 的 getX 方法和 getY 方法，获得这个拖动事件中指定的 pointerIndex 的最终坐标。我们从各个 HashMap 中获得对应的 Path 和最后一个 Point，然后计算最后一点与当前点之间的距离——我们希望只有当移动的距离超过 TOUCH_TOLERANCE 常量值时才更新 Path。之所以这样做，是因为有许多设备都很敏感，即使用户只是将手指放在屏幕上有小的移动时，都会产生 MotionEvent 事件。如果用户移动手指的距离大于 TOUCH_TOLERANCE 值，则会使用 Path 方法 quadTo（第 173～174 行）在前一个 Point 与这个新的 Point 之间添加一条几何曲线（二次贝塞尔曲线）。然后，更新该手指最近的那个 Point。

```
147     // called when the user drags along the screen
148     private void touchMoved(MotionEvent event) {
149        // for each of the pointers in the given MotionEvent
150        for (int i = 0; i < event.getPointerCount(); i++) {
151           // get the pointer ID and pointer index
152           int pointerID = event.getPointerId(i);
153           int pointerIndex = event.findPointerIndex(pointerID);
154
155           // if there is a path associated with the pointer
```

图 5.39　DoodleView 类的 touchMoved 方法

```
156         if (pathMap.containsKey(pointerID)) {
157             // get the new coordinates for the pointer
158             float newX = event.getX(pointerIndex);
159             float newY = event.getY(pointerIndex);
160
161             // get the path and previous point associated with
162             // this pointer
163             Path path = pathMap.get(pointerID);
164             Point point = previousPointMap.get(pointerID);
165
166             // calculate how far the user moved from the last update
167             float deltaX = Math.abs(newX - point.x);
168             float deltaY = Math.abs(newY - point.y);
169
170             // if the distance is significant enough to matter
171             if (deltaX >= TOUCH_TOLERANCE || deltaY >= TOUCH_TOLERANCE) {
172                 // move the path to the new location
173                 path.quadTo(point.x, point.y, (newX + point.x) / 2,
174                     (newY + point.y) / 2);
175
176                 // store the new coordinates
177                 point.x = (int) newX;
178                 point.y = (int) newY;
179             }
180         }
181     }
182 }
183
```

图 5.39（续） DoodleView 类的 touchMoved 方法

5.8.10 touchEnded 方法

当用户的手指离开屏幕时，会调用 touchEnded 方法（见图 5.40）。这个方法接收的实参是手指的 ID（lineID），即刚刚结束点触的那个手指的 ID。第 186 行获得对应的 Path 对象。第 187 行调用 bitmapCanvas 的 drawPath 方法，在名称为 bitmap 的 Bitmap 对象上绘制这个 Path 对象，然后调用 Path 的 reset 方法，清除它。重新设置 Path 不会擦除屏幕上已经绘制的线，因为它们已经被绘制到显示在屏幕上的 bitmap 中。当前由用户绘制的线，会显示在 bitmap 的上层。

```
184     // called when the user finishes a touch
185     private void touchEnded(int lineID) {
186         Path path = pathMap.get(lineID); // get the corresponding Path
187         bitmapCanvas.drawPath(path, paintLine); // draw to bitmapCanvas
188         path.reset(); // reset the Path
189     }
190
```

图 5.40 DoodleView 类的 touchEnded 方法

5.8.11 saveImage 方法

saveImage 方法（见图 5.41）保存当前绘制的图形。第 194 行创建用于保存图形的文件名，然后第 197~199 行调用 MediaStore.Images.Media 类的 insertImage 方法，将图形保存到设备的 Photos 应用中。这个方法接收 4 个实参：

- ContentResolver，用于确定设备上保存图形的位置
- 要保存的 Bitmap

- 图形文件的名称
- 关于图形的描述

insertImage 方法返回的 String 表示图形在设备上的位置；如果无法保存图形，则返回 null。第 201～217 行检验图形是否已经保存了，并会显示相应的 Toast 结果。

```
191     // save the current image to the Gallery
192     public void saveImage() {
193        // use "Doodlz" followed by current time as the image name
194        final String name = "Doodlz" + System.currentTimeMillis() + ".jpg";
195
196        // insert the image on the device
197        String location = MediaStore.Images.Media.insertImage(
198           getContext().getContentResolver(), bitmap, name,
199           "Doodlz Drawing");
200
201        if (location != null) {
202           // display a message indicating that the image was saved
203           Toast message = Toast.makeText(getContext(),
204              R.string.message_saved,
205              Toast.LENGTH_SHORT);
206           message.setGravity(Gravity.CENTER, message.getXOffset() / 2,
207              message.getYOffset() / 2);
208           message.show();
209        }
210        else {
211           // display a message indicating that there was an error saving
212           Toast message = Toast.makeText(getContext(),
213              R.string.message_error_saving, Toast.LENGTH_SHORT);
214           message.setGravity(Gravity.CENTER, message.getXOffset() / 2,
215              message.getYOffset() / 2);
216           message.show();
217        }
218     }
219
```

图 5.41 DoodleView 类的 saveImage 方法

5.8.12 printImage 方法

printImage 方法（见图 5.42）利用 Android 支持库的 PrintHelper 类打印当前绘制的图形，它只可用于 Android 4.4 及以上的版本。第 222 行首先确认设备是否支持打印功能。如果是，则第 224 行创建一个 PrintHelper 对象。接下来，第 227 行指定图形的缩放模式——PrintHelper.SCALE_MODE_FIT 表示图形应适合纸张的可打印区域。还有一种缩放模式 PrintHelper.SCALE_MODE_FILL，它会使图形能够充满整个纸张的面积，有可能部分图形会被裁减掉。最后，第 228 行调用 PrintHelper 方法 printBitmap，传递给它的实参是打印作业的名称（打印机用其区分打印作业）和包含图形的 Bitmap。这会显示一个打印对话框，允许用户选择将图形保存为设备上的一个 PDF 文档，或者将其打印出来。

```
220     // print the current image
221     public void printImage() {
222        if (PrintHelper.systemSupportsPrint()) {
223           // use Android Support Library's PrintHelper to print image
224           PrintHelper printHelper = new PrintHelper(getContext());
```

图 5.42 DoodleView 类的 printImage 方法

```
225
226        // fit image in page bounds and print the image
227        printHelper.setScaleMode(PrintHelper.SCALE_MODE_FIT);
228        printHelper.printBitmap("Doodlz Image", bitmap);
229     }
230     else {
231        // display message indicating that system does not allow printing
232        Toast message = Toast.makeText(getContext(),
233           R.string.message_error_printing, Toast.LENGTH_SHORT);
234        message.setGravity(Gravity.CENTER, message.getXOffset() / 2,
235           message.getYOffset() / 2);
236        message.show();
237     }
238   }
239 }
```

图 5.42（续） DoodleView 类的 printImage 方法

5.9 ColorDialogFragment 类

ColorDialogFragment 类（见图 5.43～图 5.47）扩展 DialogFragment，为设置绘制颜色提供一个 AlertDialog。这个类的实例变量（第 18～23 行）用来引用几个 GUI 控件，分别用于选择一种新颜色，显示该颜色的预览效果，以及将这种颜色保存成一个 32 位的 int 型值（颜色的 ARGB 值）。

```
 1  // ColorDialogFragment.java
 2  // Allows user to set the drawing color on the DoodleView
 3  package com.deitel.doodlz;
 4
 5  import android.app.Activity;
 6  import android.app.AlertDialog;
 7  import android.app.Dialog;
 8  import android.content.DialogInterface;
 9  import android.graphics.Color;
10  import android.os.Bundle;
11  import android.support.v4.app.DialogFragment;
12  import android.view.View;
13  import android.widget.SeekBar;
14  import android.widget.SeekBar.OnSeekBarChangeListener;
15
16  // class for the Select Color dialog
17  public class ColorDialogFragment extends DialogFragment {
18     private SeekBar alphaSeekBar;
19     private SeekBar redSeekBar;
20     private SeekBar greenSeekBar;
21     private SeekBar blueSeekBar;
22     private View colorView;
23     private int color;
24
```

图 5.43 ColorDialogFragment 的 package 声明、import 声明和实例变量

5.9.1 重写的 DialogFragment 方法 onCreateDialog

onCreateDialog 方法（见图 5.44）用 fragment_color.xml 文件的内容填充这个定制的 View（第 31～32 行），fragment_color.xml 文件包含用于选择颜色的 GUI。然后，第 33 行通过调用 AlertDialog.Builder 的 setView 方法，将这个 View 与 AlertDialog 绑定。第 39～47 行获得对话

框的各个 SeekBar 和 colorView 的引用。接着，第 50～53 行将 colorChangedListener（见图 5.47）注册成各种 SeekBar 事件的监听器。

```java
25    // create an AlertDialog and return it
26    @Override
27    public Dialog onCreateDialog(Bundle bundle) {
28       // create dialog
29       AlertDialog.Builder builder =
30          new AlertDialog.Builder(getActivity());
31       View colorDialogView = getActivity().getLayoutInflater().inflate(
32          R.layout.fragment_color, null);
33       builder.setView(colorDialogView); // add GUI to dialog
34
35       // set the AlertDialog's message
36       builder.setTitle(R.string.title_color_dialog);
37
38       // get the color SeekBars and set their onChange listeners
39       alphaSeekBar = (SeekBar) colorDialogView.findViewById(
40          R.id.alphaSeekBar);
41       redSeekBar = (SeekBar) colorDialogView.findViewById(
42          R.id.redSeekBar);
43       greenSeekBar = (SeekBar) colorDialogView.findViewById(
44          R.id.greenSeekBar);
45       blueSeekBar = (SeekBar) colorDialogView.findViewById(
46          R.id.blueSeekBar);
47       colorView = colorDialogView.findViewById(R.id.colorView);
48
49       // register SeekBar event listeners
50       alphaSeekBar.setOnSeekBarChangeListener(colorChangedListener);
51       redSeekBar.setOnSeekBarChangeListener(colorChangedListener);
52       greenSeekBar.setOnSeekBarChangeListener(colorChangedListener);
53       blueSeekBar.setOnSeekBarChangeListener(colorChangedListener);
54
55       // use current drawing color to set SeekBar values
56       final DoodleView doodleView = getDoodleFragment().getDoodleView();
57       color = doodleView.getDrawingColor();
58       alphaSeekBar.setProgress(Color.alpha(color));
59       redSeekBar.setProgress(Color.red(color));
60       greenSeekBar.setProgress(Color.green(color));
61       blueSeekBar.setProgress(Color.blue(color));
62
63       // add Set Color Button
64       builder.setPositiveButton(R.string.button_set_color,
65          new DialogInterface.OnClickListener() {
66             public void onClick(DialogInterface dialog, int id) {
67                doodleView.setDrawingColor(color);
68             }
69          }
70       );
71
72       return builder.create(); // return dialog
73    }
74
```

图 5.44　重写的 DialogFragment 方法 onCreateDialog

第 56 行（见图 5.44）调用 getDoodleFragment 方法（见图 5.45），获得 DoodleFragment 的引用，然后调用 MainActivityFragment 的 getDoodleView 方法，获得这个 DoodleView。第 57～61 行从 DoodleView 获得当前的绘制颜色，然后用它来设置每一个 SeekBar 的当前值。Color 的静态方法 alpha，red，green 和 blue 被用来抽取当前颜色中的 ARGB 值，而 SeekBar 的

setProgress 方法用于定位滑块。第 64~70 行配置 AlertDialog 的确认按钮，将其设置成 DoodleView 的新绘制颜色。第 72 行返回这个 AlertDialog。

5.9.2 getDoodleFragment 方法

getDoodleFragment 方法（见图 5.45）利用 FragmentManager 来取得 DoodleFragment 的引用。

```
75    // gets a reference to the MainActivityFragment
76    private MainActivityFragment getDoodleFragment() {
77       return (MainActivityFragment) getFragmentManager().findFragmentById(
78          R.id.doodleFragment);
79    }
80
```

图 5.45 getDoodleFragment 方法

5.9.3 重写的 Fragment 生命周期方法 onAttach 和 onDetach

当将 ColorDialogFragment 添加到父 Activity 时，会调用 onAttach 方法（见图 5.46 第 82~89 行）。第 85 行获得 MainActivityFragment 的引用。如果引用不为 null，则第 88 行调用 MainActivityFragment 的 setDialogOnScreen 方法，表明现在 Choose Color 对话框已经显示在屏幕上。当将 ColorDialogFragment 从父 Activity 移除时，会调用 onDetach 方法（第 92~99 行）。第 98 行调用 MainActivityFragment 的 setDialogOnScreen 方法，表明 Choose Color 对话框已经从屏幕上消失。

```
81    // tell MainActivityFragment that dialog is now displayed
82    @Override
83    public void onAttach(Activity activity) {
84       super.onAttach(activity);
85       MainActivityFragment fragment = getDoodleFragment();
86
87       if (fragment != null)
88          fragment.setDialogOnScreen(true);
89    }
90
91    // tell MainActivityFragment that dialog is no longer displayed
92    @Override
93    public void onDetach() {
94       super.onDetach();
95       MainActivityFragment fragment = getDoodleFragment();
96
97       if (fragment != null)
98          fragment.setDialogOnScreen(false);
99    }
100
```

图 5.46 重写的 Fragment 生命周期方法 onAttach 和 onDetach

5.9.4 响应 alpha, red, green 和 blue SeekBar 事件的匿名内部类

图 5.47 中定义了实现 OnSeekBarChangeListener 接口的一个匿名内部类，它响应用户在 Choose Color 对话框中调整 SeekBar 时发生的事件。这是在图 5.44（第 50~53 行）中作为 SeekBar 的事件处理器注册的。当改变 SeekBar 滑块的位置时，会调用 onProgressChanged 方法（见图 5.47 第 105~114 行）。如果用户移动了某个 SeekBar 的滑块（第 109 行），则第 110~112 行就会保存新的颜色值。Color 类的静态方法 argb 将几个 SeekBar 的值组合成一个 Color 对象并以 int 值的形式返回它。然后，使用 View 对象的 setBackgroundColor 方法来更新 colorView，更新时用到了与 SeekBar 的当前状态相匹配的 Color 对象。

```
101    // OnSeekBarChangeListener for the SeekBars in the color dialog
102    private final OnSeekBarChangeListener colorChangedListener =
103       new OnSeekBarChangeListener() {
104          // display the updated color
105          @Override
106          public void onProgressChanged(SeekBar seekBar, int progress,
107             boolean fromUser) {
108
109             if (fromUser) // user, not program, changed SeekBar progress
110                color = Color.argb(alphaSeekBar.getProgress(),
111                   redSeekBar.getProgress(), greenSeekBar.getProgress(),
112                   blueSeekBar.getProgress());
113             colorView.setBackgroundColor(color);
114          }
115
116          @Override
117          public void onStartTrackingTouch(SeekBar seekBar) {} // required
118
119          @Override
120          public void onStopTrackingTouch(SeekBar seekBar) {} // required
121       };
122    }
```

图 5.47 实现 OnSeekBarChangeListener 接口的匿名内部类,响应 alpha, red, green 和 blue SeekBar 事件

5.10 LineWidthDialogFragment 类

LineWidthDialogFragment 类(见图 5.48)扩展 DialogFragment,为设置线宽提供一个 AlertDialog。这个类与 ColorDialogFragment 类相似,所以只探讨几个关键的不同点。这个类中的唯一实例变量是一个 ImageView(第 21 行),用户将以当前设置的线宽绘制图形。

```
1    // LineWidthDialogFragment.java
2    // Allows user to set the drawing color on the DoodleView
3    package com.deitel.doodlz;
4
5    import android.app.Activity;
6    import android.app.AlertDialog;
7    import android.app.Dialog;
8    import android.content.DialogInterface;
9    import android.graphics.Bitmap;
10   import android.graphics.Canvas;
11   import android.graphics.Paint;
12   import android.os.Bundle;
13   import android.support.v4.app.DialogFragment;
14   import android.view.View;
15   import android.widget.ImageView;
16   import android.widget.SeekBar;
17   import android.widget.SeekBar.OnSeekBarChangeListener;
18
19   // class for the Select Line Width dialog
20   public class LineWidthDialogFragment extends DialogFragment {
21      private ImageView widthImageView;
22
23      // create an AlertDialog and return it
24      @Override
25      public Dialog onCreateDialog(Bundle bundle) {
26         // create the dialog
27         AlertDialog.Builder builder =
28            new AlertDialog.Builder(getActivity());
```

图 5.48 LineWidthDialogFragment 类

```java
29      View lineWidthDialogView =
30         getActivity().getLayoutInflater().inflate(
31            R.layout.fragment_line_width, null);
32      builder.setView(lineWidthDialogView); // add GUI to dialog
33
34      // set the AlertDialog's message
35      builder.setTitle(R.string.title_line_width_dialog);
36
37      // get the ImageView
38      widthImageView = (ImageView) lineWidthDialogView.findViewById(
39         R.id.widthImageView);
40
41      // configure widthSeekBar
42      final DoodleView doodleView = getDoodleFragment().getDoodleView();
43      final SeekBar widthSeekBar = (SeekBar)
44         lineWidthDialogView.findViewById(R.id.widthSeekBar);
45      widthSeekBar.setOnSeekBarChangeListener(lineWidthChanged);
46      widthSeekBar.setProgress(doodleView.getLineWidth());
47
48      // add Set Line Width Button
49      builder.setPositiveButton(R.string.button_set_line_width,
50         new DialogInterface.OnClickListener() {
51            public void onClick(DialogInterface dialog, int id) {
52               doodleView.setLineWidth(widthSeekBar.getProgress());
53            }
54         }
55      );
56
57      return builder.create(); // return dialog
58   }
59
60   // return a reference to the MainActivityFragment
61   private MainActivityFragment getDoodleFragment() {
62      return (MainActivityFragment) getFragmentManager().findFragmentById(
63         R.id.doodleFragment);
64   }
65
66   // tell MainActivityFragment that dialog is now displayed
67   @Override
68   public void onAttach(Activity activity) {
69      super.onAttach(activity);
70      MainActivityFragment fragment = getDoodleFragment();
71
72      if (fragment != null)
73         fragment.setDialogOnScreen(true);
74   }
75
76   // tell MainActivityFragment that dialog is no longer displayed
77   @Override
78   public void onDetach() {
79      super.onDetach();
80      MainActivityFragment fragment = getDoodleFragment();
81
82      if (fragment != null)
83         fragment.setDialogOnScreen(false);
84   }
85
86   // OnSeekBarChangeListener for the SeekBar in the width dialog
87   private final OnSeekBarChangeListener lineWidthChanged =
```

图 5.48（续） LineWidthDialogFragment 类

```
 88        new OnSeekBarChangeListener() {
 89           final Bitmap bitmap = Bitmap.createBitmap(
 90              400, 100, Bitmap.Config.ARGB_8888);
 91           final Canvas canvas = new Canvas(bitmap); // draws into bitmap
 92
 93           @Override
 94           public void onProgressChanged(SeekBar seekBar, int progress,
 95              boolean fromUser) {
 96              // configure a Paint object for the current SeekBar value
 97              Paint p = new Paint();
 98              p.setColor(
 99                 getDoodleFragment().getDoodleView().getDrawingColor());
100              p.setStrokeCap(Paint.Cap.ROUND);
101              p.setStrokeWidth(progress);
102
103              // erase the bitmap and redraw the line
104              bitmap.eraseColor(
105                 getResources().getColor(android.R.color.transparent,
106                    getContext().getTheme()));
107              canvas.drawLine(30, 50, 370, 50, p);
108              widthImageView.setImageBitmap(bitmap);
109           }
110
111           @Override
112           public void onStartTrackingTouch(SeekBar seekBar) {} // required
113
114           @Override
115           public void onStopTrackingTouch(SeekBar seekBar) {} // required
116        };
117     }
```

图 5.48（续） LineWidthDialogFragment 类

5.10.1 onCreateDialog 方法

onCreateDialog 方法（第 24～58 行）用 fragment_line_width.xml 文件的内容填充这个定制的 View（第 29～31 行），fragment_line_width.xml 文件包含用于选择线宽的 GUI。然后，第 32 行通过调用 AlertDialog.Builder 的 setView 方法，将这个 View 与 AlertDialog 绑定。第 38～39 行获得 ImageView 的引用，这个 ImageView 里会显示一个线的样本。接下来，第 42～46 行获得 widthSeekBar 的引用，将 lineWidthChanged（第 87～116 行）注册成 SeekBar 的监听器，并将 SeekBar 的当前值设置成当前的线宽。第 49～55 行定义对话框的确认按钮，当用户点触了 Set Line Width 按钮时，会调用 DoodleView 的 setLineWidth 方法。第 57 行返回这个 AlertDialog。

5.10.2 响应 widthSeekBar 事件的匿名内部类

第 87～116 行中定义的 lineWidthChanged OnSeekBarChangeListener 监听器，用于响应用户在 Choose Line Width 对话框中调整 SeekBar 所产生的事件。第 89～90 行创建了一个 Bitmap，其上显示了一条表示所选线宽的线条样本。第 91 行创建的 Canvas 用于在 Bitmap 上进行绘制。onProgressChanged 方法（第 93～109 行）根据当前的绘制颜色和各个 SeekBar 的值绘制线条样本。首先，第 97～101 行将 Paint 对象配置成用于绘制这个样本线条。Paint 类的 setStrokeCap 方法（第 100 行）指定线末端的外观，这里它们是圆形的（Paint.Cap.ROUND）。第 104～106 行利用 Bitmap 方法 eraseColor，将 Bitmap 的背景设置成预定义的 Android 颜色 android.R.color.transparent。我们使用 canvas 来绘制样本线条。最后，第 108 行通过将 bitmap 传递给 ImageView 的 setImageBitmap 方法，将它显示在 widthImageView 中。

5.11 EraseImageDialogFragment 类

EraseImageDialogFragment 类(见图 5.49)扩展 DialogFragment，创建一个 AlertDialog，要求用户确认是否希望擦除整个图形。这个类与 ColorDialogFragment 类和 LineWidthDialogFragment 类相似，所以这里只探讨 onCreateDialog 方法(第 15～35 行)。这个方法创建的 AlertDialog 带有一个 Erase Image 按钮和一个 Cancel 按钮。第 24～30 行将 Erase Image 按钮配置成确认按钮，用户点触它时，其监听器中的第 27 行会调用 DoodleView 的 clear 方法擦除图形。第 33 行将 Cancel 按钮配置成一个取消按钮，用户点触它时，对话框会消失。这里使用的是预定义的 Android 字符串资源 android.R.string.cancel。有关其他预定义字符串资源的更多信息，请参见：

http://developer.android.com/reference/android/R.string.html

第 34 行返回这个 AlertDialog。

```java
 1  // EraseImageDialogFragment.java
 2  // Allows user to erase image
 3  package com.deitel.doodlz;
 4
 5  import android.app.Activity;
 6  import android.app.AlertDialog;
 7  import android.app.Dialog;
 8  import android.support.v4.app.DialogFragment;
 9  import android.content.DialogInterface;
10  import android.os.Bundle;
11
12  // class for the Erase Image dialog
13  public class EraseImageDialogFragment extends DialogFragment {
14      // create an AlertDialog and return it
15      @Override
16      public Dialog onCreateDialog(Bundle bundle) {
17          AlertDialog.Builder builder =
18              new AlertDialog.Builder(getActivity());
19
20          // set the AlertDialog's message
21          builder.setMessage(R.string.message_erase);
22
23          // add Erase Button
24          builder.setPositiveButton(R.string.button_erase,
25              new DialogInterface.OnClickListener() {
26                  public void onClick(DialogInterface dialog, int id) {
27                      getDoodleFragment().getDoodleView().clear(); // clear image
28                  }
29              }
30          );
31
32          // add cancel Button
33          builder.setNegativeButton(android.R.string.cancel, null);
34          return builder.create(); // return dialog
35      }
36
37      // gets a reference to the MainActivityFragment
38      private MainActivityFragment getDoodleFragment() {
39          return (MainActivityFragment) getFragmentManager().findFragmentById(
```

图 5.49　EraseImageDialogFragment 类

```
40            R.id.doodleFragment);
41    }
42
43    // tell MainActivityFragment that dialog is now displayed
44    @Override
45    public void onAttach(Activity activity) {
46        super.onAttach(activity);
47        MainActivityFragment fragment = getDoodleFragment();
48
49        if (fragment != null)
50            fragment.setDialogOnScreen(true);
51    }
52
53    // tell MainActivityFragment that dialog is no longer displayed
54    @Override
55    public void onDetach() {
56        super.onDetach();
57        MainActivityFragment fragment = getDoodleFragment();
58
59        if (fragment != null)
60            fragment.setDialogOnScreen(false);
61    }
62 }
```

图 5.49（续） EraseImageDialogFragment 类

5.12 小结

本章的 Doodlz 应用使用户能够通过在屏幕上拖动一根或者多根手指来画图。利用 Android 的 SensorManager，将 SensorEventListener 监听器注册成响应加速计事件，实现了摇动-擦除特性。还知道了 Android 支持许多种传感器。

本章创建了一些 DialogFragment 子类，用于在 AlertDialog 中显示定制的 View。还重写了 Fragment 生命周期方法 onAttach 和 onDetach，当将 Fragment 与父 Activity 绑定或者分离时，会分别调用这两个方法。

展示了如何将 Canvas 与 Bitmap 相关联，然后利用 Canvas 来绘制图形。演示了如何处理多点触事件，使应用能够响应在屏幕上同时有多根手指滑动的情况。每一根手指的信息会被保存为一个 Path 对象。重写的 View 方法 onTouchEvent 用于处理点触事件，这个方法接收的 MotionEvent 对象包含事件类型和所产生事件的手指 ID。使用这些 ID 来区分不同的手指，并将信息添加到相应的 Path 对象中。

本章中利用 ContentResolver 和 MediaStore.Images.Media.insertImage 方法来将图形保存到设备中。为了利用这一功能，需采用 Android 6.0 新的许可模式，从用户处获得将文件保存到外部存储设备的许可。

讲解了如何利用打印框架来打印用户绘制的图形。使用了 Android 支持库的 PrintHelper 类来打印图形。PrintHelper 会显示一个对话框，允许挑选打印机或者将图形保存为 PDF 文档。为了将 Android 支持库特性融入应用中，使用了 Gradle 来指定应用与库的依赖性。

第 6 章中将创建一个 Cannon Game 应用，它使用了多线程和逐帧动画。将讲解如何通过各种触屏手势来发射"炮弹"。还将学习如何创建一个尽可能快地更新画面的循环游戏，以获取平滑的动画效果，使游戏无论在何种处理器配置的设备上都能获得相同的运行速度。

第 6 章　Cannon Game 应用

人工逐帧动画，图像，声音，线程化，SurfaceView 与 SurfaceHolder，沉浸模式与全屏

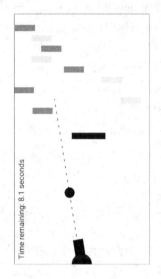

目标

本章将讲解
- 创建一个简单的游戏应用，它易于编码且好玩
- 创建一个定制的 SurfaceView 子类，并用它从一个独立的执行线程中显示游戏的图形
- 用 Paint 和 Canvas 绘制图形
- 重写 View 的 onTouchEvent 方法，用户点触屏幕时发射炮弹
- 执行简单的冲突检测
- 利用 SoundPool 和 AudioManager，为应用添加声音
- 重写 Fragment 生命周期方法 onDestroy
- 利用沉浸模式使游戏占据整个屏幕，但依然允许用户访问系统栏

提纲

6.1　简介
6.2　测试驱动的 Cannon Game 应用
6.3　技术概览
　　6.3.1　使用 res/raw 资源文件夹
　　6.3.2　Activity 和 Fragment 的生命周期方法
　　6.3.3　重写 View 方法 onTouchEvent
　　6.3.4　用 SoundPool 和 AudioManager 添加声音
　　6.3.5　用 Thread，SurfaceView 和 Surface-Holder 实现逐帧动画
　　6.3.6　简单的冲突检测
　　6.3.7　沉浸模式
6.4　构建应用的 GUI 和资源文件
　　6.4.1　创建工程
　　6.4.2　调整主题，删除应用标题和应用栏
　　6.4.3　strings.xml
　　6.4.4　颜色
　　6.4.5　为应用添加声音
　　6.4.6　添加 MainActivityFragment 类
　　6.4.7　编辑 activity_main.xml
　　6.4.8　将 CannonView 添加到 fragment_main.xml
6.5　应用中各个类的概述
6.6　Activity 的 MainActivity 子类
6.7　Fragment 的 MainActivityFragment 子类
6.8　GameElement 类
　　6.8.1　实例变量与构造方法
　　6.8.2　update，draw 和 playSound 方法

6.9　GameElement 的 Blocker 子类
6.10　GameElement 的 Target 子类
6.11　Cannon 类
　　6.11.1　实例变量与构造方法
　　6.11.2　align 方法
　　6.11.3　fireCannonball 方法
　　6.11.4　draw 方法
　　6.11.5　getCannonball 和 removeCannonball 方法
6.12　GameElement 的 Cannonball 子类
　　6.12.1　实例变量与构造方法
　　6.12.2　getRadius, collidesWith, isOnScreen 和 reverseVelocityX 方法
　　6.12.3　update 方法
　　6.12.4　draw 方法
6.13　SurfaceView 的 CannonView 子类
　　6.13.1　package 声明和 import 声明
　　6.13.2　常量与实例变量
　　6.13.3　构造方法
　　6.13.4　重写 View 方法 onSizeChanged
　　6.13.5　getScreenWidth, getScreenHeight 和 playSound 方法
　　6.13.6　newGame 方法
　　6.13.7　updatePositions 方法
　　6.13.8　alignAndFireCannonball 方法
　　6.13.9　showGameOverDialog 方法
　　6.13.10　drawGameElements 方法
　　6.13.11　testForCollisions 方法
　　6.13.12　stopGame 和 releaseResources 方法
　　6.13.13　实现 SurfaceHolder.Callback 方法
　　6.13.14　重写 View 方法 onTouchEvent
　　6.13.15　CannonThread：使用 Thread 实现游戏的循环
　　6.13.16　hideSystemBars 和 showSystemBars 方法
6.14　小结

6.1　简介

Cannon Game[①]应用要求玩家在 10 秒内摧毁 9 个标靶(见图 6.1)。这个游戏由 4 个可视部分组成：一个由玩家控制的大炮，一颗炮弹，9 个标靶和一个防卫标靶的挡板。点触屏幕可瞄准目标并开火，大炮会指向所点触的位置并沿直线方向发射炮弹。

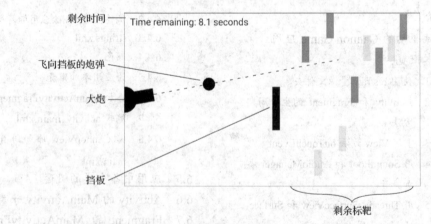

图 6.1　完成后的 Cannon Game 应用

[①] 感谢 Hugues Bersini 教授，他是 Eyrolles 公司信息技术部使用的一本面向对象编程图书(法语版)的作者，他给我们第一版的 Cannon Game 应用提出了许多改进意见。本书和 iOS 8 for Programmers: An App-Driven Approach 中的这个应用，就是根据他的意见做了修改。

每摧毁一个标靶,剩余的时间就会增加 3 秒,而每击中一次挡板,会被罚掉 2 秒。如果在时间耗光之前摧毁了所有的标靶,则玩家获胜,否则为输。游戏结束时,应用会显示一个 AlertDialog 对话框,提示游戏的胜负情况,并会给出击中的次数以及所用时间(见图 6.2)。

 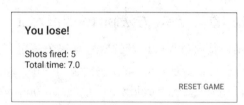

(a) 玩家摧毁全部9个标靶之后显示的AlertDialog对话框 　　(b) 游戏结束前没有全部摧毁标靶时显示的AlertDialog对话框

图 6.2　显示胜负情况的 Cannon Game 应用的 AlertDialog 对话框

发射炮弹时,游戏会发出开火的声音。当炮弹击中标靶后,会发出玻璃破碎的声音,且该标靶会从屏幕上消失。如果炮弹击中挡板,则会发出碰撞的声音,而炮弹弹回去,挡板不会被摧毁。标靶和挡板在垂直方向上以不同的速率移动,当它们到达屏幕顶部或底部后,会改变方向。

[注:在某些计算机上,用 Android 仿真器运行该应用会很慢。为了获得最佳体验,应在 Android 设备上测试这个应用。在仿真器上,有时炮弹会"穿过"挡板或标靶。]

6.2　测试驱动的 Cannon Game 应用

打开并运行应用

启动 Android Studio,从本书示例文件夹下的 CannonGame 文件夹下打开 Cannon Game 应用,然后在 AVD 或设备上执行它。这会构建工程并运行应用。

运行应用

单击屏幕,瞄准标靶并开火。只有当屏幕上没有其他炮弹时才能开火。如果在 AVD 中运行这个应用,则鼠标就是你的手指。应尽可能快地摧毁标靶——如果时间到了或者 9 个标靶已全部被摧毁,游戏就算结束。

6.3　技术概览

本节将依次讲解 Cannon Game 应用中使用的许多新技术。

6.3.1　使用 res/raw 资源文件夹

Cannon Game 应用中所使用的媒体文件,比如声音文件,被放置在应用的资源文件夹 res/raw 中。6.4.5 节中将探讨如何创建这个文件夹。还会讲解如何将这些声音文件复制到应用中。

6.3.2　Activity 和 Fragment 的生命周期方法

5.3.1 节中讲解过几个 Activity 和 Fragment 的生命周期方法,该应用中将使用 Fragment 生命周期方法 onDestroy。关闭一个 Activity 时,会调用它的 onDestroy 方法,进而会对该 Activity 拥有的全部 Fragment 调用 onDestroy 方法。MainActivityFragment 中的 onDestroy 方法用于释放 CannonView 的声音资源。

错误防止提示 6.1

onDestroy 方法并不保证会被调用，因此只能将它用于释放资源，而不能用于保存数据。Android 文档推荐用 onPause 或 onSaveInstanceState 方法保存数据。

6.3.3 重写 View 方法 onTouchEvent

用户是通过点触设备的屏幕与这个应用交互的。点触屏幕会使大炮对准屏幕上所点的位置并开火。为了处理 CannonVie 单点触事件，可以重写 View 的 onTouchEvent 方法（见 6.13.14 节），然后使用来自于（android.view 包的）MotionEvent 类中的常量测试发生的是哪一种事件并相应处理它。

6.3.4 用 SoundPool 和 AudioManager 添加声音

应用的声音效果是由（android.media 包的）SoundPool 类管理的，它可以用来加载、播放和卸载声音。声音是通过某种 Android 的音频流播放的，这些音频流包括警告声、乐音、通知、电话响铃声、系统声音和电话呼叫声。后面将利用 SoundPool.Builder 对象来配置并创建一个 SoundPool 对象，还将使用 AudioAttributes.Builder 对象来创建一个与 SoundPool 相关联的 AudioAttributes 对象。将调用 AudioAttributes 的 setUsage 方法，将音频文件指定成游戏的声音。Android 文档建议在游戏中使用乐音流来播放声音，因为它的音量可通过设备的音量键控制。此外，还使用 Activity 的 setVolumeControlStream 方法来指定游戏的音量可通过设备的音量键来控制。这个方法接收一个来自于（android.media 包的）AudioManager 类的常量，它提供对设备音量和电话铃声的控制。

6.3.5 用 Thread，SurfaceView 和 SurfaceHolder 实现逐帧动画

这个应用通过在一个独立执行的线程中更新游戏元素来手工地获得动画效果。为此，我们对 Thread 的一个子类使用 run 方法，它指导定制的 CannonView 更新全部游戏元素的位置，然后绘制这些元素。run 方法驱动逐帧动画——这称为游戏循环。

用户界面中的所有更新，都必须在 GUI 的执行线程中执行，因为 GUI 组件不是线程安全的——在 GUI 线程之外执行的更新，可能会扰乱 GUI。但是，游戏经常会在独立的执行线程中执行复杂的逻辑计算，且这些线程经常需要绘制屏幕。针对这种情况，Android 提供了 SurfaceView 类（View 类的子类），该类具有一个指定的绘制区，在该区域内其他线程能够以线程安全的方式在屏幕上显示图形。

性能提示 6.1

Android 中应最小化在 GUI 线程中的工作量，以确保 GUI 的响应性，不会出现 ANR（Application Not Responding）对话框。

需通过 SurfaceHolder 类的一个对象来操作 SurfaceView 类对象，这样能获得一个 Canvas 对象，可以在它的上面绘制图形。SurfaceHolder 类还提供了几个方法，让正在执行的线程访问 Canvas 对象用于绘制，因为在某一时刻只能有一个线程对 SurfaceView 进行绘制。SurfaceView 的每一个子类都必须实现 SurfaceHolder.Callback 接口，这个接口包含的方法会在创建、改变（例如，改变大小或者方向）或者销毁 SurfaceView 对象时被调用。

6.3.6 简单的冲突检测

CannonView 能够执行简单的冲突检测，以判断炮弹是否击中了 CannonView 的任何一条边、挡板或者某个标靶。这些准则将在 6.13.11 节中介绍。

许多游戏开发框架都提供了更复杂的"像素完美"冲突检测功能。多数这种（免费或收费的）框架，可用来开发最简单的二维游戏或者复杂的三维控制台风格的游戏（比如 PlayStation 和 Xbox 上的那些游戏）。图 6.3 中列出了一些游戏开发框架，还有很多没有列出来。它们中的多数都支持多平台，包括 Android 和 iOS。有些需要使用 C++或其他编程语言。

游戏开发框架
AndEngine—http://www.andengine.org
Cocos2D—http://code.google.com/p/cocos2d-android
GameMaker—http://www.yoyogames.com/studio
libgdx—https://libgdx.badlogicgames.com
Unity—http://www.unity3d.com
Unreal Engine—http://www.unrealengine.com

图 6.3　一些游戏开发框架

6.3.7 沉浸模式

为了使玩家能够沉浸到游戏中，游戏开发者经常使用全屏主题，比如：

```
Theme.Material.Light.NoActionBar.Fullscreen
```

它只会在屏幕底部显示系统栏。在横向模式的手机上，系统栏出现在屏幕右侧。

Google 在 Android 4.4（KitKat）中增加了对全屏沉浸模式的支持（见 6.13.16 节），使应用能够利用整个屏幕。当应用处于沉浸模式时，用户可从屏幕顶部向下滑指，临时显示系统栏。如果用户没有与系统栏交互，则几秒后系统栏会消失。

6.4 构建应用的 GUI 和资源文件

这一节将创建该应用的资源文件、GUI 布局文件和类。

6.4.1 创建工程

对于这个应用，需手工添加一个 Fragment 和它的布局——在 Cannon Game 应用中，通过 Fragment 在 Blank Activity 模板中自动产生的代码多数都是不需要的。利用 Empty Activity 模板创建一个新工程。在 Create New Project 对话框的 New Project 步骤中，指定如下设置：

- Application name: Cannon Game
- Company Domain: deitel.com（或者其他域名）

从布局编辑器的虚拟设备下拉列表中选取 Nexus 6（见图 2.11）。我们再次将这种设备作为设计的基础。此外，还需删除 activity_main.xml 中的"Hello world!"TextView。和以前一样，还要为工程添加一个应用图标。

为横向模式配置应用

这个游戏被设计成只能使用横向模式。按照 3.7 节中讲解的步骤设置屏幕模式，但这次将 android:screenOrientation 设置成 landscape 而不是 portrait。

6.4.2 调整主题，删除应用标题和应用栏

正如 6.3.7 节所讲，游戏开发者经常使用全屏主题，比如：

```
Theme.Material.Light.NoActionBar.Fullscreen
```
它只显示底部的系统栏,而在横向模式下它会出现在屏幕右边。AppCompat 主题的默认设置并不包含全屏主题,但可以通过修改应用的主题而获得全屏效果。为此,需执行如下操作:

1. 打开 styles.xml 文件。
2. 在<style>元素中添加如下几行:

```
<item name="windowNoTitle">true</item>
<item name="windowActionBar">false</item>
<item name="android:windowFullscreen">true</item>
```

第一行表示不显示标题(通常为应用的名称);第二行表示不显示应用栏;最后一行表示应用需采用全屏模式。

6.4.3 strings.xml

前面几章中已经创建过字符串资源,所以这里只给出一个表(见图 6.4),列出它们的名称和对应的值。双击 res/values 文件夹下的 strings.xml 文件,然后单击 Open editor 链接,会显示一个用于创建这些字符串资源的 Translations Editor。

键	值
results_format	Shots fired: %1$d\nTotal time: %2$.1f
reset_game	Reset Game
win	You win!
lose	You lose!
time_remaining_format	Time remaining: %.1f seconds

图 6.4 Cannon Game 应用中用到的字符串资源

6.4.4 颜色

这个应用在屏幕上交替显示不同颜色的标靶。为此,需在 colors.xml 文件中添加如下深蓝色和黄色资源:

```
<color name="dark">#1976D2</color>
<color name="light">#FFE100</color>
```

6.4.5 为应用添加声音

前面提到过,这个应用中的声音文件保存在 res/raw 文件夹下。这里使用了三个声音文件:blocker_hit.wav、target_hit.wav 和 cannon_fire.wav,它们位于本书例子的 sounds 文件夹下。为了将这些文件添加到工程中,需执行如下步骤:

1. 右击 res 文件夹,然后选择 New > Android resource directory,显示一个 New Resource Directory 对话框。
2. 在 Resource type 下拉列表中选择 raw。Directory name 会自动变成 raw。
3. 单击 OK 按钮,创建这个文件夹。
4. 将几个声音文件复制并粘贴到 res/raw 文件夹下。在 Copy 对话框中单击 OK 按钮。

6.4.6 添加 MainActivityFragment 类

接下来,要为工程添加 MainActivityFragment 类。

1. 在 Project 窗口中右击 com.deitel.cannongame 节点，选择 New > Fragment > Fragment（Blank）。
2. 在 Fragment Name 域中输入 MainActivityFragment，在 Fragment Layout Name 域中输入 fragment_main。
3. 不勾选 Include fragment factory methods 和 Include interface callbacks 复选框。

默认情况下，fragment_main.xml 会包含一个显示 TextView 的 FrameLayout。FrameLayout 用于显示一个 View，但也可以用于显示层次化的多个视图。将这个 TextView 删除——该应用中的 FrameLayout 将显示 CannonView。

6.4.7 编辑 activity_main.xml

该应用中 MainActivity 的布局只显示 MainActivityFragment。将该布局按如下要求设置：

1. 在布局编辑器中打开 activity_main.xml，进入 Text 选项卡。
2. 将 RelativeLayout 改成 fragment 并删除那些边界设置的属性，使 fragment 元素占据整个屏幕。
3. 选择 Design 视图 Component Tree 窗口中的 fragment，将其 id 设置成 fragment。
4. 将 name 设置成 com.deitel.cannongame.MainActivityFragment。设置时不是通过键盘输入这个值，而是单击 name 属性右边的省略号按钮，从 Fragments 对话框中选取这个类。

前面说过，布局编辑器的 Design 视图中能够预览布局中显示的任何 Fragment。如果没有指定预览哪一个 Fragment，则布局编辑器会显示一条"Rendering Problems"消息。为了指定需预览的 Fragment，需右击它（Design 视图或 Component Tree 窗口），然后单击 Choose Preview Layout…，在 Resources 对话框中选取 Fragment 布局的名称。

6.4.8 将 CannonView 添加到 fragment_main.xml

现在将 CannonView 添加到 fragment_main.xml 中。首先必须创建 CannonView.java，以便将 CustomView 置于布局中时能够选择 CannonView 类。按如下步骤进行操作：

1. 展开 Project 窗口下的 java 文件夹。
2. 右击 com.deitel.cannongame 节点，选择 New > Java Class。
3. 在 Create New Class 对话框的 Name 域中输入 CannonView，单击 OK 按钮。这个文件会在编辑器中自动打开。
4. 在 CannonView.java 中指定 CannonView 扩展 SurfaceView。如果没有出现 android.view.SurfaceView 类的 import 声明，则将光标置于 SurfaceView 类名称的后面，单击该行开头部分的上面出现的红色灯泡按钮（），选择 Import Class。
5. 将光标置于 SurfaceView 的后面，单击出现的红色灯泡菜单，选择 Create constructor matching super。在 Choose Super Class Constructors 对话框中选择带有两个实参的构造方法，然后单击 OK 按钮。IDE 会自动将该构造方法添加到类中。
6. 返回布局编辑器下 fragment_main.xml 的 Design 视图。
7. 单击 Palette 的 Custom 部分中的 CustomView。
8. 在 Views 对话框中选择 CannonView（com.deitel.cannongame），然后单击 OK 按钮。

9. 单击 Component Tree 中的 FrameLayout。view（CustomView）（这里为 CannonView）应出现在 Component Tree 窗口的 FrameLayout 里。
10. 确保选中了该 view（CustomView）。在 Properties 窗口中将 layout:width 和 layout:height 设置成 match_parent。
11. 在 Properties 窗口中将 id 设置成 cannonView。
12. 保存并关闭 fragment_main.xml 文件。

6.5 应用中各个类的概述

这个应用包含 8 个类：

- MainActivity（Activity 子类，见 6.6 节），它包含 MainActivityFragment。
- MainActivityFragment（见 6.7 节），它显示 CannonView。
- GameElement（见 6.8 节），它是用于在屏幕上移动目标（Blocker 和 Target）或者发射目标（Cannonball）的那些类的超类。
- Blocker（见 6.9 节），它代表挡板，使摧毁标靶变得更具挑战性。
- Target（见 6.10 节），表示标靶，可被炮弹击中。
- Cannon（见 6.11 节），表示大炮，用户单击屏幕时会发射炮弹。
- Cannonball（见 6.12 节），表示炮弹，用户单击屏幕时会发射出去。
- CannonView（见 6.13 节），它包含游戏的逻辑，协调 Blocker，Target，Cannonball 和 Cannon 之间的行为。

必须创建 GameElement，Blocker，Target，Cannonball 和 Cannon 类。对于每一个类，需右击工程 app/java 文件夹中的包文件夹 com.deitel.cannongame，选择 New > Java Class。在 Create New Class 对话框的 Name 域中输入类的名称并单击 OK 按钮。

6.6 Activity 的 MainActivity 子类

MainActivity 类（见图 6.5）用于处理这个应用的 MainActivityFragment。该应用中，将只重写填充 GUI 的 Activity 方法 onCreate。这里应删除自动产生的那些用于管理菜单的 MainActivity 方法，因为不需要它们。

```java
1   // MainActivity.java
2   // MainActivity displays the MainActivityFragment
3   package com.deitel.cannongame;
4
5   import android.support.v7.app.AppCompatActivity;
6   import android.os.Bundle;
7
8   public class MainActivity extends AppCompatActivity {
9       // called when the app first launches
10      @Override
11      protected void onCreate(Bundle savedInstanceState) {
12          super.onCreate(savedInstanceState);
13          setContentView(R.layout.activity_main);
14      }
15  }
```

图 6.5 MainActivity 显示 MainActivityFragment

6.7　Fragment 的 MainActivityFragment 子类

MainActivityFragment 类（见图 6.6）重写了 4 个 Fragment 方法：

- onCreateView（第 17～28 行）。正如 4.3.3 节所讲，这个方法在 Fragment 的 onCreate 方法之后被调用，它返回一个包含 Fragment 的 GUI 的 View。第 22～23 行填充 GUI。第 26 行获得 MainActivityFragment 的 CannonView 的引用，以便能够调用它的方法。

```java
 1  // MainActivityFragment.java
 2  // MainActivityFragment creates and manages a CannonView
 3  package com.deitel.cannongame;
 4
 5  import android.media.AudioManager;
 6  import android.os.Bundle;
 7  import android.support.v4.app.Fragment;
 8  import android.view.LayoutInflater;
 9  import android.view.View;
10  import android.view.ViewGroup;
11
12  public class MainActivityFragment extends Fragment {
13     private CannonView cannonView; // custom view to display the game
14
15     // called when Fragment's view needs to be created
16     @Override
17     public View onCreateView(LayoutInflater inflater, ViewGroup container,
18        Bundle savedInstanceState) {
19        super.onCreateView(inflater, container, savedInstanceState);
20
21        // inflate the fragment_main.xml layout
22        View view =
23           inflater.inflate(R.layout.fragment_main, container, false);
24
25        // get a reference to the CannonView
26        cannonView = (CannonView) view.findViewById(R.id.cannonView);
27        return view;
28     }
29
30     // set up volume control once Activity is created
31     @Override
32     public void onActivityCreated(Bundle savedInstanceState) {
33        super.onActivityCreated(savedInstanceState);
34
35        // allow volume buttons to set game volume
36        getActivity().setVolumeControlStream(AudioManager.STREAM_MUSIC);
37     }
38
39     // when MainActivity is paused, terminate the game
40     @Override
41     public void onPause() {
42        super.onPause();
43        cannonView.stopGame(); // terminates the game
44     }
45
46     // when MainActivity is paused, MainActivityFragment releases resources
47     @Override
48     public void onDestroy() {
49        super.onDestroy();
50        cannonView.releaseResources();
51     }
52  }
```

图 6.6　MainActivityFragment 创建并管理 CannonView

- onActivityCreated(第 31~37 行)。这个方法在创建了 Fragment 的宿主 Activity 之后被调用。第 36 行使用 Activity 的 setVolumeControlStream 方法来指定游戏的音量可通过设备的音量键来控制。在 AudioManager 类中指定了 7 个声音流常量，但推荐在游戏中使用播放乐音的声音流(AudioManager.STREAM_MUSIC)，因为乐音流的音量可通过设备的音量键控制。
- onPause(第 40~44 行)。将 MainActivity 送入后台(进而中止)时，会执行 MainActivityFragment 的 onPause 方法。第 43 行调用 CannonView 的 stopGame 方法(见 6.13.12 节)来停止游戏的循环。
- onDestroy(第 47~51 行)。当销毁 MainActivity 时，它的 onDestroy 方法会调用 MainActivityFragment 的 onDestroy 方法。第 50 行调用 CannonView 的 releaseResources 方法(见 6.13.12 节)来释放声音资源。

6.8 GameElement 类

GameElement 类(见图 6.7)为 Blocker，Target 和 Cannonball 类的超类，它包含在应用中可移动的那些对象的共同数据和功能。

```java
1   // GameElement.java
2   // Represents a rectangle-bounded game element
3   package com.deitel.cannongame;
4
5   import android.graphics.Canvas;
6   import android.graphics.Paint;
7   import android.graphics.Rect;
8
9   public class GameElement {
10      protected CannonView view; // the view that contains this GameElement
11      protected Paint paint = new Paint(); // Paint to draw this GameElement
12      protected Rect shape; // the GameElement's rectangular bounds
13      private float velocityY; // the vertical velocity of this GameElement
14      private int soundId; // the sound associated with this GameElement
15
16      // public constructor
17      public GameElement(CannonView view, int color, int soundId, int x,
18          int y, int width, int length, float velocityY) {
19          this.view = view;
20          paint.setColor(color);
21          shape = new Rect(x, y, x + width, y + length); // set bounds
22          this.soundId = soundId;
23          this.velocityY = velocityY;
24      }
25
26      // update GameElement position and check for wall collisions
27      public void update(double interval) {
28          // update vertical position
29          shape.offset(0, (int) (velocityY * interval));
30
31          // if this GameElement collides with the wall, reverse direction
32          if (shape.top < 0 && velocityY < 0 ||
33              shape.bottom > view.getScreenHeight() && velocityY > 0)
34              velocityY *= -1; // reverse this GameElement's velocity
```

图 6.7 GameElement 类表示一个矩形化的游戏元素

```
35        }
36
37        // draws this GameElement on the given Canvas
38        public void draw(Canvas canvas) {
39            canvas.drawRect(shape, paint);
40        }
41
42        // plays the sound that corresponds to this type of GameElement
43        public void playSound() {
44            view.playSound(soundId);
45        }
46    }
```

图 6.7(续)   GameElement 类表示一个矩形化的游戏元素

6.8.1 实例变量与构造方法

GameElement 构造方法接收一个 CannonView 引用(见 6.13 节),实现游戏的逻辑并绘制游戏元素。它接收的一个 int 型值表示 GameElement 的 32 位颜色,另一个 int 型值表示与该 GameElement 相关联的声音的 ID。CannonView 保存有游戏中用到的所有声音,并为每一种声音提供了一个 ID。该构造方法还接收如下实参:

- GameElement 左上角的 x, y 坐标(int 值)
- GameElement 的宽度和高度(int 值)
- GameElement 的初始竖向速度 velocityY

第 20 行利用传递给构造方法的代表颜色的 int 值,设置 paint 对象的颜色。第 21 行计算 GameElement 的边界并将它们保存在一个表示矩形的 Rect 对象中。

6.8.2　update、draw 和 playSound 方法

GameElement 具有如下几个方法:

- update(第 27 ~ 35 行)。在游戏的每一次循环迭代中,都会调用该方法来更新 GameElement 的位置。第 29 行根据竖向速度(velocityY)及两次调用 update 之间的时间间隔(数 interval),更新矩形的竖向位置。第 32 ~ 34 行检查 GameElement 是否到达屏幕的顶边或底边,如果是,则将其竖向速度反转。
- draw(第 38 ~ 40 行)。当需要在屏幕上重新绘制 GameElement 时,调用该方法。该方法接收一个 Canvas 对象,在屏幕上将 GameElement 绘制成一个矩形。Cannonball 类中将重写该方法,以绘制出一个圆形。GameElement 的实例变量 paint 指定矩形的颜色,shape 指定矩形的边界。
- playSound(第 43 ~ 45 行)。通过调用该方法,每一个游戏元素都可以播放一种相关联的声音。该方法将 soundId 实例变量的值传递给 CannonView 的 playSound 方法。CannonView 类负责加载并维护所有声音的引用。

6.9　GameElement 的 Blocker 子类

Blocker 类(见图 6.8)为 GameElement 的子类,它表示挡板,使玩家摧毁标靶的过程变得更困难。如果炮弹击中了挡板,则剩余的游戏时间会减少 Blocker 类中由 missPenalty 定义的

值。getMissPenalty 方法(第 17～19 行)返回这个 missPenalty 值,它是由 CannonView 的 testForCollisions 方法调用的(见 6.13.11 节)。Blocker 构造方法(第 9～14 行)将它的实参及击中挡板所发出声音的 ID(CannonView.BLOCKER_SOUND_ID)传递给超类构造方法(第 11 行),然后初始化 missPenalty。

```java
1   // Blocker.java
2   // Subclass of GameElement customized for the Blocker
3   package com.deitel.cannongame;
4
5   public class Blocker extends GameElement {
6      private int missPenalty; // the miss penalty for this Blocker
7
8      // constructor
9      public Blocker(CannonView view, int color, int missPenalty, int x,
10         int y, int width, int length, float velocityY) {
11         super(view, color, CannonView.BLOCKER_SOUND_ID, x, y, width, length,
12            velocityY);
13         this.missPenalty = missPenalty;
14      }
15
16      // returns the miss penalty for this Blocker
17      public int getMissPenalty() {
18         return missPenalty;
19      }
20   }
```

图 6.8 GameElement 的 Blocker 子类

6.10 GameElement 的 Target 子类

Target 类(见图 6.9)为 GameElement 的一个子类,它表示标靶。如果炮弹击中了标靶,则剩余的游戏时间会增加 Target 类中由 hitPenalty 定义的值。getHitReward 方法(第 17～19 行)返回这个 hitReward 值,它是由 CannonView 的 testForCollisions 方法调用的(见 6.13.11 节)。Target 构造方法(第 9～14 行)将它的实参及击中标靶所发出声音的 ID(CannonView.TARGET_SOUND_ID)传递给超类构造方法(第 11 行),然后初始化 hitReward。

```java
1   // Target.java
2   // Subclass of GameElement customized for the Target
3   package com.deitel.cannongame;
4
5   public class Target extends GameElement {
6      private int hitReward; // the hit reward for this target
7
8      // constructor
9      public Target(CannonView view, int color, int hitReward, int x, int y,
10         int width, int length, float velocityY) {
11         super(view, color, CannonView.TARGET_SOUND_ID, x, y, width, length,
12            velocityY);
13         this.hitReward = hitReward;
14      }
15
16      // returns the hit reward for this Target
17      public int getHitReward() {
18         return hitReward;
19      }
20   }
```

图 6.9 GameElement 的 Target 子类

6.11 Cannon 类

Cannon 类(见图 6.10～6.14)表示游戏中的大炮。大炮具有底座和炮管，炮管可以发射大炮。

6.11.1 实例变量与构造方法

Cannon 构造方法(见图 6.10)具有 4 个参数：

- 该大炮所处的 CannonView(视图)
- 大炮底座的半径(baseRadius)
- 大炮炮管的长度(barrelLength)
- 大炮炮管的宽度(barrelWidth)

第 25 行设置 Paint 对象的线宽，以便能用给定的 barrelWidth 绘制炮管。第 27 行将炮管设置成开始时与屏幕的顶边和底边平行对齐。Cannon 类的 barrelEnd 用于绘制炮管，barrelAngle 保存当前的炮管角度，cannonball 保存最近发出的炮弹信息(如果它依然位于屏幕上)。

```java
1  // Cannon.java
2  // Represents Cannon and fires the Cannonball
3  package com.deitel.cannongame;
4
5  import android.graphics.Canvas;
6  import android.graphics.Color;
7  import android.graphics.Paint;
8  import android.graphics.Point;
9
10 public class Cannon {
11    private int baseRadius; // Cannon base's radius
12    private int barrelLength; // Cannon barrel's length
13    private Point barrelEnd = new Point(); // endpoint of Cannon's barrel
14    private double barrelAngle; // angle of the Cannon's barrel
15    private Cannonball cannonball; // the Cannon's Cannonball
16    private Paint paint = new Paint(); // Paint used to draw the cannon
17    private CannonView view; // view containing the Cannon
18
19    //. constructor
20    public Cannon(CannonView view, int baseRadius, int barrelLength,
21       int barrelWidth) {
22       this.view = view;
23       this.baseRadius = baseRadius;
24       this.barrelLength = barrelLength;
25       paint.setStrokeWidth(barrelWidth); // set width of barrel
26       paint.setColor(Color.BLACK); // Cannon's color is Black
27       align(Math.PI / 2); // Cannon barrel facing straight right
28    }
29
```

图 6.10 Cannon 类的实例变量和构造方法

6.11.2 align 方法

align 方法(见图 6.11)用于瞄准大炮。该方法接收的实参为以弧度为单位的炮管角度。这里使用 cannonLength 和 barrelAngle 来确定炮管的端点坐标值(x 和 y 坐标)，这用于绘制从屏幕左边大炮底座中心到炮管端点的线。第 32 行保存的 barrelAngle 使炮弹能够以该角度发射。

```
30    // aligns the Cannon's barrel to the given angle
31    public void align(double barrelAngle) {
32        this.barrelAngle = barrelAngle;
33        barrelEnd.x = (int) (barrelLength * Math.sin(barrelAngle));
34        barrelEnd.y = (int) (-barrelLength * Math.cos(barrelAngle)) +
35            view.getScreenHeight() / 2;
36    }
37
```

图 6.11 Cannon 方法 align

6.11.3 fireCannonball 方法

fireCannonball 方法(见图 6.12)沿大炮的当前轨迹(barrelAngle)发射炮弹(Cannonball)。第 41~46 行计算炮弹速度的水平分量和垂直分量。第 49~50 行计算炮弹的半径，即屏幕高度的 CannonView.CANNONBALL_RADIUS_PERCENT。第 53~56 行"装弹"(即将炮弹"放入"大炮中)。最后，播放大炮开火的声音(第 58 行)。

```
38    // creates and fires Cannonball in the direction Cannon points
39    public void fireCannonball() {
40        // calculate the Cannonball velocity's x component
41        int velocityX = (int) (CannonView.CANNONBALL_SPEED_PERCENT *
42            view.getScreenWidth() * Math.sin(barrelAngle));
43
44        // calculate the Cannonball velocity's y component
45        int velocityY = (int) (CannonView.CANNONBALL_SPEED_PERCENT *
46            view.getScreenWidth() * -Math.cos(barrelAngle));
47
48        // calculate the Cannonball's radius
49        int radius = (int) (view.getScreenHeight() *
50            CannonView.CANNONBALL_RADIUS_PERCENT);
51
52        // construct Cannonball and position it in the Cannon
53        cannonball = new Cannonball(view, Color.BLACK,
54            CannonView.CANNON_SOUND_ID, -radius,
55            view.getScreenHeight() / 2 - radius, radius, velocityX,
56            velocityY);
57
58        cannonball.playSound(); // play fire Cannonball sound
59    }
60
```

图 6.12 Cannon 方法 fireCannonball

6.11.4 draw 方法

draw 方法(见图 6.13)在屏幕上绘制大炮。大炮由两部分构成，首先绘制的是大炮的炮管，然后是底座。

```
61    // draws the Cannon on the Canvas
62    public void draw(Canvas canvas) {
63        // draw cannon barrel
64        canvas.drawLine(0, view.getScreenHeight() / 2, barrelEnd.x,
65            barrelEnd.y, paint);
66
67        // draw cannon base
68        canvas.drawCircle(0, (int) view.getScreenHeight() / 2,
69            (int) baseRadius, paint);
70    }
71
```

图 6.13 Cannon 方法 draw

用 Canvas 方法 drawLine 绘制炮管

Canvas 的 drawLine 方法用于显示炮管（第 64~65 行）。这个方法接收 5 个参数——前 4 个表示线的起始点的 x 坐标和 y 坐标，最后一个是指定线特性的 Paint 对象，比如线宽。前面说过，paint 被配置成用构造方法中指定的线宽绘制炮管（见图 6.10 第 25 行）。

用 Canvas 方法 drawCircle 绘制炮座

第 68~69 行利用 Canvas 的 drawCircle 方法绘制大炮的半圆底座，其圆心位于屏幕的左边缘。由于圆是以其圆心为中心的，所以该圆的一半被 SurfaceView 的左边截去了。

6.11.5　getCannonball 和 removeCannonball 方法

图 6.14 给出了 getCannonball 方法和 removeCannonball 方法。getCannonball 方法（第 73~75 行）返回 Cannon 保存的当前 Cannonball 实例。如果 cannonball 的值为 null，则表示当前游戏中还没有 cannonball 存在。CannonView 利用这个方法来避免屏幕上已经有一颗炮弹（Cannonball）再发射另一颗的情况发生（见 6.13.8 节的图 6.26）。removeCannonball 方法（见图 6.14 第 78~80 行）将 cannonball 设置成 null，移除当前的炮弹。removeCannonball 方法（见图 6.14 第 78~80 行）将 cannonball 设置成 null，删除当前的炮弹。当炮弹摧毁了一个标靶，或者当炮弹离开屏幕时，CannonView 利用这个方法移走炮弹（见 6.13.11 节的图 6.29）。

```
72      // returns the Cannonball that this Cannon fired
73      public Cannonball getCannonball() {
74         return cannonball;
75      }
76
77      // removes the Cannonball from the game
78      public void removeCannonball() {
79         cannonball = null;
80      }
81   }
```

图 6.14　CannonView 方法 getCannonball 和 removeCannonball

6.12　GameElement 的 Cannonball 子类

GameElement 的 Cannonball 子类（见 6.12.1~6.12.4 节）表示由大炮发射的炮弹。

6.12.1　实例变量与构造方法

Cannonball 构造方法（见图 6.15）接收 GameElement 构造方法中的炮弹半径（radius）而不是宽度（width）和高度（height）。第 15~16 行用从 radius 计算得出的 width 值和 height 值调用 super。这个构造方法还接收炮弹的横向速度 velocityX 和竖向速度 velocityY。第 18 行将 onScreen 初始化成 true，因为开始时炮弹就是位于屏幕上的。

```
1    // Cannonball.java
2    // Represents the Cannonball that the Cannon fires
3    package com.deitel.cannongame;
4
5    import android.graphics.Canvas;
6    import android.graphics.Rect;
```

图 6.15　Cannonball 类的实例变量和构造方法

```
7
8   public class Cannonball extends GameElement {
9      private float velocityX;
10     private boolean onScreen;
11
12     // constructor
13     public Cannonball(CannonView view, int color, int soundId, int x,
14        int y, int radius, float velocityX, float velocityY) {
15        super(view, color, soundId, x, y,
16           2 * radius, 2 * radius, velocityY);
17        this.velocityX = velocityX;
18        onScreen = true;
19     }
20
```

图 6.15(续)　Cannonball 类的实例变量和构造方法

6.12.2　getRadius，collidesWith，isOnScreen 和 reverseVelocityX 方法

　　getRadius 方法(见图 6.16 第 22~24 行)返回炮弹的半径，半径值为炮弹形状(shape)的左右边界(shape.left 和 shape.right)之差的一半。若炮弹位于屏幕上，则 isOnScreen 方法(第 32~34 行)返回 true。

```
21     // get Cannonball's radius
22     private int getRadius() {
23        return (shape.right - shape.left) / 2;
24     }
25
26     // test whether Cannonball collides with the given GameElement
27     public boolean collidesWith(GameElement element) {
28        return (Rect.intersects(shape, element.shape) && velocityX > 0);
29     }
30
31     // returns true if this Cannonball is on the screen
32     public boolean isOnScreen() {
33        return onScreen;
34     }
35
36     // reverses the Cannonball's horizontal velocity
37     public void reverseVelocityX() {
38        velocityX *= -1;
39     }
40
```

图 6.16　Cannonball 方法 getRadius，collidesWith，isOnScreen 和 reverseVelocityX

用 collidesWith 方法检验 GameElement 之间的冲突

　　collidesWith 方法(第 27~29 行)检验炮弹是否与某个 GameElement 发生冲突。这里只根据炮弹的矩形边界简单地执行冲突检测。只要满足如下两个条件，就表明炮弹与 GameElement 存在冲突：

- 炮弹的边界值(保存在 shape Rect 中)必须与给定 GameElement 的 shape 值有交集。Rect 的 intersects 方法用于检测炮弹边界是否与给定 GameElement 相交。
- 炮弹必须水平地向给定 GameElement 移动。炮弹会从左向右移动(除非击中了标靶)。如果 velocityX(横向速度)为正值，则表示炮弹是在从左向右地向给定 GameElement 移动。

用 reverseVelocityX 方法逆转炮弹的横向速度

将 velocityX 与 –1 相乘，reverseVelocityX 方法逆转炮弹的横向速度。如果 collidesWith 方法返回 true，则 CannonView 方法 testForCollisions 会调用 reverseVelocityX 方法来逆转炮弹的横向速度，这样炮弹就会向大炮方向弹回（见 6.13.11 节）。

6.12.3　update 方法

update 方法（见图 6.17）首先调用超类的 update 方法（第 44 行），更新炮弹的纵向速度并检测垂直方向上的冲突。第 47 行使用 Rect 的 offset 方法，使炮弹边界在垂直方向上变化。炮弹的平移量为它的纵向速度（velocityX）与时间量（interval）的乘积。如果炮弹到达屏幕的某一边，则第 50～53 行将 onScreen 设置成 false。

```
41      // updates the Cannonball's position
42      @Override
43      public void update(double interval) {
44          super.update(interval); // updates Cannonball's vertical position
45
46          // update horizontal position
47          shape.offset((int) (velocityX * interval), 0);
48
49          // if Cannonball goes off the screen
50          if (shape.top < 0 || shape.left < 0 ||
51              shape.bottom > view.getScreenHeight() ||
52              shape.right > view.getScreenWidth())
53              onScreen = false; // set it to be removed
54      }
55
```

图 6.17　重写的 GameElement 方法 update

6.12.4　draw 方法

draw 方法（见图 6.18）重写了 GameElement 的 draw 方法，利用 Canvas 的 drawCircle 方法在当前位置绘制炮弹。前两个实参是圆心的坐标，第三个实参是圆的半径，最后一个实参是一个指定圆的绘制特性的 Paint 对象。

```
56      // draws the Cannonball on the given canvas
57      @Override
58      public void draw(Canvas canvas) {
59          canvas.drawCircle(shape.left + getRadius(),
60              shape.top + getRadius(), getRadius(), paint);
61      }
62  }
```

图 6.18　重写的 GameElement 方法 draw

6.13　SurfaceView 的 CannonView 子类

CannonView 类（见图 6.19～6.33）是 View 类的一个定制子类，它实现了 Cannon Game 的逻辑并在屏幕上绘制游戏的对象。

6.13.1　package 声明和 import 声明

图 6.19 中列出了 CannonView 类中的 package 声明和 import 声明。6.3 节中探讨过 CannonView 类使用的主要新类和接口，图 6.19 中将它们突出显示了。

```java
1   // CannonView.java
2   // Displays and controls the Cannon Game
3   package com.deitel.cannongame;
4
5   import android.app.Activity;
6   import android.app.AlertDialog;
7   import android.app.Dialog;
8   import android.app.DialogFragment;
9   import android.content.Context;
10  import android.content.DialogInterface;
11  import android.graphics.Canvas;
12  import android.graphics.Color;
13  import android.graphics.Paint;
14  import android.graphics.Point;
15  import android.media.AudioAttributes;
16  import android.media.SoundPool;
17  import android.os.Build;
18  import android.os.Bundle;
19  import android.util.AttributeSet;
20  import android.util.Log;
21  import android.util.SparseIntArray;
22  import android.view.MotionEvent;
23  import android.view.SurfaceHolder;
24  import android.view.SurfaceView;
25  import android.view.View;
26
27  import java.util.ArrayList;
28  import java.util.Random;
29
30  public class CannonView extends SurfaceView
31     implements SurfaceHolder.Callback {
32
```

图 6.19　CannonView 类中的 package 声明和 import 声明

6.13.2　常量与实例变量

图 6.20 中列出了 CannonView 类中大量的常量和实例变量。后面遇到它们时会给出说明。其中的许多常量，都是用于根据屏幕的分辨率来计算游戏元素的大小（放大或缩小）。

```java
33     private static final String TAG = "CannonView"; // for logging errors
34
35     // constants for game play
36     public static final int MISS_PENALTY = 2; // seconds deducted on a miss
37     public static final int HIT_REWARD = 3; // seconds added on a hit
38
39     // constants for the Cannon
40     public static final double CANNON_BASE_RADIUS_PERCENT = 3.0 / 40;
41     public static final double CANNON_BARREL_WIDTH_PERCENT = 3.0 / 40;
42     public static final double CANNON_BARREL_LENGTH_PERCENT = 1.0 / 10;
43
44     // constants for the Cannonball
45     public static final double CANNONBALL_RADIUS_PERCENT = 3.0 / 80;
46     public static final double CANNONBALL_SPEED_PERCENT = 3.0 / 2;
47
48     // constants for the Targets
49     public static final double TARGET_WIDTH_PERCENT = 1.0 / 40;
50     public static final double TARGET_LENGTH_PERCENT = 3.0 / 20;
51     public static final double TARGET_FIRST_X_PERCENT = 3.0 / 5;
```

图 6.20　CannonView 类的静态变量和实例变量

```
52     public static final double TARGET_SPACING_PERCENT = 1.0 / 60;
53     public static final double TARGET_PIECES = 9;
54     public static final double TARGET_MIN_SPEED_PERCENT = 3.0 / 4;
55     public static final double TARGET_MAX_SPEED_PERCENT = 6.0 / 4;
56
57     // constants for the Blocker
58     public static final double BLOCKER_WIDTH_PERCENT = 1.0 / 40;
59     public static final double BLOCKER_LENGTH_PERCENT = 1.0 / 4;
60     public static final double BLOCKER_X_PERCENT = 1.0 / 2;
61     public static final double BLOCKER_SPEED_PERCENT = 1.0;
62
63     // text size 1/18 of screen width
64     public static final double TEXT_SIZE_PERCENT = 1.0 / 18;
65
66     private CannonThread cannonThread; // controls the game loop
67     private Activity activity; // to display Game Over dialog in GUI thread
68     private boolean dialogIsDisplayed = false;
69
70     // game objects
71     private Cannon cannon;
72     private Blocker blocker;
73     private ArrayList<Target> targets;
74
75     // dimension variables
76     private int screenWidth;
77     private int screenHeight;
78
79     // variables for the game loop and tracking statistics
80     private boolean gameOver; // is the game over?
81     private double timeLeft; // time remaining in seconds
82     private int shotsFired; // shots the user has fired
83     private double totalElapsedTime; // elapsed seconds
84
85     // constants and variables for managing sounds
86     public static final int TARGET_SOUND_ID = 0;
87     public static final int CANNON_SOUND_ID = 1;
88     public static final int BLOCKER_SOUND_ID = 2;
89     private SoundPool soundPool; // plays sound effects
90     private SparseIntArray soundMap; // maps IDs to SoundPool
91
92     // Paint variables used when drawing each item on the screen
93     private Paint textPaint; // Paint used to draw text
94     private Paint backgroundPaint; // Paint used to clear the drawing area
95
```

图 6.20(续)　CannonView 类的静态变量和实例变量

6.13.3 构造方法

图 6.21 中给出了 CannonView 类的一个构造方法。当填充 View 对象时，会调用它的构造方法并向构造方法传递一个 Context 实参和一个 AttributeSet 实参。这里的 Context 实参就是显示包含 CannonView 的 MainActivityFragment 的那个 Activity，而（android.util 包的）AttributeSet 实参包含在布局的 XML 文档中设置的 CannonView 属性值。这两个实参应当传递给超类构造方法（第 96 行），以确保定制的 View 对象被正确地用 XML 中指定的任何标准 View 属性值配置了。第 99 行保存 MainActivity 的引用，这样就能在游戏结束时从 GUI 线程显示一个 AlertDialog 对话框。尽管这里是保存 Activity 引用，但也可以通过调用继承的 View 方法 getContext，随时获得这个引用。

```
96      // constructor
97      public CannonView(Context context, AttributeSet attrs) {
98         super(context, attrs); // call superclass constructor
99         activity = (Activity) context; // store reference to MainActivity
100
101        // register SurfaceHolder.Callback listener
102        getHolder().addCallback(this);
103
104        // configure audio attributes for game audio
105        AudioAttributes.Builder attrBuilder = new AudioAttributes.Builder();
106        attrBuilder.setUsage(AudioAttributes.USAGE_GAME);
107
108        // initialize SoundPool to play the app's three sound effects
109        SoundPool.Builder builder = new SoundPool.Builder();
110        builder.setMaxStreams(1);
111        builder.setAudioAttributes(attrBuilder.build());
112        soundPool = builder.build();
113
114        // create Map of sounds and pre-load sounds
115        soundMap = new SparseIntArray(3); // create new SparseIntArray
116        soundMap.put(TARGET_SOUND_ID,
117           soundPool.load(context, R.raw.target_hit, 1));
118        soundMap.put(CANNON_SOUND_ID,
119           soundPool.load(context, R.raw.cannon_fire, 1));
120        soundMap.put(BLOCKER_SOUND_ID,
121           soundPool.load(context, R.raw.blocker_hit, 1));
122
123        textPaint = new Paint();
124        backgroundPaint = new Paint();
125        backgroundPaint.setColor(Color.WHITE);
126     }
127
```

图 6.21 CannonView 构造方法

注册 SurfaceHolder.Callback 监听器

第 102 行将 this（即 CannonView）注册成实现 SurfaceHolder.Callback 的对象，以接收表明何时创建、更新和销毁 SurfaceView 的方法调用。继承的 SurfaceView 方法 getHolder 返回一个用于管理 SurfaceView 的对应 SurfaceHolder 对象，而 SurfaceHolder 方法 addCallback 保存实现 SurfaceHolder.Callback 的对象。

配置 SoundPool 并加载声音

第 105～121 行配置应用中使用的声音。首先创建了一个 AudioAttributes.Builder 对象（第 105 行），并调用 setUsage 方法（第 106 行），它的实参为一个常量，表示将使用的音频。对于这个应用，使用的是 AudioAttribute.USAGE_GAME 常量，表示将该音频用做游戏的声音。接下来，创建了一个 SoundPool.Builder 对象（第 109 行），从而可以创建用于加载和播放声音效果的 SoundPool。随后，调用 SoundPool.Builder 的 setMaxStreams 方法（第 110 行），其实参表示一次可以同时播放的声音流的最大数目。这里一次只播放一种声音，所以参数值为 1。一些更复杂的游戏可能会同时播放多种声音。接下来是调用 AudioAttributes.Builder 的 setAudioAttributes 方法（第 111 行），通过所创建的 SoundPool 对象使用那些音频属性。

第 115 行创建了一个 SparseIntArray（soundMap），它将整数键与整型值相匹配。SparseIntArray 与 HashMap<Integer, Integer>类似，但对小规模的键/值对更有效率。这里是将声音键（在图 6.20 第 86～88 行定义）与所加载声音的 ID 相映射,声音 ID 表示 SoundPool 的 load 方法的返回值（该方法在图 6.21 第 117 行、第 119 行和第 121 行调用)。每一个声音 ID 都能用来播放声音(随后还可将它的资源返还给系统)。SoundPool 方法 load 接收三个实参：应用的 Context、表示要加载的声音文件的资源 ID 及声音的优先级。根据这个方法的文档描述，目前最后一个实参还没有使用，应将其指定成 1。

创建 Paint 对象，用于绘制背景和计时器文本

第 123~124 行创建的 Paint 对象用于绘制游戏的背景和"Time remaining"文本。文本的默认色为黑色，第 125 行将背景色设置为白色。

6.13.4 重写 View 方法 onSizeChanged

图 6.22 中重写了 View 类的 onSizeChanged 方法，只要 View 对象的大小发生改变就会调用它。当填充布局，将 View 对象首次加载到 View 层次中时也会调用这个方法。这个应用会总是以横向模式显示，所以只有当活动的 onCreate 方法填充 GUI 时才会调用 onSizeChanged 方法一次。该方法接收 View 的新、旧宽度和高度。首次调用该方法时，旧宽度和高度为 0。第 138~139 行配置 textPaint 对象，它用于绘制"Time remaining"文本。第 138 行将文本字号设置成屏幕高度(screenHeight)的 EXT_SIZE_PERCENT 倍。需通过试错的方法来确定图 6.20 中各种缩放因子及 TEXT_SIZE_PERCENT 的值，以挑选在屏幕上表现最佳的那些值。

```
128    // called when the size of the SurfaceView changes,
129    // such as when it's first added to the View hierarchy
130    @Override
131    protected void onSizeChanged(int w, int h, int oldw, int oldh) {
132       super.onSizeChanged(w, h, oldw, oldh);
133
134       screenWidth = w; // store CannonView's width
135       screenHeight = h; // store CannonView's height
136
137       // configure text properties
138       textPaint.setTextSize((int) (TEXT_SIZE_PERCENT * screenHeight));
139       textPaint.setAntiAlias(true); // smoothes the text
140    }
141
```

图 6.22 重写的 View 方法 onSizeChanged

6.13.5 getScreenWidth，getScreenHeight 和 playSound 方法

图 6.23 中，getScreenWidth 和 getScreenHeight 方法分别返回屏幕的宽度和高度，它们是在 onSizeChanged 方法中更新的(见图 6.22)。利用 soundPool 的 play 方法，playSound 方法(第 153~155 行)用给定的 soundId 播放 soundMap 中的声音，当构建 soundMap 时，soundId 就与声音相关联了(见图 6.21 第 113~119 行)。soundId 被当做 soundMap 的键来寻找 SoundPool 中声音的 ID。GameElement 类的对象可以调用 playSound 方法，以播放声音。

```
142    // get width of the game screen
143    public int getScreenWidth() {
144       return screenWidth;
145    }
146
147    // get height of the game screen
```

图 6.23 CannonView 方法 getScreenWidth，getScreenHeight 和 playSound

```
148    public int getScreenHeight() {
149        return screenHeight;
150    }
151
152    // plays a sound with the given soundId in soundMap
153    public void playSound(int soundId) {
154        soundPool.play(soundMap.get(soundId), 1, 1, 1, 0, 1f);
155    }
156
```

图 6.23(续)　CannonView 方法 getScreenWidth，getScreenHeight 和 playSound

6.13.6　newGame 方法

newGame 方法（见图 6.24）重新设置用来控制游戏的实例变量的初始值。第 160～163 行用如下参数新创建一个 Cannon 对象：

- 屏幕高度 CANNON_BASE_RADIUS_PERCENT 倍的底座半径。
- 屏幕宽度 CANNON_BARREL_LENGTH_PERCENT 倍的炮管长度。
- 屏幕高度 CANNON_BARREL_WIDTH_PERCENT 倍的炮管宽度。

```
157    // reset all the screen elements and start a new game
158    public void newGame() {
159        // construct a new Cannon
160        cannon = new Cannon(this,
161            (int) (CANNON_BASE_RADIUS_PERCENT * screenHeight),
162            (int) (CANNON_BARREL_LENGTH_PERCENT * screenWidth),
163            (int) (CANNON_BARREL_WIDTH_PERCENT * screenHeight));
164
165        Random random = new Random(); // for determining random velocities
166        targets = new ArrayList<>(); // construct a new Target list
167
168        // initialize targetX for the first Target from the left
169        int targetX = (int) (TARGET_FIRST_X_PERCENT * screenWidth);
170
171        // calculate Y coordinate of Targets
172        int targetY = (int) ((0.5 - TARGET_LENGTH_PERCENT / 2) *
173            screenHeight);
174
175        // add TARGET_PIECES Targets to the Target list
176        for (int n = 0; n < TARGET_PIECES; n++) {
177
178            // determine a random velocity between min and max values
179            // for Target n
180            double velocity = screenHeight * (random.nextDouble() *
181                (TARGET_MAX_SPEED_PERCENT - TARGET_MIN_SPEED_PERCENT) +
182                TARGET_MIN_SPEED_PERCENT);
183
184            // alternate Target colors between dark and light
185            int color = (n % 2 == 0) ?
186                getResources().getColor(R.color.dark,
187                    getContext().getTheme()) :
188                getResources().getColor(R.color.light,
189                    getContext().getTheme());
190
191            velocity *= -1; // reverse the initial velocity for next Target
192
```

图 6.24　CannonView 方法 newGame

```
193          // create and add a new Target to the Target list
194          targets.add(new Target(this, color, HIT_REWARD, targetX, targetY,
195             (int) (TARGET_WIDTH_PERCENT * screenWidth),
196             (int) (TARGET_LENGTH_PERCENT * screenHeight),
197             (int) velocity));
198
199          // increase the x coordinate to position the next Target more
200          // to the right
201          targetX += (TARGET_WIDTH_PERCENT + TARGET_SPACING_PERCENT) *
202             screenWidth;
203       }
204
205       // create a new Blocker
206       blocker = new Blocker(this, Color.BLACK, MISS_PENALTY,
207          (int) (BLOCKER_X_PERCENT * screenWidth),
208          (int) ((0.5 - BLOCKER_LENGTH_PERCENT / 2) * screenHeight),
209          (int) (BLOCKER_WIDTH_PERCENT * screenWidth),
210          (int) (BLOCKER_LENGTH_PERCENT * screenHeight),
211          (float) (BLOCKER_SPEED_PERCENT * screenHeight));
212
213       timeLeft = 10; // start the countdown at 10 seconds
214
215       shotsFired = 0; // set the initial number of shots fired
216       totalElapsedTime = 0.0; // set the time elapsed to zero
217
218       if (gameOver) {// start a new game after the last game ended
219          gameOver = false; // the game is not over
220          cannonThread = new CannonThread(getHolder()); // create thread
221          cannonThread.start(); // start the game loop thread
222       }
223
224       hideSystemBars();
225    }
226
```

图 6.24(续) CannonView 方法 newGame

第 165 行新创建的 Random 对象,用于随机化标靶的速度。第 166 行创建一个新的标靶 ArrayList。第 169 行将 targetX 初始化成最左边第一个标靶所在位置的像素数。第一个标靶放于屏幕宽度 TARGET_FIRST_X_PERCENT 倍的位置。第 172~173 行将 targetY 初始化成使所有标靶都垂直居中的一个值。第 176~203 行构建 TARGET_PIECES 个(9 个)新 Target 对象并将它们添加到 targets 中。第 180~182 行将这些新 Target 对象的速度设置成屏幕高度百分比 TARGET_MIN_SPEED_PERCENT 和 TARGET_MAX_SPEED_PERCENT 之间的一个随机值。第 185~189 行将它们的颜色设置成在 R.color.dark 和 R.color.light 之间交替变换,也在正负横向速度之间交替变换。第 191 行使所有新标靶都掉头移动,从而使标靶可以上下运动。所构建的每一个新 Target 对象,都被添加到 targets 中(第 194~197 行)。Target 的宽度为屏幕宽度的 TARGET_WIDTH_PERCENT 倍,高度为屏幕高度的 TARGET_HEIGHT_PERCENT 倍。最后,增加 targetX 的值,使其位于下一个 Target 对象。

第 206~211 行用于构建一个新的 Blocker 对象并将它保存在 blocker 中。游戏开始时,Blocker 的横向位置为屏幕宽度的 BLOCKER_X_PERCENT 倍处(最左边点),纵向位置为屏幕中心点。Blocker 的宽度为屏幕宽度的 BLOCKER_WIDTH_PERCENT 倍,高度为屏幕高度的 BLOCKER_HEIGHT_PERCENT 倍,速度为屏幕高度的 BLOCKER_SPEED_PERCENT 倍。

如果 gameOver 变量为 true(它只可能发生在前一个游戏完成之后),第 219 行就重新设置

gameOver，而第 220~221 行会创建一个新的 CannonThread 对象并调用它的 start 方法，以开始一个新游戏。第 224 行调用 hideSystemBars 方法(见 6.13.16 节)，使应用处于沉浸模式。这会隐藏系统栏，并使用户能够在任何时候通过屏幕顶部下滑手指来显示系统栏。

6.13.7　updatePositions 方法

updatePositions 方法(见图 6.25)由 CannonThread 的 run 方法(见 6.13.15 节)调用，以更新屏幕元素的位置并执行简单的冲突检测。这些游戏元素的新位置是根据动画的前一帧与当前帧之间消耗的时间(毫秒)来计算的。这使得游戏能够根据设备的刷新率来更新每一个游戏元素的移动量。当在 6.13.15 节中讲解游戏循环问题时，将会更详细地探讨这个问题。

```
227    // called repeatedly by the CannonThread to update game elements
228    private void updatePositions(double elapsedTimeMS) {
229       double interval = elapsedTimeMS / 1000.0; // convert to seconds
230
231       // update cannonball's position if it is on the screen
232       if (cannon.getCannonball() != null)
233          cannon.getCannonball().update(interval);
234
235       blocker.update(interval); // update the blocker's position
236
237       for (GameElement target : targets)
238          target.update(interval); // update the target's position
239
240       timeLeft -= interval; // subtract from time left
241
242       // if the timer reached zero
243       if (timeLeft <= 0) {
244          timeLeft = 0.0;
245          gameOver = true; // the game is over
246          cannonThread.setRunning(false); // terminate thread
247          showGameOverDialog(R.string.lose); // show the losing dialog
248       }
249
250       // if all pieces have been hit
251       if (targets.isEmpty()) {
252          cannonThread.setRunning(false); // terminate thread
253          showGameOverDialog(R.string.win); // show winning dialog
254          gameOver = true;
255       }
256    }
257
```

图 6.25　CannonView 方法 updatePositions

自上一次动画帧开始逝去的时间

第 229 行将自最后一个动画帧到现在为止消耗的毫秒数转换成秒数。这个值被用来修改各种游戏元素的位置。

更新炮弹、挡板和标靶的位置

为了 GameElement 对象的位置，第 232~238 行对 Cannonball(如果屏幕上有一个)、Blocker 及所有剩余的 Target 调用 update 方法。该方法的参数为从前一帧开始到现在用去的时间，这样使对象的位置能够根据时间量更新。

更新剩余时间并判断时间是否已耗尽

将 timeLeft 减去自前一个动画帧到现在已经逝去的时间(第 240 行)。如果 timeLeft 为 0,则游戏结束——如果为负数就将其设置为 0.0,否则有时可能会在屏幕上显示一个负的时间值。然后,通过调用实参为 false 的 setRunning 方法终止 CannonThread,用代表失败消息的字符串资源 ID 调用 showGameOverDialog 方法,并将 gameOver 设置为 true。

6.13.8 alignAndFireCannonball 方法

用户点触屏幕时,onTouchEvent 方法(见 6.13.14 节)会调用 alignAndFireCannonball 方法(见图 6.26)。第 267~272 行计算大炮瞄准手指点触处所需的角度。第 275 行调用 Cannon 的 align 方法,利用参数 angle 使大炮瞄准。最后,如果还有 Cannonball 且不在屏幕上,则第 280~281 行发射该炮弹且将 shotsFired 的值加 1。

```
258     // aligns the barrel and fires a Cannonball if a Cannonball is not
259     // already on the screen
260     public void alignAndFireCannonball(MotionEvent event) {
261        // get the location of the touch in this view
262        Point touchPoint = new Point((int) event.getX(),
263           (int) event.getY());
264
265        // compute the touch's distance from center of the screen
266        // on the y-axis
267        double centerMinusY = (screenHeight / 2 - touchPoint.y);
268
269        double angle = 0; // initialize angle to 0
270
271        // calculate the angle the barrel makes with the horizontal
272        angle = Math.atan2(touchPoint.x, centerMinusY);
273
274        // point the barrel at the point where the screen was touched
275        cannon.align(angle);
276
277        // fire Cannonball if there is not already a Cannonball on screen
278        if (cannon.getCannonball() == null ||
279           !cannon.getCannonball().isOnScreen()) {
280           cannon.fireCannonball();
281           ++shotsFired;
282        }
283     }
284
```

图 6.26 CannonView 方法 alignAndFireCannonball

6.13.9 showGameOverDialog 方法

游戏结束时,showGameOverDialog 方法(见图 6.27)会显示一个 DialogFragment(采用 4.7.10 节中讲解的技术),其中包含的 AlertDialog 会给出游戏的胜负、开火的次数及总的花费时间。调用 setPositiveButton 方法(第 301~311 行)会创建一个重置按钮,开始新一轮游戏。

```
285     // display an AlertDialog when the game ends
286     private void showGameOverDialog(final int messageId) {
287        // DialogFragment to display game stats and start new game
288        final DialogFragment gameResult =
289           new DialogFragment() {
290              // create an AlertDialog and return it
```

图 6.27 CannonView 方法 showGameOverDialog

```
291        @Override
292        public Dialog onCreateDialog(Bundle bundle) {
293           // create dialog displaying String resource for messageId
294           AlertDialog.Builder builder =
295              new AlertDialog.Builder(getActivity());
296           builder.setTitle(getResources().getString(messageId));
297
298           // display number of shots fired and total time elapsed
299           builder.setMessage(getResources().getString(
300              R.string.results_format, shotsFired, totalElapsedTime));
301           builder.setPositiveButton(R.string.reset_game,
302              new DialogInterface.OnClickListener() {
303                 // called when "Reset Game" Button is pressed
304                 @Override
305                 public void onClick(DialogInterface dialog,
306                    int which) {
307                    dialogIsDisplayed = false;
308                    newGame(); // set up and start a new game
309                 }
310              }
311           );
312
313           return builder.create(); // return the AlertDialog
314        }
315     };
316
317     // in GUI thread, use FragmentManager to display the DialogFragment
318     activity.runOnUiThread(
319        new Runnable() {
320           public void run() {
321              showSystemBars(); // exit immersive mode
322              dialogIsDisplayed = true;
323              gameResult.setCancelable(false); // modal dialog
324              gameResult.show(activity.getFragmentManager(), "results");
325           }
326        }
327     );
328  }
329
```

图 6.27(续)　CannonView 方法 showGameOverDialog

按钮监听器的 onClick 方法指示不要再显示这个对话框, 并需调用 newGame 方法来设置并启动新的游戏。对话框必须在 GUI 线程中显示, 所以第 318～327 行调用 Activity 方法 runOnUiThread, 指定一个应该尽可能快地在 GUI 线程中执行的 Runnable。该方法的实参是实现了 Runnable 的匿名内部类的一个对象。Runnable 的 run 方法调用 showSystemBars 方法(见 6.13.16 节), 使应用退出沉浸模式, 然后显示对话框。

6.13.10　drawGameElements 方法

drawGameElements 方法(见图 6.28)使用 Canvas 在 SurfaceView 上绘制大炮、炮弹、挡板和标靶, Canvas 是 CannonThread(见 6.13.15 节)从 SurfaceView 的 SurfaceHolder 对象中获得的。

用 drawRect 方法清除 Canvas

首先调用 Canvas 的 drawRect 方法(第 333～334 行), 清除 Canvas, 以便所有的游戏元素都能够在新位置显示。这个方法接收的实参是矩形的左上角 x 坐标、y 坐标、矩形的宽度、高度以及一个 Paint 对象, 它指定绘制的特性。前面说过, backgroundPaint 将绘制颜色设置成白色。

```
330        // draws the game to the given Canvas
331        public void drawGameElements(Canvas canvas) {
332           // clear the background
333           canvas.drawRect(0, 0, canvas.getWidth(), canvas.getHeight(),
334              backgroundPaint);
335
336           // display time remaining
337           canvas.drawText(getResources().getString(
338              R.string.time_remaining_format, timeLeft), 50, 100, textPaint);
339
340           cannon.draw(canvas); // draw the cannon
341
342           // draw the GameElements
343           if (cannon.getCannonball() != null &&
344              cannon.getCannonball().isOnScreen())
345              cannon.getCannonball().draw(canvas);
346
347           blocker.draw(canvas); // draw the blocker
348
349           // draw all of the Targets
350           for (GameElement target : targets)
351              target.draw(canvas);
352        }
353
```

图 6.28　CannonView 方法 drawGameElements

用 Canvas 方法 drawText 显示剩余时间

接下来，调用 Canvas 的 drawText 方法（第 337~338 行）显示游戏剩余的时间。传递给它的实参是要显示的字符串、显示字符串的 x 坐标和 y 坐标，以及一个描述如何呈现文本（即文本的字体大小、颜色和其他属性）的 textPaint 对象（在图 6.22 的第 138~139 行配置）。

用 draw 方法绘制大炮、炮弹、挡板和标靶

第 339~350 行绘制大炮、炮弹（如果它位于屏幕上）、挡板以及所有标靶。每一个元素都是通过调用它的 draw 方法（传递 canvas 参数）绘制的。

6.13.11　testForCollisions 方法

testForCollisions 方法（见图 6.29）检查炮弹是否与标靶或挡板发生碰撞，如果是，则做出相应处理。第 359~360 行判断屏幕上是否存在炮弹。如果是，则第 362 行调用 Cannonball 的 collidesWith 方法，判断它是否与标靶碰撞。如果有碰撞发生，则第 363 行调用 Target 的 playSound 方法，播放击中标靶的声音，第 366 行将 timeLeft 增加由于击中该标靶而奖励的时间值，而第 368~369 行将炮弹和被击中的标靶从屏幕移走。第 370 行将 n 值减 1，以确保当前位于位置 n 的标靶被用于冲突检测。第 376 行删除炮弹（如果它不位于屏幕上）。如果炮弹依然位于屏幕上，则第 380~381 行再次调用 collidesWith 方法，判断炮弹是否与挡板发生碰撞。如果是，则第 382 行调用 Blocker 的 playSound 方法，播放击中挡板的声音，第 385 行调用 Cannonball 类的 reverseVelocityX 方法，反转炮弹的水平速度。第 388 行将 timeLeft 减去与挡板相关联的惩罚时间数。

6.13.12　stopGame 和 releaseResources 方法

MainActivityFragment 类 onPause 方法和 onDestroy 方法（见 6.13 节）分别调用了 CannonView

的 stopGame 方法和 releaseResources 方法(见图 6.30)。stopGame 方法(第 393～396 行)是从主 Activity 调用的,以便当调用了 Activity 的 onPause 方法之后能够停止游戏。出于简单性考虑, 这个例子中不保存游戏的状态。releaseResources 方法(第 399～402 行)调用 SoundPool 的 release 方法,释放与 SoundPool 相关联的资源。

```
354    // checks if the ball collides with the Blocker or any of the Targets
355    // and handles the collisions
356    public void testForCollisions() {
357       // remove any of the targets that the Cannonball
358       // collides with
359       if (cannon.getCannonball() != null &&
360          cannon.getCannonball().isOnScreen()) {
361          for (int n = 0; n < targets.size(); n++) {
362             if (cannon.getCannonball().collidesWith(targets.get(n))) {
363                targets.get(n).playSound(); // play Target hit sound
364
365                // add hit rewards time to remaining time
366                timeLeft += targets.get(n).getHitReward();
367
368                cannon.removeCannonball(); // remove Cannonball from game
369                targets.remove(n); // remove the Target that was hit
370                --n; // ensures that we don't skip testing new target n
371                break;
372             }
373          }
374       }
375       else { // remove the Cannonball if it should not be on the screen
376          cannon.removeCannonball();
377       }
378
379       // check if ball collides with blocker
380       if (cannon.getCannonball() != null &&
381          cannon.getCannonball().collidesWith(blocker)) {
382          blocker.playSound(); // play Blocker hit sound
383
384          // reverse ball direction
385          cannon.getCannonball().reverseVelocityX();
386
387          // deduct blocker's miss penalty from remaining time
388          timeLeft -= blocker.getMissPenalty();
389       }
390    }
391
```

图 6.29　CannonView 方法 testForCollisions

```
392    // stops the game; called by CannonGameFragment's onPause method
393    public void stopGame() {
394       if (cannonThread != null)
395          cannonThread.setRunning(false); // tell thread to terminate
396    }
397
398    // release resources; called by CannonGame's onDestroy method
399    public void releaseResources() {
400       soundPool.release(); // release all resources used by the SoundPool
401       soundPool = null;
402    }
403
```

图 6.30　CannonView 方法 stopGame 和 releaseResources

6.13.13 实现 SurfaceHolder.Callback 方法

图 6.31 中实现了 SurfaceHolder.Callback 接口的 surfaceChanged、surfaceCreated 和 surface-Destroyed 方法。这个应用中 surfaceChanged 方法的方法体为空，因为它总是以横向模式的形式显示。当 SurfaceView 的尺寸或者方法发生改变时，会调用这个方法，而且它通常用来根据这些变化重新显示图形。

```
404    // called when surface changes size
405    @Override
406    public void surfaceChanged(SurfaceHolder holder, int format,
407       int width, int height) { }
408
409    // called when surface is first created
410    @Override
411    public void surfaceCreated(SurfaceHolder holder) {
412       if (!dialogIsDisplayed) {
413          newGame(); // set up and start a new game
414          cannonThread = new CannonThread(holder); // create thread
415          cannonThread.setRunning(true); // start game running
416          cannonThread.start(); // start the game loop thread
417       }
418    }
419
420    // called when the surface is destroyed
421    @Override
422    public void surfaceDestroyed(SurfaceHolder holder) {
423       // ensure that thread terminates properly
424       boolean retry = true;
425       cannonThread.setRunning(false); // terminate cannonThread
426
427       while (retry) {
428          try {
429             cannonThread.join(); // wait for cannonThread to finish
430             retry = false;
431          }
432          catch (InterruptedException e) {
433             Log.e(TAG, "Thread interrupted", e);
434          }
435       }
436    }
437
```

图 6.31　实现 SurfaceHolder.Callback 方法

当创建 SurfaceView 时，会调用 surfaceCreated 方法（第 410～418 行），例如当首次加载应用时或者从后台恢复它时。这里使用 surfaceCreated 方法来创建并启动 CannonThread，开始游戏。当销毁 SurfaceView 时会调用 surfaceDestroyed 方法（第 421～436 行），例如当终止应用时。这里使用 surfaceDestroyed 方法来确保正确地终止了 CannonThread。首先，第 425 行用 false 实参调用 CannonThread 的 setRunning 方法，表示应停止线程的运行，然后第 427～435 行等待线程终止。这样做可确保只要 surfaceDestroyed 完成了执行，就不存在绘制 SurfaceView 的企图了。

6.13.14　重写 View 方法 onTouchEvent

这个例子中重写了 View 方法 onTouchEvent（见图 6.32），以判断用户何时点触了屏幕。MotionEvent 参数包含关于所发生事件的信息。第 442 行使用 MotionEvent 的 getAction 方法，判断发生的是哪一种类型的事件。然后，第 445~446 行判断用户是点触了屏幕(MotionEvent.ACTION_DOWN)还是用手指滑过屏幕(MotionEvent.ACTION_MOVE)。任何一种情况下，第 448 行都调用 cannonView 的 alignAndFireCannonball 方法，将大炮瞄准屏幕点触处。第 451 行返回 true，表示点触事件已经被处理了。

```
438    // called when the user touches the screen in this activity
439    @Override
440    public boolean onTouchEvent(MotionEvent e) {
441       // get int representing the type of action which caused this event
442       int action = e.getAction();
443
444       // the user touched the screen or dragged along the screen
445       if (action == MotionEvent.ACTION_DOWN ||
446           action == MotionEvent.ACTION_MOVE) {
447          // fire the cannonball toward the touch point
448          alignAndFireCannonball(e);
449       }
450
451       return true;
452    }
453
```

图 6.32　重写 View 方法 onTouchEvent

6.13.15　CannonThread：使用 Thread 实现游戏的循环

图 6.33 中定义了 Thread 的一个子类，用于更新游戏。这个线程维护 SurfaceView 的 SurfaceHolder 的引用(第 456 行)，以及一个表示线程是否在执行的 boolean 值。

```
454    // Thread subclass to control the game loop
455    private class CannonThread extends Thread {
456       private SurfaceHolder surfaceHolder; // for manipulating canvas
457       private boolean threadIsRunning = true; // running by default
458
459       // initializes the surface holder
460       public CannonThread(SurfaceHolder holder) {
461          surfaceHolder = holder;
462          setName("CannonThread");
463       }
464
465       // changes running state
466       public void setRunning(boolean running) {
467          threadIsRunning = running;
468       }
469
470       // controls the game loop
471       @Override
472       public void run() {
473          Canvas canvas = null; // used for drawing
474          long previousFrameTime = System.currentTimeMillis();
475
476          while (threadIsRunning) {
477             try {
478                // get Canvas for exclusive drawing from this thread
479                canvas = surfaceHolder.lockCanvas(null);
480
```

图 6.33　嵌套的 CannonThread 类管理游戏循环，以 TIME_INTERVAL 毫秒的频率更新游戏元素

```
481              // lock the surfaceHolder for drawing
482              synchronized(surfaceHolder) {
483                 long currentTime = System.currentTimeMillis();
484                 double elapsedTimeMS = currentTime - previousFrameTime;
485                 totalElapsedTime += elapsedTimeMS / 1000.0;
486                 updatePositions(elapsedTimeMS); // update game state
487                 testForCollisions(); // test for GameElement collisions
488                 drawGameElements(canvas); // draw using the canvas
489                 previousFrameTime = currentTime; // update previous time
490              }
491           }
492           finally {
493              // display canvas's contents on the CannonView
494              // and enable other threads to use the Canvas
495              if (canvas != null)
496                 surfaceHolder.unlockCanvasAndPost(canvas);
497           }
498        }
499     }
500  }
```

图 6.33（续） 嵌套的 CannonThread 类管理游戏循环，以 TIME_INTERVAL 毫秒的频率更新游戏元素

这个类的 run 方法（第 471～499 行）驱动逐帧动画，这称为游戏循环。屏幕上游戏元素的每一次更新，都是根据自上一次更新后逝去的毫秒数来执行的。第 474 行取得线程开始运行时系统的当前时间（毫秒数）。第 476～498 行一直循环到 threadIsRunning 为 false。

首先，必须调用 SurfaceHolder 方法 lockCanvas，获得用于在 SurfaceView 上绘制的一个 Canvas 对象（第 479 行）。每次只能有一个线程能够在 SurfaceView 上进行绘制。为了确保如此，必须首先锁定 SurfaceHolder，将它作为表达式在同步块的圆括号中指定（第 482 行）。接下来，获得当前时间的毫秒数，然后计算逝去的时间并将它与到目前为止逝去的总时间相加——这个结果用来显示游戏的剩余时间量。第 486 行调用 updatePositions 方法，移走所有的游戏元素，将逝去的毫秒数作为实参传递给该方法。这样做可确保不管设备的运行速度如何，游戏都以相同的速度操作。如果两个帧之间的时间较长（即设备运行得慢），则当显示动画的每一帧时，游戏元素会移动得更远一些。如果两个帧之间的时间较短（即设备运行得快），则当显示动画的每一帧时，游戏元素会移动得更短一些。第 487 行调用 testForCollisions 方法，判断炮弹是否与挡板或标靶有碰撞：

- 如果与挡板发生碰撞，则该方法反转炮弹的水平速度。
- 如果与标靶发生碰撞，则它使炮弹从屏幕上消失。

最后，第 488 行用 SurfaceView 的 Canvas 对象通过 drawGameElements 方法绘制游戏元素，第 489 行将 currentTime 保存成 previousFrameTime，以准备计算动画的下一帧之前消耗的时间。

6.13.16 hideSystemBars 和 showSystemBars 方法

这个应用使用了沉浸模式——游戏运行的任意时刻，用户可通过从屏幕顶部向下滑指，查看系统栏。沉浸模式只在 Android 4.4 及以后的版本中可用。因此，hideSystemBars 方法和 showSystemBars 方法（见图 6.34）都会首先检查设备上的 Android 版本——Build.VERSION_SDK_INT 是否大于或者等于 Android 4.4（API 级别 19）的常量，即 Build.VERSION_CODES_KITKAT。如果是，则这两个方法利用 View 方法 setSystemUiVisibility，配置系统栏和应用栏（尽管应用

栏已经通过修改这个应用的主题被隐藏了)。为了隐藏系统栏和应用栏并将 UI 置于沉浸模式,第 505~510 行用位或运算符(|)组合几个常量传递给 setSystemUiVisibility 方法;为了显示系统栏和应用栏,第 517~519 行用位或运算符组合几个常量传递给 setSystemUiVisibility 方法。这些 View 常量的组合可确保每次隐藏和显示系统栏和应用栏时,不会重新设置 DoodleView 的大小,而是覆盖在 CannonView 之上。也就是说,当显示系统栏和应用栏时,CannonView 的一部分会被临时隐藏起来。关于沉浸模式的更多信息,请访问:

http://developer.android.com/training/system-ui/immersive.html

```
501    // hide system bars and app bar
502    private void hideSystemBars() {
503        if (Build.VERSION.SDK_INT >= Build.VERSION_CODES.KITKAT)
504            setSystemUiVisibility(
505                View.SYSTEM_UI_FLAG_LAYOUT_STABLE |
506                View.SYSTEM_UI_FLAG_LAYOUT_HIDE_NAVIGATION |
507                View.SYSTEM_UI_FLAG_LAYOUT_FULLSCREEN |
508                View.SYSTEM_UI_FLAG_HIDE_NAVIGATION |
509                View.SYSTEM_UI_FLAG_FULLSCREEN |
510                View.SYSTEM_UI_FLAG_IMMERSIVE);
511    }
512
513    // show system bars and app bar
514    private void showSystemBars() {
515        if (Build.VERSION.SDK_INT >= Build.VERSION_CODES.KITKAT)
516            setSystemUiVisibility(
517                View.SYSTEM_UI_FLAG_LAYOUT_STABLE |
518                View.SYSTEM_UI_FLAG_LAYOUT_HIDE_NAVIGATION |
519                View.SYSTEM_UI_FLAG_LAYOUT_FULLSCREEN);
520    }
521 }
```

图 6.34　DoodleView 方法 hideSystemBars 和 showSystemBars

6.14 小结

本章创建了一个 Cannon Game 应用,它要求玩家在 10 秒内将 9 个标靶摧毁。用户通过点触屏幕来使大炮瞄准并开火。为了在一个独立线程中绘制屏幕,需通过扩展 SurfaceView 类来创建一个定制的视图。还讲解了定制的类名称必须在表示组件的 XML 布局元素中被完全限定。给出了几个 Fragment 的生命周期方法。了解了当中止 Fragment 时会调用 onPause 方法,当销毁 Fragment 时会调用 onDestroy 方法。处理点触事件是通过重写 View 的 onTouchEvent 方法实现的。将声音效果添加到了应用的 res/raw 文件夹下,并用 SoundPool 管理它们。还使用了系统的 AudioManager 服务来获得设备的当前音量,并将它用做回放音量。

这个应用通过在一个独立执行的线程中更新 SurfaceView 上的游戏元素来手工地获得动画效果。为此,需扩展 Thread 类并创建一个 run 方法,用 Canvas 类中的方法显示图形。这个应用中使用 SurfaceView 的 SurfaceHolder,获得适当的 Canvas。还讲解了建立游戏循环,根据两个动画帧之间逝去的时间量来控制游戏,以使游戏在所有的设备上都能以同样的速度运行。最后,使用沉浸模式使应用占据整个屏幕。

下一章中将构建一个 WeatherViewer 应用,使用 Web 服务来与 OpenWeatherMap.org 中的 16 日气象预报 Web 服务交互。和当今的许多 Web 服务一样,OpenWeatherMap.org Web 服务也以 JavaScript 对象标注(JavaScript Object Notation, JSON)格式返回预报数据。我们将利用 org.json 包中的 JSONObject 和 JSONArray 类来处理获得的数据,然后在 ListView 中显示每天的气象预报结果。

第7章 WeatherViewer 应用

REST Web 服务，AsyncTask，HttpUrlConnection，处理 JSON 响应，JSONObject，JSONArray，ListView，ArrayAdapter，ViewHolder 模式，TextInputLayout，FloatingActionButton

目标

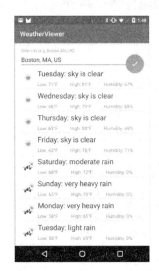

本章将讲解

- 利用免费的 OpenWeatherMap.org REST Web 服务，获得由用户指定的某个城市的 16 日气象预报
- 使用 AsyncTask 和 HttpUrlConnection，调用 REST Web 服务或者在独立线程中下载一个图像，并将结果输送给 GUI 线程
- 利用 org.json 包的 JSONObject 和 JSONArray 类，处理 JSON 响应
- 定义一个 ArrayAdapter，指定在 ListView 中显示的数据
- 通过 ViewHolder 模式复用已经从屏幕上消失的 ListView 视图，而不是创建新视图
- 使用来自于 Android 设计支持库中的材料设计组件 TextInput-Layout，Snackbar 和 FloatingActionButton

提纲

- 7.1 简介
- 7.2 测试驱动的 WeatherViewer 应用
- 7.3 技术概览
  - 7.3.1 Web 服务
  - 7.3.2 JSON 与 org.json 包
  - 7.3.3 调用 REST Web 服务的 HttpUrl-Connection
  - 7.3.4 使用 AsyncTask 执行 GUI 线程以外的网络请求
  - 7.3.5 ListView, ArrayAdapter 与 View-Holder 模式
  - 7.3.6 FloatingActionButton
  - 7.3.7 TextInputLayout
  - 7.3.8 Snackbar
- 7.4 构建应用的 GUI 和资源文件
  - 7.4.1 创建工程
  - 7.4.2 AndroidManifest.xml
  - 7.4.3 strings.xml
  - 7.4.4 colors.xml
  - 7.4.5 activity_main.xml
  - 7.4.6 content_main.xml
  - 7.4.7 list_item.xml
- 7.5 Weather 类
  - 7.5.1 package 声明、import 声明与实例变量
  - 7.5.2 构造方法

7.5.3 convertTimeStampToDay 方法
7.6 WeatherArrayAdapter 类
  7.6.1 package 声明和 import 声明
  7.6.2 嵌套类 ViewHolder
  7.6.3 实例变量与构造方法
  7.6.4 重写的 ArrayAdapter 方法 getView
  7.6.5 用于在独立线程中下载图像的 AsyncTask 子类
7.7 MainActivity 类

7.7.1 package 声明和 import 声明
7.7.2 实例变量
7.7.3 重写的 Activity 方法 onCreate
7.7.4 dismissKeyboard 方法和 createURL 方法
7.7.5 调用 Web 服务的 AsyncTask 子类
7.7.6 convertJSONtoArrayList 方法
7.8 小结

7.1 简介

  WeatherViewer 应用（见图 7.1）利用免费的 OpenWeatherMap.org REST Web 服务来获得特定城市的 16 日气象预报。该应用接收 JSON（JavaScript Object Notation）格式的气象数据。气象数据显示在一个 ListView 中，它是一个显示可滚动列表项的视图。该应用中，将使用定制的列表项格式来显示：

- 一个气象状况图标
- 某一周的某一天，包含一段当日气象条件的文本描述
- 当日最高、最低气温（华氏温度）
- 湿度（百分比）

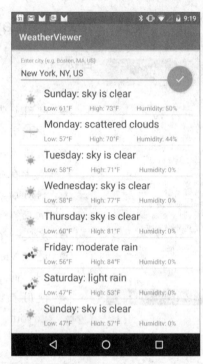

以上各项仅为所返回的预报数据的一部分。有关 16 日气象预报 API 所返回的数据的细节，请参见：

图 7.1 显示纽约市气象预报的 Weather Viewer 应用

   http://openweathermap.org/forecast16

由 OpenWeatherMap.org 提供的所有气象数据的清单，请参见：

   http://openweathermap.org/api

7.2 测试驱动的 WeatherViewer 应用

打开并运行应用

  打开 Android Studio，找到本书例子文件夹下的 WeatherViewer 文件夹，打开 WeatherViewer 应用。在开始运行该应用之前，必须添加自己的 OpenWeatherMap.org API 密钥（key）。关于如何获取这个密钥并如何在工程中放置它的信息，请参见 7.3.1 节。这是在运行应用之前必须做的。将 API 密钥添加到工程中后，就可以在 AVD 或者设备上执行应用了。

查看某城市的 16 日气象预报

首次执行该应用时，位于界面顶部的 EditText 获得焦点而虚拟键盘会显示，以便输入城市名称（见图 7.2）。城市名称之后应有一个逗号，后接国家代码。这里输入的是"New York, NY, US"，表示显示的是美国纽约州纽约市的气象预报。输入完城市名之后，点触包含"完成"图标（✓）的那个圆形 FloatingActionButton 按钮，将城市名提交给应用，然后查询该城市的 16 日气象预报（见图 7.1）。

图 7.2 输入一个城市名

7.3 技术概览

本节讲解用于构建这个 WeatherViewer 应用的技术。

7.3.1 Web 服务

本章讲解 Web 服务，它能够提升在 Internet 程序的移植性和复用性。Web 服务是一种软件组件，通过网络可以访问它。

Web 服务所在的机器，称为 Web 服务主机（Web service host）。客户端（这里为 WeatherViewer 应用）会通过网络将请求发送到 Web 服务主机，然后，Web 服务主机会处理这个请求并通过网络将响应返回给客户端。这种分布式计算对系统有许多好处。例如，当需要时应用才会通过

Web 服务访问数据，而不必将数据直接保存在设备上。类似地，对于不具备执行特定计算所需处理能力的应用，可以用 Web 服务来利用其他系统的高级资源。

REST Web 服务

表述性状态转移(REST)是一种实现 Web 服务的体系结构样式，常被称为 RESTful Web 服务。如今，大多数流行的免费或收费的 Web 服务，都是 RESTful Web 服务。尽管 REST 本身并不是一种标准，但 RESTful Web 服务采用了 Web 标准，比如 HTTP（超文本传送协议），Web 浏览器利用 HTTP 与 Web 服务器交互。RESTful Web 服务中的每一个方法，都用唯一的 URL 标识。这样，当服务器收到请求时，它能立即知道要执行什么操作。这种 Web 服务可用在应用中，甚至可以直接在 Web 浏览器的地址栏中输入它。

Web 服务通常要求有一个 API 密钥

使用 Web 服务时，通常要求有一个从 Web 服务提供者那里获得的唯一 API 密钥。当应用请求 Web 服务时，API 密钥使服务提供者能够：

- 确认应用具有使用 Web 服务的权限
- 跟踪 Web 服务的使用情况——许多服务都限制在指定时间段(每秒、每分钟、每小时，等等)内的请求数量

在应用请求 API 密钥之前，有些 Web 服务要求授权——在允许使用 Web 服务之前，必须通过编程登录到 Web 服务上。

OpenWeatherMap.org Web 服务

这个应用中使用的 OpenWeatherMap.org Web 服务是免费的，但是它限制了 Web 服务的数量——当前的设置为每分钟 1200 个、每天 170 万个请求。OpenWeatherMap.org 提供多种服务——除了这里使用的免费服务外，它还提供付费服务，具有更高的请求限制，更频繁的数据更新以及其他的特性。有关 OpenWeatherMap.org Web 服务的更多信息，请参见：

> http://openweathermap.org/api

OpenWeatherMap.org Web 服务许可

OpenWeatherMap.org 为它的 Web 服务使用了一种创造性的大众公共许可。有关许可条款的详细信息，请参见：

> http://creativecommons.org/licenses/by-sa/2.0/

更多信息，请参见如下网站的 Licenses 部分：

> http://openweathermap.org/terms

获取 OpenWeatherMap.org API 密钥

在开始运行该应用之前，必须从如下站点获得自己的 OpenWeatherMap.org API 密钥：

> http://openweathermap.org/register

注册之后，从确认页面复制十六进制的 API 密钥，然后用它替换 strings.xml 文件中的 YOUR_API_KEY。

7.3.2 JSON 与 org.json 包

JavaScript 对象标注(JavaScript Object Notation, JSON)是表示数据的 XML 的替代品。JSON

是基于文本的数据互换格式,可以用 JavaScript 将对象表示成由字符串表示的名/值对集合。JSON 是一个简单格式,它使对象易于读取、创建和解析,并使程序可以高效地在 Internet 上传输数据,因为它比 XML 简洁得多。每个 JSON 对象都表示为大括号中的一列属性名和值,格式如下所示:

> {*propertyName1*: *value1*, *propertyName2*: *value2*}

每一个属性名都为一个字符串。JSON 中的数组以方括号表示成如下格式:

> [*value1*, *value2*, *value3*]

数组中的每一个值可以是字符串、数字、JSON 对象、true、false 或者 null。图 7.3 中的 JSON 样本是由本应用中使用的 OpenWeatherMap.org 每日气象预报 Web 服务返回的——这里只包含两天的预报数据(第 15～57 行)。

```
 1  {
 2     "city": {
 3        "id": 5128581,
 4        "name": "New York",
 5        "coord": {
 6           "lon": -74.005966,
 7           "lat": 40.714272
 8        },
 9        "country": "US",
10        "population": 0
11     },
12     "cod": "200",
13     "message": 0.0102,
14     "cnt": 2,
15     "list": [{ // you'll use this array of objects to get the daily weather
16        "dt": 1442419200,
17        "temp": {
18           "day": 79.9,
19           "min": 71.74,
20           "max": 82.53,
21           "night": 71.85,
22           "eve": 82.53,
23           "morn": 71.74
24        },
25        "pressure": 1037.39,
26        "humidity": 64,
27        "weather": [{
28           "id": 800,
29           "main": "Clear",
30           "description": "sky is clear",
31           "icon": "01d"
32        }],
33        "speed": 0.92,
34        "deg": 250,
35        "clouds": 0
36     }, { // end of first array element and beginning of second one
37        "dt": 1442505600,
38        "temp": {
39           "day": 79.92,
40           "min": 66.72,
41           "max": 83.1,
42           "night": 70.79,
```

图 7.3 OpenWeatherMap.org 每日气象预报 Web 服务提供的 JSON 样本

```
43            "eve": 81.99,
44            "morn": 66.72
45          },
46          "pressure": 1032.46,
47          "humidity": 62,
48          "weather": [{
49            "id": 800,
50            "main": "Clear",
51            "description": "sky is clear",
52            "icon": "01d"
53          }],
54          "speed": 1.99,
55          "deg": 224,
56          "clouds": 0
57        }]  // end of second array element and end of array
58  }
```

图 7.3(续)　OpenWeatherMap.org 每日气象预报 Web 服务提供的 JSON 样本

这个 JSON 对象中包含有许多属性。这里只使用"列表"属性——JSON 对象的数组，表示最多 16 日的气象预报(默认为 7 日)。每一个"列表"数组元素都包含许多属性：

- "dt"——长整型数，表示自 1970 年 1 月 1 日(格林尼治时间)起到现在的秒数(日期/时间戳)。会将它转换成一个日期名称。
- "temp"——JSON 对象，包含的 double 属性表示当天的气温。这里只使用最低温度("min")和最高温度("max")，但是 Web 服务还可以返回白天温度("day")、夜晚温度("night")、傍晚温度("eve")和早晨温度("morn")。
- "humidity"——int 型值，表示湿度百分比。
- "weather"——包含多个属性的 JSON 对象，包括天气状况的描述("description")和代表该种状况的图标的名称("icon")。

org.json 包

如下这些来自于 org.json 包的类，将用于处理应用接收的那些 JSON 数据(见 7.7.6 节)：

- JSONObject——该类的一个构造方法，将 JSON 字符串数据转换成包含 Map<String, Object>的 JSONObject 对象，使 JSON 键与对应的值相映射。在代码中，JSON 属性是通过 JSONObject 的 get 方法获取的，这些 get 方法将 JSON 键的值通过某种类型获取，这些类型包括 JSONObject、JSONArray、对象、布尔型、double 型、int 型、long 型或者 String 型。
- JSONArray——表示一个 JSON 数组，并为访问它的元素提供了几个方法。OpenWeatherMap.org 返回的"列表"属性，将被当做 JSONArray 操作。

7.3.3　调用 REST Web 服务的 HttpUrlConnection

为了调用 OpenWeatherMap.org 的每日气象预报 Web 服务，必须将它的 URL 字符串转换成一个 URL 对象，然后通过这个对象打开一个 HttpUrlConnection(见 7.7.5 节)。这会向 Web 服务发送一个 HTTP 请求。为了接收 JSON 响应，需读取来自于 HttpUrlConnection 的 InputStream 中的所有数据并将它们置于一个字符串中。后面会讲解如何进行上述操作。

7.3.4　使用 AsyncTask 执行 GUI 线程以外的网络请求

应该在 GUI 线程之外执行需长时间运行的操作或者在完成之前会阻止其他任务执行的操

作（例如，访问网络、文件和数据库）。这样做可维持应用的响应性，避免导致 Android 认为 GUI 没有响应而出现 Activity Not Responding（ANR，活动无响应）对话框。不过，第 6 章讲过，用户界面中的更新必须在 GUI 线程中执行，因为 GUI 组件不是线程安全的。

为了执行那些需更新 GUI 且长时间运行的任务，Android 提供一个 AsyncTask 类（来自于 android.os 包），它在一个线程中执行这些运行时间长的任务，并会将结果递交给 GUI 线程。创建并操作线程的细节是由 AsyncTask 类处理的，也就是将结果从 AsyncTask 传递给 GUI 线程。这个应用中使用了两个 AsyncTask 子类，一个调用 OpenWeatherMap.org Web 服务（见 7.7.5 节），另一个用于下载天气状况图像（见 7.6.5 节）。

7.3.5 ListView，ArrayAdapter 与 View-Holder 模式

本应用将气象数据显示在一个 ListView（来自于 android.widget 包）中，它是一种可滚动的项目列表。ListView 是 AdapterView（来自于 android.widget 包）的子类，通过一个 Adapter 对象（来自于 android.widget 包），它将来自于数据源的数据表示成一个视图。这个应用中，将使用 ArrayAdapter 子类（来自于 android.widget 包）来创建对象，该对象利用来自于 ArrayList 集合对象的数据填充 ListView（见 7.6 节）。当应用更新 ArrayList 中的气象数据时，将调用 ArrayAdapter 的 notifyDataSetChanged 方法，以指明 ArrayList 中的底层数据已经发生了改变。然后，适配器会通知 ListView 更新列表。这称为数据绑定。利用 Adapter，有多种类型的 AdapterView 可用来绑定数据。第 9 章中将讲解如何将数据库数据与 ListView 绑定。关于在 Android 中进行数据绑定的更多细节和教程，请访问：

http://developer.android.com/guide/topics/ui/binding.html

View-Holder 模式

默认情况下，一个 ListView 可以显示一个或者两个 TextView。本应用中，需将 ListView 设计成显示一个 ImageView 和多个 TextView 的布局。这个过程涉及大量的运行时开销，需动态地创建新对象。对于具有复杂的列表项布局的大型列表，或者对那些需要快速滚屏的用户而言，这种开销会导致操作的不平滑。为了减少开销，当在 ListView 中滚动时，随着滚出屏幕的那些项的消失，Android 会重复使用这些列表项，用于滚入屏幕的新列表。对于复杂的列表项布局，可以复用列表项中已有的 GUI 组件来提升 ListView 的性能。

为此，需采用 ViewHolder 模式，在此模式下创建的 ViewHolder 类包含的实例变量，用于显示 ListView 数据项的视图。创建 ListView 项时，还需要创建一个 ViewHolder 对象并将它的实例变量初始化成该项所嵌套的视图的引用。接着，将该 ViewHolder 对象与 ListView 项（为一个 View）保存。View 类的 setTag 方法能够将任何 Object 添加到 View 中。然后，这个 Object 就可以通过 View 的 getTag 方法使用。这里将标签指定成 ViewHolder 对象，它包含对 ListView 项嵌套视图的引用。

当一个新的 ListView 项滚入屏幕时，它会检查是否存在可复用的列表项。如果没有，则读取布局 XML 文件，新填充一个列表项视图，然后将 GUI 组件的引用保存到一个 ViewHolder 对象中。接着，使用 setTag 方法将这个 ViewHolder 对象设置成这个 ListView 项的标签。如果存在可复用的项，则将用 getTag 方法取得它的标签，这个方法会返回以前为这个 ListView 项而创建的 ViewHolder 对象。不管通过何种方式获得 ViewHolder 对象，都是在 ViewHolder 的引用视图中显示数据的。

7.3.6 FloatingActionButton

用户通过点触按钮来发出指令。Android 5.0 的材料设计方案中,Google 推出了一种悬浮按钮(Google 称其为 "FAB"),它悬浮在应用的用户界面之上,即它的材料设计高度比其他用户界面要高,指明这是一个重要的操作。例如,通讯录应用可以利用一个包含 "+" 图标的悬浮按钮,提示用户添加新的联系人信息。本章的应用中,将使用一个包含 "完成" 图标(✓)的悬浮按钮,使用户向应用提交一个城市名并由此获得该城市的气象预报信息。在 Android 6.0 及新推出的 Android 设计支持库中,Google 将悬浮图标包含到了(来自于 android.support.design.widget 包)FloatingActionButton 类中。另外,Android Studio 1.4 中重新设计的那些应用模板使用了材料设计,且大多数新的模板都默认包含 FloatingActionButton 类。

FloatingActionButton 为 ImageView 的子类,使 FloatingActionButton 能够显示图像。材料设计指南建议将 FloatingActionButton 定位在至少离手机屏幕边缘 16 dp 或者平板设备屏幕边缘 24 dp,应用模板已经默认进行了这样的设置。有关如何使用 FloatingActionButton 的更多细节,请参见:

> https://www.google.com/design/spec/components/buttons-floating-action-button.html

7.3.7 TextInputLayout

本应用中将使用一个 EditText 来让用户输入希望获得气象信息的城市名。为了理解 EditText 的用途,可以在 EditText 为空时显示一些提示性文本。只要用户开始输入内容,提示性文本就会消失,这可能使用户忘记了 EditText 的用途。

为了解决这个问题,Android 设计支持库提供一个 TextInputLayout(来自于 android.support.design.widget 包)。若 EditText 获得焦点,TextInputLayout 就会动态地将提示性文本的字号缩小,且让其显示在 EditText 的上面,以便用户在输入数据的同时还能够看到提示内容(见图 7.2)。开始运行该应用时,EditText 就获得了焦点,所以 TextInputLayout 会立即将提示内容移到 EditText 的上面。

7.3.8 Snackbar

Snackbar(来自于 android.support.design.widget 包)是一种材料设计组件,它与 Toast 相似。除了能够限时显示在屏幕上以外,Snackbar 还具有交互性。用户可以通过滑指操作使其消失。若用户点触 Snackbar,还可以执行与之相关联的操作。本应用中,将使用 Snackbar 来显示通告型消息。

7.4 构建应用的 GUI 和资源文件

这一节将以 Weather Viewer 应用为基础,讲解 GUI 和资源文件中的新特性。

7.4.1 创建工程

利用 Blank Activity 模板创建一个新工程。在 Create New Project 对话框的 New Project 步骤中,指定如下设置:

- Application name: WeatherViewer
- Company Domain: deitel.com(或者其他域名)

其他步骤中的设定，与 2.3 节中的相同。此外，还需按照 2.5.2 节中讲解的步骤为工程添加一个应用图标。此外，按照 4.4.3 节中的步骤将工程配置成支持 Java SE 7。

7.4.2 AndroidManifest.xml

这个应用被设计成只能使用纵向模式。按照 3.7 节中讲解的那些步骤，将 android:screenOrientation 属性设置成 portrait。此外，还需将下列访问 Internet 的许可设置添加到<manifest>元素中，位于其嵌套的<application>元素之前：

```
<uses-permission android:name="android.permission.INTERNET" />
```

这使得应用能够访问 Internet，从而能够调用 Web 服务。

Android 6.0 中自动赋予的权限

新的 Android 6.0 许可模型（见第 5 章），使得在安装应用时即自动获得了访问 Internet 的许可，因为在当今的应用中，访问 Internet 被认为是一种基本功能。Android 6.0 中，在安装应用时就获得 Internet 许可及其他的许可，按照 Google 的说法，"对用户的隐私或安全性不存在大的风险"——这些许可被分类为 PROTECTION_NORMAL。有关这些许可类型的完整列表，请参见：

```
https://developer.android.com/preview/features/runtime-
permissions.html#best-practices
```

Android 并不会询问用户以获得这些许可，也不允许用户取消这些许可。为此，代码中并不需要检查应用是否具有 PROTECTION_NORMAL 许可。不过，这些许可依然必须在 AndroidManifest.xml 中获得，以满足 Android 版本的向后兼容性。

7.4.3 strings.xml

双击 res/values 文件夹下的 strings.xml 文件，然后单击 Open editor 链接，会显示一个用于创建这些字符串资源的 Translations Editor（见图 7.4）。

键	值
api_key	该值为读者自己的 OpenWeatherMap.org API 密钥
web_service_url	http://api.openweathermap.org/data/2.5/forecast/daily?q=
invalid_url	Invalid URL
weather_condition_image	A graphical representation of the weather conditions
high_temp	High: %s
low_temp	Low: %s
day_description	%1$s: %2$s
humidity	Humidity: %s
hint_text	Enter city (e.g, Boston, MA, US)
read_error	Unable to read weather data
connect_error	Unable to connect to OpenWeatherMap.org

图 7.4　WeatherViewer 应用中用到的字符串资源

7.4.4 colors.xml

Android Studio 的 Blank Activity 模板可定制应用的主颜色、暗主色和强化色。本应用中，需在 colors.xml 里将模板的强化色（colorAccent）改成带阴影的蓝色（十六进制值为#448AFF）。

7.4.5　activity_main.xml

Android Studio 的 Blank Activity 模板将 MainActivity 的 GUI 分成两个文件存放:

- activity_main.xml 定义工具栏(替代 AppCompatActivity 中的应用栏)和一个 FloatingActionButton, 后者的默认位置为屏幕右下角。
- content_main.xml 定义 MainActivity 的其他 GUI 部分, 该文件通过<include>元素包含在上一个文件中。

需对 activity_main.xml 文件做如下改动:

1. 设置 CoordinatorLayout 的 id 属性为 coordinatorLayout, 该属性用于指定显示 Snackbar 的布局。
2. 利用 Vector Asset Studio 将一个"完成"按钮(✓)添加到工程中(见 4.4.9 节中的操作)。然后将该图标指定成预定义的 FloatingActionButton 的 src 属性值。
3. 编辑布局的 XML 文件, 配置几个在 Properties 窗口中不可见的 FloatingActionButton 属性。将 layout_gravity 属性从 "bottom|end" 改成 "top|end", 使 FloatingActionButton 出现在用户界面的右上角。
4. 为了使该按钮与 EditText 的右边缘重叠, 需定义一个新的维度资源 fab_margin_top, 其值为 90 dp。利用该维度资源及由 Blank Activity 模板提供的 fab_margin 维度资源, 定义 FloatingActionButton 的边界如下:

```
android:layout_marginTop="@dimen/fab_margin_top"
android:layout_marginEnd="@dimen/fab_margin"
android:layout_marginBottom="@dimen/fab_margin"
android:layout_marginStart="@dimen/fab_margin"
```

5. 最后, 删除由 Blank Activity 模板预定义的 FloatingActionButton 的 layout_margin 设置。

7.4.6　content_main.xml

这个布局包含在 activity_main.xml 中, 它定义了 MainActivity 的主 GUI。执行如下步骤:

1. 删除由 Blank Activity 模板定义的默认 TextView, 将 RelativeLayout 改成垂直 LinearLayout。
2. 插入一个 TextInputLayout。在布局编辑器的 Design 视图中, 单击 Custom 部分的 CustomView 按钮。在出现的对话框中依次输入 TextInputLayout, 搜索用于定制 GUI 组件的清单。一旦 IDE 高亮选中了 TextInputLayout, 单击 OK 按钮, 然后在 Component Tree 中单击 LinearLayout, 将 TextInputLayout 作为一个嵌套布局插入其中。
3. 为了将 EditText 添加到 TextInputLayout 中, 需切换到布局编辑器的 Text 视图, 然后将 TextInputLayout 元素的结尾标签 "/>" 改成 ">", 将光标定位到 ">" 的右边, 按回车键并输入 "</"。IDE 会自动添加对应的结尾标签。在两个标签之间输入 "<EditText"。IDE 会显示一个自动补全窗口, 其中的 EditText 已经被选中了。按回车键, 插入一个 EditText, 然后将它的 layout_width 属性设置成 match_parent, layout_height 属性设置成 wrap_content。在 Design 视图中将 EditText 的 id 设为 locationEditText, 选中它的 singleLine 属性复选框, 并将 hint 属性设为字符串资源 hint_text。

4. 为了完成该布局，需将一个 ListView 拖到 Component Tree 的 LinearLayout 上。将它的 layout:width 属性设为 match_parent，layout:height 为 0 dp，layout:weight 为 1，id 为 weatherListView。前面说过，如果是通过 layout:weight 来确定视图的高度，为了更有效地呈现该视图，IDE 建议将 layout:height 值设为 0 dp。

7.4.7 list_item.xml

现在将 list_item.xml 布局添加到工程中，并且需要定义一种定制的布局，以便在 ListView 项中显示气象数据（见图 7.5）。这个布局由 WeatherArrayAdapter 填充，为新的 ListView 项创建用户界面（见 7.6.4 节）。

图 7.5　ListView 项中显示某一天气象数据的布局

步骤 1：创建布局文件并指定 LinearLayout 的方向

通过如下步骤创建 list_item.xml 布局文件：

1. 用鼠标右击 layout 文件夹，然后选择 New > Layout resource file。
2. 在 New Resource File 对话框的 File name 域中输入 list_item.xml。
3. 在 Root element 域选中 LinearLayout，然后单击 OK 按钮。list_item.xml 文件会出现在 Project 窗口的 layout 目录下，并会在布局编辑器中打开。
4. 选中 LinearLayout，将它的方向改成 horizontal——这个布局将由一个 ImageView 和一个包含其他视图的 GridLayout 组成。

步骤 2：添加一个 ImageView，显示气象状况图标

执行如下步骤可添加并配置 ImageView：

1. 将一个 ImageView 从 Palette 拖到 Component Tree 的 LinearLayout 上。
2. 将它的 id 属性设为 conditionImageView。
3. 将 layout:width 设为 50 dp——需为该值定义一个维度资源 image_side_length。
4. 将 layout:height 设为 match_parent——ImageView 的高度与 ListView 项的高度一致。
5. 将 contentDescription 设置成在 7.4.3 节中创建的字符串资源 weather_condition_image。
6. 将 scaleType 设置成 fitCenter——图标将位于 ImageView 边界之内且位于中心点。

步骤 3：添加一个 GridLayout，用于显示这些 TextView

执行如下步骤可添加并配置 GridLayout：

1. 将一个 GridLayout 从 Palette 拖到 Component Tree 的 LinearLayout 上。
2. 将 columnCount 设为 3，rowCount 设为 2。

3. 将 layout:width 设为 0 dp——GridLayout 的宽度将由 layout:weight 确定。
4. 将 layout:height 设为 match_parent——GridLayout 的高度与 ListView 项的高度一致。
5. 将 layout:weight 设为 1——GridLayout 的宽度将占据其父 LinearLayout 中所有剩余的水平空间。
6. 单击 useDefaultMargins 属性，为 GridLayout 的单元格设置默认的间距。

步骤 4：添加几个 TextView

执行如下步骤可添加并配置 4 个 TextView：

1. 将一个 Large Text 拖到 Component Tree 的 GridLayout 上，其 id 设为 dayTextView，layout:column 为 0，layout:columnSpan 为 3。
2. 将三个 Plain TextView 拖到 Component Tree 的 GridLayout 上，它们的 id 分别设为 lowTextView，hiTextView 和 humidityTextView。将它们的 layout:row 和 layout:column-Weight 设为 1。所有这些 TextView 都将出现在 GridLayout 的第二行，因为它们具有相同的 layout:columnWeight 值，所以各列的宽度将会一致。
3. 分别将 lowTextView，hiTextView 和 humidityTextView 的 layout:column 设为 0，1，2。

这样就完成了 list_item.xml 布局的设置。这里并不需要更改这些 TextView 的 text 属性值，它们将在程序里设置。

7.5 Weather 类

该应用由三个类组成，它们分别在 7.5 ~ 7.7 节中讨论：

- Weather 类（见本节）代表某一天的气象数据。MainActivity 类将会将 JSON 气象数据转换成一个 ArrayList<Weather>。
- WeatherArrayAdapter 类（见 7.6 节）定义了一个定制的 ArrayAdapter 子类，用于将 ArrayList<Weather>与 MainActivity 的 ListView 绑定。ListView 项的索引从 0 开始，而每一个项中所嵌套的视图，是用来自于 ArrayList<Weather>中具有相同索引值的 Weather 对象的数据填充的。
- MainActivity 类（见 7.7 节）定义应用的用户界面和业务逻辑，处理与 OpenWeather-Map.org 每日气象预报 Web 服务的交互及 JSON 响应。

本节将只讨论 Weather 类。

7.5.1 package 声明、import 声明与实例变量

图 7.6 中列出了 Weather 类中的 package 声明、import 声明和实例变量。这里使用了来自于 java.text 包和 java.util 包中的类（第 5 ~ 8 行），将每日气象数据的时间戳转换成当天的名称（Monday，Tuesday，等等）。这些实例变量被声明成 final 类型，因为在初始化之后并不需要更改它们。同时还将它们声明成 public 类型——Java 中的字符串是不可变的，因此尽管它们为 public 类型，它们的值也是不会改变的。

```
 1  // Weather.java
 2  // Maintains one day's weather information
 3  package com.deitel.weatherviewer;
 4
 5  import java.text.NumberFormat;
 6  import java.text.SimpleDateFormat;
 7  import java.util.Calendar;
 8  import java.util.TimeZone;
 9
10  class Weather {
11     public final String dayOfWeek;
12     public final String minTemp;
13     public final String maxTemp;
14     public final String humidity;
15     public final String description;
16     public final String iconURL;
17
```

图 7.6 Weather 类中的 package 声明、import 声明和实例变量

7.5.2 构造方法

Weather 构造方法（见图 7.7）初始化类中的实例变量：

- NumberFormat 对象用数字值创建字符串。第 22～23 行配置对象时将浮点值四舍五入成整数值。

- 第 25 行调用实用工具方法 convertTimeStampToDay（见 7.5.3 节），获得字符串形式的日期名称并初始化 dayOfWeek。

- 第 26～27 行利用 numberFormat 对象，将当日的最低和最高温度值格式化成整数。在每一个格式字符串的后面，都添加了一个华氏温度符号——Unicode 转义序列 "\u00B0" 代表度数符号（°）。OpenWeatherMap.org 的 API 还支持开氏温度（默认值）和摄氏温度格式。

- 第 28～29 行用 NumberFormat 获得本地百分比格式，然后利用它来格式化湿度百分比值。Web 服务将这个百分比值作为一个整数返回，因此需将其除以 100.0——在美国，1.00 被格式化成 100%，0.5 被格式化成 50%。

- 第 30 行初始化气象状况的描述。

- 第 31～32 行创建的 URL 字符串，表示当日气象的气象状况图像。

```
18     // constructor
19     public Weather(long timeStamp, double minTemp, double maxTemp,
20        double humidity, String description, String iconName) {
21        // NumberFormat to format double temperatures rounded to integers
22        NumberFormat numberFormat = NumberFormat.getInstance();
23        numberFormat.setMaximumFractionDigits(0);
24
25        this.dayOfWeek = convertTimeStampToDay(timeStamp);
26        this.minTemp = numberFormat.format(minTemp) + "\u00B0F";
27        this.maxTemp = numberFormat.format(maxTemp) + "\u00B0F";
28        this.humidity =
29           NumberFormat.getPercentInstance().format(humidity / 100.0);
30        this.description = description;
31        this.iconURL =
32           "http://openweathermap.org/img/w/" + iconName + ".png";
33     }
34
```

图 7.7 Weather 类的构造方法

7.5.3 convertTimeStampToDay 方法

实用工具方法 convertTimeStampToDay（见图 7.8）的实参为一个 long 型值，表示自格林尼治时间 1970 年 1 月 1 日起到现在的秒数，这是 Linux 系统中表示时间的标准做法（Android 以 Linux 为基础）。为了进行转换，需进行如下操作：

- 第 37 行获得一个处理日期和时间的 Calendar 对象，第 38 行调用 setTimeInMillis 方法，利用 timestamp 实参设置时间。timestamp 的单位为秒，所有需将它乘以 1000，转换成毫秒值。
- 第 39 行取得默认的 TimeZone 对象，用于根据设备的时区调整时间（第 42~43 行）。
- 第 46 行创建用于格式化 Date 对象的一个 SimpleDateFormat 对象。它的 "EEEE" 实参会将 Date 值格式化成日期名称（Monday，Tuesday，等等）。有关这些格式的完整列表，请参见：

  http://developer.android.com/reference/java/text/SimpleDateFormat.html

- 第 47 行格式化并返回日期名称。Calendar 的 getTime 方法返回一个包含时间的 Date 对象，它被传递给 SimpleDateFormat 的 format 方法，以获得日期名称。

```
35      // convert timestamp to a day's name (e.g., Monday, Tuesday, ...)
36      private static String convertTimeStampToDay(long timeStamp) {
37          Calendar calendar = Calendar.getInstance(); // create Calendar
38          calendar.setTimeInMillis(timeStamp * 1000); // set time
39          TimeZone tz = TimeZone.getDefault(); // get device's time zone
40
41          // adjust time for device's time zone
42          calendar.add(Calendar.MILLISECOND,
43              tz.getOffset(calendar.getTimeInMillis()));
44
45          // SimpleDateFormat that returns the day's name
46          SimpleDateFormat dateFormatter = new SimpleDateFormat("EEEE");
47          return dateFormatter.format(calendar.getTime());
48      }
49  }
```

图 7.8　Weather 类的 convertTimeStampToDay 方法

7.6 WeatherArrayAdapter 类

WeatherArrayAdapter 类定义了一个 ArrayAdapter 子类，用于将 ArrayList<Weather>与 MainActivity 的 ListView 绑定。

7.6.1 package 声明和 import 声明

图 7.9 列出了 WeatherArrayAdapter 的 package 声明和 import 声明。后面遇到新定义的类型时将讨论它们。

该应用的 ListView 项要求采用一种定制的布局。每一项都包含一个图像（气象状况图标）和一段文本，描述日期、气象条件、最低温度、最高温度和湿度。为了将气象数据映射到这些 ListView 项，需扩展 ArrayAdapter 类（第 23 行），这样就能够重写 ArrayAdapter 方法 getView，为每一个 ListView 项配置一种定制的布局。

```
1   // WeatherArrayAdapter.java
2   // An ArrayAdapter for displaying a List<Weather>'s elements in a ListView
3   package com.deitel.weatherviewer;
4
5   import android.content.Context;
6   import android.graphics.Bitmap;
7   import android.graphics.BitmapFactory;
8   import android.os.AsyncTask;
9   import android.view.LayoutInflater;
10  import android.view.View;
11  import android.view.ViewGroup;
12  import android.widget.ArrayAdapter;
13  import android.widget.ImageView;
14  import android.widget.TextView;
15
16  import java.io.InputStream;
17  import java.net.HttpURLConnection;
18  import java.net.URL;
19  import java.util.HashMap;
20  import java.util.List;
21  import java.util.Map;
22
23  class WeatherArrayAdapter extends ArrayAdapter<Weather> {
```

图 7.9　WeatherArrayAdapter 类中的 package 声明和 import 声明

7.6.2　嵌套类 ViewHolder

嵌套类 ViewHolder（见图 7.10）定义的实例变量，用于操作 ViewHolder 对象时由 WeatherArray-Adapter 类直接访问。创建 ListView 项时，就会为它与一个新的 ViewHolder 对象相关联。如果存在被复用的 ListView 项，则只需获得以前与这个项相关联的那个 ViewHolder 对象即可。

```
24     // class for reusing views as list items scroll off and onto the screen
25     private static class ViewHolder {
26        ImageView conditionImageView;
27        TextView dayTextView;
28        TextView lowTextView;
29        TextView hiTextView;
30        TextView humidityTextView;
31     }
32
```

图 7.10　嵌套类 ViewHolder

7.6.3　实例变量与构造方法

图 7.11 定义了 WeatherArrayAdapter 类的实例变量和构造方法。这里使用 Map<String, Bitmap>类型的实例变量 bitmaps（第 34 行）来缓存以前加载的气象状况图像。这样，当用户在屏幕上翻滚气象预报信息时，不必再次下载这些图像。被缓存的图像将驻留在内存中，直到 Android 退出应用为止。第 37～39 行的构造方法只是简单地调用超类的三实参构造方法版本，分别将 Context（即用于显示 ListView 的那个活动）和 List<Weather>（将显示的数据 List）作为第一个与第三个实参传递。超类的第二个实参表示布局的资源 ID，该布局包含的 TextView 用于显示 ListView 项数据。实参值"–1"表明该应用中将使用定制的布局，从而能够显示多个 TextView。

```
33    // stores already downloaded Bitmaps for reuse
34    private Map<String, Bitmap> bitmaps = new HashMap<>();
35
36    // constructor to initialize superclass inherited members
37    public WeatherArrayAdapter(Context context, List<Weather> forecast) {
38        super(context, -1, forecast);
39    }
40
```

图 7.11　WeatherArrayAdapter 类的实例变量和构造方法

7.6.4　重写的 ArrayAdapter 方法 getView

调用 getView 方法(见图 7.12)，可获得显示 ListView 项数据的视图。重写该方法后，可将数据与定制的 ListView 项匹配。该方法的实参分别为 ListView 项的位置(position)、表示该 ListView 项的 View(convertView)及它的父 View(parent)。通过操作 convertView，就能够定制 ListView 项的内容。第 45 行调用继承的 ArrayAdapter 方法 getItem，从 List<Weather>获得将显示的 Weather 对象。

第 47 行定义的 ViewHolder 变量，根据 getView 方法的 convertView 实参是否为 null 的情况，将被赋值成一个新 ViewHolder 对象或者已有的一个 ViewHolder 对象。

```
41    // creates the custom views for the ListView's items
42    @Override
43    public View getView(int position, View convertView, ViewGroup parent) {
44        // get Weather object for this specified ListView position
45        Weather day = getItem(position);
46
47        ViewHolder viewHolder; // object that reference's list item's views
48
49        // check for reusable ViewHolder from a ListView item that scrolled
50        // offscreen; otherwise, create a new ViewHolder
51        if (convertView == null) { // no reusable ViewHolder, so create one
52            viewHolder = new ViewHolder();
53            LayoutInflater inflater = LayoutInflater.from(getContext());
54            convertView =
55                inflater.inflate(R.layout.list_item, parent, false);
56            viewHolder.conditionImageView =
57                (ImageView) convertView.findViewById(R.id.conditionImageView);
58            viewHolder.dayTextView =
59                (TextView) convertView.findViewById(R.id.dayTextView);
60            viewHolder.lowTextView =
61                (TextView) convertView.findViewById(R.id.lowTextView);
62            viewHolder.hiTextView =
63                (TextView) convertView.findViewById(R.id.hiTextView);
64            viewHolder.humidityTextView =
65                (TextView) convertView.findViewById(R.id.humidityTextView);
66            convertView.setTag(viewHolder);
67        }
68        else { // reuse existing ViewHolder stored as the list item's tag
69            viewHolder = (ViewHolder) convertView.getTag();
70        }
71
72        // if weather condition icon already downloaded, use it;
73        // otherwise, download icon in a separate thread
74        if (bitmaps.containsKey(day.iconURL)) {
75            viewHolder.conditionImageView.setImageBitmap(
```

图 7.12　重写的 ArrayAdapter 方法 getView

```
76              bitmaps.get(day.iconURL));
77          }
78          else {
79              // download and display weather condition image
80              new LoadImageTask(viewHolder.conditionImageView).execute(
81                  day.iconURL);
82          }
83
84          // get other data from Weather object and place into views
85          Context context = getContext(); // for loading String resources
86          viewHolder.dayTextView.setText(context.getString(
87              R.string.day_description, day.dayOfWeek, day.description));
88          viewHolder.lowTextView.setText(
89              context.getString(R.string.low_temp, day.minTemp));
90          viewHolder.hiTextView.setText(
91              context.getString(R.string.high_temp, day.maxTemp));
92          viewHolder.humidityTextView.setText(
93              context.getString(R.string.humidity, day.humidity));
94
95          return convertView; // return completed list item to display
96      }
97
```

图 7.12（续） 重写的 ArrayAdapter 方法 getView

如果 convertView 为 null，则第 52 行新创建一个 ViewHolder 对象，用于保存新的 ListView 项视图的引用。接下来，第 53 行获得 Context 的 LayoutInflator，用于在第 54~55 行填充 ListView 项的布局。第一个实参为要填充的布局（R.layout.list_item）；第二个实参为该布局的父 ViewGroup，用于绑定布局的视图；第三个实参为一个布尔值，表示是否应自动地绑定视图。这里的第三个实参为 false，表示 ListView 将调用 getView 方法获得视图，然后将它与 ListView 绑定。第 56~65 行获得最新填充的布局中的视图的引用，并用它们分别设置 ViewHolder 实例变量的值。第 66 行将这个新的 ViewHolder 对象设置成 ListView 项的标签，将 ViewHolder 和 ListView 项保存起来，以备后面使用。

如果 convertView 不为 null，则表示 ListView 是在复用一个已经滚出屏幕的 ListView 项。这时，第 69 行获得当前 ListView 项的标签，即在前面与该 ListView 项相捆绑的那个 ViewHolder。

创建或者取得了 ViewHolder 之后，第 74~93 行为 ListItem 的视图设置数据。第 74~82 行判断以前是否已经下载过气象状况图像，如果是，则 bitmaps 对象中应包含一个与 Weather 对象的 iconURL 相对应的键。这时，第 75~76 行从 bitmaps 中取得已有的 Bitmap，并据此设置 conditionImageView 的图像。如果以前没有下载过图像，则第 80~81 行新创建一个 LoadImageTask（见 7.6.5 节），在一个独立线程中下载图像。该任务的 execute 方法接收一个 iconURL 并初始化任务。第 86~93 行为 ListView 项的 TextView 设置 String。最后，第 95 行返回 ListView 项中已经配置好的 View。

软件工程结论 7.1

只要请求一个 AsyncTask，就必须新创建一个 AsyncTask 类型的对象，因为每一个 AsyncTask 只能执行一次。

7.6.5 用于在独立线程中下载图像的 AsyncTask 子类

嵌套类 LoadImageTask（见图 7.13）扩展了 AsyncTask 类，它定义如何在一个独立线程中下载气象状况图像，并将图像传递给 GUI 线程，以便在 ListView 项的 ImageView 中显示。

```java
 98      // AsyncTask to load weather condition icons in a separate thread
 99      private class LoadImageTask extends AsyncTask<String, Void, Bitmap> {
100         private ImageView imageView; // displays the thumbnail
101
102         // store ImageView on which to set the downloaded Bitmap
103         public LoadImageTask(ImageView imageView) {
104            this.imageView = imageView;
105         }
106
107         // load image; params[0] is the String URL representing the image
108         @Override
109         protected Bitmap doInBackground(String... params) {
110            Bitmap bitmap = null;
111            HttpURLConnection connection = null;
112
113            try {
114               URL url = new URL(params[0]); // create URL for image
115
116               // open an HttpURLConnection, get its InputStream
117               // and download the image
118               connection = (HttpURLConnection) url.openConnection();
119
120               try (InputStream inputStream = connection.getInputStream()) {
121                  bitmap = BitmapFactory.decodeStream(inputStream);
122                  bitmaps.put(params[0], bitmap); // cache for later use
123               }
124               catch (Exception e) {
125                  e.printStackTrace();
126               }
127            }
128            catch (Exception e) {
129               e.printStackTrace();
130            }
131            finally {
132               connection.disconnect(); // close the HttpURLConnection
133            }
134
135            return bitmap;
136         }
137
138         // set weather condition image in list item
139         @Override
140         protected void onPostExecute(Bitmap bitmap) {
141            imageView.setImageBitmap(bitmap);
142         }
143      }
144   }
```

图 7.13 AsyncTask 子类用于在一个独立线程中下载图像

AsyncTask 是一个要求三个参数的泛型类型：

- 第一个参数是变长参数表的类型（String），用于 AsyncTask 的 doInBackground 方法（第 108～136 行，必须重载它）。调用任务的 execute 方法时，它会创建一个线程，doInBackground 方法会在该线程中执行任务。该应用将气象状况图标的 URL 字符串作为实参传递给 AsyncTask 的 execute 方法（见图 7.12 第 80～81 行）。
- 第二个参数也为一个变长参数表的类型，用于 AsyncTask 的 onProgressUpdate 方法。这个方法在 GUI 线程中执行，并用来从长时间运行的任务中接收特定类型的过渡性更

- 第三个参数是任务结果的类型（Bitmap），它会被传递给 AsyncTask 的 onPostExecute 方法（第 139～143 行）。这个方法在 GUI 线程中执行，并会使 ListView 项的 ImageView 显示 AsyncTask 的结果。需更新的 ImageView 被指定成 LoadImageTask 类构造方法的一个实参（第 103～105 行），并在第 100 行保存到一个实例变量中。

使用 AsyncTask 的主要好处是它会处理创建线程的细节，并会在合适的线程中执行它的方法，这样用户就不必直接与线程处理机制打交道了。

下载气象状况图像

doInBackground 方法利用 HttpURLConnection 下载气象状况图像。第 114 行将传递给 AsyncTask 的 execute 方法的 URL 字符串（params[0]）转换成一个 URL 对象。接着，第 118 行调用 URL 类的 openConnection 方法，获得一个 HttpURLConnection——等号右边的强制转换指令是必须的，因为该方法返回一个 URLConnection。openConnection 方法请求由 URL 指定的内容。第 120 行获得 HttpURLConnection 的 InputStream，并将它传递给 BitmapFactory 方法 decodeStream，读取图像的字节流并返回一个包含该图像的 Bitmap 对象（第 121 行）。第 122 行将这个已经下载的图像缓存到 bitmaps Map 中，供以后再次使用，第 132 行调用 HttpURLConnection 继承的 disconnect 方法，关闭连接并释放资源。第 135 行返回所下载的 Bitmap，然后传递给 GUI 线程中的 onPostExecute 方法，以便显示图像。

7.7 MainActivity 类

MainActivity 类定义应用的用户界面和业务逻辑，处理与 OpenWeatherMap.org 每日气象预报 Web 服务的交互及 JSON 响应。AsyncTask 的嵌套子类 GetWeatherTask 在独立线程中执行请求 Web 服务的操作（见 7.7.5 节）。这个应用中的 MainActivity 并不包含菜单，所以需从自动产生的代码中删除 onCreateOptionsMenu 方法和 onOptionsItemSelected 方法。

7.7.1 package 声明和 import 声明

图 7.14 列出了 MainActivity 的 package 声明和 import 声明。后面遇到新定义的类型时将讨论它们。

```
1   // MainActivity.java
2   // Displays a 16-dayOfWeek weather forecast for the specified city
3   package com.deitel.weatherviewer;
4
5   import android.content.Context;
6   import android.os.AsyncTask;
7   import android.os.Bundle;
8   import android.support.design.widget.FloatingActionButton;
9   import android.support.design.widget.Snackbar;
10  import android.support.v7.app.AppCompatActivity;
11  import android.support.v7.widget.Toolbar;
12  import android.view.View;
13  import android.view.inputmethod.InputMethodManager;
```

图 7.14　MainActivity 类中的 package 声明和 import 声明

```
14  import android.widget.EditText;
15  import android.widget.ListView;
16
17  import org.json.JSONArray;
18  import org.json.JSONException;
19  import org.json.JSONObject;
20
21  import java.io.BufferedReader;
22  import java.io.IOException;
23  import java.io.InputStreamReader;
24  import java.net.HttpURLConnection;
25  import java.net.URL;
26  import java.net.URLEncoder;
27  import java.util.ArrayList;
28  import java.util.List;
29
```

图 7.14(续) MainActivity 类中的 package 声明和 import 声明

7.7.2 实例变量

MainActivity 类(见图 7.15)扩展了 AppCompatActivity 类,定义了三个实例变量:

- weatherList(第 32 行)为一个 ArrayList<Weather>,它保存 Weather 对象,每一个对象代表每日气象预报中一天的数据。
- weatherArrayAdapter 会引用 WeatherArrayAdapter 对象(见 7.6 节),将 weatherList 与 ListView 中的项绑定。
- weatherListView 引用 MainActivity 的 ListView。

```
30  public class MainActivity extends AppCompatActivity {
31     // List of Weather objects representing the forecast
32     private List<Weather> weatherList = new ArrayList<>();
33
34     // ArrayAdapter for binding Weather objects to a ListView
35     private WeatherArrayAdapter weatherArrayAdapter;
36     private ListView weatherListView; // displays weather info
37
```

图 7.15 MainActivity 类的实例变量

7.7.3 重写的 Activity 方法 onCreate

重写的 onCreate 方法(见图 7.16)用于配置 MainActivity 的 GUI。第 41~45 行是由 Android Studio 在创建工程时选择 Blank Activity 模板自动产生的。这些行用于填充 GUI,创建应用的工具栏并将工具栏绑定到某个活动上。前面说过,AppCompatActivity 必须有自己的工具栏,因为早期的 Android 版本并不支持应用栏(以前称为动作栏)。

第 48~50 行配置 weatherListView 的 ListAdapter——这里即为 ArrayAdapter 的 Weather-ArrayAdapter 子类对象。ListView 方法 setAdapter 将 WeatherArrayAdapter 与 ListView 连接,用于填充 ListView 项的内容。

第 53~75 行从 Blank Activity 模板配置 FloatingActionButton。onClick 监听器方法由 Android Studio 自动产生,但这个应用中需重新编写它的方法体。首先获得一个 EditText 引用,然后在第 61 行获得用户的输入。将该输入值传递给 createURL 方法(见 7.7.4 节),以创建返回该城市的气象预报的 Web 服务请求的 URL 表示。

```java
38      // configure Toolbar, ListView and FAB
39      @Override
40      protected void onCreate(Bundle savedInstanceState) {
41          super.onCreate(savedInstanceState);
42          // autogenerated code to inflate layout and configure Toolbar
43          setContentView(R.layout.activity_main);
44          Toolbar toolbar = (Toolbar) findViewById(R.id.toolbar);
45          setSupportActionBar(toolbar);
46
47          // create ArrayAdapter to bind weatherList to the weatherListView
48          weatherListView = (ListView) findViewById(R.id.weatherListView);
49          weatherArrayAdapter = new WeatherArrayAdapter(this, weatherList);
50          weatherListView.setAdapter(weatherArrayAdapter);
51
52          // configure FAB to hide keyboard and initiate web service request
53          FloatingActionButton fab =
54              (FloatingActionButton) findViewById(R.id.fab);
55          fab.setOnClickListener(new View.OnClickListener() {
56              @Override
57              public void onClick(View view) {
58                  // get text from locationEditText and create web service URL
59                  EditText locationEditText =
60                      (EditText) findViewById(R.id.locationEditText);
61                  URL url = createURL(locationEditText.getText().toString());
62
63                  // hide keyboard and initiate a GetWeatherTask to download
64                  // weather data from OpenWeatherMap.org in a separate thread
65                  if (url != null) {
66                      dismissKeyboard(locationEditText);
67                      GetWeatherTask getLocalWeatherTask = new GetWeatherTask();
68                      getLocalWeatherTask.execute(url);
69                  }
70                  else {
71                      Snackbar.make(findViewById(R.id.coordinatorLayout),
72                          R.string.invalid_url, Snackbar.LENGTH_LONG).show();
73                  }
74              }
75          });
76      }
77
```

图 7.16 重写的 Activity 方法 onCreate

如果 URL 成功创建，则第 66 行通过调用 dismissKeyboard 方法（见 7.7.4 节），将键盘隐藏。接着，第 67 行新创建一个 GetWeatherTask，在独立线程中获得气象预报数据，第 68 行执行这个任务，将 Web 服务请求的 URL 作为实参传递给 AsyncTask 方法 execute。如果 URL 创建失败，则第 71～72 行通过一个 Snackbar 提醒用户 URL 无效。

7.7.4 dismissKeyboard 方法和 createURL 方法

图 7.17 包含 MainActivity 方法 dismissKeyboard 和 createURL。用户点触了 FloatingActionButton，将城市名提交给应用后，会调用 dismissKeyboard 方法（第 79～83 行）以隐藏软键盘。Android 提供一种服务，用于在程序代码中管理键盘。通过合适的常量调用继承的 Context 方法 getSystemService，即可获得该服务（以及许多其他 Android 服务）的引用，这里的常量为 Context.INPUT_METHOD_SERVICE。该方法可返回许多不同类型的对象，所以必须将它的返回值强制转换成合适的类型——（android.view.inputmethod 包的）InputMethodManager。为了隐藏键盘，需调用 InputMethodManager 方法 hideSoftInputFromWindow（第 82 行）。

```
78    // programmatically dismiss keyboard when user touches FAB
79    private void dismissKeyboard(View view) {
80       InputMethodManager imm = (InputMethodManager) getSystemService(
81          Context.INPUT_METHOD_SERVICE);
82       imm.hideSoftInputFromWindow(view.getWindowToken(), 0);
83    }
84
85    // create openweathermap.org web service URL using city
86    private URL createURL(String city) {
87       String apiKey = getString(R.string.api_key);
88       String baseUrl = getString(R.string.web_service_url);
89
90       try {
91          // create URL for specified city and imperial units (Fahrenheit)
92          String urlString = baseUrl + URLEncoder.encode(city, "UTF-8") +
93             "&units=imperial&cnt=16&APPID=" + apiKey;
94          return new URL(urlString);
95       }
96       catch (Exception e) {
97          e.printStackTrace();
98       }
99
100      return null; // URL was malformed
101   }
102
```

图 7.17　MainActivity 方法 dismissKeyboard 和 createURL

createURL 方法（第 86～101 行）用于拼装 URL 的字符串表示，以提供 Web 服务请求（第 92～93 行）。然后，第 94 行尝试创建并返回一个用 URL 字符串初始化的 URL 对象。第 93 行中，为 Web 服务查询添加了参数：

&units=imperial&cnt=16&APPID=

参数 units 可以是 imperial（华氏温度）、metric（摄氏温度）或者 standard（开氏温度）——如果不包含该参数，则默认为 standard。参数 cnt 指定预报数据中应包含多少天的信息。最大值为 16，默认值为 7——如果提供的值无效，则结果就为 7 日预报数据。最后，APPID 参数代表 OpenWeatherMap.org API 密钥，它是通过字符串资源 api_key 加载到应用中的。默认情况下，返回的预报数据格式为 JSON，不过也可以通过具有 XML 或 HTML 值的 mode 参数，分别接收 XML 格式或者 Web 页面格式的数据。

7.7.5　调用 Web 服务的 AsyncTask 子类

AsyncTask 嵌套子类 GetWeatherTask（见图 7.18）在独立的线程中执行 Web 服务请求并处理返回结果，然后将气象预报信息以 JSONObject 传递给 GUI 线程，用于显示结果。

```
103   // makes the REST web service call to get weather data and
104   // saves the data to a local HTML file
105   private class GetWeatherTask
106      extends AsyncTask<URL, Void, JSONObject> {
107
108      @Override
109      protected JSONObject doInBackground(URL... params) {
110         HttpURLConnection connection = null;
111
112         try {
113            connection = (HttpURLConnection) params[0].openConnection();
114            int response = connection.getResponseCode();
115
```

图 7.18　调用 Web 服务的 AsyncTask 子类

```
116        if (response == HttpURLConnection.HTTP_OK) {
117            StringBuilder builder = new StringBuilder();
118
119            try (BufferedReader reader = new BufferedReader(
120                new InputStreamReader(connection.getInputStream()))) {
121
122                String line;
123
124                while ((line = reader.readLine()) != null) {
125                    builder.append(line);
126                }
127            }
128            catch (IOException e) {
129                Snackbar.make(findViewById(R.id.coordinatorLayout),
130                    R.string.read_error, Snackbar.LENGTH_LONG).show();
131                e.printStackTrace();
132            }
133
134            return new JSONObject(builder.toString());
135        }
136        else {
137            Snackbar.make(findViewById(R.id.coordinatorLayout),
138                R.string.connect_error, Snackbar.LENGTH_LONG).show();
139        }
140    }
141    catch (Exception e) {
142        Snackbar.make(findViewById(R.id.coordinatorLayout),
143            R.string.connect_error, Snackbar.LENGTH_LONG).show();
144        e.printStackTrace();
145    }
146    finally {
147        connection.disconnect(); // close the HttpURLConnection
148    }
149
150    return null;
151 }
152
153 // process JSON response and update ListView
154 @Override
155 protected void onPostExecute(JSONObject weather) {
156     convertJSONtoArrayList(weather); // repopulate weatherList
157     weatherArrayAdapter.notifyDataSetChanged(); // rebind to ListView
158     weatherListView.smoothScrollToPosition(0); // scroll to top
159 }
160 }
161
```

图 7.18(续)　调用 Web 服务的 AsyncTask 子类

GetWeatherTask 类的三个泛型类型参数如下：

- 用于 AsyncTask 的 doInBackground 方法的变长参数表类型 URL (第 108～151 行)——Web 服务请求的 URL 作为唯一实参被传递给 GetWeatherTask 的 execute 方法。
- 用于 onProgressUpdate 方法的变长参数表类型 Void——这里并不使用该方法。
- 用于任务结果类型的 JSONObject，它被传递给 GUI 线程中的 onPostExecute 方法 (第 154～159 行)，以显示结果。

doInBackground 方法中的第 113 行创建了一个 HttpURLConnection，用于调用 REST Web 服务。正如 7.6.5 节中所讲，只需打开这个连接即可请求 Web 服务。第 114 行获取来自于 Web 服务器的响应代码。如果响应代码为 HttpURLConnection.HTTP_OK，则表明正确调用了 REST Web 服务。这时，第 119～126 行获得 HttpURLConnection 的 InputStream，将其放入一个 BufferedReader，然后

读取响应中的每一行文本,并将它添加到 StringBuilder 中。接着,第 134 行将 StringBuilder 中的 JSON 字符串转换成一个 JSONObject 并将它返回给 GUI 线程。第 147 行解除 HttpURLConnection 连接。

如果在读取气象数据或者连接 Web 服务时发生错误,则第 129~130 行、第 137~138 行或者第 142~143 行会显示一个 Snackbar,表明发生了错误。如果在请求过程中设备失去了网络连接,或者一开始时设备就不存在网络连接(比如处于飞行模式),则这些错误就会出现。

当在 GUI 线程中调用 onPostExecute 方法时,第 156 行调用 convertJSONtoArrayList 方法(见 7.7.6 节),抽取来自于 JSONObject 的气象数据,并将它们置于 weatherList 中。接着,第 157 行调用 ArrayAdapter 的 notifyDataSetChanged 方法,使 weatherListView 用新数据更新自己。第 158 行调用 ListView 方法 smoothScrollToPosition,重新将 ListView 的第一项定位到顶部——这可以确保第一天的气象预报数据显示在顶部。

7.7.6 convertJSONtoArrayList 方法

7.3.2 节中探讨过由 OpenWeatherMap.org 每日气象预报 Web 服务返回的 JSON。ConvertJSONtoArrayList 方法(见图 7.19)从它的 JSONObject 实参中抽取气象数据。首先,第 164 行清除任意已有的 Weather 对象的 weatherList。处理位于 JSONObject 或 JSONArray 中的 JSON 数据,可能导致 JSONException 异常,所以将第 168~188 行置于一个 try 语句块中。

```
162    // create Weather objects from JSONObject containing the forecast
163    private void convertJSONtoArrayList(JSONObject forecast) {
164        weatherList.clear(); // clear old weather data
165
166        try {
167            // get forecast's "list" JSONArray
168            JSONArray list = forecast.getJSONArray("list");
169
170            // convert each element of list to a Weather object
171            for (int i = 0; i < list.length(); ++i) {
172                JSONObject day = list.getJSONObject(i); // get one day's data
173
174                // get the day's temperatures ("temp") JSONObject
175                JSONObject temperatures = day.getJSONObject("temp");
176
177                // get day's "weather" JSONObject for the description and icon
178                JSONObject weather =
179                    day.getJSONArray("weather").getJSONObject(0);
180
181                // add new Weather object to weatherList
182                weatherList.add(new Weather(
183                    day.getLong("dt"), // date/time timestamp
184                    temperatures.getDouble("min"), // minimum temperature
185                    temperatures.getDouble("max"), // maximum temperature
186                    day.getDouble("humidity"), // percent humidity
187                    weather.getString("description"), // weather conditions
188                    weather.getString("icon"))); // icon name
189            }
190        }
191        catch (JSONException e) {
192            e.printStackTrace();
193        }
194    }
195 }
```

图 7.19 MainActivity 方法 convertJSONtoArrayList

第 168 行通过调用实参为数组属性名称的 JSONObject 方法 getJSONArray，获得一个 JSONArray 列表。接下来，第 171~189 行为该列表中的每一个元素创建一个 Weather 对象。JSONArray 方法 length 返回数组的元素个数（第 171 行）。

第 172 行调用 getJSONObject 方法（其实参为数组的索引），获得 JSONArray 中表示某一天的预报数据的 JSONObject 对象。第 175 行取得 "temp" JSON 对象，它包含温度数据；第 178~179 行取得一个 "weather" JSON 数据，然后获取该数组的第一个元素，它包含当天的气象状况描述和图标。

第 182~188 行创建一个 Weather 对象并将它添加到 weatherList 中。第 183 行使用 JSONObject 方法 getLong，获得当天的时间戳（"dt"），Weather 构造方法会将它转换成日期名称。第 184~186 行调用 JSONObject 方法 getDouble，从 temperatures 对象中获得最低温度（"min"）和最高温度（"max"），从 day 对象中获得湿度百分比（"humidity"）。最后，第 187~188 行利用 getString 方法，从 weather 对象获得气象状况描述和图标。

7.8 小结

本章构建了一个 WeatherViewer 应用。该应用从 OpenWeatherMap.org 提供的 Web 服务中获得某城市的 16 日气象预报数据，并将它显示在一个 ListView 中。探讨了一种实现 Web 服务的体系架构，称为 "表述性状态转移"（REST）。学习了应用如何利用 Web 标准（比如超文本传输协议 HTTP），调用 RESTful Web 服务及接收响应。

本应用中使用的 OpenWeatherMap.org Web 服务，将气象预报信息以 JSON 格式的字符串返回。JSON 采用文本格式，其中的对象为名称/值的集合形式。讲解了如何利用来自 org.json 包的 JSONObject 类和 JSONArray 类处理 JSON 数据。

为了调用 Web 服务，需将它的 URL 字符串转换成一个 URL 对象。然后利用该对象打开一个 HttpUrlConnection，它通过 HTTP 请求调用 Web 服务。应用会读取来自 HttpUrlConnection 的 InputStream 的所有数据，并将它置于一个字符串中，然后将该字符串转换成一个 JSONObject，以供处理。本章还讲解了如何将那些需长时间运行的操作置于 GUI 线程之外，并利用 AsyncTask 对象在 GUI 线程之内接收操作的结果。对于 Web 服务请求而言（它们的响应事件无法确定），这样做尤其重要。

我们将气象数据显示在一个 ListView 中，通过一个 ArrayAdapter 子类为每一个 ListView 项提供数据。展示了如何通过 ViewHolder 模式，复用已有的 ListView 项视图来提升 ListView 的表现。

最后，使用了几个来自于 Android 设计支持库的材料设计特性——TextInputLayout 可使用户开始输入文本之后让 EditText 的提示信息依然显示在屏幕上；FloatingActionButton 允许用户提交输入的数据；Snackbar 用于显示通告型消息。

下一章中，将创建一个 Twitter Searches 应用。许多移动应用都可以显示列表项，正如本章中的应用那样。第 8 章中实现这一功能时，将利用 RecyclerView 获取来自 ArrayList<String> 的数据。对于大型数据集，RecyclerView 比 ListView 更有效。还将学习如何将应用数据保存成用户首选项，以及如何启动设备的 Web 浏览器来显示 Web 页面。

第 8 章 Twitter Searches 应用

SharedPreferences，SharedPreferences.Editor，隐式 Intent，
意图选择器，RecyclerView，RecyclerView.Adapter，
RecyclerView.ViewHolder，RecyclerView.ItemDecoration

目标

本章将讲解
- 使用 SharedPreferences 保存与应用相关的键/值对数据
- 使用隐式 Intent 在浏览器中打开 Web 站点
- 使用隐式 Intent 显示一个包含可以共享文本的应用清单的意图选择器
- 在 RecyclerView 中显示滚动项
- 使用 RecyclerView.Adapter 子类指定 RecyclerView 数据
- 使用 RecyclerView.ViewHolder 子类为 RecyclerView 实现 ViewHolder 模式
- 使用 RecyclerView.ItemDecoration 子类显示 RecyclerView 项之间的线
- 使用 AlertDialog.Builder 对象创建 AlertDialog，显示选项清单

提纲

8.1 简介
8.2 测试驱动的应用
  8.2.1 添加一个搜索
  8.2.2 查看搜索 Twitter 的结果
  8.2.3 编辑搜索
  8.2.4 共享搜索
  8.2.5 删除搜索
  8.2.6 滚动浏览保存的搜索
8.3 技术概览
  8.3.1 将键/值对数据保存到 SharedPreferences 文件
  8.3.2 隐式 Intent 和意图选择器
  8.3.3 RecyclerView
  8.3.4 RecyclerView.Adapter 和 RecyclerView.ViewHolder
  8.3.5 RecyclerView.ItemDecoration
  8.3.6 在 AlertDialog 中显示选项清单
8.4 构建应用的 GUI 和资源文件
  8.4.1 创建工程
  8.4.2 AndroidManifest.xml
  8.4.3 添加 RecyclerView 库
  8.4.4 colors.xml
  8.4.5 strings.xml
  8.4.6 arrays.xml
  8.4.7 dimens.xml
  8.4.8 添加 Save 按钮图标
  8.4.9 activity_main.xml
  8.4.10 content_main.xml
  8.4.11 RecyclerView 项的布局：list_item.xml
8.5 MainActivity 类

8.5.1　package 声明和 import 声明
8.5.2　MainActivity 类
8.5.3　重写的 Activity 方法 onCreate
8.5.4　TextWatcher 事件处理器和 updateSaveFAB 方法
8.5.5　saveButton 的 OnClickListener 接口
8.5.6　addTaggedSearch 方法
8.5.7　实现 View.OnClickListener，显示搜索结果的匿名内部类
8.5.8　实现 View.OnLongClickListener 的匿名内部类
8.5.9　shareSearch 方法
8.5.10　deleteSearch 方法
8.6　RecyclerView.Adapter 的 SearchesAdapter 子类
8.6.1　package 声明、import 声明、实例变量和构造方法
8.6.2　RecyclerView.ViewHolder 的嵌套 ViewHolder 子类
8.6.3　重写 RecyclerView.Adapter 方法
8.7　RecyclerView.ItemDecoration 的 ItemDivider 子类
8.8　Fabric：Twitter 的新移动开发平台
8.9　小结

8.1　简介

Twitter 的搜索机制，使用户能轻易跟踪被 3 亿多 Twitter 月活跃用户探讨过的热门话题[①]（Twitter 的总用户数超过 10 亿）[②]。利用 Twitter 的搜索限定符（将在 8.2 节探讨），搜索得到了很好的优化，但在移动设备上输入复杂的查询是冗长耗时的，且容易出错。Twitter Searches 应用（见图 8.1）使用户能够利用易于记忆的短标签名称（显示成一个滚动列表）来保存喜欢的搜索字符串，见图 8.1(a)。然后就可以滚动所保存的搜索清单，点触某个标签名称来快速跟踪某个主题的推文，见图 8.1(b)。正如将看到的，这个应用还允许用户共享、编辑和删除所保存的搜索条件。

(a) 包含几个保存了的搜索条件的应用　　　　(b) 用户点触 "Deitel" 后显示的应用

图 8.1　Twitter Searches 应用

---

① 参见 https://about.twitter.com/company。
② 参见 http://www.businessinsider.com/twitter-monthly-active-users-2015-7?r=UK&IR=T。

这个应用需同时支持横向和纵向模式。在 Flag Quiz 应用中，实现这种功能的方式是为每一种模式提供不同的布局；在 Doodlz 应用中，是通过编程来设置屏幕的模式的；这个应用中，实现方式是将 GUI 设计成根据现有模式动态地调整。

首先，我们将通过测试体验这个应用，然后将讲解用来构建它的技术。接下来是设计它的 GUI。最后，将给出应用的完整源代码并分析它，更详细地探讨应用中的新特性。

8.2 测试驱动的应用

打开并运行应用

启动 Android Studio，从本书示例文件夹下的 TwitterSearches 文件夹打开 Twitter Searches 应用，然后在 AVD 或设备上执行它。这会构建工程并运行应用（见图 8.2）。

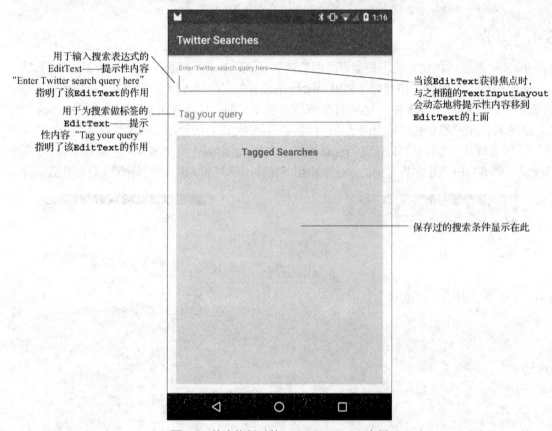

图 8.2　首次执行时的 Twitter Searches 应用

8.2.1 添加一个搜索

点触顶部的 EditText，然后输入搜索语句"from:deitel"，其中的"from:"限定符会从指定的 Twitter 账户搜索推文。图 8.3 给出了几种 Twitter 搜索限定符，可以同时使用多个限定符来构建更复杂的查询。关于限定符的完整列表，请参见：

http://bit.ly/TwitterSearchOperators

例子	找到包含如下内容的推文
google android	(隐式)逻辑"与"运算符——同时包含 google 和 android
google OR android	逻辑"或"运算符——包含 google 或 android，或者二者都包含
"how to program"	引号中的字符串——推文中包含短语"how to program"
android？	？(问号)——找出询问关于 android 的问题的推文
google -android	–(减号)——找出包含 google 但不包含 android 的推文
android :)	:) (笑脸符号)——找出包含 android 的"正能量"推文
android :(	:((哭脸符号)——找出包含 android 的"负能量"推文
since:2013-10-01	找出发表于该时间或其后的推文，日期格式必须是 YYYY‐MM‐DD
near:"New York City"	找出在"New York City"附近发送的推文
from:GoogleCode	搜索来自于 Twitter 账户@GoogleCode 的推文
to:GoogleCode	搜索发送给 Twitter 账户@GoogleCode 的推文

图 8.3　一些 Twitter 搜索限定符

在下面那个 EditText 中输入 Deitel，将其作为这个搜索的标签，见图 8.4(a)。它将成为应用的 Tagged Searches 部分显示的短名称。点触 Save (💾)按钮，可保存这个搜索，而标签"Deitel"会出现在 Tagged Searches 的下面，见图 8.4(b)。保存一个搜索条件时，软键盘会消失，以便能够看到已经保存过的搜索清单(见 8.5.5 节)。

 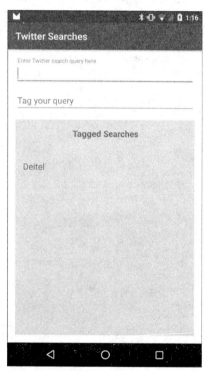

(a) 输入一个Twitter搜索并对其加标签　　　(b) 保存了搜索和搜索标签之后的应用

图 8.4　输入一个 Twitter 搜索

8.2.2　查看搜索 Twitter 的结果

为了查看搜索结果，需点触标签"Deitel"。这会启动设备的 Web 浏览器，并向 Twitter 站点传递一个代表所保存的搜索条件的 URL。Twitter 从该 URL 获得搜索结果，然后将匹配查询条件的推文作为 Web 页面返回。然后，Web 浏览器会显示结果页面（见图 8.5）。查看完结果后，可点触回退按钮（◁），返回到 Twitter Searches 应用，在此可保存更多的搜索标签，也可以编辑、删除或者共享已经保存的搜索标签。对于"from:deitel"搜索，Twitter 会在账户名称中显示包含"deitel"的相关用户账户，以及由这些账户发表的最近推文。

8.2.3 编辑搜索

还可以共享、编辑或者删除一个搜索。为了查看这些选项，需长按搜索的标签，即将手指对准标签按住屏幕，直到出现一个包含 Share、Edit 和 Delete 选项的对话框。如果使用的是 AVD，则需将鼠标左键长按在标签上。当长按"Deitel"时，会出现一个如图 8.6(a) 所示的 AlertDialog 对话框，并显示 Share、Edit 和 Delete 选项。如果不希望执行这些操作，则可点触 CANCEL 按钮。

图 8.5 搜索"from:deitel"的结果

(a) 选择 Edit，编辑已有的搜索条件

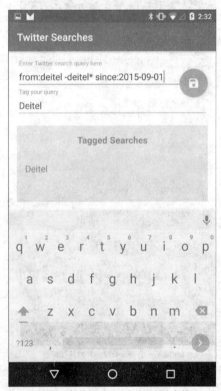

(b) 编辑由标签"Deitel"保存的搜索条件

图 8.6 编辑已经保存过的搜索条件

为了编辑"Deitel"标签，需点触 Edit 选项。应用会加载搜索语句并将其标签放入 EditText 中供编辑。如果希望将搜索账户@deitel 的推文限制在 2015 年 9 月 1 日之后，则需先在图 8.6(b)

上面的 EditText 的已有搜索条件后面加一个空格，然后输入：

  -deitel* since:2015-06-01

"-deitel*"会将推文结果中那些以账号名"deitel"开头，但后面有任何字符的账户删除。"since:"限定符会将搜索结果限制在指定日期的当天或其后的推文（格式为 yyyy-mm-dd）。点触保存按钮（🖫），更新查询条件，然后通过点触 Tagged Searches 部分的 Deitel，即可看到更新后的查询结果（见图 8.7）。[注：改变标签名称会创建一个新的搜索。如果希望在以前保存的查询的基础上创建一个新的查询，就可以利用这个功能。]

8.2.4 共享搜索

  利用 Android，可以轻易将来自于应用的各种类型的信息通过电子邮件、短消息、Facebook、Google+、Twitter 等共享。这个应用中实现共享的方法是长按标签，从出现的 AlertDialog 对话框中选择 Share。这会显示一个所谓的意图选择器，见图 8.8(a)，它会随需共享的内容的类型及能够处理该内容的应用的不同而不同。本应用中是共享文本，手机

图 8.7 查看由更新后的"Deitel"
   标签得到的搜索结果

上的意图选择器会显示许多能够处理文本的应用。如果没有应用能够处理内容，则意图选择器会显示一条消息。如果只有一个应用能够处理内容，则会启动它而不会让用户从意图选择器中挑选。出于测试目的，这里选择 Gmail。图 8.8(b)给出的是 Gmail 应用的写邮件界面，其中的发件人、邮件主题和内容已经填写好了。这里隐去了"From"邮件地址，以保护隐私。

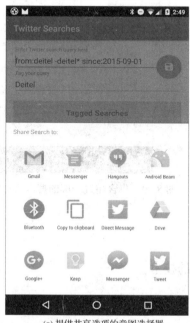 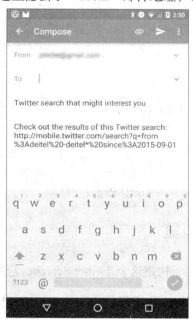

  (a) 提供共享选项的意图选择器   (b) 包含"Deitel"搜索的Gmail应用的写邮件界面

图 8.8 通过 Email 共享搜索结果

8.2.5 删除搜索

为了删除一个搜索,需长按其标签并从 AlertDialog 对话框中选择 Delete。应用会要求用户确认这个操作(见图 8.9)——点 CANCEL 会返回到主屏幕而不执行删除操作;点 DELETE 则删除搜索。

8.2.6 滚动浏览保存的搜索

图 8.10 给出了保存几个搜索之后的应用界面,不过只有 6 个是可见的。如果超过了屏幕一次能够显示的范围,则可通过滚屏来显示其他的项。与桌面应用不同,触屏应用通常不显示滚动条。为了滚屏,需上下拖动手指(或 AVD 中的鼠标)。或者,也可将设备转成横向模式,以动态调整 GUI。

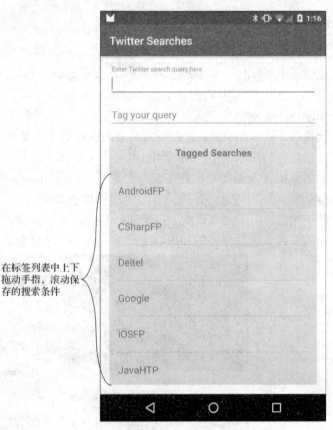

图 8.9 确认删除操作的 AlertDialog 对话框   图 8.10 包含超过一屏的搜索条件的应用

8.3 技术概览

本节讲解用于构建这个 Twitter Searches 应用的技术。

8.3.1 将键/值对数据保存到 SharedPreferences 文件

可以有多个包含键/值对的 SharedPreferences 文件与应用相关联,每一个键可用来快速查找对应的值。第 4 章中的 Flag Quiz 应用,将其首选项保存在一个 SharedPreferences 文件中,它的 PreferenceFragment 创建了这个 SharedPreferences 文件。本应用中，将创建并管理一个名称为 searches 的 SharedPreferences 文件，其中保存的是由用户创建的标签（键）和 Twitter 搜索条件（值）。同样，我们将使用 SharedPreferences.Editor 来修改标签及与之对应的搜索条件。

 性能提示 8.1

本应用并不保存大量数据，所以可以通过 MainActivity 的 onCreate 方法来读取保存在设备上的搜索条件。涉及大量数据的访问不应在 UI 线程中操作，否则应用会显示一个 Application Not Responding（ANR）对话框——通常是在阻止用户与应用交互 5 秒之后。关于应用响应性问题的探讨，请参见 http://developer.android.com/training/articles/perf-anr.html，并可参考第 7 章中 AsyncTask 的用法。

8.3.2 隐式 Intent 和意图选择器

第 4 章中讲解了如何利用一个显式 Intent 在同一个应用中启动指定的 Activity。Android 也支持隐式 Intent，即没有明确地指定该 Intent 应由哪个组件处理。本应用中使用了两个隐式 Intent：

- 一个启动设备的默认 Web 浏览器，根据嵌入在 URL 中的搜索条件显示推文。
- 一个使用户能够从各种共享文本的应用中挑选一个，共享所喜爱的 Twitter 搜索。

对于这两种情况，如果系统无法找到能够处理动作的 Activity，则 startActivity 方法会抛出 ActivityNotFoundException 异常。通常而言，好的做法是处理这种异常，以防止应用崩溃。关于 Intent 的更多信息，请访问：

> http://developer.android.com/guide/components/intents-filters.html

当 Android 接收到隐式 Intent 时，它会从已安装的应用中找出那些其 Activity 能够处理指定动作和数据类型的所有应用。如果只有一个这样的应用，则 Android 会启动该应用中对应的 Activity。如果有多个应用能够处理 Intent，则 Android 会显示一个对话框，用户可从中挑选一个。例如，如果用户选择了一个已保存的搜索条件，且设备只包含一种 Web 浏览器，则 Android 会立即启动该浏览器并执行搜索、显示结果。如果安装了两个或者多个 Web 浏览器，则用户必须从中选取一个以执行任务。

8.3.3 RecyclerView

第 7 章中使用了一个 ListView 来显示气象预报信息，这是一种有限数据集。许多移动应用都能显示包含大量信息的清单。例如，E-mail 应用会显示新邮件的清单；地址簿应用可显示联系人列表；新闻应用会给出新闻的头条，等等。对于这些情况，用户都能够通过点触列表或清单中的一项来查看更多信息，例如邮件内容，联系人的详细信息，或者新闻的正文等。

RecyclerView 与 ListView 的比较

本应用中，将利用（android.support.v7.widget 包的）RecyclerView 显示一个可滚动的搜索列表，这是一种灵活的、可定制的视图，用户能够控制应用如何显示数据列表。RecyclerView 设计得比 ListView 要好一些，它提供更好的数据表示分隔能力，以复用视图（见 8.3.4 节），还为呈现 RecyclerView 的项提供更灵活的定制化选项（见 8.3.5 节）。例如，ListView 只能显示垂直列表项，而 RecyclerView 的布局管理器可以显示垂直列表项或者以网格方式显示，甚至可以定制自己的布局管理器。

RecyclerView 布局管理器

对于本应用，RecyclerView 使用的是 LinearLayoutManager——RecyclerView.LayoutManager 的一个子类——以指定垂直列表项形式的布局，且每一个列表项都会在 TextView 中显示一个字符串形式的搜索标签。也可以为 RecyclerView 项设计一种定制的布局形式。

8.3.4 RecyclerView.Adapter 和 RecyclerView.ViewHolder

第 7 章中使用了一个 Adapter 子类来将数据与 ListView 绑定，还讲解了用于复用已滚出屏幕的视图的 ViewHolder 模式。在那里创建了一个名称为 ViewHolder 的类（见 8.6.2 节），它操作 ListView 项中的视图的引用。Adapter 子类保存有与每一个 ListView 项相关联的 ViewHolder 对象，所以能够复用该 ListView 项的视图。尽管并不要求必须采用这种 ViewHolder 模式，但是推荐这样做，以提升 ListView 的滚屏性能。

RecyclerView 规范化了 ViewHolder 模式，使其成为必须使用的一种模式。8.6 节中将创建一个 RecyclerView.Adapter 子类，将 RecyclerView 的列表项与 List 中的数据绑定。每一个 RecyclerView 项都具有与之对应的一个 RecyclerView.ViewHolder 子类对象（见 8.6.2 节），它保存的是可供复用的该项视图的引用。RecyclerView 与它的 RecyclerView.Adapter 一起，循环复用那些已经滚出屏幕的项的视图。

8.3.5 RecyclerView.ItemDecoration

ListView 类会在两个项之间自动显示一条水平线，但是 RecyclerView 默认情况下不会这样做。为了显示项之间的水平线，需定义一个 RecyclerView.ItemDecoration 子类，它能够对 RecyclerView 绘制分隔线（见 8.7 节）。

8.3.6 在 AlertDialog 中显示选项清单

该应用使用户能够长按一个 RecyclerView 项，显示一个 AlertDialog 对话框，用户只能从显示的选项中挑选其一。将使用 AlertDialog.Builder 的 setItems 方法来指定一个字符串数组资源，它包含供显示的选项名称，并需设置一个事件处理器，以处理用户点触了某个选项时发生的事件。

8.4 构建应用的 GUI 和资源文件

这一节将创建 Twitter Searches 应用的资源文件和 GUI。8.3.3 节中讲过，RecyclerView 并不定义如何呈现它的列表项。所以还需创建一种布局，以定义列表项的 GUI。当创建列表项时，RecyclerView 填充这个布局。

8.4.1 创建工程

利用 Blank Activity 模板创建一个新工程。该应用中并不要求有 Fragment，所以当配置 Blank Activity 模板时，无须选中 Use a Fragment 复选框。在 Create New Project 对话框的 New Project 步中指定如下这些值：

- Application name: Twitter Searches
- Company Domain: deitel.com（或者其他域名）

此外，还需按照 2.5.2 节中讲解的步骤为工程添加一个应用图标。删除 content_main.xml 中的 "Hello world!" TextView，因为并不需要它。此外，按照 4.4.3 节中的步骤将工程配置成支持 Java SE 7。

8.4.2 AndroidManifest.xml

启动应用后，大多数用户都会执行以前保存过的某个搜索。如果 GUI 中的第一个可获得焦点的组件为 EditText，则当启动应用时，Android 会将焦点赋予这个组件。当一个 EditText 获得焦点时，就会显示与之对应的软键盘(除非提供了硬键盘)。这个应用中，我们不希望显示软键盘，除非用户点触了某个 EditText。为此，需按照 3.7 节中的步骤设置 windowSoftInputMode 选项，将其值设为 stateAlwaysHidden。

8.4.3 添加 RecyclerView 库

本应用采用来自于 Android 设计支持库中新的材料设计用户界面组件，包括 TextInputLayout、FloatingActionButton 和 RecyclerView。Android Studio 新的应用模板已经被配置成支持 TextInputLayout 和 FloatingActionButton。为了使用 RecyclerView，必须更新应用的依赖性关系，以包含 RecyclerView 库。操作步骤如下：

1. 右击工程的 app 文件夹，选择 Open Module Settings，打开 Project Structure 窗口。
2. 进入 Dependencies 选项卡，然后点击 + 按钮，选择 Library Dependency，打开 Choose Library Dependency 对话框。
3. 从列表中选取 recyclerview-v7 库，然后单击 OK 按钮。这个库会出现在 Dependencies 选项卡下的清单中。
4. 单击 Project Structure 窗口中的 OK 按钮。

IDE 会更新工程的 build.gradle 文件——出现在工程的 Gradle Scripts 节点下，名称为 build.gradle (Module: app) 的文件——以指定这个新加入的库文件。然后，Gradle 构建工具会让这些库在工程中可用。

8.4.4 colors.xml

这里更改了应用的默认强化色(用于 EditText、TextInputLayout 和 FloatingActionButton)，并添加了一种颜色资源，用于屏幕 Tagged Searches 区的背景色。打开 colors.xml 文件，将 colorAccent 资源的十六进制值改成#FF5722，然后添加一个名称为 colorTaggedSearches 的颜色资源，其值为#BBDEFB。

8.4.5 strings.xml

将图 8.11 中的字符串资源添加到 strings.xml 文件中。

8.4.6 arrays.xml

第 4 章中讲过，数组资源通常定义在 arrays.xml 文件中。按照 4.4.6 节中的步骤，创建一个 arrays.xml 文件，然后将图 8.12 中的资源添加到这个文件中。

键	默认值
query_prompt	Enter Twitter search query here
tag_prompt	Tag your query
save_description	Touch this button to save your tagged search
tagged_searches	Tagged Searches
search_URL	http://mobile.twitter.com/search?q=
share_edit_delete_title	Share, Edit or Delete the search tagged as \"%s\"
cancel	Cancel
share_subject	Twitter search that might interest you
share_message	Check out the results of this Twitter search: %s
share_search	Share Search to:
confirm_message	Are you sure you want to delete the search \"%s\"?
delete	Delete

图 8.11　Twitter Searches 应用中用到的字符串资源

8.4.7　dimens.xml

将如图 8.13 所示的维度资源添加到 dimens.xml 文件中。

数组资源名称	值
dialog_items	Share, Edit, Delete

图 8.12　定义在 arrays.xml 中的字符串数组资源

资源名称	值
fab_margin_top	90dp

图 8.13　dimens.xml 中定义的维度资源

8.4.8　添加 Save 按钮图标

利用 Android Studio 的 Vector Asset Studio(见 4.4.9 节)，将一个材料设计保存图标(🖫，位于 Content 组中)添加到工程中——它将被用做 FloatingActionButton 的图标。添加完矢量图标之后，进入工程的 res/drawable 文件夹，打开该图标的 XML 文件，将<path>元素的 android:fill-Color 值改成

```
"@android:color/white"
```

这会使该图标比应用的强化色更醒目。

8.4.9　activity_main.xml

本节将定制化 FloatingActionButton，它已经被包含在 Android Studio 的 Blank Activity 应用模板中。默认情况下，该按钮包含一个 E-mail 图标且位于 MainActivity 布局的右下角。我们将用 8.4.8 节中添加的保存图标🖫替换这个 E-mail 图标，并将其定位到布局的右上角。执行如下步骤：

1. 打开 activity_main.xml 文件，在 Design 视图中选择 Component Tree 里的 Floating-ActionButton。
2. 将 contentDescription 属性设置成 save_description 字符串资源，将 src 属性设置成 ic_save_24dp Drawable 资源。

到本书写作时为止，Android Studio 还没有为 Android 设计支持库中的组件提供布局属性，所以对这些属性的修改必须直接通过布局的 XML 文件实现。切换到 Text 视图，然后执行如下操作：

3. 将 layout_gravity 的属性值从 "bottom|end" 改成 "top|end"，这样 FloatingActionButton 就会移到布局的顶部。
4. 将 layout_margin 属性的名称改成 layout_marginEnd，使其只适应于 FloatingActionButton 的右侧（若文字顺序为从右到左，则为左侧）。
5. 将下面这一行添加到 FloatingActionButton 的 XML 元素中，为它的顶边界指定一个值——这个值会使按钮从布局顶部向下移动到由 content_main.xml 定义的 GUI 部分：

```
android:layout_marginTop="@dimen/fab_margin_top"
```

8.4.10 content_main.xml

该应用的 content_main.xml 文件中的 RelativeLayout，包含两个 TextInputLayout 和一个 LinearLayout，而 LinearLayout 包含一个 TextView 和一个 RecyclerView。利用布局编辑器和 Component Tree 窗口，构建如图 8.14 所示的布局结构。创建这些 GUI 组件时，需将它们的 id 属性设置成如图中所示。这个布局中有几个组件并不需要 id，因为应用的 Java 代码并不直接引用它们。

图 8.14 Twitter Searches 的 GUI 组件，用它们的 id 属性值标记

步骤 1：添加 queryTextInputLayout 和它的嵌套 EditText

按如下步骤添加 queryTextInputLayout 和它的嵌套 EditText：

1. 插入一个 TextInputLayout。在布局编辑器的 Design 视图中，单击 Palette 的 Custom 部分 CustomView 按钮。在出现的对话框中依次输入 TextInputLayout，搜索用于定制 GUI 组件的清单。一旦 IDE 高亮选中了 TextInputLayout，单击 OK 按钮，然后在 Component

Tree 中单击 RelativeLayout，将 TextInputLayout 作为一个嵌套布局插入其中。选中 TextInputLayout 并将它的 id 设置为 queryTextInputLayout。

2. 为了将 EditText 添加到 TextInputLayout 中，需切换到布局编辑器的 Text 视图，然后将 TextInputLayout 元素的结尾标签"/>"改成">"，将光标定位到">"的右边，按回车键并输入"</"。IDE 会自动添加对应的结尾标签。在两个标签之间输入"<EditText"。IDE 会显示一个自动补全窗口，其中的 EditText 已经被选中了。按回车键，插入一个 EditText，然后将它的 layout_width 属性设置成 match_parent，layout_height 属性设置成 wrap_content。

3. 回到 Design 视图，然后在 Component Tree 中选择 EditText 并将它的 imeOptions 设置成 actionNext（键盘显示一个 按钮，跳到下一个 EditText），将它的 hint 设置成字符串资源 query_prompt，并选中 singleLine 属性复选框。为了查看 imeOptions 属性，必须首先单击 Properties 窗口顶部的 Show expert properties 按钮（ ）。

步骤 2：添加 tagTextInputLayout 和它的嵌套 EditText

按照步骤 1 中的讲解，添加一个 tagTextInputLayout 和它的嵌套 EditText，并做如下改变：

1. 添加完 TextInputLayout 之后，将它的 id 设置为 tagTextInputLayout。

2. 在 Text 视图中，将下面这一行添加到 tagTextInputLayout 的 XML 元素中，表示该 TextInputLayout 应出现在 queryTextInputLayout 的下面：

    ```
    android:layout_below="@id/queryTextInputLayout"
    ```

3. 在 Design 视图中，将 tagTextInputLayout EditText 的 hint 属性设置为字符串资源 tag_prompt。

4. 将 EditText 的 imeOptions 设置成 actionDone——这一选项会使键盘显示一个 按钮，以隐藏键盘。

步骤 3：添加一个 LinearLayout

接下来，需在 tagTextInputLayout 的下面添加一个 LinearLayout：

1. 在 Design 视图中，将 LinearLayout（vertical）拖入 Component Tree 里的 RelativeLayout 节点上。

2. 展开 Properties 窗口中 layout:alignComponent 属性的节点，然后单击 top:bottom 右边的值域，选择 tagTextInputLayout。这表明 LinearLayout 将被置于 tagTextInputLayout 之下。

步骤 4：添加 LinearLayout 嵌套的 TextView 和 RecyclerView

最后，需添加 LinearLayout 嵌套的 TextView 和 RecyclerView：

1. 将一个 Medium Text 拖入 Component Tree 里 LinearLayout（vertical）节点之后，然后将其 layout:width 设置为 match_parent，text 为字符串资源 tagged_searches，gravity 为 center_horizontal，textStyle 为 bold。此外，还需展开它的 padding 属性，将 top 和 bottom 属性设置为维度资源 activity_vertical_margin。

2. 接下来，需插入一个 RecyclerView。在布局编辑器的 Design 视图中，单击 Palette 的

Custom 部分的 CustomView 按钮。在出现的对话框中依次输入 RecyclerView，搜索用于定制 GUI 组件的清单。一旦 IDE 高亮选中了 RecyclerView，单击 OK 按钮，然后在 Component Tree 中单击 LinearLayout，将 RecyclerView 作为一个嵌套视图插入其中。

3. 选择 Component Tree 中的 RecyclerView，将其 id 设置为 recyclerView，layout:width 为 match_parent，layout:height 为 0 dp，layout:weight 为 1——RecyclerView 将填充 LinearLayout 中所有剩余的垂直空间。此外，还需展开它的 padding 属性，将 left 和 right 属性设置为维度资源 activity_horizontal_margin。

8.4.11 RecyclerView 项的布局：list_item.xml

用数据填充 RecyclerView 时，必须指定每一个列表项的布局。新的布局只包含一个 TextView，其内容经过了适当的格式化。执行如下步骤：

1. 在 Project 窗口中展开工程的 res 文件夹，然后右击 layout 文件夹并选择 New > Layout resource file，显示一个 New Resource File 对话框。
2. 在 File name 域中输入 list_item.xml。
3. 在 Root element 域中输入 TextView。
4. 单击 OK 按钮。新的 list_item.xml 文件会出现在 res/layout 文件夹下。

IDE 会在布局编辑器中打开这个新布局。选择 Component Tree 窗口中的 TextView，将其 id 设置为 textView，并依次设置如下属性：

- layout:width——match_parent
- layout:height——?android:attr/listPreferredItemHeight——该值为预定义的 Android 资源，表示针对便于点触的视图的列表项首选高度[①]。

外观设计观察 8.1

　　Android 设计指南推荐屏幕上最小的可点触项的尺寸是 48 dp × 48 dp。有关 GUI 大小及间距设置的更多信息，请参见 https://www.google.com/design/spec/layout/metrics-keylines.html。

- gravity——center_vertical
- textAppearance——?android:attr/textAppearanceMedium——它是为中等字号大小的文本而预定义的主题资源。

其他预定义的 Android 资源

还有许多预定义的 Android 资源，比如用于设置列表项的 height 和 text Appearance 属性的资源。有关这些资源的完整清单，请参见：

    http://developer.android.com/reference/android/R.attr.html

如果需要在布局中使用某个值，需按如下格式指定它：

    ?android:attr/*resourceName*

---

① 到本书写作时为止，必须在 XML 文件中直接进行这样的设置，因为 Android Studio 存在一个 bug，若在 Properties 窗口中进行设置，则会错误地在其属性值的后面追加 "dp" 字样。

8.5 MainActivity 类

这个应用包含三个类：

- MainActivity 类将在本节中讨论，它配置应用的 GUI 并定义应用的逻辑。
- SearchesAdapter 类将在 8.6 节中讲解，它是 RecyclerView.Adapter 的一个子类，定义如何将用户搜索的标签名称与 RecyclerView 的项绑定。MainActivity 类的 onCreate 方法创建的 SearchesAdapter 类对象，会被当做 RecyclerView 的适配器。
- ItemDivider 类（见 8.7 节）为 RecyclerView.ItemDecoration 的子类，RecyclerView 用其绘制项之间的水平线。

8.5.1～8.5.10 节详细探讨了 MainActivity 类。该应用并不需要菜单，所以删除了 MainActivity 方法 onCreateOptionsMenu 和 onOptionsItemSelected 及 res/menu 文件夹下对应的菜单资源。

8.5.1 package 声明和 import 声明

图 8.15 给出了 MainActivity 中的 package 声明和 import 声明语句（8.3 节讨论过）。

```java
1  // MainActivity.java
2  // Manages your favorite Twitter searches for easy
3  // access and display in the device's web browser
4  package com.deitel.twittersearches;
5
6  import android.app.AlertDialog;
7  import android.content.Context;
8  import android.content.DialogInterface;
9  import android.content.Intent;
10 import android.content.SharedPreferences;
11 import android.net.Uri;
12 import android.os.Bundle;
13 import android.support.design.widget.FloatingActionButton;
14 import android.support.design.widget.TextInputLayout;
15 import android.support.v7.app.AppCompatActivity;
16 import android.support.v7.widget.LinearLayoutManager;
17 import android.support.v7.widget.RecyclerView;
18 import android.support.v7.widget.Toolbar;
19 import android.text.Editable;
20 import android.text.TextWatcher;
21 import android.view.View;
22 import android.view.View.OnClickListener;
23 import android.view.View.OnLongClickListener;
24 import android.view.inputmethod.InputMethodManager;
25 import android.widget.EditText;
26 import android.widget.TextView;
27
28 import java.util.ArrayList;
29 import java.util.Collections;
30 import java.util.List;
31
```

图 8.15　MainActivity 中的 package 声明和 import 声明

8.5.2 MainActivity 类

正如 WeatherViewer 应用中那样，这个应用中的 MainActivity 类（见图 8.16）扩展了

AppCompatActivity(第 32 行),以便能够显示一个应用栏,并且可以利用过去及当前 Android 版本中在设备上运行的 AppCompat 库特性。静态字符串常量 SEARCHES(第 34 行)表示用来在设备上保存一对标签/搜索条件值的 SharedPreferences 文件名称。

```
32  public class MainActivity extends AppCompatActivity {
33     // name of SharedPreferences XML file that stores the saved searches
34     private static final String SEARCHES = "searches";
35
36     private EditText queryEditText; // where user enters a query
37     private EditText tagEditText; // where user enters a query's tag
38     private FloatingActionButton saveFloatingActionButton; // save search
39     private SharedPreferences savedSearches; // user's favorite searches
40     private List<String> tags; // list of tags for saved searches
41     private SearchesAdapter adapter; // for binding data to RecyclerView
42
```

图 8.16 MainActivity 类

第 36~41 行定义了 MainActivity 类的实例变量。

- 第 36~37 行声明的 EditText,用于访问用户输入的搜索条件和标签。
- 第 38 行声明了一个 FloatingActionButton,用户点触它可保存一个搜索条件。在 Blank Activity 应用模板中,它被声明成 onCreate 方法里的一个局部变量(见 8.5.3 节)——这里将它重命名并使其成为一个实例变量,这样当 EditText 为空时可以隐藏它,而当两个 EditText 都包含内容时可以显示它。
- 第 39 行声明了一个 SharedPreferences 实例变量 savedSearches,它用于操作表示用户保存的搜索条件的一对标签/搜索条件值。
- 第 40 行声明的 List<String> tags 用于保存已排序的标签名称。
- 第 41 行声明了一个 SearchesAdapter 实例变量 adapter,它指向为 RecyclerView 提供数据的 RecyclerView.Adapter 子类对象。

8.5.3 重写的 Activity 方法 onCreate

重写的 Activity 方法 onCreate(见图 8.17)初始化 Activity 的实例变量并配置 GUI 组件。第 52~57 行获得 queryEditText 和 tagEditText 的引用并分别注册一个 TextWatcher(见 8.5.4 节),当用户输入或者删除了 EditText 中的字符时,就会通知这些 TextWatcher。

```
43     // configures the GUI and registers event listeners
44     @Override
45     protected void onCreate(Bundle savedInstanceState) {
46        super.onCreate(savedInstanceState);
47        setContentView(R.layout.activity_main);
48        Toolbar toolbar = (Toolbar) findViewById(R.id.toolbar);
49        setSupportActionBar(toolbar);
50
51        // get references to the EditTexts and add TextWatchers to them
52        queryEditText = ((TextInputLayout) findViewById(
53           R.id.queryTextInputLayout)).getEditText();
54        queryEditText.addTextChangedListener(textWatcher);
55        tagEditText = ((TextInputLayout) findViewById(
56           R.id.tagTextInputLayout)).getEditText();
57        tagEditText.addTextChangedListener(textWatcher);
```

图 8.17 重写的 Activity 方法 onCreate

```
58
59      // get the SharedPreferences containing the user's saved searches
60      savedSearches = getSharedPreferences(SEARCHES, MODE_PRIVATE);
61
62      // store the saved tags in an ArrayList then sort them
63      tags = new ArrayList<>(savedSearches.getAll().keySet());
64      Collections.sort(tags, String.CASE_INSENSITIVE_ORDER);
65
66      // get reference to the RecyclerView to configure it
67      RecyclerView recyclerView =
68         (RecyclerView) findViewById(R.id.recyclerView);
69
70      // use a LinearLayoutManager to display items in a vertical list
71      recyclerView.setLayoutManager(new LinearLayoutManager(this));
72
73      // create RecyclerView.Adapter to bind tags to the RecyclerView
74      adapter = new SearchesAdapter(
75         tags, itemClickListener, itemLongClickListener);
76      recyclerView.setAdapter(adapter);
77
78      // specify a custom ItemDecorator to draw lines between list items
79      recyclerView.addItemDecoration(new ItemDivider(this));
80
81      // register listener to save a new or edited search
82      saveFloatingActionButton =
83         (FloatingActionButton) findViewById(R.id.fab);
84      saveFloatingActionButton.setOnClickListener(saveButtonListener);
85      updateSaveFAB(); // hides button because EditTexts initially empty
86   }
87
```

图 8.17(续)　重写的 Activity 方法 onCreate

获取 SharedPreferences 对象

第 60 行使用(间接继承自 Context 类的) getSharedPreferences 方法获得一个 SharedPreferences 对象，从 searches 文件中读取已有的标签/搜索结果对(如果存在)。第一个实参表示包含数据的文件名称，第二个实参指定文件的访问级别，其值可以是

- MODE_PRIVATE——只能由该应用访问。多数情况下，需要用到这个选项。
- MODE_WORLD_READABLE——设备上的任何应用都能够读取这个文件。
- MODE_WORLD_WRITABLE——设备上的任何应用都能够写入这个文件。

这些常量可以用位 "或" 运算符(|)组合。

获取保存在 SharedPreferences 对象中的键

我们希望这些搜索标签能够按字母顺序显示，以方便用户找到需执行的搜索。首先，第 63 行获得 SharedPreferences 对象中键的字符串表示，并将它们保存在 tags 中(一个 ArrayList<String>)。SharedPreferences 方法 getAll 将全部所保存的搜索作为一个 Map(来自于 java.util 包)返回，即一个键/值对的集合。然后，对该 Map 对象调用 keySet 方法，将所有键作为一个 Set<String> (来自于 java.util 包)返回，即所有唯一值的集合。这个结果被用来初始化 tags。

排序标签的 ArrayList

第 64 行利用 Collections.sort 来排序 tags。由于用户可能输入包含大小写字母的标签，所

以传递的是一个预定义的 Comparator<String>对象 String.CASE_INSENSITIVE_ORDER，执行大小写无关的排序。

配置 RecyclerView

第 67~69 行配置 RecyclerView。

- 第 67~68 行获得 RecyclerView 的引用。
- RecyclerView 能够以不同的方式安排它的内容。这个应用中将使用 LinearLayoutManager 来显示一个垂直列表项。LinearLayoutManager 的构造方法接收一个 Context 对象，这里为 MainActivity。第 71 行创建的 LinearLayoutManager 调用 RecyclerView 方法 setLayoutManager，将新对象设置成 RecyclerView 的布局管理器。
- 第 74~75 行创建的 SearchesAdapter（见 8.6 节）为一个 RecyclerView.Adapter 子类，它提供的数据将显示在 RecyclerView 中。第 76 行调用 RecyclerView 方法 setAdapter，指定 SearchesAdapter 将为 RecyclerView 提供数据。
- 第 79 行创建一个名称为 ItemDivider（见 8.7 节）的 RecyclerView.ItemDecoration 子类，并将对象传递给 RecyclerView 方法 addItemDecoration。这时的 RecyclerView 能够在列表项之间绘制一条水平线。

为 FloatingActionButton 注册监听器

第 82~85 行获得 saveFloatingActionButton 的引用，并注册它的 OnClickListener。实例变量 saveButtonListener 引用一个实现了 View.OnClickListener 接口的匿名内部类对象（见 8.5.5 节）。第 85 行调用的 updateSaveFAB 方法（见 8.5.4 节），最初会隐藏 saveFloatingActionButton，因为当首次调用 onCreate 方法时，两个 EditText 都为空，只有当它们都包含输入内容时，这个按钮才会显示。

8.5.4 TextWatcher 事件处理器和 updateSaveFAB 方法

图 8.18 定义的匿名内部类实现了 TextWatcher 接口（第 89~103 行）。当任何一个 EditText 的内容发生改变时，TextWatcher 的 onTextChanged 方法都会调用 updateSaveFAB 方法。第 54 行和第 57 行（见图 8.17）将实例变量 textWatcher 注册成 EditText 事件的监听器。

```
88      // hide/show saveFloatingActionButton based on EditTexts' contents
89      private final TextWatcher textWatcher = new TextWatcher() {
90         @Override
91         public void beforeTextChanged(CharSequence s, int start, int count,
92            int after) { }
93
94         // hide/show the saveFloatingActionButton after user changes input
95         @Override
96         public void onTextChanged(CharSequence s, int start, int before,
97            int count) {
98            updateSaveFAB();
99         }
100
101        @Override
102        public void afterTextChanged(Editable s) { }
103     };
104
```

图 8.18 TextWatcher 事件处理器和 updateSaveFAB 方法

```
105    // shows or hides the saveFloatingActionButton
106    private void updateSaveFAB() {
107       // check if there is input in both EditTexts
108       if (queryEditText.getText().toString().isEmpty() ||
109          tagEditText.getText().toString().isEmpty())
110          saveFloatingActionButton.hide();
111       else
112          saveFloatingActionButton.show();
113    }
114
```

图 8.18(续)   TextWatcher 事件处理器和 updateSaveFAB 方法

updatedSaveFAB 方法(见图 8.18 第 106~113 行)检测两个 EditText 中是否存在文本(第 108~109 行)。如果有一个(或者两个) EditText 为空,则第 110 行调用 FloatingActionButton 的 hide 方法,隐藏按钮。因为只有标签和搜索条件同时存在才能保存它们。如果两个 EditText 都包含文本,第 112 行调用 FloatingActionButton 的 show 方法,显示按钮,使用户能够保存这一对标签/搜索条件。

8.5.5 saveButton 的 OnClickListener 接口

图 8.19 定义实例变量 saveButtonListener,它指向一个实现了 OnClickListener 接口的匿名内部类对象。第 84 行(见图 8.17)将 saveButtonListener 注册成 saveFloatingActionButton 的事件处理器。第 119~135 行(见图 8.19)重写了 OnClickListener 的 onClick 方法。第 121~122 行从 EditText 获得字符串。如果用户输入了搜索条件和标签(第 124 行),则:

- 第 126~128 行隐藏软键盘。
- 第 130 行调用 addTaggedSearch 方法(见 8.5.6 节),保存这对标签/搜索条件。
- 第 131~132 行清除这两个 EditText。
- 第 133 行调用 queryEditText 的 requestFocus 方法,将输入光标定位到 queryEditText。

```
115    // saveButtonListener save a tag-query pair into SharedPreferences
116    private final OnClickListener saveButtonListener =
117       new OnClickListener() {
118          // add/update search if neither query nor tag is empty
119          @Override
120          public void onClick(View view) {
121             String query = queryEditText.getText().toString();
122             String tag = tagEditText.getText().toString();
123
124             if (!query.isEmpty() && !tag.isEmpty()) {
125                // hide the virtual keyboard
126                ((InputMethodManager) getSystemService(
127                   Context.INPUT_METHOD_SERVICE)).hideSoftInputFromWindow(
128                   view.getWindowToken(), 0);
129
130                addTaggedSearch(tag, query); // add/update the search
131                queryEditText.setText(""); // clear queryEditText
132                tagEditText.setText(""); // clear tagEditText
133                queryEditText.requestFocus(); // queryEditText gets focus
134             }
135          }
136       };
137
```

图 8.19   实现 saveButton 的 OnClickListener 接口,保存新搜索的匿名内部类

8.5.6 addTaggedSearch 方法

图 8.19 中的事件处理器调用 addTaggedSearch 方法（见图 8.20），将一个新搜索添加到 savedSearches，或者修改一个已有的搜索。

```
138     // add new search to file, then refresh all buttons
139     private void addTaggedSearch(String tag, String query) {
140        // get a SharedPreferences.Editor to store new tag/query pair
141        SharedPreferences.Editor preferencesEditor = savedSearches.edit();
142        preferencesEditor.putString(tag, query); // store current search
143        preferencesEditor.apply(); // store the updated preferences
144
145        // if tag is new, add to and sort tags, then display updated list
146        if (!tags.contains(tag)) {
147           tags.add(tag); // add new tag
148           Collections.sort(tags, String.CASE_INSENSITIVE_ORDER);
149           adapter.notifyDataSetChanged(); // update tags in RecyclerView
150        }
151     }
152
```

图 8.20　MainActivity 方法 addTaggedSearch

编辑 SharedPreferences 对象的内容

回忆 4.6.7 节可知，为了更改 SharedPreferences 对象的内容，必须首先调用它的 edit 方法，获得一个 SharedPreferences.Editor 对象（见图 8.20 第 141 行），从而可以对 SharedPreferences 文件中的键/值对数据进行添加、删除和修改等操作。第 142 行调用 SharedPreferences.Editor 方法 putString，保存标签（键）和搜索条件（对应的值）。若键已经存在，则会更新其值。第 143 行通过调用 SharedPreferences.Editor 方法 apply，将这些变化提交给文件。

将数据变化告知 RecyclerView.Adapter

用户添加了新搜索后，应当更新 RecyclerView 的显示。第 146 行判断是否添加了新的标签。如果是，则第 147~148 行将它添加到 tags 中，然后重新排序。第 149 行调用 RecyclerView.Adapter 的 notifyDataSetChanged 方法，表明标签中的底层数据已经变化。和 ListView 适配器一样，RecyclerView.Adapter 也会通知 RecyclerView 要更新所显示的列表项。

8.5.7　实现 View.OnClickListener，显示搜索结果的匿名内部类

图 8.21 定义实例变量 itemClickListener，它指向一个实现了 OnClickListener 接口的匿名内部类对象。第 156~168 行重写了 OnClickListener 的 onClick 方法。该方法的实参为用户点触了的 View，这里为在 RecyclerView 中显示搜索标签的 TextView。

获取字符串资源

第 159 行获得用户在 RecyclerView 中点触了的 View 文本，即用于搜索的标签。第 160~161 行创建一个字符串，它包含 Twitter 搜索 URL 和要执行的搜索条件。第 160 行用一个实参调用 Activity 的继承方法 getString，获得名称为 search_URL 的字符串资源，然后将搜索字符串放于其后面。

获取 SharedPreferences 对象中的字符串

这里将第 161 行得到的结果添加到了搜索 URL 中，以得到一个 urlString。SharedPreferences

方法 getString 返回与 tag 相关联的搜索。如果 tag 还不存在，则会返回第二个实参(这里为空)。第 161 行将查询传递给 Uri 方法 encode，它会剔除特殊的 URL 字符(比如?, /, :, 等等)，并返回一个"URL 编码"字符串。android.net 包的 Uri 类(第 15 行)能将一个 URL 转换成 Intent 所要求的格式，以启动设备的 Web 浏览器①。这样做可确保 Twitter Web 服务器能够将接收到的请求解析成正确的 URL，以获得搜索结果。

```
153    // itemClickListener launches web browser to display search results
154    private final OnClickListener itemClickListener =
155       new OnClickListener() {
156          @Override
157          public void onClick(View view) {
158             // get query string and create a URL representing the search
159             String tag = ((TextView) view).getText().toString();
160             String urlString = getString(R.string.search_URL) +
161                Uri.encode(savedSearches.getString(tag, ""), "UTF-8");
162
163             // create an Intent to launch a web browser
164             Intent webIntent = new Intent(Intent.ACTION_VIEW,
165                Uri.parse(urlString));
166
167             startActivity(webIntent); // show results in web browser
168          }
169       };
170
```

图 8.21　实现 View.OnClickListener 接口，显示搜索结果的匿名内部类

创建 Intent，启动设备的 Web 浏览器

第 164~165 行创建一个新的 Intent 对象，用它来启动设备的 Web 浏览器并显示 Twitter 搜索结果。第 4 章中讲解了如何利用一个显式 Intent 在同一个应用中启动另一个 Activity。这里将使用隐式 Intent 来启动另一个应用。传递给 Intent 构造方法的第一个实参是一个常量，它描述希望执行的动作。Intent.ACTION_VIEW 表示希望显示 Intent 数据。Intent 类中定义了许多常量，它们描述了诸如搜索、选择、发送和播放等的动作。细节请参见：

　　　　http://developer.android.com/reference/android/content/Intent.html

第二个实参(第 165 行)是一个数据的 Uri，表示希望对它执行某个动作。Uri 类的 parse 方法会将 URL 的字符串表示转换成 Uri。

从 Intent 启动 Activity

第 167 行将 Intent 传递给继承的 Activity 方法 startActivity，它会启动一个 Activity，对指定数据执行特定的动作。由于这里是查看一个 URI，所以 Intent 会启动设备的 Web 浏览器，以显示对应的 Web 页面。页面中会显示所提供的 Twitter 搜索的结果。

8.5.8　实现 View.OnLongClickListener 的匿名内部类

图 8.22 定义实例变量 itemLongClickListener，它指向一个实现了 OnLongClickListener 接口的匿名内部类对象。第 175~216 行重写了 OnLongClickListener 的 onLongClick 方法。

---

① 统一资源定位符(URI)唯一地确定了一个网络资源。URI 的一种常见类型是统一资源定位器(URL)，它标识 Web 上的某一项，比如 Web 页面、图像文件、Web 服务方法，等等。

```java
171      // itemLongClickListener displays a dialog allowing the user to share
172      // edit or delete a saved search
173      private final OnLongClickListener itemLongClickListener =
174         new OnLongClickListener() {
175            @Override
176            public boolean onLongClick(View view) {
177               // get the tag that the user long touched
178               final String tag = ((TextView) view).getText().toString();
179
180               // create a new AlertDialog
181               AlertDialog.Builder builder =
182                  new AlertDialog.Builder(MainActivity.this);
183
184               // set the AlertDialog's title
185               builder.setTitle(
186                  getString(R.string.share_edit_delete_title, tag));
187
188               // set list of items to display and create event handler
189               builder.setItems(R.array.dialog_items,
190                  new DialogInterface.OnClickListener() {
191                     @Override
192                     public void onClick(DialogInterface dialog, int which) {
193                        switch (which) {
194                           case 0: // share
195                              shareSearch(tag);
196                              break;
197                           case 1: // edit
198                              // set EditTexts to match chosen tag and query
199                              tagEditText.setText(tag);
200                              queryEditText.setText(
201                                 savedSearches.getString(tag, ""));
202                              break;
203                           case 2: // delete
204                              deleteSearch(tag);
205                              break;
206                        }
207                     }
208                  }
209               );
210
211               // set the AlertDialog's negative Button
212               builder.setNegativeButton(getString(R.string.cancel), null);
213
214               builder.create().show(); // display the AlertDialog
215               return true;
216            }
217         };
218
```

图 8.22 实现 View.OnLongClickListener 的匿名内部类

匿名内部类中使用的 final 局部变量

第 178 行获得用户长按了的项中的文本，并将它赋予 final 局部变量 tag——匿名内部类中使用的任何局部变量或方法参数，都必须声明成 final 型。

显示列表项的 AlertDialog

第 181~186 行创建一个 AlertDialog.Builder，将对话框标题设置成一个格式化的字符串（R.string.share_edit_delete_title），其中用 tag 替换了格式指定符。第 186 行调用 Activity 的继承方法 getString，它接收多个实参，第一个实参为字符串资源 ID，表示一个格式字符串，其他实参为需替换格式字符串中格式指定符的各个值。除了按钮之外，AlertDialog 还可以显示列表项。第 189~209 行使用 AlertDialog.Builder 方法 setItems，指明对话框必须显示 String R.array.dialog_items 字符串数组，并且定义了一个匿名内部类对象，以响应用户点触了任何列表项的操作。

对话框列表项的事件处理器

第 190~208 行的匿名内部类确定了用户选择的是对话框中的哪一项，并执行相应的动作。如果用户选择了 Share，则调用 shareSearch（第 195 行）；如果选择 Edit，则第 199~201 行会在 EditText 中显示搜索条件和它的标签；如果选择 Delete，则调用 deleteSearch（第 204 行）。

配置取消按钮并显示对话框

第 212 行配置对话框的取消按钮。如果取消按钮的事件处理器为空，则单击该按钮只会使对话框消失。第 214 行创建并显示这个对话框。

8.5.9 shareSearch 方法

用户选择共享这个搜索时（见图 8.22），会调用 shareSearch 方法（见图 8.23）。第 222~223 行创建一个表示要共享的搜索条件的字符串。第 226~232 行创建并配置一个 Intent，以便利用能够处理 Intent.ACTION_SEND 的 Activity 发送这个搜索 URL。

```
219    // allow user to choose an app for sharing URL of a saved search
220    private void shareSearch(String tag) {
221       // create the URL representing the search
222       String urlString = getString(R.string.search_URL) +
223          Uri.encode(savedSearches.getString(tag, ""), "UTF-8");
224
225       // create Intent to share urlString
226       Intent shareIntent = new Intent();
227       shareIntent.setAction(Intent.ACTION_SEND);
228       shareIntent.putExtra(Intent.EXTRA_SUBJECT,
229          getString(R.string.share_subject));
230       shareIntent.putExtra(Intent.EXTRA_TEXT,
231          getString(R.string.share_message, urlString));
232       shareIntent.setType("text/plain");
233
234       // display apps that can share plain text
235       startActivity(Intent.createChooser(shareIntent,
236          getString(R.string.share_search)));
237    }
238
```

图 8.23 MainActivity 方法 shareSearch

向 Intent 添加附加信息

Intent 可以包含大量附加信息，即传递给 Activity 以处理 Intent 的其他信息。例如，E-mail Activity 可以接收邮件主题、抄送/暗送地址及主体内容等附加信息。第 228~231 行利用 Intent 方法 putExtra，添加表示 Intent 附加信息的 Bundle 键/值对。该方法的第一个实参为一个 String 键，代表附加信息的用途，第二个实参为对应的附加数据。附加信息可以是基本数据类型值、基本数据类型数组、整个 Bundle 对象等。关于 putExtra 重载方法的完整列表，请参见 Intent 类的文档。

第 228~229 行中的附加信息用字符串资源 R.string.share_subject 指定邮件的主题。对于不使用主题的 Activity（比如在社交网络上共享信息），可以忽略这一部分。第 230~231 行的附加信息代表要共享的文本，即一个格式字符串，其中 urlString 用字符串资源 R.string.share_message 替换。第 232 行将 Intent 的 MIME 类型设置成 text/plain，这种数据能够被任何可以发送纯文本消息的 Activity 处理。

显示意图选择器

为了显示如图 8.8(a)所示的意图选择器，需将一个 Intent 和一个 String 标题传递给静态方法 createChooser 方法（第 235 ~ 236 行）。意图选择器的标题由第二个实参（R.string.share_search）指定。设置这样的标题可提醒用户选择合适的 Activity。由于无法通过安装在手机上的应用或者 Intent 过滤器来控制其他哪些应用能够启动，所以有可能在选择器中出现不兼容的 Activity。createChooser 方法返回的 Intent 会传递给 startActivity 方法，以显示意图选择器。

8.5.10 deleteSearch 方法

如果用户长按搜索标签，且从出现的对话框中选择 Delete 时，就会调用 deleteSearch 方法（见图 8.24）。在执行删除操作之前，应用会显示一个 AlertDialog，要求用户确认这个操作。第 243 行（见图 8.24）将对话框标题设置成一个格式字符串，其中用 tag 替换了字符串资源 R.string.confirm_message 中的格式指定符。第 246 行配置对话框的取消按钮，使对话框消失。第 249 ~ 264 行配置对话框的确认按钮，删除这个搜索。第 252 行从 tags 集合中删除 tag，第 255 ~ 258 行使用 SharedPreferences.Editor 从应用的 SharedPreferences 删除这个搜索。然后，第 261 行告诉 RecyclerView.Adapter 底层数据已经发生变化，以便 RecyclerView 更新它的列表项。

```
239     // deletes a search after the user confirms the delete operation
240     private void deleteSearch(final String tag) {
241        // create a new AlertDialog and set its message
242        AlertDialog.Builder confirmBuilder = new AlertDialog.Builder(this);
243        confirmBuilder.setMessage(getString(R.string.confirm_message, tag));
244
245        // configure the negative (CANCEL) Button
246        confirmBuilder.setNegativeButton(getString(R.string.cancel), null);
247
248        // configure the positive (DELETE) Button
249        confirmBuilder.setPositiveButton(getString(R.string.delete),
250           new DialogInterface.OnClickListener() {
251              public void onClick(DialogInterface dialog, int id) {
252                 tags.remove(tag); // remove tag from tags
253
254                 // get SharedPreferences.Editor to remove saved search
255                 SharedPreferences.Editor preferencesEditor =
256                    savedSearches.edit();
257                 preferencesEditor.remove(tag); // remove search
258                 preferencesEditor.apply(); // save the changes
259
260                 // rebind tags to RecyclerView to show updated list
261                 adapter.notifyDataSetChanged();
262              }
263           }
264        );
265
266        confirmBuilder.create().show(); // display AlertDialog
267     }
268  }
```

图 8.24 MainActivity 方法 deleteSearch

8.6 RecyclerView.Adapter 的 SearchesAdapter 子类

这一节讲解将 MainActivity 的 List<String>（名称为 tags）中的项与应用的 RecyclerView 绑定的 RecyclerView.Adapter。

8.6.1 package 声明、import 声明、实例变量和构造方法

图 8.25 给出了 SearchesAdapter 类定义的开头部分。这个类扩展了泛型类 RecyclerView.Adapter，其类型实参为嵌套类 SearchesAdapter.ViewHolder（见 8.6.2 节中的定义）。第 17～18 行中的实例变量用于引用为每一个 RecyclerView 项注册的事件监听器（在 MainActivity 类中定义）。第 21 行中的实例变量用于引用包含要显示的标签名称的 List<String>。

```
 1  // SearchesAdapter.java
 2  // Subclass of RecyclerView.Adapter for binding data to RecyclerView items
 3  package com.deitel.twittersearches;
 4
 5  import android.support.v7.widget.RecyclerView;
 6  import android.view.LayoutInflater;
 7  import android.view.View;
 8  import android.view.ViewGroup;
 9  import android.widget.TextView;
10
11  import java.util.List;
12
13  public class SearchesAdapter
14     extends RecyclerView.Adapter<SearchesAdapter.ViewHolder> {
15
16     // listeners from MainActivity that are registered for each list item
17     private final View.OnClickListener clickListener;
18     private final View.OnLongClickListener longClickListener;
19
20     // List<String> used to obtain RecyclerView items' data
21     private final List<String> tags; // search tags
22
23     // constructor
24     public SearchesAdapter(List<String> tags,
25        View.OnClickListener clickListener,
26        View.OnLongClickListener longClickListener) {
27        this.tags = tags;
28        this.clickListener = clickListener;
29        this.longClickListener = longClickListener;
30     }
31
```

图 8.25 SearchesAdapter 类中的 package 声明、import 声明、实例变量和构造方法

8.6.2 RecyclerView.ViewHolder 的嵌套 ViewHolder 子类

RecyclerView 中的每一个项都必须包装进自己的 RecyclerView.ViewHolder 中。这个应用中定义了一个名称为 ViewHolder 的 RecyclerView.ViewHolder（见图 8.26）。ViewHolder 构造方法（第 39～48 行）接收一个 View 对象，以及该对象上的 OnClick 和 OnLongClick 事件监听器。这个 View 表示 RecyclerView 中的一项，它会被传递给超类的构造方法（第 42 行）。第 43 行保存该项的 TextView 引用，第 46 行注册 TextView 的 OnClickListener，它显示该 TextView 标签

的搜索结果。第 47 行注册 TextView 的 OnLongClickListener,它会为该 TextView 标签打开一个 Share、Edit 或 Delete 对话框。当 RecyclerView.Adapter 创建一个新的列表项方法 onCreateViewHolder 时(见 8.6.3 节),会调用这个构造方法。

```
32      // nested subclass of RecyclerView.ViewHolder used to implement
33      // the view-holder pattern in the context of a RecyclerView--the logic
34      // of recycling views that have scrolled offscreen is handled for you
35      public static class ViewHolder extends RecyclerView.ViewHolder {
36         public final TextView textView;
37
38         // configures a RecyclerView item's ViewHolder
39         public ViewHolder(View itemView,
40            View.OnClickListener clickListener,
41            View.OnLongClickListener longClickListener) {
42            super(itemView);
43            textView = (TextView) itemView.findViewById(R.id.textView);
44
45            // attach listeners to itemView
46            itemView.setOnClickListener(clickListener);
47            itemView.setOnLongClickListener(longClickListener);
48         }
49      }
50
```

图 8.26　RecyclerView.ViewHolder 的嵌套 ViewHolder 子类

8.6.3　重写 RecyclerView.Adapter 方法

图 8.27 定义了重写的 RecyclerView.Adapter 方法 onCreateViewHolder(第 52～61 行)、onBindViewHolder(第 64～67 行)和 getItemCount(第 70～73 行)。

```
51      // sets up new list item and its ViewHolder
52      @Override
53      public ViewHolder onCreateViewHolder(ViewGroup parent,
54         int viewType) {
55         // inflate the list_item layout
56         View view = LayoutInflater.from(parent.getContext()).inflate(
57            R.layout.list_item, parent, false);
58
59         // create a ViewHolder for current item
60         return (new ViewHolder(view, clickListener, longClickListener));
61      }
62
63      // sets the text of the list item to display the search tag
64      @Override
65      public void onBindViewHolder(ViewHolder holder, int position) {
66         holder.textView.setText(tags.get(position));
67      }
68
69      // returns the number of items that adapter binds
70      @Override
71      public int getItemCount() {
72         return tags.size();
73      }
74   }
```

图 8.27　重写的 RecyclerView.Adapter 方法 onCreateViewHolder、onBindViewHolder 和 getItemCount

重写 onCreateViewHolder 方法

RecyclerView 调用 RecyclerView.Adapter 的 onCreateViewHolder 方法（第 52～61 行），填充每一个 RecyclerView 项的布局（第 56～57 行），并将它包装到一个名称为 ViewHolder 的 RecyclerView.ViewHolder 子类对象中（第 60 行）。接着，这个新的 ViewHolder 对象被返回给 RecyclerView，以供显示。

重写 onBindViewHolder 方法

RecyclerView 调用 RecyclerView.Adapter 的 onBindViewHolder 方法（第 64～67 行），为某个 RecyclerView 项设置供显示的数据。这个方法接收的实参如下：

- 一个 RecyclerView.ViewHolder 子类对象，它包含用于显示的那些数据，这里为一个 TextView。
- 一个 int 值，表示 RecyclerView 中某一项的位置。

第 66 行将 TextView 的文本设置成给定位置的 tags 中的字符串。

重写 getItemCount 方法

RecyclerView 调用 RecyclerView.Adapter 的 getItemCount 方法（第 70～73 行），获得 RecyclerView 需要显示的项总数，这里即为 tags 中的项数（第 72 行）。

8.7 RecyclerView.ItemDecoration 的 ItemDivider 子类

RecyclerView.ItemDecoration 对象会在 RecyclerView 里绘制装饰部分，比如项之间的分隔符。RecyclerView.ItemDecoration 子类 ItemDivider（见图 8.28）在列表项之间绘制的是一条分隔线。构造方法中的第 17～18 行获得预定义的 Android Drawable 资源 android.R.attr.listDivider，它是 ListView 中默认采用的标准 Android 列表项分隔线。

```
1   // ItemDivider.java
2   // Class that defines dividers displayed between the RecyclerView items;
3   // based on Google's sample implementation at bit.ly/DividerItemDecoration
4   package com.deitel.twittersearches;
5
6   import android.content.Context;
7   import android.graphics.Canvas;
8   import android.graphics.drawable.Drawable;
9   import android.support.v7.widget.RecyclerView;
10  import android.view.View;
11
12  class ItemDivider extends RecyclerView.ItemDecoration {
13      private final Drawable divider;
14
15      // constructor loads built-in Android list item divider
16      public ItemDivider(Context context) {
17          int[] attrs = {android.R.attr.listDivider};
18          divider = context.obtainStyledAttributes(attrs).getDrawable(0);
19      }
20
21      // draws the list item dividers onto the RecyclerView
```

图 8.28　RecyclerView.ItemDecoration 的 ItemDivider 子类，在 RecyclerView 列表项之间显示一条水平线

```
22      @Override
23      public void onDrawOver(Canvas c, RecyclerView parent,
24          RecyclerView.State state) {
25          super.onDrawOver(c, parent, state);
26
27          // calculate left/right x-coordinates for all dividers
28          int left = parent.getPaddingLeft();
29          int right = parent.getWidth() - parent.getPaddingRight();
30
31          // for every item but the last, draw a line below it
32          for (int i = 0; i < parent.getChildCount() - 1; ++i) {
33              View item = parent.getChildAt(i); // get ith list item
34
35              // calculate top/bottom y-coordinates for current divider
36              int top = item.getBottom() + ((RecyclerView.LayoutParams)
37                  item.getLayoutParams()).bottomMargin;
38              int bottom = top + divider.getIntrinsicHeight();
39
40              // draw the divider with the calculated bounds
41              divider.setBounds(left, top, right, bottom);
42              divider.draw(c);
43          }
44      }
45  }
```

图 8.28（续） RecyclerView.ItemDecoration 的 ItemDivider 子类，在 RecyclerView 列表项之间显示一条水平线

重写 onDrawOver 方法

用户在 RecyclerView 的项之间滚动时，RecyclerView 的内容需不断刷新，以将这些项显示在屏幕的新位置上。作为这一过程的一部分，RecyclerView 需调用 RecyclerView.ItemDecoration 的 onDrawOver 方法（第 22～44 行），以装饰 RecyclerView。这个方法接收的实参如下：

- 用于装饰 RecyclerView 的 Canvas。
- Canvas 用来进行绘制的 RecyclerView 对象。
- RecyclerView.State——用来保存在以前的 RecyclerView 组件之间传递的信息的一个对象。本应用中，只需将这值传递给超类的 onDrawOver 方法（第 25 行）。

第 28～29 行计算用来指定所显示的 Drawable 对象边界的左、右 x 坐标。左 x 坐标值由 RecyclerView 的 getPaddingLeft 方法确定，它返回 RecyclerView 的左边缘与内容之间需填充的像素数；右 x 坐标值的计算办法是先调用 RecyclerView 的 getWidth 方法，然后用其值减去调用 getPaddingRight 方法所得的值，返回结果是 RecyclerView 的右边缘与内容之间需填充的像素数。

第 32～43 行迭代除最后一个项之外的所有项，在 RecyclerView 的 Canvas 上对每一个项绘制分隔线。第 33 行取得并保存当前的 RecyclerView 项。第 36～37 行计算分隔线的顶部 y 坐标，方法是用对应项的底部 y 坐标加上该项的边距。第 38 行计算分隔线的底部 y 坐标，方法是用顶部 y 坐标加上分隔线的高度——由 Drawable 方法 getIntrinsicHeight 返回。第 41 行设置分隔线的边界，第 42 行在 Canvas 上绘制分隔线。

8.8 Fabric：Twitter 的新移动开发平台

第 7 章中使用了 REST Web 服务来获取气象预报信息。Twitter 提供大量的 REST Web 服务，

使用户能够将 Twitter 功能集成到应用中。使用这些 Web 服务时，要求具有一个 Twitter 开发者账号且必须有特别授权。本章的重点并不是讲解如何使用 Twitter 的 Web 服务。因此，运行本章开发的这个应用时，只需在 Twitter 站点上直接输入要搜索的内容，应用就会执行这个搜索。接着，Twitter 站点会直接将结果返回并显示在设备的 Web 浏览器上。

直接将第 7 章中讲解的技术用于 Twitter Web 服务，可能是一个挑战。Twitter 意识到了这种情况，并由此推出了 Fabric，它是一个针对 Android 和 iOS 的移动开发平台。Fabric 将 Twitter Web 服务的细节封装进库中，开发人员可以在工程中使用这些库，使得在应用中添加 Twitter 功能的过程变得更容易。此外，还可以在应用中添加移动身份管理（称为 Digits，用于用户登录到 Web 站点和应用）、广告收益（称为 MoPub）及应用崩溃报告（称为 Crashlytics）等功能。

为了使用 Fabric，需登录站点：

> https://get.fabric.io/

并安装 Android Studio 插件。安装完毕后，只需单击 Android Studio 工具栏上的插件图标，它就会逐步引导用户将 Fabric 库添加到工程中。上面的 Web 站点还提供大量的 Fabric 文档和教程。

8.9 小结

本章创建了一个 Twitter Searches 应用。使用了 SharedPreferences 文件来存储和操作代表用户所保存的 Twitter 搜索条件的键/值对。

本章讲解了（android.support.v7.widget 包的）RecyclerView，它是一种灵活的、可定制的视图，可用来控制应用显示可滚动的数据项。RecyclerView 支持不同的布局管理器，本章应用中的 RecyclerView 项是用 LinearLayoutManager 进行布局的，LinearLayoutManager 是 RecyclerView.LayoutManager 的一个子类。

同样，再一次使用了用于复用已滚出屏幕的视图的 ViewHolder 模式。RecyclerView 规范化了 ViewHolder 模式，使其成为必须使用的一种模式。还创建了 RecyclerView.Adapter 的一个子类，将 RecyclerView 的列表项与数据绑定。RecyclerView.ViewHolder 的子类用于维护每一个列表项视图的引用，以供将来再次使用。为了显示 RecyclerView 项之间的装饰线，定义了 RecyclerView.ItemDecoration 的一个子类，它在 RecyclerView 上绘制分隔线。

我们使用了两个隐式 Intent，且没有具体指定哪一个组件将处理某个 Intent。使用了一个 Intent 来启动设备的默认 Web 浏览器，根据嵌在 URL 中的搜索条件显示 Twitter 搜索结果，另一个 Intent 用于显示一个意图选择器，用于能够从多种应用中挑选一个来共享内容。

最后，显示了一个 AlertDialog 对话框，它包含一个选项清单，用户只能从中选择一个。使用 AlertDialog.Builder 的 setItems 方法来指定一个字符串数组资源，它包含供显示的选项名称，并且需要设置一个事件处理器，以处理用户点触了某个选项时发生的事件。

第 9 章中将构建一个使用数据库的 Address Book 应用，通过它可以快速并容易地获取保存的联系人信息，并且还可以删除、添加联系人及编辑已有联系人的信息。将讲解如何动态地在 GUI 中切换不同的 Fragment，还会再次讲解优化设备屏幕的布局。

第 9 章 Address Book 应用

FragmentTransaction 和 Fragment 回退栈，SQLite，SQLiteDatabase，
SQLiteOpenHelper，ContentProvider，ContentResolver，Loader，
LoaderManager，游标及 GUI 样式

目标

本章将讲解

- 使用 FragmentTransaction 和回退栈动态地将 Fragment 与 GUI 绑定和分离
- 使用 RecyclerView 显示来自于数据库的数据
- 使用 SQLiteOpenHelper 创建并打开数据库
- 使用 ContentProvider 和 SQLiteDatabase 对象与 SQLite 数据库中的数据交互
- 使用 ContentResolver 调用 ContentProvider 方法，执行与数据库相关的任务
- 使用 LoaderManager 和 Loader 在 GUI 线程之外执行数据库异步访问
- 使用游标操作数据库查询结果
- 定义包含相同 GUI 属性和值的样式，然后将它们应用到多个 GUI 组件中

提纲

9.1 简介
9.2 测试驱动的 Address Book 应用
    9.2.1 添加联系人信息
    9.2.2 查看联系人信息
    9.2.3 编辑联系人信息
    9.2.4 删除联系人信息
9.3 技术概览
    9.3.1 用 FragmentTransaction 显示 Fragment
    9.3.2 在 Fragment 与宿主 Activity 之间交换数据
    9.3.3 操作 SQLite 数据库
    9.3.4 ContentProvider 和 ContentResolver
    9.3.5 Loader 和 LoaderManager——异步数据库访问
    9.3.6 定义样式并应用于 GUI 组件
    9.3.7 指定 TextView 背景
9.4 构建应用的 GUI 和资源文件
    9.4.1 创建工程
    9.4.2 创建应用的类
    9.4.3 添加应用图标
    9.4.4 strings.xml
    9.4.5 styles.xml
    9.4.6 textview_border.xml
    9.4.7 MainActivity 的布局

9.4.8　ContactsFragment 的布局
9.4.9　DetailFragment 的布局
9.4.10　AddEditFragment 的布局
9.4.11　DetailFragment 的菜单
9.5　应用中各个类的概述
9.6　DatabaseDescription 类
　　9.6.1　静态字段
　　9.6.2　嵌套 Contact 类
9.7　AddressBookDatabaseHelper 类
9.8　AddressBookContentProvider 类
　　9.8.1　AddressBookContentProvider 字段
　　9.8.2　重写的 onCreate 和 getType 方法
　　9.8.3　重写的 query 方法
　　9.8.4　重写的 insert 方法
　　9.8.5　重写的 update 方法
　　9.8.6　重写的 delete 方法
9.9　MainActivity 类
　　9.9.1　超类及实现的接口和字段
　　9.9.2　重写的 onCreate 方法
　　9.9.3　ContactsFragment.ContactsFragmentListener 方法
　　9.9.4　displayContact 方法
　　9.9.5　displayAddEditFragment 方法
　　9.9.6　DetailFragment.DetailFragmentListener 方法
　　9.9.7　AddEditFragment.AddEditFragmentListener 方法
9.10　ContactsFragment 类
　　9.10.1　超类及实现的接口
　　9.10.2　ContactsFragmentListener
　　9.10.3　字段
　　9.10.4　重写的 Fragment 方法 onCreateView
　　9.10.5　重写的 Fragment 方法 onAttach 和 onDetach
　　9.10.6　重写的 Fragment 方法 onActivityCreated
　　9.10.7　updateContactList 方法
　　9.10.8　LoaderManager.LoaderCallbacks<Cursor>方法
9.11　ContactsAdapter 类
9.12　AddEditFragment 类
　　9.12.1　超类及实现的接口
　　9.12.2　AddEditFragmentListener
　　9.12.3　字段
　　9.12.4　重写的 Fragment 方法 onAttach、onDetach 和 onCreateView
　　9.12.5　TextWatcher nameChangedListener 和 updateSaveButtonFAB 方法
　　9.12.6　View.OnClickListener saveContactButtonClicked 和 saveContact 方法
　　9.12.7　LoaderManager.LoaderCallbacks<Cursor>方法
9.13　DetailFragment 类
　　9.13.1　超类及实现的接口
　　9.13.2　DetailFragmentListener
　　9.13.3　字段
　　9.13.4　重写的 onAttach、onDetach 和 onCreateView 方法
　　9.13.5　重写的 onCreateOptionsMenu 和 onOptionsItemSelected 方法
　　9.13.6　deleteContact 方法和 DialogFragment confirmDelete
　　9.13.7　LoaderManager.LoaderCallback<Cursor>方法
9.14　小结

9.1　简介

Address Book 应用（见图 9.1）为访问保存在设备的 SQLite 数据库中的联系人信息提供了便利途径。可进行如下操作：

- 滚动查看按字母顺序排列的联系人清单
- 点触列表中的联系人名称，查看详细信息

- 添加新的联系人
- 编辑或删除已有的联系人

该应用为平板电脑单独提供一种布局(见图 9.2),其中的联系人清单总是占据 1/3 的屏幕面积,而余下的 2/3 会显示所选联系人的数据,以供添加或删除操作。

(a) 联系人清单　　　　　　(b) 用户点触联系人清单中的Paul之后显示的细节

图 9.1　联系人清单及所选联系人的详细信息

图 9.2　运行于平板电脑横向模式下的 Address Book 应用

这个应用采用了几种新技术：

- 利用 FragmentTransaction 动态地添加或者删除 Activity GUI 中的 Fragment。还利用 Fragment 的回退栈提供回退按钮支持，使用户能够返回去浏览以前显示过的 Fragment。
- 在 RecyclerView 中显示数据库数据。
- 用 SQLiteOpenHelper 子类创建并打开数据库。
- 使用 ContentProvider，ContentResolver 和 SQLiteDatabase 对象执行数据库插入、更新、删除和查询操作。
- 使用 LoaderManager 和 Loader 在 GUI 线程之外执行异步数据库访问，并在 GUI 线程内接收访问结果。
- 最后，定义几个包含 GUI 属性和值的共同样式，然后将它们应用到多个 GUI 组件中。

首先，我们将通过测试体验这个应用，然后讲解用来构建它的技术。接下来是创建它的 GUI 和资源文件。最后，将给出应用的完整源代码并分析它，更详细地探讨应用中的新特性。

9.2 测试驱动的 Address Book 应用

打开并运行应用

启动 Android Studio，从本书示例文件夹下的 AddressBook 文件夹下打开 Address Book 应用，然后在 AVD 或设备上执行它。这会构建工程并运行应用。

9.2.1 添加联系人信息

当首次运行这个应用时，联系人清单是空的。点触➕FloatingActionButton 图标，显示用于添加新联系人信息的界面（见图 9.3）。该应用要求每一位联系人都具有姓名，所以只有在 Name EditText 不为空的情况下才会出现保存按钮（🖫）FloatingActionButton。联系人信息输入完毕后，点触这个按钮，会将其保存到数据库中并返回到应用的主界面。如果决定不添加联系人信息，则只能点触设备的回退按钮返回到主界面。可以根据需要添加更多的联系人信息。在平板电脑上添加联系人之后，新联系人的详细信息会显示在联系人清单的右边，如图 9.2 所示。注意，在平板电脑上，联系人清单总是会显示出来。

9.2.2 查看联系人信息

在手机或者手机 AVD 上，点触清单中某一位联系人的名字，就可以查看他的详细信息（见图 9.1）。在平板电脑上，详细信息会自动显示在联系人清单的右边（见图 9.2）。

9.2.3 编辑联系人信息

查看联系人的详细信息时，点触应用栏上的✏图标会显示一个界面，其中的几个 EditText 中已经预先填充了该联系人的数据（见图 9.4）。可以根据需要编辑这些数据，然后点触 FloatingActionButton🖫按钮，将更新过的联系人信息保存到数据库中并返回到应用的主界面。如果决定不编辑联系人信息，则只需点触设备的回退按钮◁返回到前一个界面即可。在平板电脑上编辑联系人信息之后，新的联系人信息会显示在联系人清单的右边。

第 9 章 Address Book 应用

(a) 点触 `FloatingActionButton` 按钮,增加一个联系人

(b) 用于添加联系人信息的 `Fragment`

图 9.3 将联系人信息添加到数据库中

(a) 联系人的详细信息

(b) 用于编辑联系人信息的 `Fragment`

图 9.4 编辑联系人信息

9.2.4 删除联系人信息

查看联系人的详细信息时,点触应用栏上的🗑图标,可以删除该联系人。这时会出现一个对话框,要求用户确认这个删除操作(见图9.5)。点触DELETE,该联系人就会从数据库删除,而应用会显示更新后的联系人清单;点触CANCEL,则会取消删除操作。

(a) 联系人的详细信息   (b) 删除所选联系人

图 9.5 将联系人信息从数据库删除

9.3 技术概览

本节讲解用于构建这个 Address Book 应用的技术。

9.3.1 用 FragmentTransaction 显示 Fragment

前面使用 Fragment 的几个应用中,都是在 Activity 的布局中声明了所有的 Fragment,或者通过 DialogFragment 的 show 方法来创建。Flag Quiz 应用中讲解过如何利用多个 Activity 来在手机上管理每一个 Fragment,或者在平板电脑上用一个 Activity 管理多个 Fragment。

这个应用中,将只使用一个 Activity 来管理所有的 Fragment。对于手机大小的设备,一次只会显示一个 Fragment;对于平板电脑,包含联系人清单的 Fragment 会一直显示,而屏幕右侧的 Fragment 用于查看、添加和编辑联系人信息。为此,将使用 FragmentManager 和 FragmentTransaction 来动态地显示这些 Fragment。此外,还需要利用 Android 的 Fragment 回退栈(一种以后入先出的形式保存 Fragment 的数据结构),为 Android 的回退按钮(◁)提供动态支持。这时的用户能够通过回退按钮返回到以前的 Fragment。关于 Fragment 和 FragmentTransaction 的更多信息,请访问:

http://developer.android.com/guide/components/fragments.html

9.3.2 在 Fragment 与宿主 Activity 之间交换数据

为了能够在 Fragment 与宿主 Activity 或者其他 Fragment 之间交换数据，最好的做法是通过宿主 Activity 进行，这样做可使这些 Fragment 能够重复使用，因为它们不会彼此直接引用。通常情况下，每一个 Fragment 都会定义回调方法的一个接口，这些回调方法是在宿主 Activity 中实现的。这个应用中将采用这种技术，使得当用户执行了如下操作时能够通知 MainActivity：

- 选择了某个联系人，显示其详细信息
- 点触了联系人清单 Fragment 的 FloatingActionButton 添加按钮（+）
- 点触了联系人详细信息 Fragment 的 ✎ 按钮或者 🗑 按钮
- 点触了 🖫 按钮，完成编辑或添加联系人的工作

9.3.3 操作 SQLite 数据库

这个应用中的联系人信息保存在一个 SQLite 数据库中。SQLite（www.sqlite.org）是世界上最广泛使用的数据库引擎之一。这里将使用（android.database.sqlite 包的）SQLiteOpenHelper 的一个子类来简化数据库的创建并获得一个（android.database.sqlite 包的）SQLiteDatabase 对象，用于操作数据库的内容。数据库查询是通过结构和查询语言（SQL）执行的。查询的结果是用（android.database 包的）Cursor 管理的。关于 Android 中 SQLite 的更多信息，请访问：

http://developer.android.com/guide/topics/data/data-storage.html#db

9.3.4 ContentProvider 和 ContentResolver

（android.provider 包的）ContentProvider 可以将应用的数据提供给其他应用。Android 具有各种不同的内置 ContentProvider。例如，你的应用可以读取来自于 Android Contacts 和 Calendar 应用的数据。其他的 ContentProvider 适应于各种电话特性、媒体存储（例如，用于图像/视频）、用户字典（用于 Android 的预测性文本输入功能）等。

除了可以将数据提供给其他应用之外，当用户在设备上执行搜索操作时，ContentProvider 还能够提供定制的搜索建议，并且还支持应用间的复制-粘贴操作。

本应用中，将使用 ContentProvider 在 GUI 线程之外异步访问数据库，当采用 Loader 和 LoaderManager 时（见 9.3.5 节的讲解），要求这样做。通过定义一个 ContentProvider 子类，可执行如下操作：

- 查询数据库，找到特定联系人或者所有联系人
- 将新的联系人信息插入数据库
- 更新数据库中的已有联系人信息
- 删除已有联系人信息

ContentProvider 将使用一个 SQLiteOpenHelper 子类来创建数据库，并获得 SQLiteDatabase 对象以执行上述任务。当数据库中的数据发生变化时，ContentProvider 会通知监听器，以便更新 GUI 上的数据。

Uri

ContentProvider 定义的几个 Uri，用于确定要执行的任务。例如在本应用中，ContentProvider

的 query 方法被用于两种不同的查询:一种返回的 Cursor 表示单个联系人,另一种返回的 Cursor 表示数据库中的所有联系人。

ContentResolver

为了调用 ContentProvider 的 query、insert、update 和 delete 方法,需使用 Activity 内置 (android.content 包的) ContentResolver 中对应的方法。ContentProvider 和 ContentResolver 处理应用之间的通信(如果 ContentProvider 将数据提交给其他应用)。我们将看到,ContentResolver 方法接收的第一个实参为一个 Uri,它指定了将访问的 ContentProvider。每一个 ContentResolver 方法都调用对应的 ContentProvider 方法,ContentProvider 会利用 Uri 来确定要执行的任务。关于 ContentProvider 和 ContentResolver 的更多信息,请访问:

> http://developer.android.com/guide/topics/providers/content-providers.html

9.3.5 Loader 和 LoaderManager——异步数据库访问

正如前面所讲,应该在 GUI 线程之外执行需长时间运行的操作或者在完成之前会阻止其他任务执行的操作(例如,访问文件和数据库)。这样做可维持应用的响应性,避免导致 Android 认为 GUI 没有响应而出现 Activity Not Responding(ANR,活动无响应)对话框。Loader 和 LoaderManager 可用来在任何 Activity 或者 Fragment 中执行异步数据库访问。

Loader

(android.content 包的) Loader 执行异步数据访问。当与 ContentProvider 交互以加载和操作数据时,通常需要使用提供 AsyncTask 的 CursorLoader(AsyncTaskLoader 的子类)来在一个独立线程中执行数据访问的操作。Loader 还具有如下功能:

- 监视相关数据源的变化情况,并将更新后的数据提供给对应的 Activity 或 Fragment。
- 当配置发生变化时会重新连接最后一个 Loader 的 Cursor,而不是执行新的查询。

LoaderManager 与 LoaderManager.LoaderCallbacks

Activity 或 Fragment 的 Loader 是通过其(android.app 包的) LoaderManager 来创建并管理的,LoaderManager 会将每一个 Loader 的生命周期与对应的 Activity 或 Fragment 的生命周期相捆绑。此外,LoaderManager 会调用 LoaderManager.LoaderCallbacks 接口的方法,以便当 Loader 出现如下情况时能够通知 Activity 或 Fragment:

- 需创建 Loader
- Loader 完成了数据加载工作
- 重置 Loader 且数据不再可用

本应用的 Fragment 子类中将多次用到 Loader 和 LoaderManager。关于 Loader 和 Loader-Manager 的更多信息,请访问:

> http://developer.android.com/guide/components/loaders.html

9.3.6 定义样式并应用于 GUI 组件

可以将常见的 GUI 组件的属性/值对定义成 style(样式)资源(见 9.4.5 节)。然后,利用 style 属性,可以将这些样式应用到共享这些值的所有组件(见 9.4.9 节)。以后对 style 资源的任何改变，都会自动应用于使用它的全部 GUI 组件上。我们将采用这种方法来确定显示联系人详细信息的 TextView 的样式。关于样式的更多信息，请访问：

> http://developer.android.com/guide/topics/ui/themes.html

9.3.7 指定 TextView 背景

默认情况下，TextView 没有边界。为了定义边界，需将 TextView 的 android:background 属性值指定成 Drawable。Drawable 对象可以是一个图像，但是这个应用中会将它定义成一个资源文件中的一种形状（见 9.4.6 节）。和图像一样，Drawable 对象的资源文件被放置在一个或多个 drawable 文件夹下。更多信息，请访问：

> http://developer.android.com/guide/topics/resources/drawable-
>   resource.html

9.4 构建应用的 GUI 和资源文件

这一节将创建 Address Book 应用的 Java 源代码文件、资源文件和 GUI 布局文件。

9.4.1 创建工程

利用 Blank Activity 模板创建一个新工程。配置工程时，需选中 Use a Fragment 复选框。在 Create New Project 对话框的 New Project 步骤中指定如下这些值：

- Application name: Address Book
- Company Domain: deitel.com（或者其他域名）

此外，还需按照 2.5.2 节中讲解的步骤为工程添加一个应用图标。按照 4.4.3 节中的步骤将工程配置成支持 Java SE 7。还需按照 8.4.3 节中讲解的步骤为工程添加一个 RecyclerView 库。将 colors.xml 文件里的 colorAccent 颜色值改成#FF4081。

9.4.2 创建应用的类

创建这个工程时，Android Studio 会定义 MainActivity 类和 MainActivityFragment 类。本应用中，需将 MainActivityFragment 重命名为 ContactsFragment。为此，需执行如下操作：

1. 在编辑器中打开 MainActivityFragment 类。
2. 右击类名称并选择 Refactor > Rename...，IDE 会高亮显示类名称，以供编辑。
3. 输入 ContactsFragment 并按回车键。IDE 会重命名这个类和它的构造方法，并会更改类的文件名称。

com.deitel.addressbook 包

这个应用由 7 个类组成，它们必须通过 File > New > Java Class 添加到工程中。位于 com.deitel.addressbook 包中的这些类如下：

- ContactsAdapter 类是一个 RecyclerView.Adapter 子类，它为 ContactsFragment 的 RecyclerView 提供数据。
- AddEditFragment 类为 Fragment 的一个子类，它提供添加新联系人或编辑已有联系人时的 GUI。

- DetailFragment 类是 Fragment 的一个子类，它显示联系人的详细信息，并提供用于编辑和删除该联系人的菜单项。
- ItemDivider 类为 RecyclerView.ItemDecoration 的子类，ContactsFragment 的 RecyclerView 用其绘制项之间的水平线。这个类与 8.7 节中的那个类相同，所以只需将它从 Twitter Searches 应用工程中复制到这个应用 Project 窗口下的 app > java > com.deitel.addressbook 节点即可。

com.deitel.addressbook.data 包

这个类还定义了一个名称为 com.deitel.addressbook.data 的嵌套包，它包含的类用于操作数据库。为了创建这个包，需完成如下步骤：

1. 在 Project 窗口中右击 com.deitel.addressbook 包，选择 New > Package。
2. 输入 data，即创建了一个 com.deitel.addressbook.data 包。

接下来，在 com.deitel.addressbook.data 包中添加如下的类：

- DatabaseDescription 类描述数据库中的 contacts 表。
- AddressBookDatabaseHelper 类为 SQLiteOpenHelper 的一个子类，它创建数据库并可用来访问数据库。
- AddressBookContentProvider 类为 ContentProvider 的一个子类，它定义如何操作数据库。为了创建这个类，需选择 New > Other > Content Provider。在 URI authorities 中指定 com.deitel.addressbook.data，并且要去掉 Exported 复选框的选择，然后单击 Finish 按钮。不选中 Exported 复选框，表示这个 ContentProvider 只用于该应用。IDE 会定义一个 ContentProvider 子类并重写它的方法。此外，IDE 会将 ContentProvider AndroidManifest.xml 声明成嵌套在<application>元素中的<provider>元素值。为了将 ContentProvider 在 Android 操作系统上注册，必须这样做——不仅是针对这个应用，用于其他应用时也需要这样（如果选中了 Exported 复选框）。

9.5 节中将探讨所有这些类，而它们的细节将在 9.6～9.13 节中分别给出。

9.4.3 添加应用图标

利用 Android Studio 的 Vector Asset Studio（见 4.4.9 节），将材料设计中的保存图标(💾)、添加图标(➕)、编辑图标(✏)和删除图标(🗑)添加到工程中——它们将被用做 FloatingActionButton 的图标。添加完矢量图标之后，进入工程的 res/drawable 文件夹，打开每一个图标的 XML 文件，将<path>元素的 android:fillColor 值改成

```
"@android:color/white"
```

9.4.4 strings.xml

图 9.6 中给出了这个应用的 String 资源名称及对应的值。双击 res/values 文件夹下的 strings.xml 文件，会显示一个用于创建这些 String 资源的资源编辑器。

9.4.5 styles.xml

这一节将定义 DetailFragment 的 TextView 的样式，这些 TextView 用于显示联系人的详细

信息(见 9.4.9 节)。和其他资源一样，样式资源被放置在应用的 res/values 文件夹下。创建工程时，IDE 会生成一个包含预定义样式的 styles.xml 文件。所创建的每一个新样式，都需指定一个名称，通过它将该样式应用于 GUI 组件。为了创建新样式，需打开 res/values 文件夹下的 styles.xml 文件，然后在文件的结尾标签</resources>之前添加如图 9.7 所示的代码。完成后保存并关闭 styles.xml 文件。

资源名称	值	资源名称	值
menuitem_edit	Edit	label_zip	Zip:
menuitem_delete	Delete	confirm_title	Are You Sure?
hint_name_required	Name (Required)	confirm_message	This will permanently delete the contact
hint_email	E-Mail	button_cancel	Cancel
hint_phone	Phone	button_delete	Delete
hint_street	Street	contact_added	Contact added successfully
hint_city	City	contact_not_added	Contact was not added due to an error
hint_state	State	contact_updated	Contact updated
hint_zip	Zip	contact_not_updated	Contact was not updated due to an error
label_name	Name:	invalid_query_uri	Invalid query Uri:
label_email	E-Mail:	invalid_insert_uri	Invalid insert Uri:
label_phone	Phone:	invalid_update_uri	Invalid update Uri:
label_street	Street:	invalid_delete_uri	Invalid delete Uri:
label_city	City:	insert_failed	Insert failed: s
label_state	State:		

图 9.6　Address Book 应用中用到的 String 资源

```
1  <style name="ContactLabelTextView">
2      <item name="android:layout_width">wrap_content</item>
3      <item name="android:layout_height">wrap_content</item>
4      <item name="android:layout_gravity">right|center_vertical</item>
5  </style>
6
7  <style name="ContactTextView">
8      <item name="android:layout_width">wrap_content</item>
9      <item name="android:layout_height">wrap_content</item>
10     <item name="android:layout_gravity">fill_horizontal</item>
11     <item name="android:textSize">16sp</item>
12     <item name="android:background">@drawable/textview_border</item>
13 </style>
```

图 9.7　用于格式化 DetailFragment 的 TextView 的新样式

第 1~5 行新定义了一个 ContactLabelTextView 样式，它为布局属性 layout_width、layout_height 和 layout_gravity 定义值。这个样式将被用在 DetailFragment 的那些 TextView 上，它们显示在联系人信息每一项的左边。每一个新样式都有一个包含 item 元素的 style 元素。通过样式的 name 即可使用该样式。item 元素的 name 指定要设置的属性，其值在将样式分配给某个视图时会被赋予该属性。第 7~13 行定义另一个 ContactTextView 样式，使用它的那些 TextView 用于显示联系人信息。第 12 行将 android:background 属性设置成 9.4.6 节中定义的 Drawable 资源。

9.4.6　textview_border.xml

前一节中创建的 ContactTextView 样式，定义了用来显示联系人详细信息的 TextView 的外观。将一个名称为"@drawable/textview_border"的 Drawable 对象(例如，一个图像或图形)指定成了 TextView 的 android:background 属性值。这一节中，将定义 res/drawable 文件夹下的 Drawable 文件。为了定义一个 Drawable 文件，需执行如下操作：

1. 右击 res/drawable 文件夹并选择 New > Drawable resource file。
2. 定义文件名称为 textview_border.xml，然后单击 OK 按钮。
3. 将这个文件中的代码用图 9.8 中的 XML 代码替换。

```xml
1  <?xml version="1.0" encoding="utf-8"?>
2  <shape xmlns:android="http://schemas.android.com/apk/res/android"
3      android:shape="rectangle">
4      <corners android:radius="5dp"/>
5      <stroke android:width="1dp" android:color="#555"/>
6      <padding android:top="10dp" android:left="10dp" android:bottom="10dp"
7          android:right="10dp"/>
8  </shape>
```

图 9.8 用来在 TextView 上放置边界的 Drawable 的 XML 表示

shape 元素的 android:shape 属性(第 3 行)可以具有的值为 rectangle(本例中即为这个值)，oval, line 或者 ring。corners 元素(第 4 行)指定矩形的角半径，它会使矩形的角变成圆弧状。stroke 元素(第 5 行)定义矩形的线宽和线的颜色。padding 元素(第 6～7 行)指定元素中的内容与四周的间距。必须分别为上、下、左、右四条边指定间距。有关形状定义的完整信息，请参见：

http://developer.android.com/guide/topics/resources/drawable-resource.html#Shape

9.4.7 MainActivity 的布局

默认情况下，MainActivity 的布局包含一个 FloatingActionButton 按钮，且包含布局文件 content_main.xml。本应用中，将在需要时为 Fragment 提供 FloatingActionButton 按钮。为此，需打开 res/layout 文件夹下的 activity_main.xml 文件，删除预定义的 FloatingActionButton。此外，还需将 CoordinatorLayout 的 id 属性值设置成 coordinatorLayout，它将用于显示几个 SnackBar。将 MainActivity 的 onCreate 方法中用于配置 FloatingActionButton 的那些代码删除。

手机设备的布局：content_main.xml

本应用中，将为 MainActivity 提供两种 content_main.xml 布局，一种用于手机设备，另一种用于平板电脑。对于手机设备，需打开 res/layout 文件夹下的 content_main.xml 文件，用图 9.9 中的 XML 代码替换它的内容。MainActivity 会动态地在名称为 fragmentContainer 的 FrameLayout 中显示应用的 Fragment。这个布局将填充 MainActivity 界面中的所有空间，四周的填充值为 16 dp。第 20 行的 app:layout_behavior 属性由 activity_main.xml 的 CoordinatorLayout 使用，用来管理视图间的交互操作。设置这个属性，可确保 FrameLayout 的内容会位于 activity_main.xml 定义的工具栏之下。

平板电脑的布局：用于大型设备的 content_main.xml

按照 4.5.4 节所讲创建一个用于平板电脑的布局文件 content_main.xml。这个布局应使用包含一个 ContactsFragment 和一个空 FrameLayout 的水平 LinearLayout，如图 9.10 所示。创建一个 divider_margin 资源(16 dp)，它用在第 24 行和第 32 行。这个 LinearLayout 还用到了如下几个以前没有探讨过的属性：

```xml
 9  <FrameLayout
10      android:id="@+id/fragmentContainer"
11      xmlns:android="http://schemas.android.com/apk/res/android"
12      xmlns:app="http://schemas.android.com/apk/res-auto"
13      xmlns:tools="http://schemas.android.com/tools"
14      android:layout_width="match_parent"
15      android:layout_height="match_parent"
16      android:paddingBottom="@dimen/activity_vertical_margin"
17      android:paddingLeft="@dimen/activity_horizontal_margin"
18      android:paddingRight="@dimen/activity_horizontal_margin"
19      android:paddingTop="@dimen/activity_vertical_margin"
20      app:layout_behavior="@string/appbar_scrolling_view_behavior"
21      tools:context=".MainActivity"/>
```

图 9.9 用于手机设备的 content_main.xml

```xml
 1  <?xml version="1.0" encoding="utf-8"?>
 2  <LinearLayout
 3      xmlns:android="http://schemas.android.com/apk/res/android"
 4      xmlns:app="http://schemas.android.com/apk/res-auto"
 5      xmlns:tools="http://schemas.android.com/tools"
 6      android:layout_width="match_parent"
 7      android:layout_height="match_parent"
 8      android:baselineAligned="false"
 9      android:divider="?android:listDivider"
10      android:orientation="horizontal"
11      android:paddingBottom="@dimen/activity_vertical_margin"
12      android:paddingLeft="@dimen/activity_horizontal_margin"
13      android:paddingRight="@dimen/activity_horizontal_margin"
14      android:paddingTop="@dimen/activity_vertical_margin"
15      android:showDividers="middle"
16      android:weightSum="3"
17      app:layout_behavior="@string/appbar_scrolling_view_behavior">
18
19      <fragment
20          android:id="@+id/contactsFragment"
21          android:name="com.deitel.addressbook.ContactsFragment"
22          android:layout_width="0dp"
23          android:layout_height="match_parent"
24          android:layout_marginEnd="@dimen/divider_margin"
25          android:layout_weight="1"
26          tools:layout="@layout/fragment_contacts"/>
27
28      <FrameLayout
29          android:id="@+id/rightPaneContainer"
30          android:layout_width="0dp"
31          android:layout_height="match_parent"
32          android:layout_marginStart="@dimen/divider_margin"
33          android:layout_weight="2"/>
34  </LinearLayout>
```

图 9.10 用于平板电脑的 content_main.xml

- divider(第 9 行)——指定用来在 LinearLayout 中分隔两项的一个 drawable 资源。这里使用的是预定义的 Android drawable 主题资源 "?android:listDivider"。"?android:" 表明 LinearLayout 应使用当前主题中定义的列表项分隔符。
- showDividers(第 15 行)——与 divider 属性一起使用,指定分隔符出现的位置。这里的 middle 值表示分隔符只应出现在 LinearLayout 的元素之间。还可以在布局的第一项之前显示一个分隔符(值为 beginning),或者在最后一项之后(值为 end),且可以用 "|" 运算符组合这些值。

- weightSum(第 16 行)——用于在 ContactsFragment 和 FrameLayout 之间分配水平空间比例。如果将 weightSum 设置成 3，然后分别将 ContactsFragment 和 FrameLayout 的 layout_weight 设置成 1 和 2，表示 ContactsFragment 将占据 LinearLayout 宽度的 1/3，FrameLayout 将占据 2/3。

9.4.8 ContactsFragment 的布局

除了将 MainActivityFragment 类重命名为 ContactsFragment 类之外，还需要将对应的布局文件重命名为 fragment_contacts.xml。然后，需删除默认的 TextView，将默认布局从 RelativeLayout 改成 FrameLayout，并删除布局的边界填充属性。接着，需添加一个名称为 recyclerView 的 RecyclerView 和一个名称为 addButton 的 FloatingActionButton。最后的布局 XML 文件如图 9.11 所示。需确保按图中所示设置了 RecyclerView 和 FloatingActionButton 的属性。

```xml
1  <FrameLayout
2      xmlns:android="http://schemas.android.com/apk/res/android"
3      android:layout_width="match_parent"
4      android:layout_height="match_parent">
5
6      <android.support.v7.widget.RecyclerView
7          android:id="@+id/recyclerView"
8          android:layout_width="match_parent"
9          android:layout_height="match_parent"/>
10
11     <android.support.design.widget.FloatingActionButton
12         android:id="@+id/addButton"
13         android:layout_width="wrap_content"
14         android:layout_height="wrap_content"
15         android:layout_gravity="top|end"
16         android:layout_margin="@dimen/fab_margin"
17         android:src="@drawable/ic_add_24dp"/>
18 </FrameLayout>
```

图 9.11 fragment_contacts.xml 布局文件

9.4.9 DetailFragment 的布局

用户点触了 MainActivity 中的某个联系人之后，会显示一个 DetailFragment(见图 9.12)。这个 Fragment 的布局(fragment_details.xml)由一个 ScrollView 组成，包含一个具有两列 TextView 的垂直 GridLayout。ScrollView 是一种 ViewGroup，它为包含大量内容的视图提供滚屏功能。此处使用 ScrollView，可确保在设备没有足够垂直空间显示图 9.12 中的所有 TextView 时，用户能够滚动查看联系人的详细信息。对于这个 Fragment，需新创建一个 fragment_details.xml 布局资源文件，并将 ScrollView 指定成 Root Element。创建该文件之后，需向 ScrollView 添加一个 GridLayout。

GridLayout 的设置

对于这个 GridLayout，其 layout:width 设置成 match_parent，layout:height 为 wrap_content，columnCount 为 2，useDefaultMargins 为 true。这个 layout:height 值可使父 ScrollView 能够确定 GridLayout 的实际高度并据此决定是否提供滚动功能。按照图 9.12 所示为 GridLayout 添加这些 TextView。

左列 TextView 的设置

对于左列中的每一个 TextView，其 id 属性按图 9.12 所示确定，然后还需进行下面的设置：

- 将 layout:row 设置成 0~6 中的一个数（根据行号的不同）。
- layout:column 为 0。
- text 为一个来自于 strings.xml 的某个字符串资源。
- style 为@style/ContactLabelTextView，样式资源是通过语法"@style/*styleName*"指定的。

图 9.12　DetailFragment 的 GUI 组件，用它们的 id 属性值标记

右列 TextView 的设置

对于右列中的每一个 TextView，其 id 属性按图 9.12 所示确定，然后还需进行下面的设置：

- 将 layout:row 设置成 0~6 中的一个数（根据行号的不同）。
- layout:column 为 1。
- style 为@style/ContactTextView。

9.4.10　AddEditFragment 的布局

用户点触 ContactsFragment 中的 FloatingActionButton 添加按钮（✚），或者 DetailFragment 应用栏中的编辑按钮（✎），MainActivity 就会显示一个 AddEditFragment（见图 9.13），其布局为 fragment_add_edit.xml，根 FrameLayout 包含一个 ScrollView 和一个 FloatingActionButton。ScrollView 包含的垂直 LinearLayout 具有 7 个 TextInputLayout。

ScrollView 设置

对于这个 ScrollView，将其 layout:width 和 layout:height 设置成 match_parent。

LinearLayout 设置

对于这个 LinearLayout，其 layout:width 设置成 match_parent，layout:height 为 wrap_content，orientation 为 vertical。然后，添加 7 个 TextInputLayout，它们的 id 值分别如图 9.13 所示，而 layout:width 均设置为 match_parent，layout:height 为 wrap_content。

EditText 的设置

在每一个 TextInputLayout 中放置一个 EditText，然后将它的 hint 属性设置成 strings.xml 中适当的字符串资源。还需设置每一个 EditText 的 inputType 和 imeOptions 属性。对于显示软键盘的设备，inputType 指定用户点触某个 EditText 时会显示哪一种键盘。这使得用户能够将键盘定制成必须在这个 EditText 中输入的特定数据类型。对于 nameTextInputLayout，phoneTextInputLayout，emailTextInputLayout，streetTextInputLayout，cityTextInputLayout 和 stateTextInputLayout，为了在与它们的 EditText 对应的软键盘上显示"下一个"按钮( )，需将 imeOptions 属性设置成 actionNext。当其中的某个 EditText 具有焦点时，点触这个按钮就会使焦点移至下一个 EditText。如果 zipTextInputLayout 中的 EditText 获得焦点，则点触键盘的( )按钮即可隐藏软键盘。因此对于这个 EditText，需将它的 imeOptions 属性设置成 actionDone。

图 9.13 AddEditFragment 的 GUI 组件，用它们的 id 属性值标记。这个 GUI 的根组件是一个 ScrollView，它包含一个垂直 GridLayout

将这些 EditText 的 inputType 属性按如下方式设置成显示合适的键盘：

- nameTextInputLayout 的 EditText：选中 textPersonName 和 textCapWords——输入姓名时每个单词的首字母大写。
- phoneTextInputLayout 的 EditText: 选中 phone——输入电话号码。
- emailTextInputLayout 的 EditText：选中 textEmailAddress——输入电子邮件地址。
- streetTextInputLayout 的 EditText：选中 textPostalAddress 和 textCapWords——输入地址时每个单词的首字母大写。
- cityTextInputLayout 的 EditText：选中 textPostalAddress 和 textCapWords。
- stateTextInputLayout 的 EditText：选中 textPostalAddress 和 textCapCharacters——确保州名的缩写以大写字母显示。
- zipTextInputLayout 的 EditText：选中 number——输入数字。

9.4.11 DetailFragment 的菜单

创建这个工程时，IDE 会定义菜单资源 menu_main.xml。这个应用中的 MainActivity 并不需要菜单，所以需要删除 MainActivity 的 onCreateOptionsMenu 方法和 onOptionsItemSelected 方法，并且需要重命名这个菜单资源，以供 DetailFragment 使用，它会在应用栏中显示菜单项，以供编辑和删除联系人时使用。将 menu_main.xml 重命名为 fragment_details_menu.xml，然后用图 9.14 中的菜单项替换 Settings 菜单项。对于每一个菜单项的 android:icon 值，需指定在 9.4.3 节中添加的一个 drawable 资源。

```xml
 1  <?xml version="1.0" encoding="utf-8"?>
 2  <menu xmlns:android="http://schemas.android.com/apk/res/android"
 3        xmlns:app="http://schemas.android.com/apk/res-auto">
 4
 5      <item
 6          android:id="@+id/action_edit"
 7          android:icon="@drawable/ic_mode_edit_24dp"
 8          android:orderInCategory="1"
 9          android:title="@string/menuitem_edit"
10          app:showAsAction="always"/>
11
12      <item
13          android:id="@+id/action_delete"
14          android:icon="@drawable/ic_delete_24dp"
15          android:orderInCategory="2"
16          android:title="@string/menuitem_delete"
17          app:showAsAction="always"/>
18  </menu>
```

图 9.14　fragment_details_menu.xml 菜单资源文件

9.5 应用中各个类的概述

这个应用由两个包中的 9 个类构成。这里只概述每一个类及它们的用途。

com.deitel.addressbook.data 包

这个包有三个类，它们定义应用的 SQLite 数据库访问功能：

- DatabaseDescription（见 9.6 节）——这个类包含用于 ContentProvider 和 ContentResolver 的公共静态字段。嵌套 Contact 类定义的静态字段用于数据库表名称、通过 ContentProvider 访问表的 Uri，以及数据库表的列名称。该类还包含一个静态方法，用于创建引用数据库中特定联系人的 Uri。
- AddressBookDatabaseHelper（见 9.7 节）——SQLiteOpenHelper 的一个子类。它创建数据库并使 AddressBookContentProvider 能够访问数据库。
- AddressBookContentProvider（见 9.8 节）——ContentProvider 的一个子类，它定义对数据库的查询、插入、更新和删除操作。

com.deitel.addressbook 包

这个包中的类用于定义应用的 MainActivity 和 Fragment，以及用来在 RecyclerView 中显示数据库内容的适配器：

- MainActivity（见 9.9 节）——这个类管理应用的 Fragment 并实现它们的回调接口方法，以响应选中、添加、更新或删除联系人时的情况。
- ContactsFragment（见 9.10 节）——这个类管理联系人清单 RecyclerView 和用于添加联

系人的 FloatingActionButton。在手机上，它是由 MainActivity 第一个呈现的 Fragment；在平板电脑上，MainActivity 总是会显示这个 Fragment。ContactsFragment 的嵌套接口定义的回调方法，由 MainActivity 实现，以便能够响应选中或者添加联系人时的情况。
- ContactsAdapter（见 9.11 节）——RecyclerView.Adapter 的一个子类，ContactsFragment 的 RecyclerView 用来将排好序的联系人姓名清单与 RecyclerView 绑定。RecyclerView.Adapter 已经在 8.3.4 节和 8.6 节中讲解过，所以这里将只讨论与数据库相关的那些操作。
- AddEditFragment（见 9.12 节）——这个类管理的 TextInputLayout 和 FloatingActionButton，用于添加或者编辑联系人信息。AddEditFragment 的嵌套接口定义的回调方法，由 MainActivity 实现，以便能够响应添加或者更新联系人时的情况。
- DetailFragment（见 9.13 节）——这个类管理的 TextView 用于显示所选联系人的详细信息，而应用栏项使用户能够编辑或者删除当前所显示的联系人。DetailFragment 的嵌套接口定义的回调方法由 MainActivity 实现，以便能够响应删除或者编辑联系人时的情况。
- ItemDivider——这个类定义显示在 ContactsFragment 的 RecyclerView 项之间的分隔线。本章中没有提供这个类，因为它与 8.7 节中的 ItemDivider 类完全一致。

9.6　DatabaseDescription 类

DatabaseDescription 类包含的静态字段用于应用的 ContentProvider 和 ContentResolver，而嵌套的 Contact 类描述了数据库中唯一的一个表以及它的列。

9.6.1　静态字段

DatabaseDescription 类定义了两个静态字段（见图 9.15 第 12～17 行），它们共同定义了 ContentProvider 的授权者（authority）——为 ContentResolver 提供的、用于定位 ContentProvider 的一个名称。授权者通常为 ContentProvider 子类的包名称。每一个用来访问特定 ContentProvider 的 Uri，都以 "content://" 开头，后接授权者名称——这构成了 ContentProvider 的基础 Uri。第 17 行使用 Uri 方法 parse 创建这个基础 Uri。

```java
1   // DatabaseDescription.java
2   // Describes the table name and column names for this app's database,
3   // and other information required by the ContentProvider
4   package com.deitel.addressbook.data;
5
6   import android.content.ContentUris;
7   import android.net.Uri;
8   import android.provider.BaseColumns;
9
10  public class DatabaseDescription {
11     // ContentProvider's name: typically the package name
12     public static final String AUTHORITY =
13        "com.deitel.addressbook.data";
14
15     // base URI used to interact with the ContentProvider
16     private static final Uri BASE_CONTENT_URI =
17        Uri.parse("content://" + AUTHORITY);
18
```

图 9.15　DatabaseDescription 类的声明及其静态字段

9.6.2 嵌套 Contact 类

嵌套 Contact 类(见图 9.16)定义了一个数据库表(第 21 行)、用于通过 ContentProvider 访问这个表的 Uri(第 24～25 行)以及表的列名称(第 28～34 行)。表名称及列名称由 AddressBook-DatabaseHelper 类(见 9.7 节)使用,用于创建数据库。buildContactUri 方法为数据库表中的特定联系人创建一个 Uri(第 37～39 行)。(android.content 包的)ContentUris 类包含用于操作 "content://" Uri 的静态实用工具方法。withAppendedId 方法会将一条斜线(/)和一个记录 ID 放入第一个实参中 Uri 的末尾。对于每一个数据库表,通常都具有一个与 Contact 类相似的类。

```java
19      // nested class defines contents of the contacts table
20      public static final class Contact implements BaseColumns {
21          public static final String TABLE_NAME = "contacts"; // table's name
22
23          // Uri for the contacts table
24          public static final Uri CONTENT_URI =
25              BASE_CONTENT_URI.buildUpon().appendPath(TABLE_NAME).build();
26
27          // column names for contacts table's columns
28          public static final String COLUMN_NAME = "name";
29          public static final String COLUMN_PHONE = "phone";
30          public static final String COLUMN_EMAIL = "email";
31          public static final String COLUMN_STREET = "street";
32          public static final String COLUMN_CITY = "city";
33          public static final String COLUMN_STATE = "state";
34          public static final String COLUMN_ZIP = "zip";
35
36          // creates a Uri for a specific contact
37          public static Uri buildContactUri(long id) {
38              return ContentUris.withAppendedId(CONTENT_URI, id);
39          }
40      }
41  }
```

图 9.16 DatabaseDescription 嵌套类 Contact

数据库的表中,每一行都有一个唯一标识该行的主键。当采用 ListView 和 Cursor 时,主键所在的列名称必须为 "_id"——Android 也将这个名称用做 SQLite 数据库表中的 ID 列。对于 RecyclerView 而言,并不要求有这样的列名称,但是由于 ListView 和 RecyclerView 之间的相似性,且这里使用的是 Cursor 和 SQLite 数据库,所以在 RecyclerView 中依然采用这样的主键列名称。这里不是在 Contact 类中直接定义一个常量,而是先实现(android.provider 包)BaseColumns 接口(第 20 行),它将常量 "_ID" 定义成值 "_id"。

9.7 AddressBookDatabaseHelper 类

AddressBookDatabaseHelper 类(见图 9.17)扩展了抽象类 SQLiteOpenHelper,帮助应用创建数据库并管理版本的变化情况。

```java
1   // AddressBookDatabaseHelper.java
2   // SQLiteOpenHelper subclass that defines the app's database
3   package com.deitel.addressbook.data;
4
5   import android.content.Context;
```

图 9.17 SQLiteOpenHelper 的 AddressBookDatabaseHelper 子类定义应用的数据库

```java
6   import android.database.sqlite.SQLiteDatabase;
7   import android.database.sqlite.SQLiteOpenHelper;
8
9   import com.deitel.addressbook.data.DatabaseDescription.Contact;
10
11  class AddressBookDatabaseHelper extends SQLiteOpenHelper {
12      private static final String DATABASE_NAME = "AddressBook.db";
13      private static final int DATABASE_VERSION = 1;
14
15      // constructor
16      public AddressBookDatabaseHelper(Context context) {
17          super(context, DATABASE_NAME, null, DATABASE_VERSION);
18      }
19
20      // creates the contacts table when the database is created
21      @Override
22      public void onCreate(SQLiteDatabase db) {
23          // SQL for creating the contacts table
24          final String CREATE_CONTACTS_TABLE =
25              "CREATE TABLE " + Contact.TABLE_NAME + "(" +
26              Contact._ID + " integer primary key, " +
27              Contact.COLUMN_NAME + " TEXT, " +
28              Contact.COLUMN_PHONE + " TEXT, " +
29              Contact.COLUMN_EMAIL + " TEXT, " +
30              Contact.COLUMN_STREET + " TEXT, " +
31              Contact.COLUMN_CITY + " TEXT, " +
32              Contact.COLUMN_STATE + " TEXT, " +
33              Contact.COLUMN_ZIP + " TEXT);";
34          db.execSQL(CREATE_CONTACTS_TABLE); // create the contacts table
35      }
36
37      // normally defines how to upgrade the database when the schema changes
38      @Override
39      public void onUpgrade(SQLiteDatabase db, int oldVersion,
40          int newVersion) { }
41  }
```

图 9.17(续)　SQLiteOpenHelper 的 AddressBookDatabaseHelper 子类定义应用的数据库

构造方法

构造方法(第 16~18 行)只简单地调用了超类的构造方法,它要求有如下的 4 个实参：

- Context,包含需创建和打开的数据库。
- 数据库名称。如果希望使用内存数据库,则为 null。
- 所使用的 CursorFactory。null 表示希望使用默认的 SQLite CursorFactory(大多数应用都如此)。
- 数据库版本号(从 1 开始)。

重写的方法

必须重写这个类的抽象方法 onCreate 和 onUpgrade。如果数据库不存在,则会调用 DatabaseOpenHelper 的 onCreate 方法创建数据库。如果提供的数据库版本号比当前保存在设备中的版本号更高,则会调用 DatabaseOpenHelper 的 onUpgrade 方法将数据库更新成新版本(也许会增加表或者在已有的表中增加列)。

onCreate 方法(第 22~35 行)指定用 SQL CREATE TABLE 命令创建的表,它被定义成一个字符串(第 24~33 行),该字符串是用 Contact 类中的常量构建的。这里的 contacts 表包含一个整型主键字段(Contact._ID)和几个用于其他列的文本字段。第 34 行使用 SQLiteDatabase 的 execSQL 方法，执行 CREATE TABLE 命令。

由于不需要更新数据库，所以只简单地用空的方法体重写了 onUpgrade 方法。SQLiteOpenHelper 类还提供了一个 onDowngrade 方法，如果当前保存的数据库版本比 SQLiteOpenHelper 构造方法调用中请求的版本更高，则可以用这个方法向下更新数据库。向下更新可使数据库回退到前一个具有更少的列或者更少的表的版本，也许是为了修复应用中的 bug。

9.8 AddressBookContentProvider 类

ContentProvider 的 AddressBookContentProvider 子类定义如何对数据库执行查询、插入、更新和删除操作。

 错误防止提示 9.1

可以在一个或多个过程的多个线程中调用 ContentProvider，因此默认情况下 ContentProvider 并不提供同步性。不过，SQLite 会执行对数据库的同步访问，所以这个应用中没有必要自己设计同步机制。

9.8.1 AddressBookContentProvider 字段

AddressBookContentProvider 类(见图 9.18)定义了如下几个字段：

- 实例变量 dbHelper(第 17 行)为 AddressBookDatabaseHelper 对象的应用，该对象创建数据库并使 ContentProvider 能够对数据库进行读写访问。
- 类变量 uriMatcher(第 20 ~ 21 行)为(android.content 包的)UriMatcher 类的一个对象。ContentProvider 使用 UriMatcher 来决定在它的 query、insert、update 和 delete 方法中应用执行哪些操作。
- UriMatcher 返回整型常量 ONE_CONTACT 和 CONTACTS(第 24 ~ 25 行)——ContentProvider 会在它的 query、insert、update 和 delete 方法的 switch 语句中使用这两个常量。

```
1   // AddressBookContentProvider.java
2   // ContentProvider subclass for manipulating the app's database
3   package com.deitel.addressbook.data;
4
5   import android.content.ContentProvider;
6   import android.content.ContentValues;
7   import android.content.UriMatcher;
8   import android.database.Cursor;
9   import android.database.SQLException;
10  import android.database.sqlite.SQLiteQueryBuilder;
11  import android.net.Uri;
12
13  import com.deitel.addressbook.data.DatabaseDescription.Contact;
14
15  public class AddressBookContentProvider extends ContentProvider {
16      // used to access the database
17      private AddressBookDatabaseHelper dbHelper;
18
```

图 9.18 AddressBookContentProvider 的字段

```
19    // UriMatcher helps ContentProvider determine operation to perform
20    private static final UriMatcher uriMatcher =
21       new UriMatcher(UriMatcher.NO_MATCH);
22
23    // constants used with UriMatcher to determine operation to perform
24    private static final int ONE_CONTACT = 1; // manipulate one contact
25    private static final int CONTACTS = 2; // manipulate contacts table
26
27    // static block to configure this ContentProvider's UriMatcher
28    static {
29       // Uri for Contact with the specified id (#)
30       uriMatcher.addURI(DatabaseDescription.AUTHORITY,
31          Contact.TABLE_NAME + "/#", ONE_CONTACT);
32
33       // Uri for Contacts table
34       uriMatcher.addURI(DatabaseDescription.AUTHORITY,
35          Contact.TABLE_NAME, CONTACTS);
36    }
37
```

图 9.18（续）　AddressBookContentProvider 的字段

第 28~36 行定义的静态语句块将 Uri 添加到静态 UriMatcher 上——这个语句块只有在将 AddressBookContentProvider 类加载到内存中时执行一次。UriMatcher 方法 addUri 有三个实参：

- 一个代表 ContentProvider 授权者的字符串（这个应用中为 DatabaseDescription.AUTHORITY）。
- 一个代表路径的字符串——每一个用于调用 ContentProvider 的 Uri 都包含有 "content://"，后接授权者和 ContentProvider 用来判断要执行的任务的路径。
- 一个由 UriMatcher 返回的 int 型代码。当提供给 ContentProvider 的 Uri 与保存在 UriMatcher 中的某个 Uri 匹配时，就会返回这个代码。

第 30~31 行以如下形式添加一个 Uri：

content://com.deitel.addressbook.data/contacts/#

其中的"#"为一个通配符，它匹配由数字字符构成的字符串——这里即为 contacts 表中某一位联系人的主键值。另一种通配符"*"匹配任意数量的字符。当 Uri 匹配这种格式时，UriMatcher 返回常量 ONE_CONTACT。

第 34~35 行以如下形式添加一个 Uri：

content://com.deitel.addressbook.data/contacts

它代表整个 contacts 表。当 Uri 匹配这种格式时，UriMatcher 返回常量 CONTACTS。随着对 AddressBookContentProvider 类其他部分的讲解，会看到 UriMatcher 及常量 ONE_CONTACT 和 CONTACTS 是如何使用的。

9.8.2　重写的 onCreate 和 getType 方法

下面将看到，ContentResolver 会调用 ContentProvider 的方法。当 Android 接收到来自于 ContentResolver 的请求时，它会自动创建一个对应的 ContentProvider 对象（或者使用以前已经创建好的）。创建完 ContentProvider 后，Android 会调用它的 onCreate 方法来配置 ContentProvider（见图 9.19 第 39~44 行）。第 42 行创建一个 AddressBookDatabaseHelper 对象，使 ContentProvider 能够访问数据库。当首次调用 ContentProvider 以写数据库时，会调用 AddressBookDatabaseHelper 对象的 onCreate 方法来创建数据库（见图 9.17 第 22~35 行）。

```
38      // called when the AddressBookContentProvider is created
39      @Override
40      public boolean onCreate() {
41         // create the AddressBookDatabaseHelper
42         dbHelper = new AddressBookDatabaseHelper(getContext());
43         return true; // ContentProvider successfully created
44      }
45
46      // required method: Not used in this app, so we return null
47      @Override
48      public String getType(Uri uri) {
49         return null;
50      }
51
```

图 9.19 重写的 ContentProvider 方法 onCreate 和 getType

getType 方法(见图 9.19 第 47~50 行)是 ContentProvider 所要求的一个方法,这个应用中它只是简单地返回 null。当针对具有特定 MIME 类型的 Uri 创建并启动 Intent 时,通常需要使用这个方法。Android 能够通过 MIME 类型来采取适当的行动,以处理 Intent。

9.8.3 重写的 query 方法

重写的 ContentProvider 方法 query(见图 9.20)从 ContentProvider 的数据源(这里的数据源为数据库)取得数据。该方法返回一个 Cursor,用于与返回的结果进行交互。query 方法接收 5 个实参:

```
52      // query the database
53      @Override
54      public Cursor query(Uri uri, String[] projection,
55         String selection, String[] selectionArgs, String sortOrder) {
56
57         // create SQLiteQueryBuilder for querying contacts table
58         SQLiteQueryBuilder queryBuilder = new SQLiteQueryBuilder();
59         queryBuilder.setTables(Contact.TABLE_NAME);
60
61         switch (uriMatcher.match(uri)) {
62            case ONE_CONTACT: // contact with specified id will be selected
63               queryBuilder.appendWhere(
64                  Contact._ID + "=" + uri.getLastPathSegment());
65               break;
66            case CONTACTS: // all contacts will be selected
67               break;
68            default:
69               throw new UnsupportedOperationException(
70                  getContext().getString(R.string.invalid_query_uri) + uri);
71         }
72
73         // execute the query to select one or all contacts
74         Cursor cursor = queryBuilder.query(dbHelper.getReadableDatabase(),
75            projection, selection, selectionArgs, null, null, sortOrder);
76
77         // configure to watch for content changes
78         cursor.setNotificationUri(getContext().getContentResolver(), uri);
79         return cursor;
80      }
81
```

图 9.20 重写的 ContentProvider 方法 query

- uri——表示要从中获取数据的 Uri。
- projection——一个字符串数组，表示需获取的特定列。如果该实参为 null，则结果中会包含所有的列。
- selection——一个包含选择条件的字符串。这里为 SQL WHERE 子句，但是不包含关键字 WHERE。如果该实参为 null，则结果中会包含所有的行。
- selectionArgs——一个字符串数组，包含的参数用于替换选择条件字符串中的问号占位符。
- sortOrder——一个表示排序顺序的字符串。这里为 SQL ORDER BY 子句，但是不包含关键字 ORDER BY。如果该实参为 null，则由 ContentProvider 决定排序顺序——返回给应用的结果，除非指定了合适的排序顺序，否则其顺序是无法确定的。

SQLiteQueryBuilder

第 58 行为构建 SQL 查询而创建了一个 SQLiteQueryBuilder（来自于 android.database.sqlite 包），这些查询将提交给 SQLite 数据库。第 59 行使用 setTables 方法来指定查询将从数据库的 contacts 表中选择数据。该方法的 String 实参可用来执行 JOIN 操作，只需在一个逗号分隔清单中指定多个表名称即可，或者利用合适的 SQL JOIN 子句。

使用 UriMatcher 判断要执行的操作

这个应用中有两种查询：

- 从数据库中查询某个特定的联系人，显示或者编辑它的详细信息。
- 选择数据库中的所有联系人，在 ContactsFragment 的 RecyclerView 中显示他们的名称。

第 61～71 行使用 UriMatcher 方法 match 来决定需执行哪种查询操作。该方法返回由 UriMatcher 注册的两个常量之一（见 9.8.1 节）。如果返回值为 ONE_CONTACT，则应只选择 ID 为 Uri 中指定的那个联系人。这时，第 63～64 行使用 SQLiteQueryBuilder 的 appendWhere 方法，将包含联系人 ID 的一个 WHERE 子句添加到查询中。Uri 方法 getLastPathSegment 返回 Uri 中的最后一段——例如，对于下面这个 Uri，返回值即为联系人的 ID 值 5。

content://com.deitel.addressbook.data/contacts/5

如果返回值为常量 CONTACTS，则退出 switch 语句时不会向查询字符串添加任何内容——这样就会选择所有的联系人，因为没有 WHERE 子句。对于不存在任何匹配情况的 Uri，第 69～70 行抛出一个 UnsupportedOperationException 异常，表明 Uri 无效。

查询数据库

第 74～75 行使用 SQLiteQueryBuilder 的 query 方法执行数据库查询，并返回表示结果的 Cursor。该方法的实参与 ContentProvider 的 query 方法的实参类似：

- 要查询的 SQLiteDatabase——AddressBookDatabaseHelper 的 getReadableDatabase 方法返回一个只读 SQLiteDatabase 对象。
- projection——一个字符串数组，表示需获取的特定列。如果该实参为 null，则结果中会包含所有的列。
- selection——一个包含选择条件的字符串。这里为 SQL WHERE 子句，但是不包含关键字 WHERE。如果该实参为 null，则结果中会包含所有的行。
- selectionArgs——一个字符串数组，包含的参数用于替换选择条件字符串中的问号占位符。
- groupBy——一个包含分组条件的字符串。这里为 SQL GROUP BY 子句，但是不包含关键字 GROUP BY。如果该实参为 null，则不执行分组操作。
- having——使用 groupBy 实参时，这个实参为一个字符串，表示哪些组应包含在结果中。这里为 SQL HAVING 子句，但是不包含关键字 HAVING。如果该实参为 null，则结果中会包含所有由 groupBy 实参指定的组。
- sortOrder——一个表示排序顺序的字符串。这里为 SQL ORDER BY 子句，但是不包含关键字 ORDER BY。如果该实参为 null，则由 ContentProvider 决定排序顺序。

将 Cursor 注册成监视内容的变化情况

第 78 行调用 Cursor 的 setNotificationUri 方法，表示如果 Cursor 所引用的数据发生改变，则应当更新该 Cursor。第一个实参为调用了 ContentProvider 的 ContentResolver，第二个实参为用来调用 ContentProvider 的 Uri。第 79 行返回包含查询结果的 Cursor。

9.8.4 重写的 insert 方法

重写的 ContentProvider 方法 insert（见图 9.21）将一条新记录添加到 contacts 表中。该方法接收两个实参：

- uri——表示将插入数据的表的 Uri。
- values——一个 ContentValues 对象，它包含一个键/值对，列名称为键，值为需插入该列的数据。

```
82      // insert a new contact in the database
83      @Override
84      public Uri insert(Uri uri, ContentValues values) {
85         Uri newContactUri = null;
86
87         switch (uriMatcher.match(uri)) {
88            case CONTACTS:
89               // insert the new contact--success yields new contact's row id
90               long rowId = dbHelper.getWritableDatabase().insert(
91                  Contact.TABLE_NAME, null, values);
92
93               // if the contact was inserted, create an appropriate Uri;
94               // otherwise, throw an exception
95               if (rowId > 0) { // SQLite row IDs start at 1
96                  newContactUri = Contact.buildContactUri(rowId);
97
98                  // notify observers that the database changed
99                  getContext().getContentResolver().notifyChange(uri, null);
100              }
101              else
102                 throw new SQLException(
103                    getContext().getString(R.string.insert_failed) + uri);
104              break;
105           default:
106              throw new UnsupportedOperationException(
107                 getContext().getString(R.string.invalid_insert_uri) + uri);
108        }
109
110        return newContactUri;
111     }
112
```

图 9.21 重写的 ContentProvider 方法 insert

第 87~108 行检查 Uri 是否可用于 contacts 表——如果不能，则 Uri 对插入操作是无效的，第 106~107 行抛出 UnsupportedOperationException 异常。如果存在匹配的 Uri，则第 90~91 行将

一个新联系人的信息插入数据库中。首先使用 AddressBookDatabaseHelper 的 getWritableDatabase 方法,取得一个用于修改数据库中数据的 SQLiteDatabaseObject 对象。

SQLiteDatabase 的 insert 方法(第 90~91 行)将来自于第三个实参的 ContentValues 对象的值插入到第一个实参指定的表中,这里为 contacts 表。方法的第二个参数在这个应用中没有使用,它的名称为 nullColumnHack。这个参数是需要的,因为 SQLite 不允许将一个完全为空的行插入表中——这样做等价于将一个空的 ContentValues 对象传递给 insert 方法。与将一个空的 ContentValues 对象传递给方法的非法操作不同, nullColumnHack 参数被用来指明接受 NULL 值的列。

如果插入操作执行成功,则 insert 方法返回这个新联系人的唯一 ID,否则返回-1。第 95 行判断 rowID 是否大于 0(在 SQLite 中,行的索引值从 1 开始)。如果是,则第 96 行创建一个表示该新联系人的 Uri,第 99 行通知 ContentResolver 数据库已经发生变化,从而使 ContentResolver 的客户端代码能够响应数据库的这些变化。如果 rowID 不大于 0,则数据库操作失败,第 102~103 行抛出 SQLException 异常。

9.8.5 重写的 update 方法

重写的 ContentProvider 方法 update(见图 9.22)更新已有的表记录。这个方法接收 4 个实参:

- uri——表示要更新的行的 Uri。
- values——一个 ContentValues 对象,它包含要更新的列及对应的值。
- selection——一个包含选择条件的字符串。这里为 SQL WHERE 子句,但是不包含关键字 WHERE。如果该实参为 null,则结果中会包含所有的行。
- selectionArgs——一个字符串数组,包含的参数用于替换选择条件字符串中的问号占位符。

```
113     // update an existing contact in the database
114     @Override
115     public int update(Uri uri, ContentValues values,
116        String selection, String[] selectionArgs) {
117        int numberOfRowsUpdated; // 1 if update successful; 0 otherwise
118
119        switch (uriMatcher.match(uri)) {
120           case ONE_CONTACT:
121              // get from the uri the id of contact to update
122              String id = uri.getLastPathSegment();
123
124              // update the contact
125              numberOfRowsUpdated = dbHelper.getWritableDatabase().update(
126                 Contact.TABLE_NAME, values, Contact._ID + "=" + id,
127                 selectionArgs);
128              break;
129           default:
130              throw new UnsupportedOperationException(
131                 getContext().getString(R.string.invalid_update_uri) + uri);
132        }
133
134        // if changes were made, notify observers that the database changed
135        if (numberOfRowsUpdated != 0) {
136           getContext().getContentResolver().notifyChange(uri, null);
137        }
138
139        return numberOfRowsUpdated;
140     }
141
```

图 9.22 重写的 ContentProvider 方法 update

本应用中的更新操作只针对某一位联系人，因此第 119～132 行只检查 ONE_CONTACT Uri 的情况。第 122 行获得 Uri 实参的最后一个路径段，它为联系人的唯一 ID。第 125～127 行先取得一个可写的 SQLiteDatabase 对象，然后调用它的 update 方法，用来自于 ContentValues 实参中的值更新联系人。这个方法的实参如下：

- 要更新的表名称。
- ContentValues 对象，它包含要更新的列及对应的值。
- 指定要更新哪些行的 SQL WHERE 子句。
- 一个包含任何参数的字符串数组，这些参数用于替换 WHERE 子句中的占位符。

如果更新操作成功完成，则 update 方法返回一个整数，表示有多少行被更新了，否则返回 0。第 136 行通知 ContentResolver 数据库已经发生变化，从而使 ContentResolver 的客户端代码能够响应数据库的这些变化。第 139 行返回更新过的行数。

9.8.6 重写的 delete 方法

重写的 ContentProvider 方法 delete（见图 9.23）删除已有的表记录。该方法接收三个实参：

- uri——表示要删除的行的 Uri。
- selection——一个 WHERE 子句，指定哪些行要删除。
- selectionArgs——一个字符串数组，包含的参数用于替换选择条件字符串中的问号占位符。

```
142    // delete an existing contact from the database
143    @Override
144    public int delete(Uri uri, String selection, String[] selectionArgs) {
145       int numberOfRowsDeleted;
146
147       switch (uriMatcher.match(uri)) {
148          case ONE_CONTACT:
149             // get from the uri the id of contact to update
150             String id = uri.getLastPathSegment();
151
152             // delete the contact
153             numberOfRowsDeleted = dbHelper.getWritableDatabase().delete(
154                Contact.TABLE_NAME, Contact._ID + "=" + id, selectionArgs);
155             break;
156          default:
157             throw new UnsupportedOperationException(
158                getContext().getString(R.string.invalid_delete_uri) + uri);
159       }
160
161       // notify observers that the database changed
162       if (numberOfRowsDeleted != 0) {
163          getContext().getContentResolver().notifyChange(uri, null);
164       }
165
166       return numberOfRowsDeleted;
167    }
168 }
```

图 9.23　重写的 ContentProvider 方法 delete

本应用中的删除操作只针对某一位联系人，因此第 147～159 行只检查 ONE_CONTACT Uri 的情况——任何其他的 Uri 都不支持。第 150 行获得 Uri 实参的最后一个路径段，它为联系人的唯一 ID。第 153～154 行先取得一个可写的 SQLiteDatabase 对象，然后调用它的 delete

方法，删除指定的联系人。这三个实参分别为：用来删除记录的数据库表、WHERE 子句及用于替换 WHERE 子句中的值的一个字符串数组(如果 WHERE 子句带有参数)。该方法返回被删除的行数。第 163 行通知 ContentResolver 数据库已经发生变化，从而使 ContentResolver 的客户端代码能够响应数据库的这些变化。第 166 行返回被删除的行数。

9.9 MainActivity 类

MainActivity 类管理应用的 Fragment，协调它们之间的沟通。对于手机，MainActivity 一次只会显示一个 Fragment，首先显示的是 ContactsFragment；对于平板电脑，MainActivity 总是将 ContactsFragment 显示在左侧，而右侧 2/3 的空间将视情况显示 DetailFragment 或 AddEditFragment。

9.9.1 超类及实现的接口和字段

MainActivity 类(见图 9.24)利用 FragmentTransaction 类来添加和移走应用的 Fragment。MainActivity 实现了三个接口：

- ContactsFragment.ContactsFragmentListener(见 9.10.2 节)包含的回调方法，ContactsFragment 用它们来通知 MainActivity 用户何时选择了一个联系人或者添加了新的联系人。
- DetailFragment.DetailFragmentListener(见 9.13.2 节)包含的回调方法，DetailFragment 用它们来通知 MainActivity 用户何时删除了一个联系人或者希望编辑已有的联系人信息。
- AddEditFragment.AddEditFragmentListener(见 9.12.2 节)包含的回调方法，AddEditFragment 用它们来通知 MainActivity 用户何时保存了一个新联系人或者保存了已有的联系人的更改信息。

常量 CONTACT_URI(第 17 行)被用做键/值对中的键，这些键/值对会在 MainActivity 和它的 Fragment 之间传递。实例变量 ContactsFragment(第 19 行)用于通知 ContactsFragment 更新联系人清单的显示(添加或者删除了联系人之后)。

```
1   // MainActivity.java
2   // Hosts the app's fragments and handles communication between them
3   package com.deitel.addressbook;
4
5   import android.net.Uri;
6   import android.os.Bundle;
7   import android.support.v4.app.FragmentTransaction;
8   import android.support.v7.app.AppCompatActivity;
9   import android.support.v7.widget.Toolbar;
10
11  public class MainActivity extends AppCompatActivity
12      implements ContactsFragment.ContactsFragmentListener,
13      DetailFragment.DetailFragmentListener,
14      AddEditFragment.AddEditFragmentListener {
15
16      // key for storing a contact's Uri in a Bundle passed to a fragment
17      public static final String CONTACT_URI = "contact_uri";
18
19      private ContactsFragment contactsFragment; // displays contact list
20
```

图 9.24 MainActivity 的超类及实现的接口和字段

9.9.2 重写的 onCreate 方法

重写的 Activity 方法 onCreate（见图 9.25）填充 MainActivity 的 GUI，且会在手机大小的设备上创建并显示一个 ContactsFragment。如果关闭了某个 Activity 然后又恢复它，或者由于配置发生改变而被重新创建，则 savedInstanceState 将不为 null。这时，第 43～45 行获得已有 ContactsFragment 的引用——在手机上它已经由 Android 保存了；在平板电脑上它为 MainActivity 布局的一部分，且在第 25 行被填充了内容。

```
21    // display ContactsFragment when MainActivity first loads
22    @Override
23    protected void onCreate(Bundle savedInstanceState) {
24       super.onCreate(savedInstanceState);
25       setContentView(R.layout.activity_main);
26       Toolbar toolbar = (Toolbar) findViewById(R.id.toolbar);
27       setSupportActionBar(toolbar);
28
29       // if layout contains fragmentContainer, the phone layout is in use;
30       // create and display a ContactsFragment
31       if (savedInstanceState != null &&
32          findViewById(R.id.fragmentContainer) != null) {
33          // create ContactsFragment
34          contactsFragment = new ContactsFragment();
35
36          // add the fragment to the FrameLayout
37          FragmentTransaction transaction =
38             getSupportFragmentManager().beginTransaction();
39          transaction.add(R.id.fragmentContainer, contactsFragment);
40          transaction.commit(); // display ContactsFragment
41       }
42       else {
43          contactsFragment =
44             (ContactsFragment) getSupportFragmentManager().
45                findFragmentById(R.id.contactsFragment);
46       }
47    }
48
```

图 9.25 重写的 Activity 方法 onCreate

如果 MainActivity 布局中存在 R.id.fragmentContainer（第 32 行），则表明应用运行在手机上。这时，第 34 行创建一个 ContactsFragmen，然后第 37～40 行利用 FragmentTransaction 来为用户界面添加一个 ContactsFragment。第 37～38 行调用 FragmentManager 的 beginTransaction 方法，获得这个 FragmentTransaction。接下来，第 39 行使用 FragmentTransaction 方法 add 指定当 FragmentTransaction 完成时，ContactsFragment 应与一个 View 绑定在一起，这个 View 的 ID 由第一个实参指定。最后，第 40 行利用 FragmentTransaction 方法 commit，完成这个事务并显示 ContactsFragment。

9.9.3 ContactsFragment.ContactsFragmentListener 方法

图 9.26 包含 ContactsFragment.ContactsFragmentListener 接口中 MainActivity 回调方法的定义。onContactSelected 方法（第 50～60 行）由 ContactsFragment 调用，以通知 MainActivity 用户已经选取了某位联系人。如果应用运行于手机上（第 52 行），则第 53 行调用 displayContact 方法（见 9.9.4 节），它用显示联系人详细信息的 DetailFragment 替换 fragmentContainer（在 9.4.7 节

中定义)中的 ContactsFragment。在平板电脑上, 第 56 行调用 FragmentManager 的 popBackStack 方法, 弹出(移走)返回栈中最上面的那个 Fragment, 然后第 58 行调用 displayContact 方法, 它用显示联系人详细信息的 DetailFragment 替换 rightPaneContainer(在 9.4.7 节中定义)中的内容。

```
49      // display DetailFragment for selected contact
50      @Override
51      public void onContactSelected(Uri contactUri) {
52          if (findViewById(R.id.fragmentContainer) != null) // phone
53              displayContact(contactUri, R.id.fragmentContainer);
54          else { // tablet
55              // removes top of back stack
56              getSupportFragmentManager().popBackStack();
57
58              displayContact(contactUri, R.id.rightPaneContainer);
59          }
60      }
61
62      // display AddEditFragment to add a new contact
63      @Override
64      public void onAddContact() {
65          if (findViewById(R.id.fragmentContainer) != null) // phone
66              displayAddEditFragment(R.id.fragmentContainer, null);
67          else // tablet
68              displayAddEditFragment(R.id.rightPaneContainer, null);
69      }
70
```

图 9.26　ContactsFragment.ContactsFragmentListener 中的几个方法

onAddContact 方法(第 63～69 行)由 ContactsFragment 调用, 以通知 MainActivity 有用户选择了新添加一位联系人。如果布局包含一个 fragmentContainer, 则第 66 行调用 displayAddEditFragment(见 9.9.5 节), 在 fragmentContainer 中显示一个 AddEditFragment, 否则第 68 行在 rightPaneContainer 中显示一个 Fragment。displayAddEditFragment 的第二个实参为一个 Bundle 对象, AddEditFragment 用这个实参来确定是添加一位新联系人的信息, 还是编辑一位已经存在的联系人的信息——值 null 表示需添加新联系人, 否则实参值即为已经存在的联系人的 Uri。

9.9.4　displayContact 方法

displayContact 方法(见图 9.27)创建一个显示所选联系人的 DetailFragment。向 Fragment 传递的实参可以放置在由键/值对组成的 Bundle 中——这个应用中传递所选联系人的 Uri 时就是这样做的, 以便 DetailFragment 知道应从 ContentProvider 中取得哪个联系人的信息。第 76 行创建了一个 Bundle。第 77 行调用它的 putParcelable 方法, 将包含 CONTACT_URI(String 值) 和 contactUri(Uri) 的一个键/值对保存起来。Uri 类实现了 Parcelable 接口, 因此 Uri 可以作为一个 Parcel 对象保存到 Bundle 中。第 78 行将这个 Bundle 传递给 Fragment 的 setArguments 方法, 然后 Fragment 就能从它抽取信息(见 9.13 节)。

第 81～82 行取得一个 FragmentTransaction, 然后第 83 行调用 FragmentTransaction 方法 replace, 指定当 FragmentTransaction 完成时, DetailFragment 应替换 View 的内容, 这个 View 的 ID 由第一个实参指定。第 84 行调用 FragmentTransaction 方法 addToBackStack, 将 DetailFragment 压入(添加)到返回栈中。这使得用户点触了回退按钮时, 能够从返回栈中弹出这个

Fragment,也使得代码中可以让 MainActivity 从返回栈弹出它。addToBackStack 方法的实参是一个用于回退状态的名称(可选)。在多个 Fragment 被添加到回退栈之后,它可以用来从回退栈中弹出多个 Fragment,以返回到一个以前的状态。默认情况下,只有最上面的那个 Fragment 会被弹出。

```
71    // display a contact
72    private void displayContact(Uri contactUri, int viewID) {
73        DetailFragment detailFragment = new DetailFragment();
74
75        // specify contact's Uri as an argument to the DetailFragment
76        Bundle arguments = new Bundle();
77        arguments.putParcelable(CONTACT_URI, contactUri);
78        detailFragment.setArguments(arguments);
79
80        // use a FragmentTransaction to display the DetailFragment
81        FragmentTransaction transaction =
82            getSupportFragmentManager().beginTransaction();
83        transaction.replace(viewID, detailFragment);
84        transaction.addToBackStack(null);
85        transaction.commit(); // causes DetailFragment to display
86    }
87
```

图 9.27 displayContact 方法

9.9.5 displayAddEditFragment 方法

displayAddEditFragment 方法(见图 9.28)接收 View 的资源 ID,指定在哪里绑定这个 AddEditFragment。该方法的第二个实参为一个 Uri,表示将编辑的联系人。如果第二个实参为 null,则表示是添加新联系人。第 90 行创建了一个 AddEditFragment。如果 contactUri 不为 null,则第 95 行将其放入 Bundle 中,以供 Fragment 的参数使用。然后,第 100~104 行创建一个 FragmentTransaction,用指定资源 ID 替换 View 的内容,将这个 Fragment 添加到返回栈中,并提交这个事务。

```
88     // display fragment for adding a new or editing an existing contact
89     private void displayAddEditFragment(int viewID, Uri contactUri) {
90         AddEditFragment addEditFragment = new AddEditFragment();
91
92         // if editing existing contact, provide contactUri as an argument
93         if (contactUri != null) {
94             Bundle arguments = new Bundle();
95             arguments.putParcelable(CONTACT_URI, contactUri);
96             addEditFragment.setArguments(arguments);
97         }
98
99         // use a FragmentTransaction to display the AddEditFragment
100        FragmentTransaction transaction =
101            getSupportFragmentManager().beginTransaction();
102        transaction.replace(viewID, addEditFragment);
103        transaction.addToBackStack(null);
104        transaction.commit(); // causes AddEditFragment to display
105    }
106
```

图 9.28 displayAddEditFragment 方法

9.9.6 DetailFragment.DetailFragmentListener 方法

图 9.29 包含 DetailFragment.DetailFragmentListener 接口中 MainActivity 回调方法的定义。onContactDeleted 方法（第 108～113 行）由 DetailFragment 调用，以通知 MainActivity 用户已经删除了某位联系人。这时，第 111 行从回退栈中弹出 DetailFragment，因为被删除的联系人信息不必再显示了。第 112 行调用 ContactsFragment 的 updateContactList 方法，刷新联系人清单。

```
107    // return to contact list when displayed contact deleted
108    @Override
109    public void onContactDeleted() {
110       // removes top of back stack
111       getSupportFragmentManager().popBackStack();
112       contactsFragment.updateContactList(); // refresh contacts
113    }
114
115    // display the AddEditFragment to edit an existing contact
116    @Override
117    public void onEditContact(Uri contactUri) {
118       if (findViewById(R.id.fragmentContainer) != null) // phone
119          displayAddEditFragment(R.id.fragmentContainer, contactUri);
120       else // tablet
121          displayAddEditFragment(R.id.rightPaneContainer, contactUri);
122    }
123
```

图 9.29 DetailFragment.DetailFragmentListener 中的几个方法

onEditContact 方法（第 116～122 行）由 DetailFragment 调用，以通知 MainActivity 有用户选择了编辑一位联系人。DetailFragment 传递的 Uri 表示要编辑的联系人，以便它能显示在 AddEditFragment 的各个 EditText 中，用于编辑。如果布局包含一个 fragmentContainer，则第 119 行调用 displayAddEditFragment（见 9.9.5 节），在 fragmentContainer 中显示一个 AddEditFragment，否则第 121 行在 rightPaneContainer 中显示一个 AddEditFragment。

9.9.7 AddEditFragment.AddEditFragmentListener 方法

onAddEditCompleted 方法（见图 9.30）来自于 AddEditFragment.AddEditFragmentListener 接口，它由 AddEditFragment 调用，以通知 MainActivity 有用户保存了新的联系人信息或者修改了已有的联系人信息。第 128 行从回退栈中弹出 AddEditFragment，第 129 行更新 ContactsFragment 的联系人清单。如果应用运行于平板电脑上（第 131 行），则第 133 行再次弹出返回栈，删除这个 DetailFragment（如果有）。接着，第 136 行在 rightPaneContainer 中显示新联系人或者更新后的联系人的详细信息。

```
124    // update GUI after new contact or updated contact saved
125    @Override
126    public void onAddEditCompleted(Uri contactUri) {
127       // removes top of back stack
128       getSupportFragmentManager().popBackStack();
129       contactsFragment.updateContactList(); // refresh contacts
130
131       if (findViewById(R.id.fragmentContainer) == null) { // tablet
132          // removes top of back stack
133          getSupportFragmentManager().popBackStack();
134
135          // on tablet, display contact that was just added or edited
136          displayContact(contactUri, R.id.rightPaneContainer);
137       }
138    }
139 }
```

图 9.30 AddEditFragment.AddEditFragmentListener 的方法

9.10 ContactsFragment 类

ContactsFragment 类在 RecyclerView 中显示联系人清单，并且提供一个 FloatingActionButton 按钮，用户点触它可添加新联系人。

9.10.1 超类及实现的接口

图 9.31 中列出了 ContactsFragment 类中的 package 声明、import 声明及它的类定义的开头部分。ContactsFragment 使用 LoaderManager 和 Loader 来查询 AddressBookContentProvider，并接收一个 Cursor，ContactsAdapter（见 9.11 节）用这个 Cursor 来为 RecyclerView 提供数据。ContactsFragment 实现了接口 LoaderManager.LoaderCallbacks<Cursor>（第 23 行），以便能够响应来自于 LoaderManager 的方法调用并创建 Loader，处理由 AddressBookContentProvider 返回的结果。

```java
1   // ContactsFragment.java
2   // Fragment subclass that displays the alphabetical list of contact names
3   package com.deitel.addressbook;
4
5   import android.content.Context;
6   import android.database.Cursor;
7   import android.net.Uri;
8   import android.os.Bundle;
9   import android.support.design.widget.FloatingActionButton;
10  import android.support.v4.app.Fragment;
11  import android.support.v4.app.LoaderManager;
12  import android.support.v4.content.CursorLoader;
13  import android.support.v4.content.Loader;
14  import android.support.v7.widget.LinearLayoutManager;
15  import android.support.v7.widget.RecyclerView;
16  import android.view.LayoutInflater;
17  import android.view.View;
18  import android.view.ViewGroup;
19
20  import com.deitel.addressbook.data.DatabaseDescription.Contact;
21
22  public class ContactsFragment extends Fragment
23     implements LoaderManager.LoaderCallbacks<Cursor> {
24
```

图 9.31 ContactsFragment 超类及实现的接口

9.10.2 ContactsFragmentListener

图 9.32 声明了一个嵌套接口 ContactsFragmentListener，它包含 MainActivity 实现的两个回调方法，分别用于用户选择了某位联系人（第 28 行）和点触了 FloatingActionButton 添加新联系人（第 31 行）的情况。

```java
25     // callback method implemented by MainActivity
26     public interface ContactsFragmentListener {
27        // called when contact selected
28        void onContactSelected(Uri contactUri);
29
30        // called when add button is pressed
31        void onAddContact();
32     }
33
```

图 9.32 嵌套接口 ContactsFragmentListener

9.10.3 字段

图 9.33 中声明了 ContactsFragment 类的字段。第 34 行声明的常量用于标识 Loader，以便处理由 AddressBookContentProvider 返回的结果。这里只有一个 Loader——如果类使用了多个 Loader，则每一个 Loader 都必须具有不同整数值的常量，这样才能明确哪一个 Loader 将处理 LoaderManager.LoaderCallbacks<Cursor>回调方法。第 37 行声明的实例变量 listener 用于引用实现了该接口的对象（MainActivity）。第 39 行的实例变量 contactsAdapter 引用将数据与 RecyclerView 绑定的 ContactsAdapter。

```
34    private static final int CONTACTS_LOADER = 0; // identifies Loader
35
36    // used to inform the MainActivity when a contact is selected
37    private ContactsFragmentListener listener;
38
39    private ContactsAdapter contactsAdapter; // adapter for recyclerView
40
```

图 9.33　ContactsFragment 的字段

9.10.4 重写的 Fragment 方法 onCreateView

重写的 Fragment 方法 onCreateView（见图 9.34）填充并配置 Fragment 的 GUI。该方法的大部分代码在前面几章中已经给出了，这里只分析那些新代码。第 47 行表示 ContactsFragment 的菜单项应当显示在 Activity 的应用栏（或它的选项菜单）中。第 56～74 行配置 RecyclerView。第 60～67 行创建的 ContactsAdapter 用于填充 RecyclerView。该方法的实参为 ContactsAdapter.ContactClickListener 接口（见 9.11 节）的一个实现，指定当用于点触了某位联系人时，应用该联系人的 Uri 调用 ContactsFragmentListener 的 onContactSelected 方法，以在 DetailFragment 中显示详细信息。

```
41    // configures this fragment's GUI
42    @Override
43    public View onCreateView(
44      LayoutInflater inflater, ViewGroup container,
45      Bundle savedInstanceState) {
46      super.onCreateView(inflater, container, savedInstanceState);
47      setHasOptionsMenu(true); // fragment has menu items to display
48
49      // inflate GUI and get reference to the RecyclerView
50      View view = inflater.inflate(
51        R.layout.fragment_contacts, container, false);
52      RecyclerView recyclerView =
53        (RecyclerView) view.findViewById(R.id.recyclerView);
54
55      // recyclerView should display items in a vertical list
56      recyclerView.setLayoutManager(
57        new LinearLayoutManager(getActivity().getBaseContext()));
58
59      // create recyclerView's adapter and item click listener
60      contactsAdapter = new ContactsAdapter(
61        new ContactsAdapter.ContactClickListener() {
62          @Override
63          public void onClick(Uri contactUri) {
64            listener.onContactSelected(contactUri);
```

图 9.34　重写的 Fragment 方法 onCreateView

```
65              }
66          }
67      );
68      recyclerView.setAdapter(contactsAdapter); // set the adapter
69
70      // attach a custom ItemDecorator to draw dividers between list items
71      recyclerView.addItemDecoration(new ItemDivider(getContext()));
72
73      // improves performance if RecyclerView's layout size never changes
74      recyclerView.setHasFixedSize(true);
75
76      // get the FloatingActionButton and configure its listener
77      FloatingActionButton addButton =
78          (FloatingActionButton) view.findViewById(R.id.addButton);
79      addButton.setOnClickListener(
80          new View.OnClickListener() {
81              // displays the AddEditFragment when FAB is touched
82              @Override
83              public void onClick(View view) {
84                  listener.onAddContact();
85              }
86          }
87      );
88
89      return view;
90  }
91
```

图 9.34（续） 重写的 Fragment 方法 onCreateView

9.10.5 重写的 Fragment 方法 onAttach 和 onDetach

ContactsFragment 类重写了 Fragment 生命周期方法 onAttach 和 onDetach（见图 9.35），以设置实例变量 listener。这个应用中，当绑定了 ContactsFragment，会使 listener 引用宿主 Activity（第 96 行）；如果 ContactsFragment 是分离的，则将 listener 设置成 null（第 103 行）。

```
92      // set ContactsFragmentListener when fragment attached
93      @Override
94      public void onAttach(Context context) {
95          super.onAttach(context);
96          listener = (ContactsFragmentListener) context;
97      }
98
99      // remove ContactsFragmentListener when Fragment detached
100     @Override
101     public void onDetach() {
102         super.onDetach();
103         listener = null;
104     }
105
```

图 9.35 重写的 Fragment 方法 onAttach 和 onDetach

9.10.6 重写的 Fragment 方法 onActivityCreated

Fragment 生命周期方法 onActivityCreated（见图 9.36）会在创建了 Fragment 的宿主 Activity 且完成了 onCreateView 方法的执行之后被调用——这时，Fragment 的 GUI 是 Activity 视图层次中的一部分。通过这个方法可告知 LoaderManager 初始化 Loader——需确保这一步是在视图层次已经存在的情况下才进行的，因为在显示加载的数据之前，必须先有 RecyclerView。

第 110 行使用 Fragment 方法 getLoaderManager，获得 Fragment 的 LoaderManager 对象。接下来，调用 LoaderManager 的 initLoader 方法，它接收三个实参：

- 用于标识哪一个 Loader 的整型数 ID。
- 一个 Bundle，其包含的参数用于 Loader 的构造方法；如果该实参为 null，则表示没有参数用于 Loader 的构造方法。
- 一个 LoaderManager.LoaderCallbacks<Cursor>接口的实现（表示 ContactsAdapter）。9.10.8 节中将看到这个接口的 onCreateLoader，onLoadFinished 和 onLoaderReset 方法的实现。

如果对于指定的 ID 还没有 Loader 存在，则 initLoader 方法会异步调用 onCreateLoader 方法，为这个 ID 创建并启动一个 Loader；如果已经有 Loader 存在，则 initLoader 方法会立即调用 onLoadFinished 方法。

```
106    // initialize a Loader when this fragment's activity is created
107    @Override
108    public void onActivityCreated(Bundle savedInstanceState) {
109        super.onActivityCreated(savedInstanceState);
110        getLoaderManager().initLoader(CONTACTS_LOADER, null, this);
111    }
112
```

图 9.36　重写的 Fragment 方法 onActivityCreated

9.10.7　updateContactList 方法

ContactsFragment 方法 updateContactList（见图 9.37）只用来在数据发生变化时通知 ContactsAdapter。如果添加了新的联系人，或者现有联系人被更新或删除了，就会调用这个方法。

```
113    // called from MainActivity when other Fragment's update database
114    public void updateContactList() {
115        contactsAdapter.notifyDataSetChanged();
116    }
117
```

图 9.37　ContactsFragment 方法 updateContactList

9.10.8　LoaderManager.LoaderCallbacks<Cursor>方法

图 9.38 给出的是 ContactsFragment 类在接口 LoaderManager.LoaderCallbacks<Cursor>中的回调方法的定义。

```
118    // called by LoaderManager to create a Loader
119    @Override
120    public Loader<Cursor> onCreateLoader(int id, Bundle args) {
121        // create an appropriate CursorLoader based on the id argument;
122        // only one Loader in this fragment, so the switch is unnecessary
123        switch (id) {
124            case CONTACTS_LOADER:
125                return new CursorLoader(getActivity(),
126                    Contact.CONTENT_URI, // Uri of contacts table
127                    null, // null projection returns all columns
128                    null, // null selection returns all rows
129                    null, // no selection arguments
130                    Contact.COLUMN_NAME + " COLLATE NOCASE ASC"); // sort order
```

图 9.38　LoaderManager.LoaderCallbacks<Cursor>方法

```
131            default:
132                return null;
133        }
134    }
135
136    // called by LoaderManager when loading completes
137    @Override
138    public void onLoadFinished(Loader<Cursor> loader, Cursor data) {
139        contactsAdapter.swapCursor(data);
140    }
141
142    // called by LoaderManager when the Loader is being reset
143    @Override
144    public void onLoaderReset(Loader<Cursor> loader) {
145        contactsAdapter.swapCursor(null);
146    }
147 }
```

图 9.38（续）　LoaderManager.LoaderCallbacks<Cursor>方法

onCreateLoader 方法

LoaderManager 调用 onCreateLoader 方法（第 119～134 行），为指定的 ID 创建并返回一个新 Loader，该 ID 由 LoaderManager 在 Fragment 或 Activity 的生命周期内管理。第 123～133 行根据作为 onCreateLoader 方法第一个实参接收的 ID 来判断需创建哪一个 Loader。

好的编程经验 9.1

对于 ContactsFragment，我们只需要一个 Loader，因此没有必要使用 switch 语句，这里只是将它当做一种好的编程样本。

第 125～130 行创建并返回一个 CursorLoader，它查询 AddressBookContentProvider 以获得联系人清单，然后将结果保存成一个 Cursor。CursorLoader 构造方法接收的第一个实参表示一个 Context，Loader 的生命周期位于这个 Context 内，其他实参 uri、projection、selection、selectionArgs 和 sortOrder 的含义，与 ContentProvider 的 query 方法（见 9.8.3 节）中对应的实参相同。这里将 projection、selection 和 selectionArgs 实参值指定成 null，表示联系人应按姓名排序，且大小写无关。

onLoadFinished 方法

onLoadFinished 方法（第 137～140 行）由 LoaderManager 在 Loader 完成数据加载之后调用，这样就能够处理 Cursor 参数中的结果。这里用 Cursor 作为实参调用了 ContactsAdapter 的 swapCursor 方法，这样 ContactsAdapter 就能够根据 Cursor 的内容刷新 RecyclerView。

onLoaderReset 方法

onLoaderReset 方法（第 143～146 行）由 LoaderManager 在重置 Loader 且其数据不再可用时调用。这时，应用需立即断开与数据的连接。这里用 null 实参调用了 ContactsAdapter 的 swapCursor 方法，表明没有数据与 RecyclerView 绑定。

9.11　ContactsAdapter 类

8.6 节中探讨过如何创建一个 RecyclerView.Adapter，将数据与 RecyclerView 绑定。图 9.39

中将那些新代码用阴影标明了，它们使 ContactsAdapter 用来自于 Cursor 的联系人姓名填充 RecyclerView。

```java
// ContactsAdapter.java
// Subclass of RecyclerView.Adapter that binds contacts to RecyclerView
package com.deitel.addressbook;

import android.database.Cursor;
import android.net.Uri;
import android.support.v7.widget.RecyclerView;
import android.view.LayoutInflater;
import android.view.View;
import android.view.ViewGroup;
import android.widget.TextView;

import com.deitel.addressbook.data.DatabaseDescription.Contact;

public class ContactsAdapter
   extends RecyclerView.Adapter<ContactsAdapter.ViewHolder> {

   // interface implemented by ContactsFragment to respond
   // when the user touches an item in the RecyclerView
   public interface ContactClickListener {
      void onClick(Uri contactUri);
   }

   // nested subclass of RecyclerView.ViewHolder used to implement
   // the view-holder pattern in the context of a RecyclerView
   public class ViewHolder extends RecyclerView.ViewHolder {
      public final TextView textView;
      private long rowID;

      // configures a RecyclerView item's ViewHolder
      public ViewHolder(View itemView) {
         super(itemView);
         textView = (TextView) itemView.findViewById(android.R.id.text1);

         // attach listener to itemView
         itemView.setOnClickListener(
            new View.OnClickListener() {
               // executes when the contact in this ViewHolder is clicked
               @Override
               public void onClick(View view) {
                  clickListener.onClick(Contact.buildContactUri(rowID));
               }
            }
         );
      }

      // set the database row ID for the contact in this ViewHolder
      public void setRowID(long rowID) {
         this.rowID = rowID;
      }
   }

   // ContactsAdapter instance variables
   private Cursor cursor = null;
   private final ContactClickListener clickListener;
```

图 9.39 将联系人与 RecyclerView 绑定的 RecyclerView.Adapter 子类

```
57     // constructor
58     public ContactsAdapter(ContactClickListener clickListener) {
59         this.clickListener = clickListener;
60     }
61
62     // sets up new list item and its ViewHolder
63     @Override
64     public ViewHolder onCreateViewHolder(ViewGroup parent, int viewType) {
65         // inflate the android.R.layout.simple_list_item_1 layout
66         View view = LayoutInflater.from(parent.getContext()).inflate(
67             android.R.layout.simple_list_item_1, parent, false);
68         return new ViewHolder(view); // return current item's ViewHolder
69     }
70
71     // sets the text of the list item to display the search tag
72     @Override
73     public void onBindViewHolder(ViewHolder holder, int position) {
74         cursor.moveToPosition(position);
75         holder.setRowID(cursor.getLong(cursor.getColumnIndex(Contact._ID)));
76         holder.textView.setText(cursor.getString(cursor.getColumnIndex(
77             Contact.COLUMN_NAME)));
78     }
79
80     // returns the number of items that adapter binds
81     @Override
82     public int getItemCount() {
83         return (cursor != null) ? cursor.getCount() : 0;
84     }
85
86     // swap this adapter's current Cursor for a new one
87     public void swapCursor(Cursor cursor) {
88         this.cursor = cursor;
89         notifyDataSetChanged();
90     }
91 }
```

图 9.39（续） 将联系人与 RecyclerView 绑定的 RecyclerView.Adapter 子类

嵌套接口 ContactClickListener

第 20～22 行定义的嵌套接口 ContactClickListener 由 ContactsFragment 类实现，当用户点触了 RecyclerView 中的某个联系人时，会通知该接口。RecyclerView 中的每一项，都有一个单击监听器，它调用 ContactClickListener 的 onClick 方法并将所选联系人的 Uri 作为实参传递。接着，ContactsFragment 会通知 MainActivity 有联系人被选中了，这样 MainActivity 就能够在 DetailFragment 中显示该联系人。

嵌套类 ViewHolder

ViewHolder 类（第 26～51 行）用于维持 RecyclerView 项的 TextView 的引用和对应联系人的数据库 rowID。此处的 rowID 是必须有的，因为在显示联系人之前需先排序，这样每一位联系人在 RecyclerView 中的位置编号，极有可能与数据库中联系人的行 ID 不一致。ViewHolder 的构造方法保存 RecyclerView 项 TextView 的引用并设置它的 View.OnClickListener，它会将联系人的 Uri 传递给适配器的 ContactClickListener。

重写的 RecyclerView.Adapter 方法 onCreateViewHolder

onCreateViewHolder 方法（第 63～69 行）填充 ViewHolder 对象的 GUI。这里使用的是预定义的布局 android.R.layout.simple_list_item_1，它定义了一个包含名称为 text1 的 TextView 的布局。

重写的 RecyclerView.Adapter 方法 onBindViewHolder

onBindViewHolder 方法(第 72～78 行)通过 Cursor 方法 moveToPosition，移动对应于当前 RecyclerView 项位置的联系人。第 75 行设置 ViewHolder 的 rowID。为了取得这个值，使用 Cursor 方法 getColumnIndex 查找 Contact._ID 列中的列号。然后，将该列号传递给 Cursor 方法 getLong，取得联系人的行 ID。第 76～77 行利用类似的过程，设置 ViewHolder 的 textView 中显示的文本——这时查找的是 Contact.COLUMN_NAME 列的列号，然后调用 Cursor 方法 getString，获得联系人的姓名。

重写的 RecyclerView.Adapter 方法 getItemCount

getItemCount 方法(第 81～84 行)返回 Cursor 中的总行数，或者在 Cursor 为 null 时返回 0。

swapCursor 方法

swapCursor 方法(第 87～90 行)替换适配器的当前 Cursor，并通知适配器数据已经发生变化。这个方法被 ContactsFragment 的 onLoadFinished 方法和 onLoaderReset 方法调用。

9.12　AddEditFragment 类

AddEditFragment 类提供用于添加新联系人或者编辑已有联系人的 GUI。这个类中的许多编程概念，在本章开头或者前几章中已经讲解过了，所以这里只分析它的新特性。

9.12.1　超类及实现的接口

图 9.40 中列出了 AddEditFragment 类中的 package 声明、import 声明及它的开头部分。这个类扩展了 Fragment 并实现了 LoaderManager.LoaderCallbacks<Cursor>接口，以响应 LoaderManager 事件。

```
1   // AddEditFragment.java
2   // Fragment for adding a new contact or editing an existing one
3   package com.deitel.addressbook;
4
5   import android.content.ContentValues;
6   import android.content.Context;
7   import android.database.Cursor;
8   import android.net.Uri;
9   import android.os.Bundle;
10  import android.support.design.widget.CoordinatorLayout;
11  import android.support.design.widget.FloatingActionButton;
12  import android.support.design.widget.Snackbar;
13  import android.support.design.widget.TextInputLayout;
14  import android.support.v4.app.Fragment;
15  import android.support.v4.app.LoaderManager;
16  import android.support.v4.content.CursorLoader;
17  import android.support.v4.content.Loader;
18  import android.text.Editable;
19  import android.text.TextWatcher;
20  import android.view.LayoutInflater;
21  import android.view.View;
22  import android.view.ViewGroup;
23  import android.view.inputmethod.InputMethodManager;
24
```

图 9.40　AddEditFragment 中的 package 声明和 import 声明

```
25  import com.deitel.addressbook.data.DatabaseDescription.Contact;
26
27  public class AddEditFragment extends Fragment
28     implements LoaderManager.LoaderCallbacks<Cursor> {
29
```

图 9.40(续)　AddEditFragment 中的 package 声明和 import 声明

9.12.2 AddEditFragmentListener

图 9.41 声明了包含 onAddEditCompleted 回调方法的嵌套接口 AddEditFragmentListener。MainActivity 实现这个接口，当用户保存新联系人或者修改过的已有联系人信息时，会通知这个接口。

```
30     // defines callback method implemented by MainActivity
31     public interface AddEditFragmentListener {
32        // called when contact is saved
33        void onAddEditCompleted(Uri contactUri);
34     }
35
```

图 9.41　嵌套接口 AddEditFragmentListener

9.12.3 字段

图 9.42 列出了这个类的几个字段：

- 常量 CONTACT_LOADER(第 37 行)用于标识一个 Loader，它咨询 AddressBookContentProvider 以获得用于编辑的某位联系人的信息。
- 实例变量 listener(第 39 行)引用 AddEditFragmentListener(MainActivity)，当用户保存或更新联系人信息时，会通知这个 AddEditFragmentListener。
- 实例变量 contactUri(第 40 行)代表需编辑的联系人。
- 实例变量 addingNewContact(第 41 行)指定是否已经添加了新联系人(true)，或者是在编辑已有的联系人(false)。
- 第 44～53 行中的这些实例变量分别引用 Fragment 的 TextInputLayout, FloatingActionButton 和 CoordinatorLayout。

```
36     // constant used to identify the Loader
37     private static final int CONTACT_LOADER = 0;
38
39     private AddEditFragmentListener listener; // MainActivity
40     private Uri contactUri; // Uri of selected contact
41     private boolean addingNewContact = true; // adding (true) or editing
42
43     // EditTexts for contact information
44     private TextInputLayout nameTextInputLayout;
45     private TextInputLayout phoneTextInputLayout;
46     private TextInputLayout emailTextInputLayout;
47     private TextInputLayout streetTextInputLayout;
48     private TextInputLayout cityTextInputLayout;
49     private TextInputLayout stateTextInputLayout;
50     private TextInputLayout zipTextInputLayout;
51     private FloatingActionButton saveContactFAB;
52
53     private CoordinatorLayout coordinatorLayout; // used with SnackBars
54
```

图 9.42　AddEditFragment 的字段

9.12.4　重写的 Fragment 方法 onAttach，onDetach 和 onCreateView

图 9.43 包含重写的 Fragment 方法 onAttach，onDetach 和 onCreateView。onAttach 方法和 onDetach 方法，在绑定 AddEditFragment 时将实例变量 listener 设置成引用宿主 Activity，在解开 AddEditFragment 的绑定时将其设置成 null。

```
55    // set AddEditFragmentListener when Fragment attached
56    @Override
57    public void onAttach(Context context) {
58        super.onAttach(context);
59        listener = (AddEditFragmentListener) context;
60    }
61
62    // remove AddEditFragmentListener when Fragment detached
63    @Override
64    public void onDetach() {
65        super.onDetach();
66        listener = null;
67    }
68
69    // called when Fragment's view needs to be created
70    @Override
71    public View onCreateView(
72        LayoutInflater inflater, ViewGroup container,
73        Bundle savedInstanceState) {
74        super.onCreateView(inflater, container, savedInstanceState);
75        setHasOptionsMenu(true); // fragment has menu items to display
76
77        // inflate GUI and get references to EditTexts
78        View view =
79            inflater.inflate(R.layout.fragment_add_edit, container, false);
80        nameTextInputLayout =
81            (TextInputLayout) view.findViewById(R.id.nameTextInputLayout);
82        nameTextInputLayout.getEditText().addTextChangedListener(
83            nameChangedListener);
84        phoneTextInputLayout =
85            (TextInputLayout) view.findViewById(R.id.phoneTextInputLayout);
86        emailTextInputLayout =
87            (TextInputLayout) view.findViewById(R.id.emailTextInputLayout);
88        streetTextInputLayout =
89            (TextInputLayout) view.findViewById(R.id.streetTextInputLayout);
90        cityTextInputLayout =
91            (TextInputLayout) view.findViewById(R.id.cityTextInputLayout);
92        stateTextInputLayout =
93            (TextInputLayout) view.findViewById(R.id.stateTextInputLayout);
94        zipTextInputLayout =
95            (TextInputLayout) view.findViewById(R.id.zipTextInputLayout);
96
97        // set FloatingActionButton's event listener
98        saveContactFAB = (FloatingActionButton) view.findViewById(
99            R.id.saveFloatingActionButton);
100       saveContactFAB.setOnClickListener(saveContactButtonClicked);
101       updateSaveButtonFAB();
102
103       // used to display SnackBars with brief messages
104       coordinatorLayout = (CoordinatorLayout) getActivity().findViewById(
105           R.id.coordinatorLayout);
106
```

图 9.43　重写的 Fragment 方法 onAttach，onDetach 和 onCreateView

```java
107        Bundle arguments = getArguments(); // null if creating new contact
108
109        if (arguments != null) {
110           addingNewContact = false;
111           contactUri = arguments.getParcelable(MainActivity.CONTACT_URI);
112        }
113
114        // if editing an existing contact, create Loader to get the contact
115        if (contactUri != null)
116           getLoaderManager().initLoader(CONTACT_LOADER, null, this);
117
118        return view;
119     }
120
```

图 9.43（续）　重写的 Fragment 方法 onAttach，onDetach 和 onCreateView

onCreateView 方法填充 GUI、获得 Fragment 的 TextInputLayout 引用并配置 FloatingActionButton。接着，通过 Fragment 方法 getArguments 取得实参的 Bundle（第 107 行）。当从 MainActivity 启动 AddEditFragment 时，传递的 Bundle 实参为 null，因为用户是在添加新的联系人信息。这时，getArguments 方法返回 null。如果 getArguments 方法返回一个 Bundle（第 109 行），则表示用户是在编辑已有的联系人。第 111 行通过调用 getParcelable 方法，从 Bundle 中读取联系人的 Uri。如果 contactUri 不为 null，则第 116 行使用 Fragment 的 LoaderManager，初始化 AddEditFragment 将使用的那个 Loader，以获得即将编辑的联系人的数据。

9.12.5　TextWatcher nameChangedListener 和 updateSaveButtonFAB 方法

图 9.44 给出了 TextWatcher nameChangedListener 和 updatedSaveButtonFAB 方法的定义。当用户编辑 nameTextInputLayout 的 EditText 中的文本时，这个监听器会调用 updatedSaveButtonFAB 方法。本应用中的联系人姓名不能为空，所以只有当 nameTextInputLayout 的 EditText 不为空时，updatedSaveButtonFAB 方法才会显示 FloatingActionButton。

```java
121     // detects when the text in the nameTextInputLayout's EditText changes
122     // to hide or show saveButtonFAB
123     private final TextWatcher nameChangedListener = new TextWatcher() {
124        @Override
125        public void beforeTextChanged(CharSequence s, int start, int count,
126           int after) {}
127
128        // called when the text in nameTextInputLayout changes
129        @Override
130        public void onTextChanged(CharSequence s, int start, int before,
131           int count) {
132           updateSaveButtonFAB();
133        }
134
135        @Override
136        public void afterTextChanged(Editable s) {}
137     };
138
139     // shows saveButtonFAB only if the name is not empty
140     private void updateSaveButtonFAB() {
141        String input =
142           nameTextInputLayout.getEditText().getText().toString();
```

图 9.44　TextWatcher nameChangedListener 和 updateSaveButtonFAB 方法

```
143
144     // if there is a name for the contact, show the FloatingActionButton
145     if (input.trim().length() != 0)
146        saveContactFAB.show();
147     else
148        saveContactFAB.hide();
149  }
150
```

图 9.44（续）   TextWatcher nameChangedListener 和 updateSaveButtonFAB 方法

9.12.6 View.OnClickListener saveContactButtonClicked 和 saveContact 方法

如果用户点触了这个 Fragment 中的 FloatingActionButton，就会执行 saveContactButtonClicked 监听器（见图 9.45 第 152～162 行）。onClick 方法会隐藏键盘（第 157～159 行），然后调用 saveContact 方法。

```
151     // responds to event generated when user saves a contact
152     private final View.OnClickListener saveContactButtonClicked =
153        new View.OnClickListener() {
154           @Override
155           public void onClick(View v) {
156              // hide the virtual keyboard
157              ((InputMethodManager) getActivity().getSystemService(
158                 Context.INPUT_METHOD_SERVICE)).hideSoftInputFromWindow(
159                 getView().getWindowToken(), 0);
160              saveContact(); // save contact to the database
161           }
162        };
163
164     // saves contact information to the database
165     private void saveContact() {
166        // create ContentValues object containing contact's key-value pairs
167        ContentValues contentValues = new ContentValues();
168        contentValues.put(Contact.COLUMN_NAME,
169           nameTextInputLayout.getEditText().getText().toString());
170        contentValues.put(Contact.COLUMN_PHONE,
171           phoneTextInputLayout.getEditText().getText().toString());
172        contentValues.put(Contact.COLUMN_EMAIL,
173           emailTextInputLayout.getEditText().getText().toString());
174        contentValues.put(Contact.COLUMN_STREET,
175           streetTextInputLayout.getEditText().getText().toString());
176        contentValues.put(Contact.COLUMN_CITY,
177           cityTextInputLayout.getEditText().getText().toString());
178        contentValues.put(Contact.COLUMN_STATE,
179           stateTextInputLayout.getEditText().getText().toString());
180        contentValues.put(Contact.COLUMN_ZIP,
181           zipTextInputLayout.getEditText().getText().toString());
182
183        if (addingNewContact) {
184           // use Activity's ContentResolver to invoke
185           // insert on the AddressBookContentProvider
186           Uri newContactUri = getActivity().getContentResolver().insert(
187              Contact.CONTENT_URI, contentValues);
188
189           if (newContactUri != null) {
190              Snackbar.make(coordinatorLayout,
191                 R.string.contact_added, Snackbar.LENGTH_LONG).show();
192              listener.onAddEditCompleted(newContactUri);
193           }
```

图 9.45 View.OnClickListener saveContactButtonClicked 和 saveContact 方法

```
194            else {
195               Snackbar.make(coordinatorLayout,
196                  R.string.contact_not_added, Snackbar.LENGTH_LONG).show();
197            }
198         }
199         else {
200            // use Activity's ContentResolver to invoke
201            // insert on the AddressBookContentProvider
202            int updatedRows = getActivity().getContentResolver().update(
203               contactUri, contentValues, null, null);
204
205            if (updatedRows > 0) {
206               listener.onAddEditCompleted(contactUri);
207               Snackbar.make(coordinatorLayout,
208                  R.string.contact_updated, Snackbar.LENGTH_LONG).show();
209            }
210            else {
211               Snackbar.make(coordinatorLayout,
212                  R.string.contact_not_updated, Snackbar.LENGTH_LONG).show();
213            }
214         }
215      }
216
```

图 9.45（续） View.OnClickListener saveContactButtonClicked 和 saveContact 方法

saveContact 方法（第 165～215 行）创建一个 ContentValues 对象（第 167 行），并将该对象的值设置成代表列名称和值的键/值对，它们将被插入或更新到数据库中（第 168～181 行）。如果是在添加一位新联系人（第 183～198 行），则第 186～187 行使用 ContentResolver 方法 insert，调用 AddressBookContentProvider 上的 insert 方法并将新联系人信息保存到数据库中。如果插入操作成功，则返回的 Uri 不为 null，第 190～192 行显示一个 SnackBar，表明该联系人已经被添加了，然后通知 AddEditFragmentListener。前面说过，当这个应用运行于平板电脑时，新联系人的数据将被显示在 ContactsFragment 旁边的 DetailFragment 中。如果插入操作失败，则第 195～196 行显示相应的 SnackBar。

如果是编辑已有的联系人（第 199～214 行），则第 202～203 行使用 ContentResolver 方法 update，调用 AddressBookContentProvider 上的 update 方法并将该联系人信息保存到数据库中。如果更新成功，则返回的整数大于 0（返回值表示有多少行被更新了），第 206～208 行用所编辑的联系人通知 AddEditFragmentListener，然后显示相应的消息。如果更新操作失败，则第 211～212 行显示相应的 SnackBar。

9.12.7 LoaderManager.LoaderCallbacks<Cursor>方法

图 9.46 给出的是 AddEditFragment 类在接口 LoaderManager.LoaderCallbacks<Cursor>中的方法定义。只有当用户编辑已有的联系人时，这些方法才在 AddEditFragment 类中使用。onCreateLoader 方法（第 219～233 行）创建的 CursorLoader 用于所编辑的那位联系人。onLoadFinished 方法（第 236～267 行）判断光标是否不为 null。如果是，则调用 cursor 方法 moveToFirst。如果该方法返回 true，则表示在数据库中找到了与 contactUri 相匹配的联系人，第 241～263 行从 Cursor 获得该联系人的信息并显示在 GUI 中。AddEditFragment 中并不需要 onLoaderReset 方法，所以它什么也不做。

```java
217   // called by LoaderManager to create a Loader
218   @Override
219   public Loader<Cursor> onCreateLoader(int id, Bundle args) {
220      // create an appropriate CursorLoader based on the id argument;
221      // only one Loader in this fragment, so the switch is unnecessary
222      switch (id) {
223         case CONTACT_LOADER:
224            return new CursorLoader(getActivity(),
225               contactUri, // Uri of contact to display
226               null, // null projection returns all columns
227               null, // null selection returns all rows
228               null, // no selection arguments
229               null); // sort order
230         default:
231            return null;
232      }
233   }
234
235   // called by LoaderManager when loading completes
236   @Override
237   public void onLoadFinished(Loader<Cursor> loader, Cursor data) {
238      // if the contact exists in the database, display its data
239      if (data != null && data.moveToFirst()) {
240         // get the column index for each data item
241         int nameIndex = data.getColumnIndex(Contact.COLUMN_NAME);
242         int phoneIndex = data.getColumnIndex(Contact.COLUMN_PHONE);
243         int emailIndex = data.getColumnIndex(Contact.COLUMN_EMAIL);
244         int streetIndex = data.getColumnIndex(Contact.COLUMN_STREET);
245         int cityIndex = data.getColumnIndex(Contact.COLUMN_CITY);
246         int stateIndex = data.getColumnIndex(Contact.COLUMN_STATE);
247         int zipIndex = data.getColumnIndex(Contact.COLUMN_ZIP);
248
249         // fill EditTexts with the retrieved data
250         nameTextInputLayout.getEditText().setText(
251            data.getString(nameIndex));
252         phoneTextInputLayout.getEditText().setText(
253            data.getString(phoneIndex));
254         emailTextInputLayout.getEditText().setText(
255            data.getString(emailIndex));
256         streetTextInputLayout.getEditText().setText(
257            data.getString(streetIndex));
258         cityTextInputLayout.getEditText().setText(
259            data.getString(cityIndex));
260         stateTextInputLayout.getEditText().setText(
261            data.getString(stateIndex));
262         zipTextInputLayout.getEditText().setText(
263            data.getString(zipIndex));
264
265         updateSaveButtonFAB();
266      }
267   }
268
269   // called by LoaderManager when the Loader is being reset
270   @Override
271   public void onLoaderReset(Loader<Cursor> loader) { }
272 }
```

图 9.46　LoaderManager.LoaderCallbacks<Cursor>方法

9.13　DetailFragment 类

DetailFragment 类显示一个联系人的信息，并在应用栏中提供了使用户能够编辑或者删除它的菜单项。

9.13.1 超类及实现的接口

图 9.47 中列出了 DetailFragment 类中的 package 声明、import 声明及它的开头部分。这个类扩展了 Fragment 并实现了 LoaderManager.LoaderCallbacks<Cursor>接口,以响应 LoaderManager 事件。

```
1   // DetailFragment.java
2   // Fragment subclass that displays one contact's details
3   package com.deitel.addressbook;
4
5   import android.app.AlertDialog;
6   import android.app.Dialog;
7   import android.content.Context;
8   import android.content.DialogInterface;
9   import android.database.Cursor;
10  import android.net.Uri;
11  import android.os.Bundle;
12  import android.support.v4.app.DialogFragment;
13  import android.support.v4.app.Fragment;
14  import android.support.v4.app.LoaderManager;
15  import android.support.v4.content.CursorLoader;
16  import android.support.v4.content.Loader;
17  import android.view.LayoutInflater;
18  import android.view.Menu;
19  import android.view.MenuInflater;
20  import android.view.MenuItem;
21  import android.view.View;
22  import android.view.ViewGroup;
23  import android.widget.TextView;
24
25  import com.deitel.addressbook.data.DatabaseDescription.Contact;
26
27  public class DetailFragment extends Fragment
28      implements LoaderManager.LoaderCallbacks<Cursor> {
29
```

图 9.47 DetailFragment 类中的 package 声明、import 声明、超类以及实现的接口

9.13.2 DetailFragmentListener

图 9.48 声明了一个嵌套接口 DetailFragmentListener,它包含 MainActivity 实现的两个回调方法,分别用于用户删除了某位联系人(第 32 行)和点触了编辑联系人的菜单项(第 35 行)的情况。

```
30      // callback methods implemented by MainActivity
31      public interface DetailFragmentListener {
32          void onContactDeleted(); // called when a contact is deleted
33
34          // pass Uri of contact to edit to the DetailFragmentListener
35          void onEditContact(Uri contactUri);
36      }
37
```

图 9.48 嵌套接口 DetailFragmentListener

9.13.3 字段

图 9.49 列出了这个类的几个字段:

- 常量CONTACT_LOADER(第38行)用于标识一个Loader,它咨询AddressBookContent-Provider以获得用于显示的某位联系人的信息。
- 实例变量 listener(第40行)引用 DetailFragmentListener(MainActivity),当用户删除或编辑联系人信息时,会通知这个 DetailFragmentListener。
- 实例变量 contactUri(第41行)代表需显示的联系人。
- 第43~49行中的这个实例变量将引用 Fragment 的各个 TextView。

```
38    private static final int CONTACT_LOADER = 0; // identifies the Loader
39
40    private DetailFragmentListener listener; // MainActivity
41    private Uri contactUri; // Uri of selected contact
42
43    private TextView nameTextView; // displays contact's name
44    private TextView phoneTextView; // displays contact's phone
45    private TextView emailTextView; // displays contact's email
46    private TextView streetTextView; // displays contact's street
47    private TextView cityTextView; // displays contact's city
48    private TextView stateTextView; // displays contact's state
49    private TextView zipTextView; // displays contact's zip
50
```

图 9.49　DetailFragment 的字段

9.13.4　重写的 onAttach,onDetach 和 onCreateView 方法

图 9.50 包含重写的 Fragment 方法 onAttach,onDetach 和 onCreateView。onAttach 方法和 onDetach 方法,在绑定 DetailFragment 时将实例变量 listener 设置成引用宿主 Activity,在解开 DetailFragment 的绑定时将其设置成 null。onCreateView 方法(第 66~95 行)获得所选联系人的 Uri(第 74~77 行)。第 80~90 行填充 GUI 并取得各个 TextView 的引用。第 93 行使用 Fragment 的 LoaderManager,初始化 DetailFragment 将使用的那个 Loader,以获得即将显示的联系人的数据。

```
51    // set DetailFragmentListener when fragment attached
52    @Override
53    public void onAttach(Context context) {
54        super.onAttach(context);
55        listener = (DetailFragmentListener) context;
56    }
57
58    // remove DetailFragmentListener when fragment detached
59    @Override
60    public void onDetach() {
61        super.onDetach();
62        listener = null;
63    }
64
65    // called when DetailFragmentListener's view needs to be created
66    @Override
67    public View onCreateView(
68        LayoutInflater inflater, ViewGroup container,
69        Bundle savedInstanceState) {
70        super.onCreateView(inflater, container, savedInstanceState);
71        setHasOptionsMenu(true); // this fragment has menu items to display
72
73        // get Bundle of arguments then extract the contact's Uri
```

图 9.50　重写的 Fragment 方法 onAttach,onDetach 和 onCreateView

```
74        Bundle arguments = getArguments();
75
76        if (arguments != null)
77           contactUri = arguments.getParcelable(MainActivity.CONTACT_URI);
78
79        // inflate DetailFragment's layout
80        View view =
81           inflater.inflate(R.layout.fragment_detail, container, false);
82
83        // get the EditTexts
84        nameTextView = (TextView) view.findViewById(R.id.nameTextView);
85        phoneTextView = (TextView) view.findViewById(R.id.phoneTextView);
86        emailTextView = (TextView) view.findViewById(R.id.emailTextView);
87        streetTextView = (TextView) view.findViewById(R.id.streetTextView);
88        cityTextView = (TextView) view.findViewById(R.id.cityTextView);
89        stateTextView = (TextView) view.findViewById(R.id.stateTextView);
90        zipTextView = (TextView) view.findViewById(R.id.zipTextView);
91
92        // load the contact
93        getLoaderManager().initLoader(CONTACT_LOADER, null, this);
94        return view;
95     }
96
```

图 9.50(续)　重写的 Fragment 方法 onAttach、onDetach 和 onCreateView

9.13.5　重写的 onCreateOptionsMenu 和 onOptionsItemSelected 方法

DetailFragment 的菜单提供了用于编辑和删除当前联系人的选项。onCreateOptionsMenu 方法(见图 9.51 第 98～102 行)填充菜单资源文件 fragment_details_menu.xml；onOptionsItemSelected 方法(第 105～117 行)利用所选 MenuItem 的资源 ID 来确定选中的是哪个菜单项。如果用户点触了编辑选项(✏)，第 109 行用 contactUri 调用 DetailFragmentListener 的 onEditContact 方法——MainActivity 会将 contactUri 传递给 AddEditFragment。如果用户点触了删除选项(🗑)，则第 112 行调用 deleteContact 方法(见图 9.52)。

```
 97        // display this fragment's menu items
 98        @Override
 99        public void onCreateOptionsMenu(Menu menu, MenuInflater inflater) {
100           super.onCreateOptionsMenu(menu, inflater);
101           inflater.inflate(R.menu.fragment_details_menu, menu);
102        }
103
104        // handle menu item selections
105        @Override
106        public boolean onOptionsItemSelected(MenuItem item) {
107           switch (item.getItemId()) {
108              case R.id.action_edit:
109                 listener.onEditContact(contactUri); // pass Uri to listener
110                 return true;
111              case R.id.action_delete:
112                 deleteContact();
113                 return true;
114           }
115
116           return super.onOptionsItemSelected(item);
117        }
118
```

图 9.51　重写的 onCreateOptionsMenu 方法和 onOptionsItemSelected 方法

9.13.6 deleteContact 方法和 DialogFragment confirmDelete

deleteContact 方法(见图 9.52 第 120～123 行)显示一个 DialogFragment(第 126～157 行)，要求用户确认删除当前所显示的联系人。如果用户点触对话框中的 DELETE 按钮，则第 147～148 行调用 ContentResolver 方法 delete，进而调用 AddressBookContentProvider 的 delete 方法，将该联系人从数据库中删除。delete 方法接收要删除的联系人的 Uri、一个用于确定删除什么内容的 WHERE 子句的字符串表示，和一个需插入到 WHERE 子句中的字符串数组参数。这里的最后两个实参为 null，因为要删除的联系人的行 ID 已经包含在 Uri 中——该行 ID 可由 AddressBookContentProvider 的 delete 方法从 Uri 中提取出来。第 149 行调用 listener 的 onContactDeleted 方法，以便 MainActivity 能够从屏幕上移走 DetailFragment。

```java
119    // delete a contact
120    private void deleteContact() {
121       // use FragmentManager to display the confirmDelete DialogFragment
122       confirmDelete.show(getFragmentManager(), "confirm delete");
123    }
124
125    // DialogFragment to confirm deletion of contact
126    private final DialogFragment confirmDelete =
127       new DialogFragment() {
128          // create an AlertDialog and return it
129          @Override
130          public Dialog onCreateDialog(Bundle bundle) {
131             // create a new AlertDialog Builder
132             AlertDialog.Builder builder =
133                new AlertDialog.Builder(getActivity());
134
135             builder.setTitle(R.string.confirm_title);
136             builder.setMessage(R.string.confirm_message);
137
138             // provide an OK button that simply dismisses the dialog
139             builder.setPositiveButton(R.string.button_delete,
140                new DialogInterface.OnClickListener() {
141                   @Override
142                   public void onClick(
143                      DialogInterface dialog, int button) {
144
145                      // use Activity's ContentResolver to invoke
146                      // delete on the AddressBookContentProvider
147                      getActivity().getContentResolver().delete(
148                         contactUri, null, null);
149                      listener.onContactDeleted(); // notify listener
150                   }
151                }
152             );
153
154             builder.setNegativeButton(R.string.button_cancel, null);
155             return builder.create(); // return the AlertDialog
156          }
157       };
158
```

图 9.52　deleteContact 方法和 DialogFragment confirmDelete

9.13.7 LoaderManager.LoaderCallback<Cursor>方法

图 9.53 给出的是 DetailFragment 类在接口 LoaderManager.LoaderCallbacks<Cursor>中的方法定义。onCreateLoader 方法(第 160～181 行)创建的 CursorLoader 用于所显示的那位联系人。

onLoadFinished 方法(第 184～206 行)判断游标是否不为 null。如果是，则调用 cursor 方法 moveToFirst。如果该方法返回 true，则表示在数据库中找到了与 contactUri 相匹配的联系人，第 189～204 行从 Cursor 获得该联系人的信息并显示在 GUI 中。DetailFragment 中并不需要 onLoaderReset 方法，所以它什么也不做。

```
159       // called by LoaderManager to create a Loader
160       @Override
161       public Loader<Cursor> onCreateLoader(int id, Bundle args) {
162          // create an appropriate CursorLoader based on the id argument;
163          // only one Loader in this fragment, so the switch is unnecessary
164          CursorLoader cursorLoader;
165
166          switch (id) {
167             case CONTACT_LOADER:
168                cursorLoader = new CursorLoader(getActivity(),
169                   contactUri, // Uri of contact to display
170                   null, // null projection returns all columns
171                   null, // null selection returns all rows
172                   null, // no selection arguments
173                   null); // sort order
174                break;
175             default:
176                cursorLoader = null;
177                break;
178          }
179
180          return cursorLoader;
181       }
182
183       // called by LoaderManager when loading completes
184       @Override
185       public void onLoadFinished(Loader<Cursor> loader, Cursor data) {
186          // if the contact exists in the database, display its data
187          if (data != null && data.moveToFirst()) {
188             // get the column index for each data item
189             int nameIndex = data.getColumnIndex(Contact.COLUMN_NAME);
190             int phoneIndex = data.getColumnIndex(Contact.COLUMN_PHONE);
191             int emailIndex = data.getColumnIndex(Contact.COLUMN_EMAIL);
192             int streetIndex = data.getColumnIndex(Contact.COLUMN_STREET);
193             int cityIndex = data.getColumnIndex(Contact.COLUMN_CITY);
194             int stateIndex = data.getColumnIndex(Contact.COLUMN_STATE);
195             int zipIndex = data.getColumnIndex(Contact.COLUMN_ZIP);
196
197             // fill TextViews with the retrieved data
198             nameTextView.setText(data.getString(nameIndex));
199             phoneTextView.setText(data.getString(phoneIndex));
200             emailTextView.setText(data.getString(emailIndex));
201             streetTextView.setText(data.getString(streetIndex));
202             cityTextView.setText(data.getString(cityIndex));
203             stateTextView.setText(data.getString(stateIndex));
204             zipTextView.setText(data.getString(zipIndex));
205          }
206       }
207
208       // called by LoaderManager when the Loader is being reset
209       @Override
210       public void onLoaderReset(Loader<Cursor> loader) { }
211    }
```

图 9.53　LoaderManager.LoaderCallback<Cursor>方法

9.14 小结

本章创建了一个 Address Book 应用，用户能够添加、查看、编辑和删除保存在 SQLite 数据库中的联系人信息。

本章使用了一个 Activity 来容纳应用的所有 Fragment。对于手机大小的设备，一次只会显示一个 Fragment；对于平板电脑，Activity 显示的 Fragment 包含联系人清单，且它可以被多个 Fragment 替换，用于查看、添加和编辑联系人。使用了 FragmentManager 和 FragmentTransaction 来动态地显示这些 Fragment。还通过 Android 的 Fragment 回退栈，自动为回退按钮提供支持。为了在 Fragment 和它的宿主 Activity 之间交换数据，需在每一个 Fragment 子类中定义一个嵌套的回调方法接口，这些方法由宿主 Activity 实现。

使用了 SQLiteOpenHelper 的一个子类来简化数据库的创建并获得一个 SQLiteDatabase 对象，用于操作数据库的内容。数据库查询的结果是用 Cursor（来自于 android.database 包）管理的。

为了在 GUI 线程之外异步地访问数据库，定义了 ContentProvider 的一个子类，它指定如何查询、插入、更新和删除数据。当 SQLite 数据库中的数据发生变化时，ContentProvider 会通知监听器，以便更新 GUI 上的数据。ContentProvider 定义的几个 Uri，用于确定要执行的任务。

为了调用 ContentProvider 的 query、insert、update 和 delete 方法，需使用 Activity 内置的 ContentResolver 中对应的方法。ContentProvider 和 ContentResolver 负责处理数据间的通信。ContentResolver 方法接收的第一个实参为一个 Uri，它指定了将访问的 ContentProvider。每一个 ContentResolver 方法都调用对应的 ContentProvider 方法，ContentProvider 会利用 Uri 来确定要执行的任务。

正如前面所讲，应该在 GUI 线程之外执行需长时间运行的操作或者在完成之前会阻止其他任务执行的操作（例如，访问文件和数据库）。使用了 CursorLoader 来执行异步数据访问。讲解了 Loader 是由 Activity 或 Fragment 的 LoaderManager 创建并管理的，LoaderManager 将每一个 Loader 的生命周期与它的 Activity 或 Fragment 的生命周期捆绑在一起。本章实现了接口 LoaderManager.LoaderCallbacks，以响应 Loader 事件，这些事件用于表明如下情况：何时应创建 Loader、完成了数据加载、数据被重置、数据不再可用。

本章将那些共同的 GUI 组件的属性/值对定义成一个样式资源，然后将它应用到显示联系人信息的各个 TextView 上。还为一个 TextView 定义了边界，为它的背景指定一个 Drawable 对象。Drawable 对象可以是一个图像，但是这个应用中将它定义成一个资源文件中的一种形状(shape)。

下一章中将探讨 Android 应用开发的商业化过程，将探讨如何将应用提交给 Google Play，包括如何创建好的图标。还会讲解如何在设备上测试应用并将它们发布到 Google Play 上。将研究成功的应用的特性及需遵循的 Android 设计指导原则。也为应用的定价方法和市场推广给出了建议。还分析了免费提供应用以促进其他产品的销售的好处，比如功能更丰富或者内容更完整的版本。此外，还会给出如何利用 Google Play 的功能来跟踪应用的销售、付款等情况。

第 10 章　Google Play 及应用的商业问题

目标

本章将讲解
- 为发布应用做准备
- 给应用定价及免费和收费的比较
- 通过应用内广告使应用货币化
- 通过应用内付费功能销售虚拟商品
- 注册 Google Play
- 设置商家账号
- 将应用上载到 Google Play
- 在应用里启动 Google Play
- 其他的 Android 应用市场
- 用于移植应用，以扩大市场份额的其他主流移动应用平台
- 应用的市场推广

提纲

10.1　简介
10.2　为发布应用做准备
　　10.2.1　测试应用
　　10.2.2　最终用户协议
　　10.2.3　图标与卷标
　　10.2.4　为应用定义版本
　　10.2.5　为已付费应用提供访问控制授权
　　10.2.6　弄乱源代码
　　10.2.7　获取密钥，对应用进行数字签名
　　10.2.8　有特色的图像和屏幕截图
　　10.2.9　用于推广应用的视频
10.3　为应用定价：免费或收费
　　10.3.1　付费应用
　　10.3.2　免费应用
10.4　利用 In-App Advertising 货币化应用
10.5　货币化应用：通过应用内计费功能销售虚拟商品
10.6　注册 Google Play
10.7　设置 Google Payments 商家账号
10.8　将应用上载到 Google Play
10.9　在应用里启动 Play Store
10.10　管理 Google Play 中的应用
10.11　其他的 Android 应用市场
10.12　其他移动应用平台及应用移植
10.13　应用的市场推广
10.14　小结

10.1　简介

第 2~9 章中开发了各种 Android 应用。在开发完并测试了应用之后(这两道程序既可以在仿真器中进行，也可以在实际的设备上进行)，下一步就是将它提交给 Google Play 或者其他的应用市场，用于分发。本章将讨论：

- 注册 Google Play 并设置 Google Payments 商家账号，以便销售应用。
- 为发布应用做准备。
- 将应用上载到 Google Play。

少数情况下，将提供 Android 文档而不是给出文档中提供的操作方法，因为这些方法会经常变化。还会提供可以发布应用的其他 Android 应用市场。将探讨免费和收费策略的利弊，并会为应用内广告及销售虚拟商品等给出一些重要的资源。还将提供用于移植应用的一些资源，并会给出可能希望运行应用的其他一些流行的平台。

10.2 为发布应用做准备

Google 为帮助用户发布他们的应用提供大量的文档。Preparing for Release 文档：

http://developer.android.com/tools/publishing/preparing.html

总结了发布应用所需做的大量工作，包括：

- 获取密钥，对应用进行数字签名
- 创建应用图标
- 在应用中包含最终用户许可协议（可选）
- 为应用定义版本（例如，1.0, 1.1, 2.0, 2.3, 3.0）
- 编译供发布的应用
- 在 Android 设备上测试应用的发布版本：

http://developer.android.com/tools/testing/what_to_test.html

发布应用之前，还需要阅读 Core App Quality 文档：

http://developer.android.com/distribute/essentials/quality/core.html

它提供针对所有应用的质量指南。而 Tablet App Quality 文档：

http://developer.android.com/distribute/essentials/quality/tablets.html

提供专门针对平板电脑应用的指南。Launch Checklist 文档是在 Google Play 商店上发布应用的指南：

http://developer.android.com/distribute/tools/launch-checklist.html

Localization Checklist 文档针对的是那些准备在全球市场上出售的应用：

http://developer.android.com/distribute/tools/localization-checklist.html

本节其余部分将更详细地探讨这些内容，以及在发布应用之前需做的那些工作。

10.2.1 测试应用

必须在各种不同的设备上充分测试你的应用。即使应用在仿真器上能够完美地运行，当将它用于某种 Android 设备时，也可能会出现问题。Google 的云测试实验室[①]：

[①] 到本书编写时为止，Google 的云测试实验室还不可用。

> https://developers.google.com/cloud-test-lab

可用来在范围很广的设备上测试应用。

10.2.2 最终用户协议

可以在应用中包含一个最终用户许可协议(EULA)。EULA 是向用户授权使用软件的一种协定。它通常规定了使用条款、再发布和逆向工程的限制、产品责任及合规性的适应性法律等。当为应用设定 EULA 时，可能需要咨询律师。如果想查看 EULA 的样本，可访问：

> http://www.rocketlawyer.com/document/end-user-license-agreement.rl

10.2.3 图标与卷标

为应用设计一个图标并提供一个文本型标签(名称)，它们将出现在 Google Play 中，也会显示在用户的设备上。图标可以是公司徽标、应用中的一个图像，也可以是一个定制的图像。Google 的材料设计文档详细列出了设计应用图标时需考虑的事项：

> https://www.google.com/design/spec/style/icons.html

产品图标的大小应为 48 dp × 48 dp，边界为 1 dp。Android 会针对各种屏幕尺寸和像素密度将图标调整成所要求的尺寸。为此，材料设计指南建议将图标设计成大小为 192 dp × 192 dp，边界为 4 dp——将大图标缩小后看上去的效果，要比将小图标放大的效果好。

Google Play 中也可以显示高分辨率的应用图标，这些图标的指标如下：

- 512 dp×512 dp
- 32 位 PNG
- 最大 1 MB

由于应用图标是最重要的品牌资产，所以要使其质量尽可能高。可以考虑雇用一位有经验的图形设计师来设计一个令人惊艳的专业图标。图 10.1 中给出了一些提供图标设计服务的设计公司(免费或收费)。创建完图标之后，可以利用 Android Studio 的 Asset Studio 将它添加到工程中(见 4.4.9 节)，这会根据原始图标得到各种不同比例尺寸的图标。

公司	URL	服务
glyphlab	http://www.glyphlab.com/icon_design/	设计定制图标
Iconiza	http://www.iconiza.com	以合理价格提供图标设计定制服务并出售图标
The Iconfactory	http://iconfactory.com/home	定制并囤积图标
Rosetta	http://icondesign.rosetta.com/	以合理价格提供图标设计定制服务
The Noun Project	https://thenounproject.com/	由许多艺术家设计的上千种图标
Elance	http://www.elance.com	搜索图标设计自由职业者

图 10.1 提供图标设计定制服务的公司

10.2.4 为应用定义版本

需要做的一件重要事情是：为应用定义一个版本名称(显示给用户)和一个版本代码(一个整数，供 Google Play 内部使用)，并且还要考虑代码更新时需采用的策略。例如，第一个版本代码可能是 1.0，小的更新可以是 1.1 和 1.2，而接下来的一个重要更新可以是 2.0。版本代码通常是从 1 开始的一个整数，而每一个新版本的代码都会增加 1。关于版本定义的更多指南，可查看文章 Versioning Your Applications，网址为

http://developer.android.com/tools/publishing/versioning.html

10.2.5 为已付费应用提供访问控制授权

可以利用 Google Play 的许可服务(licensing service)创建许可策略，以控制对付费应用的访问。例如，可以利用许可策略来限制安装应用的设备数量。关于许可服务的更多信息，可访问：

http://developer.android.com/google/play/licensing/index.html

10.2.6 弄乱源代码

应当"弄乱"上载到 Google Play 的应用代码，以防止对它们进行逆向工程，从而保护你的应用。免费的 ProGuard 工具在以发布模式构建应用时会运行，它会缩小 .apk 文件的大小(Android 应用的包文件)，并会优化和"弄乱"代码，删除未使用的代码，用语义模糊的名称重命名类、字段和方法[①]。有关如何设置和使用 ProGuard 工具的方法，请访问：

http://developer.android.com/tools/help/proguard.html

10.2.7 获取密钥，对应用进行数字签名

在将应用上载到设备、Google Play 或者其他的应用市场之前，必须使用数字证书对 .apk 文件进行数字签名。数字证书会将你标示成应用的作者。数字签名包括作者姓名，或者公司名称、联系人信息等。可以利用密钥(即用于加密证书的一个安全口令)进行自我签名，而不需要从第三方认证机关购买证书(也可以选择这样做)。当在仿真器或者设备上调试应用时，Android Studio 会自动对它进行数字签名。对于 Google Play 而言，这个数字证书是无效的。有关数字签名的详细指导，请参见 Signing Your Applications，网址为

http://developer.android.com/tools/publishing/app-signing.html

10.2.8 有特色的图像和屏幕截图

Google Play 商店可以在应用列表中展示用于促销的图形和屏幕截图，它们为潜在买家提供了有关应用的第一印象。

特色图像

Google Play 利用一个特色图像来促销应用，该图像可用于手机、平板电脑或者 Google Play 站点。下面这个 Android Developers 博客探讨了特殊图像的重要性及相关要求：

http://android-developers.blogspot.com/2011/10/android-market-featured-image.html

屏幕截图及 Android 设备管理器的屏幕抓取工具

对于每一种设备，一个应用最多可上载 8 个屏幕截图，这些设备包括智能手机、小型平板电脑、大型平板电脑、Android 电视和 Android 可穿戴设备等。这些屏幕截图提供了应用的预

[①] 参见 http://developer.android.com/tools/help/proguard.html。

览，因为用户无法在下载之前测试它（但是在购买并下载应用之后 2 小时内可以退货并退款），所以应挑选能展示应用功能的、能吸引人的屏幕截图。图 10.2 给出了图像的要求。

规范	描述
大小	最小宽度或高度：320 像素，最大宽度或高度：3840 像素，但是最大值不能超过最小值的两倍
格式	24 位 PNG 或者 JPEG 格式，无 alpha 值（透明度）

图 10.2　屏幕截图的一些规范

可以利用 Android Device Monitor 来抓取截图，这个工具随 Android Studio 一起安装，它也可用于调试运行于仿真器和设备上的应用。为了获得屏幕截图，需执行如下操作：

1. 在仿真器或者设备上运行应用。
2. 在 Android Studio 中选择 Tools > Android > Android Device Monitor，打开 Android Device Monitor。
3. 在 Devices 选项卡中（见图 10.3），选择希望从中获取屏幕截图的那个设备。
4. 单击 Screen Capture 按钮，显示 Device Screen Capture 窗口。
5. 在确保了显示的屏幕就是希望捕获的截图后，单击 Save 按钮，保存图像。
6. 在保存图像之前，如果希望改变屏幕上的显示，则可以对设备（或 AVD）做出改变，然后单击 Device Screen Capture 窗口中的 Refresh 按钮，即可重新捕获屏幕。还可以单击 Rotate，抓取横向图像。

图 10.3　DDMS 中的 Devices 窗口

有关如何在应用中包含图像的更多信息，请访问：

> https://support.google.com/googleplay/android-developer/answer/1078870

10.2.9　用于推广应用的视频

Google Play 中还可以包含一个 URL，提供 YouTube 上的促销短视频的链接。为了利用这一特性，需先登录到 YouTube 账号并上载视频。图 10.4 中给出了几个促销视频的例子。有些视频中会出现一个拿着设备并使用应用的人，其他的则使用了一些屏幕截图。图 10.5 中给出了一些视频创建工具和服务（有些是免费的，另一些则需付费）。此外，Android Studio 还在 Android Monitor 窗口中提供了一个屏幕录制（Screen Record）工具。

应用	URL
Pac-Man 256	https://youtu.be/RF0GfRvm-yg
Angry Birds 2	https://youtu.be/jOUEjknadEY
Real Estate and Homes by Trulia	https://youtu.be/BJDPKBNuqzE
Essential Anatomy 3	https://youtu.be/xmBqxb0aZr8

图 10.4　Google Play 中促销视频的例子

工具和服务	URL
Animoto	http://animoto.com
Apptamin	http://www.apptamin.com
CamStudio	http://camstudio.org
Jing	http://www.techsmith.com/jing.html
Camtasia Studio	http://www.techsmith.com/camtasia.html
TurboDemo	http://www.turbodemo.com/eng/index.php

图 10.5　创建促销视频的工具和服务

10.3 为应用定价：免费或收费

在 Google Play 发布应用时，可以为其设定一个价格。开发人员经常将应用作为市场推广和宣传的免费工具提供，然后通过产品和服务的销售、同一应用功能更丰富的版本的销售或者应用内广告来获取利润。图 10.6 中列出了从应用获取利润的各种途径。通过 Google Play 获取利润的途径，在如下站点给出：

http://developer.android.com/distribute/monetize/index.html

10.3.1 付费应用

各种应用的平均价格千差万别。例如，根据"应用发现"网站 AppBrain（http://www.appbrain.com）的说法，益智游戏应用的平均价格是 1.51 美元，而商业应用为 8.44 美元[1]。尽管这个价格似乎并不高，但是不要忘了，成功的应用可以售出数万、十万甚至百万份。

获取利润的途径
● 在 Google Play 中销售应用
● 在其他 Android 应用市场销售应用
销售需付费的更新版本
● 付费更新
● 出售虚拟商品（见 10.5 节）
● 将应用出售给贴自己品牌的公司
● 为内置广告使用移动推广服务（见 10.4 节）
● 向客户直接销售内置广告空间
● 促进功能更丰富的版本的销售

图 10.6 获取利润的各种途径

为应用设定价格时，需研究竞争对手的情况。它们是如何定价的？他们的应用与你的在功能上相似吗？你的应用是否具有更多的特性？愿意以比竞争对手更低的价格来吸引用户吗？你的目标是收回开发成本还是希望获得利润？

如果改变策略，能否一直免费提供？或者，能否将免费应用改成收费的？

Google Play 中针对付费应用的交易功能是由 Google Wallet 负责的：

http://google.com/wallet

一些移动运营商（比如 AT&T，Sprint 和 T-Mobile）的客户，可以选择由运营商付款，然后将其计算在无线费用中。你的收入会按月付到你的 Google Payments 账户[2]，但是需要为通过 Google Play 获得的收益缴税。

10.3.2 免费应用

超过 90%的应用都是免费的，近几年这个比例还在上升[3]。既然用户更愿意下载免费的应用，就可以考虑为你的应用提供一个免费的"简化版"，以吸引用户下载并试用它。例如，如果你的应用是一个游戏，则可以提供一个免费的简化版，其中只包含了前几个游戏级别。当玩家免费体验完前面的几个级别之后，应用会显示一条消息，鼓励玩家通过 Google Play 购买功能更为强大的应用。或者显示一条消息，玩家可以购买更多的游戏级别，以便更加无缝地升级（见 10.5 节）。许多公司都利用免费的应用来获取声誉，进而促进其他产品和服务的销售（见图 10.7）。

---

[1] 参见 http://www.appbrain.com/stats/android-market-app-categories。
[2] 参见 http://support.google.com/googleplay/android-developer/answer/137997?hl=en&ref_topic=15867。
[3] 参见 http://www.statista.com/topics/1002/mobile-app-usage/。

免费应用	功能
Amazon Mobile	在 Amazon 网站上浏览并购买商品
Bank of America	查找所在区域的 ATM 和银行分部，查询余额，付账单
Best Buy	浏览并购买商品
CNN	最新的世界新闻，接收即时新闻，观看直播视频
Epicurious Recipe	查看康泰纳仕集团(Condé Nast)旗下美食杂志(包括 Gourmet 和 Bon Appetit)中的数千种食谱
ESPN ScoreCenter	设置个性化的记分牌，跟踪所喜爱的大学队和专业运动队的动态
NFL Mobile	获取最新的 NFL 新闻、直播节目及重播节目等
UPS Mobile	跟踪送货情况、找出卸货地点、取得预估的运输费等
NYTimes	免费阅读《纽约时报》的文章
Pocket Agent	State Farm 保险公司的应用，通过它可以联系保险代理，获得索赔文件，找到当地的维修中心，查看 State Farm 银行账户及共同基金账户的情况等
Progressive 保险公司	根据交通事故的场景报险并提交照片，找出当地的保险代理，购买新车时获取车的安全信息等
USA Today	阅读《今日美国》(USA Today)中的文章，并获取最新的运动比赛结果
Wells Fargo Mobile	查找所在区域的 ATM 和银行分部，查询余额，转账，付账单
Women's Health Workouts Lite	查看知名女性杂志的各种文章

图 10.7 可用来获取声誉的免费 Android 应用

10.4 利用 In-App Advertising 货币化应用

有些开发者在免费的应用中利用 in-app advertising(应用内广告)获得收入——通常是旗标广告，它们与 Web 站点中的这种广告类似。移动广告网络，比如 AdMob：

http://www.google.com/admob/

和 Google AdSense for Mobile：

http://www.google.com/adsense/start/

都提供大量的广告主，并可为应用提供相关广告(见 10.13 节)。获取广告利润是以用户的点击次数为基础的。排名在前 100 的免费应用，每天获取的利润从几百美元到几千美元不等。对于大多数应用而言，这种广告并不会产生很多的利润，所以如果你的目标是收回开发成本并获得利润，则应当考虑付费的应用。

10.5 货币化应用：通过应用内计费功能销售虚拟商品

Google Play 的应用内计费服务：

http://developer.android.com/google/play/billing/index.html

可以在运行 Android 2.3 或更高版本的设备上通过应用来销售虚拟商品(例如，数字化内容)，参见图 10.8。这种服务只可用于通过 Google Play 购买的应用，它不适应于通过第三方应用商店销售的应用。为了启用应用内计费功能，需要一个 Google Play 发布者账号(见 10.6 节)和一个 Google Payments 商家账号(见 10.7 节)。Google 会将通过应用内计费功能获得的利润的 70%付给应用的开发者。

与应用内广告相比，销售虚拟商品获取的利润要高得多[1]。有许多应用通过销售虚拟商品

---

[1] 参见 http://www.businessinsider.com/its-morning-in-venture-capital-2012-5?utm_source=readme&utm_medium=rightrail&utm_term=&utm_content=6&utm_campaign=recirc。

获得了巨大成功，这些应用包括 Angry Birds、DragonVale、Zynga Poker、Bejeweled Blitz、NYTimes 和 Candy Crush Saga。在移动游戏中，虚拟商品尤其流行。

为了实现应用内计费，需遵循如下站点中讲解的步骤：

http://developer.android.com/google/play/billing/billing_integrate.html

关于应用内计费的更多信息，包括订阅、应用样本、安全最佳实践、测试等，可访问：

http://developer.android.com/google/play/billing/billing_overview.html

也可以参加一个免费的"销售应用内商品"培训课程，网址为

http://developer.android.com/training/in-app-billing/index.html

虚拟商品		
订阅的电子杂志	本地指南	形象化符号
虚拟服装	额外的游戏级别	游戏场景
额外的特性	手机铃声	图标
电子卡片	电子礼物	虚拟货币
墙纸	图像	虚拟宠物
音频	视频	电子书

图 10.8 虚拟商品

在其他应用市场中通过"应用内购买"销售应用

如果通过其他的应用市场销售应用（见 10.11 节），则可以利用几个第三方移动支付提供商的 API 将"应用内购买"（in-app purchase）功能植入应用中（见图 10.9），而不必使用 Google Play 的应用内计费功能。首先，需在应用中添加"锁定功能"（例如，游戏级别、形象化符号）。当用户进行购买时，"应用内购买"工具会处理财务交易事宜，并会向应用返回一条消息，以验证支付过程。然后，应用会解锁这些被锁定的功能。

提供商	URL	描述
PayPal Mobile Payments Library	https://developer.paypal.com/webapps/developer/docs/classic/mobile/gs_MPL/	单击 Pay with PayPal 按钮，登录到 PayPal 账号，然后单击 Pay 按钮
Amazon In-App Purchasing	https://developer.amazon.com/appsandservices/apis/earn/in-app-purchasing	用于通过 Amazon App Store 销售 Android 应用的应用内购买功能
Samsung In-App Purchase	http://developer.samsung.com/in-app-purchase	针对三星设备而特别设计的应用内购买功能
Boku	http://www.boku.com	用户单击 Pay by Mobile 按钮，输入电话号码，然后应答发送给该号码的消息，即可完成交易

图 10.9 可使用"应用内购买"功能的移动支付提供商

10.6 注册 Google Play

为了将应用发布到 Google Play，必须注册一个账号，网址为

http://play.google.com/apps/publish

注册时需支付一次性费用，25 美元。与其他流行的移动平台不同，向 Google Play 上载应用时无须批准，但有一些自动的病毒检测过程。不过，开发者必须遵循 Google Play 开发者程序政策（Google Play Developer Program Policies）。如果违反了这些政策，则 Google 可以随时删除应用；严重的或者累次违反这些政策，会导致账户被关闭（见图 10.10）。

违反 Google Play 开发者程序政策的情形	
● 侵犯其他人的知识产权（例如，商标、专利和版权） ● 非法行为 ● 侵犯个人隐私 ● 妨碍第三方的服务 ● 危害用户的设备或者个人数据 ● 赌博	● 导致"垃圾"用户体验（例如，误导应用的用途） ● 对用户的服务费用或者无线运营商的网络产生不利影响 ● 假冒或者欺骗 ● 纵容仇恨或者暴力 ● 向 18 岁以下儿童提供色情、淫秽内容或者不适当的信息 ● 系统级通知和窗件的广告

图 10.10　违反 Google Play 开发者程序政策的情形
（http://play.google.com/about/developer-content-policy.html#showlanguages）

10.7　设置 Google Payments 商家账号

为了在 Google Play 上出售应用，需要一个 Google Payments 商家账号，超过 150 个国家的 Google Play 开发人员都可以使用这种账号[①]。注册账号之后，可登录 Google Play：

http://play.google.com/apps/publish/

单击 set up a merchant account 链接，即可获得

- Google 联系你的信息
- 进行客户支持工作的联系人的信息，以便联系用户

10.8　将应用上载到 Google Play

准备好所有的文件之后，就可以着手上载应用了，相关步骤请参见 Launch Checklist：

http://developer.android.com/distribute/tools/launch-checklist.html

登录到 Google Play（http://play.google.com/apps/publish，参见 10.6 节），然后单击 Publish an Android App on Google Play 按钮，开始上载应用的过程。需要上载的内容如下：

1. 应用的 .apk 文件，包括代码文件、资产文件、资源文件及清单文件。
2. 至少两个屏幕截图。可以从 Android 手机、7 英寸或者 10 英寸平板电脑、Android 电视及 Android 可穿戴设备上获得这些屏幕截图。
3. 用于 Google Play 的高分辨率图标（512 × 512 像素）。
4. 特色图像由 Google Play 编辑团队使用，用于促销应用，它位于应用的产品页面。这个图像必须是 1024 × 500 像素的 24 位 PNG 或者 JPEG 格式，无 alpha 值（透明度）。
5. 可以向 Google Play 上载一个促销图，如果 Google 决定促销你的应用，就可以使用它（例如，从 Google Play 里有特色的应用中挑选出一些图像）。这个图像必须是 180 × 120 像素的 24 位 PNG 或者 JPEG 格式，无 alpha 值（透明度）。
6. 可以向 Google Play 上载一个促销视频。可以为应用提供一个促销视频的 URL（例如，一个链接到 YouTube 的视频，演示应用的功能）。

除了这些，Google Play 还可能要求提供如下细节：

---

① 参见 http://support.google.com/googleplay/android-developer/answer/150324?hl=en&ref_topic=15867。

1. 语言。默认情况下，应用需以英语给出。如果需要提供其他的语言，则需从列表中挑选它们(见图10.11)。

语言					
● 南非语	● 英语(英国)	● 高棉语	● 罗曼什语	● 阿姆哈拉语	● 爱沙尼亚语
● 韩语(韩国)	● 俄语	● 阿拉伯语	● 菲律宾语	● 吉尔吉斯语	● 塞尔维亚语
● 亚美尼亚语	● 芬兰语	● 老挝语	● 僧伽罗语	● 阿塞拜疆语	● 法语
● 拉脱维亚语	● 斯洛伐克语	● 巴斯克语	● 法语(加拿大)	● 立陶宛语	● 斯洛文尼亚语
● 白俄罗斯语	● 加里西亚语	● 马其顿语	● 西班牙语(拉丁美洲)	● 孟加拉语	● 格鲁吉亚语
● 马来语	● 西班牙语(西班牙)	● 保加利亚语	● 德语	● 马拉雅拉姆语	● 西班牙语(美国)
● 缅甸语	● 希腊语	● 马拉地语	● 斯瓦希里语	● 加泰罗尼亚语	● 希伯来语
● 蒙古语	● 瑞典语	● 汉语(简体)	● 北印度语	● 尼泊尔语	● 泰米尔语
● 汉语(繁体)	● 匈牙利语	● 挪威语	● 泰卢固语	● 克罗地亚语	● 冰岛语
● 波斯语	● 泰语	● 捷克语	● 印尼语	● 波兰语	● 土耳其语
● 丹麦语	● 意大利语	● 葡萄牙语(巴西)	● 乌克兰语	● 荷兰语	● 日语
● 葡萄牙语(葡萄牙)	● 越南语	● 英语	● 坎那达语	● 罗马尼亚语	● 祖鲁语

图10.11 Google Play中应用可使用的语言

2. 标题。应用的标题将出现在Google Play中(最多30个字符)。对于所有的Android应用而言，并不要求标题都是唯一的。
3. 剪短描述。关于应用的简短描述(最多80个字符)。
4. 描述。关于应用及其特性的一个描述(最多4000个字符)。建议在描述的最后一部分给出所要求的每一种权限的理由，并解释如何使用它。
5. 最近的修改。关于最新版本的修改的详细说明(最多500个字符)。
6. 促销文字。一段促进应用销售的文字(最多80个字符)。
7. 应用类型。选择Applications或者Games。
8. 类别。选择最适合你的游戏或者应用的类别。
9. 价格。为了收费，需设置一个商家账号。
10. 内容分级。可以选择High Maturity，Medium Maturity，Low Maturity或者Everyone。更多信息，请参见如下站点中的文章Rating your application content for Google Play：

    http://support.google.com/googleplay/android-developer/answer/188189

11. 位置。默认情况下，应用会在所有当前及未来的Google Play国家中列出。如果不希望应用出现在所有的国家中，则可以从列表中挑选一些。
12. 站点。Google Play中的应用会提供一个Visit Developer's Website链接。可以为应用包含一个直接进入某个页面的链接，以使有兴趣下载这个应用的用户能够找到更多的信息，包括营销资料、特性列表、其他屏幕截图、说明等。
13. 电子邮件。也可以在Google Play中包含电子邮件地址，这样用户就能够向你咨询问题、报告错误等。
14. 电话号码。有时可以将电话号码放到Google Play中。建议不设置此项，除非真的能够提供电话支持。可以考虑在自己的站点上为客户提供一个服务号码。
15. 隐私规定。有关隐私规定的链接。

此外，如果要销售应用内商品或者使用任何 Google 服务，还必须指明它们。有关添加应用内商品的信息，请参见：

http://developer.android.com/google/play/billing/billing_admin.html

10.9 在应用里启动 Play Store

为了促进应用的销售，可以从应用的内部启动 Play Store 应用（Google Play），以便用户能够下载你发布的其他应用，或者付费购买功能比前面下载的版本更丰富的相关应用。启动 Play Store 应用后，还可以允许用户下载最近的更新版本。

有两种启动 Play Store 应用的方法。首先，可以在 Google Play 中用指定的开发者名称、包名称或者一个字符串搜索到应用。例如，如果希望用户下载你已经发布的其他应用，则可以在应用中包含一个按钮，当点触它时，会启动 Play Store 应用并发起一个包含你的名字或者公司名称的搜索。第二种方法是让用户进入 Play Store 应用中某个特定应用的详细页面。如果希望了解如何在应用内启动 Play Store 应用的更多细节，请参见如下站点中的文章 Linking Your Products：

http://developer.android.com/distribute/tools/promote/linking.html

10.10 管理 Google Play 中的应用

Google Play Developer Console（Google Play 开发者控制台）用于管理账户和应用、查看应用的星级排名（1 到 5 颗星）、向用户的评论提供反馈、跟踪每一个应用的总安装次数及有效的安装次数等（安装次数与删除次数的差）。通过它还可以获取应用的安装动态、不同的 Android 版本、设备等的下载分布情况等。应用错误报告中会列出来自于用户的任何使应用崩溃或者冻结的信息。如果对应用进行了更新，则发布新版本是一件很容易的事情。虽然可以从 Google Play 删除应用，但是已经下载过它的用户依然能够在设备上使用它。即使应用已经在 Android Market 中被删除，在设备中删除了应用的用户，也能够重新安装该应用（因为应用将会保留在 Google 的服务器上，除非它违反了《服务条款》）。

10.11 其他的 Android 应用市场

除了 Google Play 之外，还可以让应用出现在其他的 Android 应用市场中（见图 10.12），甚至可以发布到自己的网站中，只要它使用了某些服务，比如 AndroidLicenser（http://www.androidlicenser.com）。有关通过 Web 站点发布应用的更多信息，请参见：

http://developer.android.com/tools/publishing/
publishing_overview.html

市场	URL
Amazon Appstore	https://developer.amazon.com/public/solutions/platforms/android
Opera Mobile Store	http://android.oms.apps.opera.com/en_us/
Moborobo	http://www.moborobo.com
Appitalism	http://www.appitalism.com/index.html
GetJar	http://www.getjar.com
SlideMe	http://www.slideme.org
AndroidPIT	http://www.androidpit.com

图 10.12 其他的 Android 应用市场

10.12 其他移动应用平台及应用移植

根据 statista.com 的统计，2016 年用户将总共下载 2250 亿个应用，而到 2017 年[①]，这个数字将为 2700 亿。通过将 Android 应用移植到其他的移动应用平台(尤其是用于 iPhone，iPad 和 iPod 设备的 iOS)，可以使应用的用户数更大(见图 10.13)。有许多工具可用来移植应用。例如，Microsoft 提供的工具，可以让 iOS 和 Android 开发人员将应用移植到 Windows 平台下，类似的工具可用来进行反向移植[②]。还可以利用各种跨平台的应用开发工具(见图 10.14)。

平台	URL
Android	http://developer.android.com
iOS (Apple)	http://developer.apple.com/ios
Windows	https://dev.windows.com/en-us/windows-apps

图 10.13　流行的移动应用平台

工具	站点
Appcelerator Titanium	http://www.appcelerator.com/product/
PhoneGap	http://phonegap.com/
Sencha	https://www.sencha.com/
Visual Studio	https://www.visualstudio.com/en-us/features/mobile-appdevelopment-vs.aspx
Xamarin	https://xamarin.com/

图 10.14　用于开发跨平台移动应用的几个工具

10.13　应用的市场推广

发布完应用之后，下一步就是希望将它推广给用户[③]。通过社交媒体站点(比如 Facebook，Twitter，Google+和 YouTube)进行的"病毒式营销"(Viral marketing)，就能够使消息散布出去。这些站点具有巨大的影响力。根据 Pew Research Center 的研究，Internet 上有 71%的成人使用社交网络[④]。图 10.15 列出了一些流行的社交媒体站点。此外，电子邮件和新闻邮件依然是有效而经常被使用的廉价营销工具。

Facebook

Facebook 是占统治地位的社交站点，它有将近 15 亿的活跃用户[⑤]，每天的活跃用户几乎达到 10 亿[⑥]。它是进行"病毒式营销"的一个绝佳场所。首先，需为应用设置一个官方的 Facebook 页面。利用 Facebook 页面，可以提供有关应用的信息、新闻、更新、评论、技巧、视频、截图、游戏高分、用户反馈，以及能够下载的 Google Play 链接。例如，作者就在自己的 Facebook 页面(http://www.facebook.com/DeitelFan)上提供有关作品的新闻和更新。

---

① 参见 http://www.statista.com/statistics/266488/forecast-of-mobile-app-downloads/。
② 参见 http://www.wired.com/2015/04/microsoft-unveils-tools-moving-android-ios-appsonto-windows/。
③ 有大量图书探讨有关移动应用推广的问题。最新的图书可参见 http://amzn.to/1ZgpYxZ。
④ 参见 http://bits.blogs.nytimes.com/2015/01/09/americans-use-more-online-socialnetworks/?_r=0。
⑤ 参见 http://www.statista.com/statistics/272014/global-social-networks-ranked-by-number-of-users/。
⑥ 参见 http://expandedramblings.com/index.php/by-the-numbers-17-amazing-facebook-stats/。

接下来，需将有关这个应用的消息散布出去。应鼓励你的同事和朋友"喜欢"你的 Facebook 页面，并可告知他们的朋友也这样做。当人们与你的页面交互时，所发生的故事会出现在他的朋友的动态消息中，从而可以逐渐让更多的人知晓你的应用。

名称	URL	描述
Facebook	http://www.facebook.com	社交网络
Instagram	https://instagram.com/	照片和视频共享
Twitter	http://www.twitter.com	微博，社交网络
Google+	http://plus.google.com	社交网络
Vine	http://vine.co	视频共享
Tumblr	http://www.tumblr.com	博客
Groupon	http://www.groupon.com	团购
Foursquare	http://www.foursquare.com	（移动设备）签到功能
Snapchat	http://www.snapchat.com	发视频消息
Pinterest	http://www.pinterest.com	在线"图钉"发布网站
YouTube	http://www.youtube.com	视频共享
LinkedIn	http://www.linkedin.com	用于商业的社交网络
Flickr	http://www.flickr.com	照片共享

图 10.15 流行的社会化媒介站点

Twitter

Twitter 是一种微博，一个社交站点，它大约有 10 亿用户，每月的活跃用户达到 3.16 亿[①]。用户可在 Twitter 上发布最长不超过 140 个字符的推文。然后，Twitter 会将推文转发给你的所有粉丝（follower）。到本书写作时为止，一位著名的流行歌手已经有超过 4000 万的粉丝。许多人利用 Twitter 来获取新闻和动态。重点是关于你的应用的消息，包括新版本的声明，来自于用户的技巧、真相、评论等。此外，还要鼓励你的同事和朋友也在可以使用标签符号(#)来引用你的应用。例如，当在作者的 Twitter 账户@deitel 上发布关于本书的消息时，就使用了"#AndroidFP3"。同样，使用这个标签符号的其他人也可以编写关于本书的评论。这样就能够轻易地搜索到与本书相关的推文。

病毒视频

病毒视频（viral video）是共享在视频站点（例如，YouTube）、社交网站（例如，Facebook, Instagram, Twitter, Google+）、电子邮件中的视频，它是另一种推广应用的极佳方式。只要创建了一个能吸引人的视频，不管它是滑稽的还是令人厌恶的，都会使其快速传播开来，并可以被多种社交网络中的用户关注。

电子新闻邮件

如果拥有电子新闻邮件，则可以用它来推广你的应用。可以在新闻邮件中包含与 Google Play 的链接，用户可据此下载应用。也可以包含到社交网站页面的链接，用户可从那里获得有关应用的最新消息。

应用评论

应与一些有影响力的博主和应用评论站点保持联系（见图 10.16），并将你的应用告诉他们。

[①] 参见 http://www.statisticbrain.com/twitter-statistics/。

可以向他们提供一个推广码，以便能够免费下载应用（见 10.3 节）。这些博主和评论员会收到许多的请求，所以要让你的请求简洁而信息丰富。在 YouTube 和其他站点上，有许多评论员会张贴关于应用的视频评论（见图 10.17）。

Android 应用评论站点	URL
Appolicious	http://www.androidapps.com
AppBrain	http://www.appbrain.com
AppZoom	http://www.appzoom.com
Appstorm	http://android.appstorm.net
Best Android Apps Review	http://www.bestandroidappsreview.com
Android App Review Source	http://www.androidappreviewsource.com
Androinica	http://www.androinica.com
AndroidLib	http://www.androlib.com
Android and Me	http://www.androidandme.com
AndroidGuys	http://www.androidguys.com/category/reviews
Android Police	http://www.androidpolice.com
AndroidPIT	http://www.androidpit.com
Phandroid	http://phandroid.com

图 10.16　一些 Android 应用评论站点

Android 应用评论视频站点	URL
State of Tech	http://http://stateoftech.net/
Crazy Mike's Apps	http://crazymikesapps.com
Appolicious	http://www.appvee.com/?device_filter=android
Life of Android	http://www.lifeofandroid.com/video/

图 10.17　一些 Android 应用评论视频站点

Internet 公关

公关产业利用媒体帮助公司将消息传递给消费者。公关从业者将博客、推文、播客、RSS 种子及大众媒体融入到了公关活动中。图 10.18 中列出了一些免费的和收费的 Internet 公关资源，包括新闻稿发布站点、新闻稿写作服务等。

Internet 公关资源	URL	描述
免费服务		
PRWeb	http://www.prweb.com	在线新闻稿发布服务，免费或者收费
ClickPress	http://www.clickpress.com	提交新闻故事供批准（免费）如果被批准，则会发布在 ClickPress 站点上，并可被新闻搜索引擎搜索到，如果是付费的，则 ClickPress 会将你的新闻发布到全球顶级的财经网站上
PRLog	http://www.prlog.org/pub/	免费的新闻稿提交和发布
Newswire	http://www.newswire.com	免费或收费的新闻稿提交和发布
openPR	http://www.openpr.com	免费的新闻稿发表
收费服务		
PR Leap	http://www.prleap.com	在线新闻稿发布服务
Marketwired	http://www.marketwired.com	新闻稿发布服务，可根据地理位置、行业等圈定受众
Mobility PR	http://www.mobilitypr.com	针对移动产业公司的公关服务
eReleases	http://www.ereleases.com	新闻稿发布和服务，包括新闻稿写作、校对和编辑。可从中找出写作有效的新闻稿的技巧

图 10.18　Internet 公关资源

移动广告网络

购买广告点(例如，其他应用、在线、报纸、杂志、收音机或者电视)是推广应用的另一种途径。移动广告网络(见图 10.19)专门用于在移动平台上对 Android(以及其他)移动应用进行广告推广。大多数这类移动广告网络都能够根据位置、无线运营商、平台(例如，Android，iOS，Windows，BlackBerry)等定位受众。大多数应用都不会有太多的收入，所以要考虑好应该为它投入多少广告经费。

也可以利用这类移动广告网络从免费应用中获得收益，办法是在应用中植入旗标广告或视频广告。根据广告网络、设备、范围等的不同，Android 应用的平均 eCPM(每千次展示的有效成本)的变化很大。Android 中支付的广告费用大多数都是以它的点击率(Click-Through Rate，CTR)为基础的，而不是基于所产生的展示次数。和 eCPM 一样，CTR 也随应用、设备、范围、网络等的不同而变化很大。如果你的应用有大量用户且广告的 CTR 比较高，则就可能挣到大量的广告利润。此外，你的广告网络还可能向你提供更高的广告分成比例，从而增加你的收入。

移动广告网络	URL
AdMob(Google 提供)	http://www.google.com/admob/
Medialets	http://www.medialets.com
Tapjoy	http://www.tapjoy.com
Millennial Media	http://www.millennialmedia.com/
Smaato	http://www.smaato.com
mMedia	http://mmedia.com
InMobi	http://www.inmobi.com

图 10.19　移动广告网络

10.14　小结

本章探讨了注册 Google Play 及设置 Google Wallet 账号的过程，以便能够销售应用。研究了如何为应用做好准备，以便提交给 Google Play。这些工作包括在仿真器和设备上测试应用、准备各种资源等。给出了将应用上载到 Google Play 的步骤。列出了其他的 Android 应用市场。还给出了为应用确定价格的技巧，以及如何从应用内广告和虚拟商品的销售中获取收益。列出了将应用发布到 Google Play 之后可用来推广它的资源。

与作者及 Deitel & Associates 公司保持联系

我们希望您会乐意阅读本书，如同我们在编写它时一样。我们要感谢您的反馈。请将问题、评论和建议发送至 deitel@deitel.com。有关本书的最新消息及 Deitel 出版物和企业培训信息，请访问：

http://www.deitel.com/newsletter/subscribe.html

也可通过如下途径关注我们的动向：

- Facebook—http://facebook.com/DeitelFan
- Twitter—http://twitter.com/deitel
- Google+—http://google.com/+DeitelFan
- YouTube—http://youtube.com/DeitelTV
- LinkedIn—http://bit.ly/DeitelLinkedIn

关于 Deitel & Associates 公司针对公司或者机构进行的全球现场编程培训，可访问：

http://www.deitel.com/training

或者发邮件至 deitel@deitel.com。祝大家好运！

索 引

A

accelerometer 加速计 1.7
accelerometer sensor 加速度传感器 5.3
access Android services 访问 Android 服务 4.6
accessibility 可访问性 1.11
Accessibility APIs 辅助功能 API 1.4
accessing Android content providers 访问 Android 的内容提供者 1.6
action bar 动作栏 3.3
action element of the manifest file 清单文件中的动作元素 3.7
ACTION_SEND constant of class Intent Intent 类的 ACTION_SEND 常量 8.5
ACTION_VIEW constant of class Intent Intent 类的 ACTION_VIEW 常量 8.5
Activity states Activity 状态 3.3
activity 活动 3.3
Activity class Activity 类 3.3
Activity templates Activity 模板 2.3
ActivityNotFoundException class ActivityNotFoundException 类 4.3
Adapter class 适配器类 7.3
AdapterView class AdapterView 类 7.3
add method of class FragmentTransaction FragmentTransaction 类的 add 方法 9.9
addCallback method of class SurfaceHolder SurfaceHolder 类的 addCallback 方法 6.13
adjustViewBounds property of an ImageView ImageView 的 adjustViewBounds 属性 4.5
airplane mode 飞行模式 7.7
AlertDialog class AlertDialog 类 4.3
AlertDialog.Builder class AlertDialog.Builder 类 4.3
alpha (transparency) values alpha(透明度)值 2.5
alpha animation for a View View 的 alpha 值动画 4.4
alternative-resource naming conventions 可替换资源的命名规范 2.8
Amazon Mobile app Amazon 移动应用 10.4
analysis 分析 1.8
Android app marketplaces Android 应用市场 10.10

Android device type for a project 工程中的 Android 设备类型 2.3
Android emulator Android 仿真器 16
Android Market language Android Market 语言 10.7
Android project res folder Android 工程 res 文件夹 2.4
Android services access 访问 Android 服务 4.6
Android Virtual Device(AVD) Android 虚拟设备(AVD) 1.7
android XML namespace android XML 名字 5.4
android:background attribute of a TextView TextView 的 android:background 属性 9.4
android:duration attribute of a translate animation 移动动画的 android:duration 属性 4.4
android:fromXDelta attribute of a translate animation 移动动画的 android:fromXDelta 属性 4.4
android:id attribute android:id 属性 2.5
android:layout_gravity attribute android:layout_gravity 属性 2.5
android:toXDelta attribute of a translate animation 移动动画的 android:toXDelta 属性 4.4
android.app package android.app 包 3.3
android.content package android.content 包 4.3
android.content.res package android.content.res 包 4.3
android.database package android.database 包 9.3
android.database.sqlite package android.database.sqlite 包 9.3
android.graphics package android.graphics 包 5.3
android.graphics.drawable package android.graphics.drawable 包 4.7
android.intent.action.MAIN 3.7
android.media package android.media 包 6.3
android.net package android.net 包 8.5
android.os package android.os 包 3.6
android.preference package android.preference 包 4.3
android.provider package android.provider 包 9.3
android.support.v4.app package android.support.v4.app 包 4.3
android.support.v7.app package android.support.v7.app 包 3.3

索引

android.support.v7.widget package android.support.v7.widget 包 8.3
android.text package android.text 包 3.3
android.util package android.util 包 4.3
android.view package android.view 包 4.3
android.view.animation package android.view.animation 包 4.3
android.view.inputmethod package android.view.inputmethod 包 7.7
android.widget package android.widget 包 3.3
AndroidLicenser AndroidLicenser 监听器 10.10
action element action 元素 3.7
activity element activity 元素 3.7
application element application 元素 3.7
anim folder of an Android project Android 工程的 anim 文件夹 2.4
animation 动画 4.2
alpha animation for a View View 的 alpha 值动画 4.4
animation circular reveal 环形缩放动画 4.7
Animation class Animation 类 4.3
AnimationUtils class AnimationUtils 类 4.3
animator folder of an Android project Android 工程的 animator 文件夹 2.4
AnimatorListenerAdapter class AnimatorListenerAdapter 类 4.7
anonymous inner class 匿名内部类 3.3
anti-aliasing 抗锯齿处理 5.8
API key（web services） API 键（Web 服务）7.3
app linking 应用链接 1.4
app platforms Android 应用平台 Android 10.13
app resources 应用资源 2.2
app review sites Android and Me 应用评论站点 Android and Me 10.13
app review sites (cont.) Androinica 应用评论站点 Androinica 10.13
app review video sites Appolicious 应用评论视频站点 Appolicious 10.13
app XML namespace 应用 XML 名字空间 5.4
AppCompatActivity class AppCompatActivity 类 3.5
app-driven approach 应用驱动的方法 1.1
application resource 应用资源 1.6
ARGB color scheme ARGB 颜色模式 5.2
argb method of class Color Color 类的 argb 方法 5.9
ArrayAdapter class ArrayAdapter 类 7.3
ArrayList class ArrayList 类 4.3
AssetManager class AssetManager 类 4.3

assets folder of an Android app Android 应用的 assets 文件夹 4.3
AsyncTask class AsyncTask 类 7.3
AsyncTaskLoader class AsyncTaskLoader 类 9.3
attribute in the UML 属性（UML） 1.8
AttributeSet class AttributeSet 类 6.13
audio streams 音频流 6.3
audio volume 音量 6.3
AudioAttributes class AudioAttributes 类 6.3
AudioAttributes.Builder class AudioAttributes.Builder 类 6.13
AudioManager class AudioManager 类 6.3
automatic backup 自动备份 1.5
AVD（Android Virtual Device） Android 虚拟设备（AVD）1.7

B

back stack 返回栈 9.3
background property of a view 视图的 background 属性 3.4
BaseColumns interface BaseColumns 接口 9.7
behavior of a class 类的行为 1.8
Bezier curve 贝塞尔曲线 5.8
bind data to a ListView 将数据与 ListView 绑定 7.3
Bitmap class Bitmap 类 5.3
bitmap encoding 位图编码 5.8
BitmapFactory class BitmapFactory 类 7.7
Blank Activity template Blank Activity 模板 2.3
blue method of class Color Color 类的 blue 方法 5.9
Bluetooth Health Devices 蓝牙健康设备 1.4
bluetooth stylus support 蓝牙手写笔支持 1.5
brand awareness 获取声誉 10.4
broadcast receiver 广播接收者 3.3
Bundle class Bundle 类 3.6

C

callback methods 回调方法 9.3
camera 摄像头 1.3
Cannon Game app Cannon Game 应用 1.7
Canvas class Canvas 类 5.3
carrier billing 运营商付款 10.3
case-insensitive sort 大小写不敏感的排序 8.5
category element of the manifest file 清单文件中的 category 元素 3.7
cell in a GridLayout GridLayout 中的单元格 3.3
characteristics of great apps 好的应用的特质 1.10
check-in（移动设备）"检入" 10.13

circular reveal animation　环形缩放动画　4.7
circular reveal Animator　环形缩放动画　4.3
class　类　1.6
class library　类库　1.3
Canvas　画布　5.3
Collections　集合　4.3
Color　颜色　5.9
Configuration　配置　4.3
client area　客户区　2.2
cloud computing　云计算　1.4
Cloud Test Lab　云测试实验室　10.2
code file　代码文件　10.7
code highlighting　代码高亮　1.1
code walkthrough　代码遍历　1.1
code-completion　代码完成　2.4
code-completion window　代码完成窗口　2.5
Collections class　Collections 类　4.3
collision detection　冲突检测　6.3
Color class　Color 类　5.9
color folder of an Android project　Android 工程的 color 文件夹　2.4
color state list　颜色状态清单　4.3
color state list resource　颜色状态资源　4.4
color state list resource file　颜色状态资源文件　4.3
columnCount property of a GridLayout　GridLayout 的 columnCount 属性　3.4
company domain name used in a package　包中使用的公司域名　2.3
compiling apps　编译应用　10.2
component　组件　1.8
Constants MODE_PRIVATE　常量 MODE_PRIVATE　8.5
content provider　内容提供者　3.3
contentDescription property of a View　View 的 contentDescription 属性　4.5
ContentProvider class　ContentProvider 类　9.3
ContentResolver class　ContentResolver 类　5.3
ContentUris class　ContentUris 类　9.6
ContentValues class　ContentValues 类　9.8
Context class　Context 类　4.6
ContextWrapper class getAssets method　ContextWrapper 类的 getAssets 方法　4.7
control　控件　1.7
CoordinatorLayout class　CoordinatorLayout 类　4.4
corners element of a shape　形状的 corners 元素　9.4
crash report　冲突报告　10.11
create a new layout　创建新布局　4.5

Create New Project dialog　Create New Project 对话框　2.3
createBitmap method of class Bitmap　Bitmap 类的 createBitmap 方法　5.8
createChooser method of class Intent　Intent 类的 createChooser 方法　8.5
createFromStream method of class Drawable　Drawable 类的 createFromStream 方法　4.7
creating a dimension resource　创建维度资源　2.5
cryptographic key　密钥　10.1
Cursor class　Cursor 类　9.3
CursorFactory class　CursorFactory 类　9.7
CursorLoader class　CursorLoader 类　9.3
custom subclass of View　View 类的定制子类　6.12
custom view　定制视图　5.3
customize the keyboard　定制键盘　9.4

D

dark keyboard　深色键盘　3.1
data binding　数据绑定　7.3
Data Binding support library　数据绑定支持库　3.6
database version number　数据库版本编号　9.7
default preferences　默认首选项　4.6
default resources　默认资源　2.8
define a new style　定义新样式　9.4
delete method of a ContentProvider　ContentProvider 的 delete 方法　9.8
delete method of a ContentResolver　ContentResolver 的 delete 方法　9.13
delete method of class SQLiteDatabase　SQLiteDatabase 类的 delete 方法　9.9
density-independent pixels dp　密度无关像素　2.5
design preview in layout XML editor　布局 XML 编辑器中的设计预览　2.4
design process　设计过程　1.8
Design tab in the layout editor　布局编辑器的 Design 选项卡　2.2
developer options　开发人员选项　1.4
device configuration　设备配置　1.6
Device Screen Capture window　Device Screen Capture 窗口　10.2
DialogFragment class　DialogFragment 类　4.3
DialogInterface class　DialogInterface 类　4.3
digital certificate　数字证书　10.2
digitally sign your app　数字签名应用　10.2
digits property of an EditText　EditText 的 digits 属性　3.5

dimension resource 维度资源 2.5
divider property of a LinearLayout LinearLayout 的 divider 属性 9.4
domain name used in a package 包中使用的域名 2.3
dp（density-independent pixels） 密度无关像素 2.5
drag event 拖动事件 5.8
draw circles 画圆 5.3
Drawable class Drawable 类 4.7
drawable folder of an Android project Android 工程的 drawable 文件夹 2.4
Drawable resource shape element 可绘制资源形状元素 9.4
drawBitmap method of class Canvas Canvas 类的 drawBitmap 方法 5.8
drawCircle method of class Canvas Canvas 类的 drawCircle 方法 6.12
drawing characterstics 绘制特性 5.3
drawLine method of class Canvas Canvas 类的 drawLine 方法 6.11
drawPath method of class Canvas Canvas 类的 drawPath 方法 5.8
drawRect method of class Canvas Graphics 类的 drawRect 方法 6.13
drawText method of class Canvas Graphics 类的 drawText 方法 6.13
drive sales 促进销售 10.4

E

e method of class Log Log 类的 e 方法 4.7
edit method of class SharedPreferences SharedPreferences 类的 edit 方法 4.6
Editable interface Editable 接口 3.6
EditText class EditText 类 3.3
elevation property of a view 视图的 elevation 属性 3.3
emulator 仿真器 1.7
emulator functionality 仿真器功能性 1.7
emulator gestures and controls 仿真器手势与控制 1.7
encapsulation 封装 1.8
End User License Agreement（EULA） 最终用户协议（EULA）10.2
eraseColor method of class Bitmap Bitmap 类的 eraseColor 方法 5.10
event handling 事件处理 3.3
events 事件 1.3
execSQL method of class SQLiteDatabase SQLiteDatabase 类的 execSQL 方法 9.7

execute method of class AsyncTask AsyncTask 类的 execute 方法 7.6
explicit Intent 显式 Intent 4.3
Extensible Markup Language（XML） 可扩展标记语言（XML）2.2
externalizing resources 外部化资源 2.5

F

face detection 人脸识别 1.4
featured image 特色图像 10.2
final local variable for use in an anonymous inner class 匿名内部类中使用的 final 局部变量 8.5
financial transaction 金融交易 10.6
findFragmentById method of class Activity Activity 类的 findFragmentById 方法 4.3
FloatingActionButton class FloatingActionButton 类 4.4
font size 字体大小 5.3
format method of class NumberFormat NumberFormat 类的 format 方法 3.6
forums 论坛 1.11
fragment 分区 1.4
Fragment class Fragment 类 3.3
Fragment layout Fragment 布局 4.5
Fragment lifecycle Fragment 生命周期 5.3
Fragment lifecycle methods Fragment 生命周期方法 5.9
FragmentManager class FragmentManager 类 4.3
FragmentTransaction class FragmentTransaction 类 4.3
FrameLayout class FrameLayout 类 6.4
free app 免费应用 10.2
Fullscreen Activity template Fullscreen Activity 模板 2.3

G

game loop 游戏循环 6.3
games 游戏
gaming console 游戏控制台 1.3
gesture 手势 1.3
getActionIndex method of class MotionEvent MotionEvent 类的 getActionIndex 方法 5.8
getActivity method of class Fragment Fragment 类的 getActivity 方法 4.7
getAll method of class SharedPreferences SharedPreferences 类的 getAll 方法 8.5
getAssets method of class ContextWrapper ContextWrapper 类的 getAssets 方法 4.7
getColumnIndex method of class Cursor Cursor 类的

getColumnIndex 方法 9.12
getConfiguration method of class Resources　Resources 类的 getConfiguration 方法 4.6
getDouble method of class JSONObject　JSONObject 类的 getDouble 方法 7.8
getFragmentManager method of class Activity　Activity 类的 getFragmentManager 方法 4.3
getHolder method of class SurfaceView　SurfaceView 类的 getHolder 方法 6.13
getItemCount method of class RecyclerView.Adapter　RecyclerView.Adapter 类的 getItemCount 方法 9.12
getItemID method of class MenuItem　MenuItem 类的 getItemID 方法 5.7
getJSONArray method of class JSONObject　JSONObject 类的 getJSONArray 方法 7.8
getJSONObject method of class JSONArray　JSONArray 类的 getJSONObject 方法 7.8
getLastPathSegment method of class Uri　Uri 类的 getLastPathSegment 方法 9.8
getLoaderManager method of class Fragment　Fragment 类的 getLoaderManager 方法 9.10
getLong method of class Cursor　Cursor 类的 getLong 方法 9.12
getLong method of class JSONObject　JSONObject 类的 getLong 方法 7.8
getMenuInflater method of class Activity　Activity 类的 getMenuInflater 方法 4.6
getPointerCount method of class MotionEvent　MotionEvent 类的 getPointerCount 方法 5.8
getResources method of class Activity　Activity 类的 getResources 方法 4.6
getSharedPreferences method of class Context　Context 类的 getSharedPreferences 方法 8.5
getString method of class Activity　Activity 类的 getString 方法 8.5
getString method of class Cursor　Cursor 类的 getString 方法 9.12
getString method of class Fragment　Fragment 类的 getString 方法 4.7
getString method of class JSONObject　JSONObject 类的 getString 方法 7.8
getString method of class SharedPreferences　SharedPreferences 类的 getString 方法 8.5
getStringSet method of class SharedPreferences　SharedPreferences 类的 getStringSet 方法 4.7
getSystemService method of class Context　Context 类的 getSystemService 方法 7.7
getTag method of class View　View 类的 getTag 方法 7.3
getType method of a ContentProvider　ContentProvider 类的 getType 方法 9.8
getView method of class ArrayAdapter　ArrayAdapter 类的 getView 方法 7.6
getX method of class MotionEvent　MotionEvent 类的 getX 方法 5.8
getY method of class MotionEvent　MotionEvent 类的 getY 方法 5.8
graphics　图形 1.6
gravity sensor　重力传感器 5.3
green method of class Color　Color 类的 green 方法 5.9
GridLayout class　GridLayout 类 3.3
GUI layout　GUI 布局 2.4
GUI component view　GUI 组件视图 2.2
GUI components EditText　GUI 组件 EditText 3.3
GUI design　GUI 设计 1.10
GUI thread　GUI 线程 4.3
gyroscope sensor　陀螺仪传感器 5.3

H

Handler class　Handler 类 4.3
hardware support　硬件支持 1.6
hashtag　标签符号 10.13
height of a table row　表中行的高度 3.3
hide method of class FloatingActionButton　FloatingActionButton 类的 hide 方法 8.5
hide the soft keyboard　隐藏软键盘 8.5
hint property of a TextView　TextView 的 hint 属性 3.4
Holo user interface　Holo 用户界面 1.4
HttpURLConnection class　HttpURLConnection 类 7.7
HyperText Transfer Protocol（HTTP）　超文本传输协议（HTTP）7.3

I

icon　图标 10.2
icon design firms　图标设计公司 3.6
id property of a layout or component　布局或组件的 id 属性 2.5
ImageView class adjustViewBounds property　ImageView 类的 adjustViewBounds 属性 4.5
immersive mode　沉浸模式 6.3
implicit Intent　隐式 Intent 4.3
in-app advertising　应用内广告 10.2
in-app billing　应用内支付 10.5

in-app purchase 应用内购买 10.2
<include> element in a layout XML file 布局 XML 文件中的<include>元素 4.4
inflate method of class LayoutInflater LayoutInflater 类的 inflate 方法 4.7
inflate method of class MenuInflater MenuInflater 类的 inflate 方法 4.6
inflate the GUI 填充 GUI 6.13
information hiding 信息隐藏 1.8
inheritance 继承 1.8
in-memory database 内存中的数据库 9.7
input type of an EditText EditText 的输入类型 3.4
InputMethodManager class InputMethodManager 类 7.7
InputStream class InputStream 类 4.7
insert method of a ContentProvider ContentProvider 的 insert 方法 9.8
insert method of a ContentResolver ContentResolver 的 insert 方法 9.12
insert method of class SQLiteDatabase SQLiteDatabase 类的 insert 方法 9.8
instance 实例 1.8
instance variable 实例变量 1.8
Intent class Intent 类 3.7
intent filter 意图过滤器 4.3
intent messaging 意图信息传送 3.7
implementing methods in Java 实现 Java 中的方法 3.6
internationalization 国际化 2.2
invalidate method of class View View 类的 invalidate 方法 5.8
invoke a REST web service 调用 REST Web 服务 7.7

J

java.text package java.text 包 3.3
java.util package java.util 包 4.3
JavaScript Object Notation（JSON） JavaScript 对象标注 7.3
JSON（JavaScript Object Notation） JavaScript 对象标注 7.1
JSONArray class JSONArray 类 7.3
JSONObject class JSONObject 类 7.3

K

keyboard 键盘 1.3
keyboard types 键盘类型 9.4
keySet method of interface Map Map 接口的 keySet 方法 8.5

key-value pairs associated with an app 与应用相关联的键/值对 4.3

L

landscape mode 横向模式 6.13
landscape orientation 横向 3.7
large-screen device 大屏幕设备 1.4
launch another app 启动另一个应用 8.5
layout 布局 1.7
layout editor 布局编辑器 2.1
layout folder of a project 工程的 layout 文件夹 2.4
layout XML editor design preview 布局 XML 编辑器中的设计预览 2.4
layout:column of a view in a GridLayout GridLayout 中视图的 layout:column 3.4
layout:gravity property of a view 视图的 layout:gravity 属性 2.5
layout:margin property of a view 视图的 layout:margin 属性 4.5
layout:row of a view in a GridLayout GridLayout 中视图的 layout:row 3.4
layout:weight property of a view 视图的 layout:weight 属性 2.5
LayoutInflater class LayoutInflater 类 4.3
length method of class JSONArray JSONArray 类的 length 属性 7.8
license for Android Android 许可证 1.3
licensing policy 许可策略 10.2
licensing service 许可服务 10.2
lifecycle methods 生命周期方法 5.3
lifecycle methods of an app 应用的生命周期方法 3.6
light sensor 光线传感器 5.3
line thickness 线宽 5.3
linear acceleration sensor 线性加速度传感器 5.3
lines property of a Button 按钮的 lines 属性 4.5
List interface List 接口 4.3
list method of class AssetManager AssetManager 类的 list 方法 4.7
ListPreference class ListPreference 类 4.3
ListView class ListView 类 9.10
load method of class SoundPool SoundPool 类的 load 方法 6.13
loadAnimation method of class AnimationUtils AnimationUtils 类的 loadAnimation 方法 4.3
Loader class Loader 类 9.3

LoaderManager class　LoaderManager 类　9.3
LoaderManager.LoaderCallbacks interface　LoaderManager.LoaderCallbacks 接口　9.3
localization　本地化　2.2
localization Checklist　本地化清单　2.8
localized resources　本地化资源　2.8
lock screen widgets　锁定屏幕窗件　1.4
lockCanvas method of class SurfaceHolder　SurfaceHolder 类的 lockCanvas 方法　6.13
Log class　Log 类　4.3
logcat tool　logcat 工具　4.3
logging exceptions　为异常记录日志　4.3
long press　长按　8.2

M

magnetic field sensor　磁场传感器　5.3
main thread　主线程　4.3
makeText method of class Toast　Toast 类的 makeText 方法　4.7
manifest activity element android:label attribute　清单 activity 元素 android:label 属性　3.7
manifest element in AndroidManifest.xml　AndroidManifest.xml 中的 manifest 元素　3.7
manifest file　清单文件　10.7
Map interface keySet method　Map 接口 keySet 方法　8.5
mashup　混搭　1.3
Master/Detail Flow template　Master/Detail Flow 模板　2.3
material design　材料设计　1.4
　vector icons　矢量图标　5.4
max property of a SeekBar　SeekBar 的 max 属性　3.5
maxLength property of an EditText　EditText 的 maxLength 属性　3.5
media files　媒体文件　6.3
MediaStore class　MediaStore 类　5.3
MediaStore.Images.Media class　MediaStore.Images.Media 类　5.3
medium sized font　中等大小字号　3.4
Menu class　Menu 类　4.3
menu folder of an Android project　Android 工程的 menu 文件夹　2.4
menu item showAsAction　菜单项 showAsAction　4.4
MenuInflater class　MenuInflater 类　4.6
MenuItem class getItemID method　MenuItem 类 getItemID 方法　5.7
merchant account　卖家账户　10.3
method　方法　1.8

method call　方法调用　1.8
micro blogging　微博　10.13
MIME type　MIME 类型　8.5
minimum screen width qualifier　最小屏宽限定符　4.3
mipmap　2.5
mipmap folder of an Android project　Android 工程的 mipmap 文件夹　2.4
mipmap resource folder　mipmap 资源文件夹　2.5
mobile advertising　移动广告　10.3
mobile advertising network　移动广告网络　10.4
mobile payment provider　移动支付提供商　10.6
mobile payment providers　移动支付提供商　10.6
modal dialog　模态对话框　4.3
MODE_PRIVATE constant　MODE_PRIVATE 常量　8.5
MODE_WORLD_READABLE constant　MODE_WORLD_READABLE 常量　8.5
MODE_WORLD_WRITABLE constant　MODE_WORLD_WRITABLE 常量　8.5
monetizing apps　从应用获得收入　10.2
MotionEvent class　MotionEvent 类　5.3
moveTo method of class Path　Path 类的 moveTo 方法　5.8
moveToFirst method of class Cursor　Cursor 类的 moveToFirst 方法　9.12
moveToPosition method of class Cursor　Cursor 类的 moveToPosition 方法　9.12
MultiSelectListPreference class　MultiSelectListPreference 类　4.3
multitouch　多点触　5.8
multitouch screen　多点触摸屏　1.3
music audio stream　音频流　6.3

N

naming convention GUI components　GUI 组件命名规范　3.4
near-field communication（NFC）　近场通信（NFC）　1.4
network access　网络接入　1.6
newsgroups　新闻组　1.11
notifyDataSetChanged method　notifyDataSetChanged 方法　7.3
NumberFormat class　NumberFormat 类　3.3

O

object　对象　1.8
object（or instance）　对象（或实例）1.8
object-oriented analysis and design（OOAD）　面向对象的分析与设计（OOAD）　1.8

object-oriented language 面向对象的语言 1.8
object-oriented programming (OOP) 面向对象编程 (OOP) 1.9
offset method of class Rect Rect 类的 offset 方法 6.12
onActivityCreated method of class Fragment Fragment 类的 onActivityCreated 方法 6.6
onAttach method of class Fragment Fragment 类的 onAttach 方法 5.3
onCreate method of a ContentProvider ContentProvider 的 onCreate 方法 9.8
onCreate method of class Activity Activity 类的 onCreate 方法 3.3
onCreate method of class Fragment Fragment 类的 onCreate 方法 4.3
onCreate method of class SQLiteOpenHelper SQLiteOpenHelper 类的 onCreate 方法 9.7
onCreateDialog method of class DialogFragment DialogFragment 类的 onCreateDialog 方法 4.7
onCreateOptionsMenu method of class Activity Activity 类的 onCreateOptionsMenu 方法 4.3
onCreateOptionsMenu method of class Fragment Fragment 类的 onCreateOptionsMenu 方法 4.3
onCreateView method of class Fragment Fragment 类的 onCreateView 方法 4.3
onDestroy method of class Activity Activity 类的 onDestroy 方法 5.3
onDestroy method of class Fragment Fragment 类的 onDestroy 方法 6.3
onDetach method of class Fragment Fragment 类的 onDetach 方法 5.3
onDraw method of class View View 类的 onDraw 方法 5.8
onPause method of class Activity Activity 类的 onPause 方法 5.3
onPause method of class Fragment Fragment 类的 onPause 方法 5.3
onPostExecute method onPostExecute 方法 7.7
onPostExecute method of class AsyncTask AsyncTask 类的 onPostExecute 方法 7.7
onProgressUpdate method of class AsyncTask AsyncTask 类的 onProgressUpdate 方法 7.7
onResume method of class Activity Activity 类的 onResume 方法 5.3
onResume method of class Fragment Fragment 类的 onResume 方法 5.7
OnSeekBarChangeListener interface OnSeekBarChangeListener 接口 3.6
onSensorChanged method onSensorChanged 方法 5.7
onSizeChangedmethod of class View View 类的 onSizeChanged 方法 5.8
onStart method of class Activity Activity 类的 onStart 方法 4.6
onStop method of class Activity Activity 类的 onStop 方法 5.3
onTextChanged method of interface TextWatcher TextWatcher 接口的 onTextChanged 方法 3.3
OnTouchEvent method of class View View 类的 OnTouchEvent 方法 5.8
onTouchEvent method of class View View 类的 onTouchEvent 方法 5.3
OOAD (object-oriented analysis and design) 面向对象的分析与设计 (OOAD) 1.8
OOP (object-oriented programming) 面向对象编程 (OOP) 1.9
open source 开源 1.2
open source apps 开源应用 1.3
openPR 10.13
operating system 操作系统 1.4
options menu 选项菜单 1.9
org.json package org.json 包 7.3
orientation landscape 横向 2.1
orientation property of a LinearLayout LinearLayout 的 orientation 属性 2.5
orientation qualifier 方向限定符 4.3
orientation sensor 方向传感器 5.3
ORIENTATION_LANDSCAPE constant ORIENTATION_LANDSCAPE 常量 4.3
ORIENTATION_PORTRAIT constant ORIENTATION_PORTRAIT 常量 4.3

P

package 包 1.6
package name 包名 2.3
packages android.animation android.animation 包 1.6
padding element of a shape 形状的填充元素 9.4
padding property of a view 视图的 padding 属性 3.5
Paint class Paint 类 5.3
Palette in the layout editor 布局编辑器中的调色板 2.4
parse method of class Uri Uri 类的 Parse 方法 8.5
Path class Path 类 5.3
payment processor 支付处理器 10.3
permission in Android Android 中的权限 1.4

photo sharing 照片共享 10.13
pixel density 像素密度 2.5
play method of class SoundPool SoundPool 类的 play 方法 6.13
pop the back stack 弹出返回栈 9.9
portrait orientation 纵向 2.1
postDelayed method of class Handler Handler 类的 postDelayed 方法 4.3
Preference class Preference 类 4.3
PreferenceFragment class PreferenceFragment 类 4.3
PreferenceManager class PreferenceManager 类 4.3
pressure sensor 压力传感器 5.3
price 价格 10.3
pricing your app 给应用定价 10.2
primary key 主键 9.7
printBitmap method of class PrintHelper PrintHelper 类的 printBitmap 方法 5.8
PrintHelper class PrintHelper 类 5.8
  printBitmap method printBitmap 方法 5.8
private key 密钥 10.2
product icon size 产品图标大小 10.2
programmatically create GUI components 通过编程创建 GUI 组件 4.3
progress property of a SeekBar SeekBar 的 progress 属性 3.5
project 工程 2.3
project templates Blank Activity 工程模板 Blank Activity 2.3
Project window Project 窗口 2.4
Properties window Properties 窗口 2.4
property animation 属性动画 4.3
PROTECTION_NORMAL permissions PROTECTION_NORMAL 权限 7.4
proximity sensor 距离传感器 5.3
public relations 公关 10.13
push onto the back stack 将数据压入返回栈 9.9
putExtra method of class Intent Intent 类的 putExtra 方法 8.5
putParcelable method of class Bundle Bundle 类的 putParcelable 方法 9.9

Q

quadratic bezier curve 二次贝塞尔曲线 5.8
quadTo method of class Path Path 类的 quadTo 方法 5.8
query method of a ContentProvider ContentProvider 的 query 方法 9.8
query method of class SQLiteQueryBuilder SQLiteQueryBuilder 类的 query 方法 9.8

R

R class R 类 3.6
R.drawable class R.drawable 类 3.6
R.id class R.id 类 3.6
R.layout class R.layout 类 3.6
R.layout.activity_main constant R.layout.activity_main 常量 3.6
R.string class R.string 类 3.6
raw folder of an Android project Android 工程的 raw 文件夹 2.4
Rect class offset method Rect 类的 offset 方法 6.12
recycle method of class Bitmap Bitmap 类的 recycle 方法 5.8
RecyclerView class RecyclerView 类 8.3
RecyclerView.Adapter class RecyclerView.Adapter 类 8.3
RecyclerView.ItemDecoration class RecyclerView.ItemDecoration 类 8.3
RecyclerView.LayoutManager class RecyclerView.LayoutManager 类 8.3
RecyclerView.ViewHolder class RecyclerView.ViewHolder 类 8.3
red method of class Color Color 类的 red 方法 5.9
redraw a View 重画 View 5.8
registerListener method of class SensorManager SensorManager 类的 registerListener 方法 5.7
release method of class SoundPool SoundPool 类的 release 方法 6.13
remove apps from Market 从 Market 删除应用 10.11
rendering and tracking text 呈现并跟踪文本 1.7
replace method of class FragmentTransaction FragmentTransaction 类的 replace 方法 9.9
reporting bugs 报告 bug 1.2
Representational State Transfer (REST) 表述性状态转移 (REST) 7.3
requestFocus method of class View View 类的 requestFocus 方法 8.5
requestPermissions method of class Fragment Fragment 类的 requestPermissions 方法 5.7
requirements 需求 1.8
res folder of an Android project Android 工程的 res 文件夹 2.4
res/drawable-mdpi folder res/drawable-mdpi 文件夹 9.4

res/raw folder of an Android project　Android 工程的 res/raw 文件夹　6.3
reset method of class Path　Path 类的 reset 方法　5.8
resolveActivity method of class Intent　Intent 类的 resolveActivity 方法　4.3
resource　资源　10.7
resource files　资源文件　2.2
resource folders qualified names　资源文件夹的限定名称　4.3
resources alternative-resource naming conventions　可替换资源的命名规范　2.8
Resources class　Resources 类　4.6
Resources dialog　Resources 对话框　2.5
REST（Representational State Transfer）web service　表述性状态转移（REST）Web 服务　7.3
reusable software components　可复用软件组件　1.8
reuse　复用　1.8
reverse engineering　逆向工程　10.2
RGB value　RGB 值　2.5
rotate animation for a View　View 的旋转动画　4.4
rotation vector sensor　旋转量　5.3
rowCount property of a GridLayout　GridLayout 的 rowCount 属性　3.4
Runnable interface　Runnable 接口　4.3
runOnUiThread method of class Activity　Activity 类的 runOnUiThread 方法　6.13

S

saved state　保存的状态　3.6
scalable vector graphic　可缩放的矢量图形　4.4
scale animation for a View　View 的缩放动画　4.4
scale-independent pixels（sp）　缩放无关像素　2.5
scaleType property of an ImageView　ImageView 的 scaleType 属性　4.5
screen capture　屏幕捕捉　10.2
screen capturing and sharing　屏幕捕捉和分享　1.4
Screen Record tool in Android Studio　Android Studio 中的屏幕记录工具　10.2
screen resolution　屏幕分辨率　2.5
screen size　屏幕大小　2.5
screenshot specifications　屏幕截图规范　10.2
ScrollView class　ScrollView 类　9.4
SDK versions and API levels　SDK 版本以及 API 等级　2.3
SeekBar class　SeekBar 类　3.1
send a message to an object　向对象发送消息　1.8

Sensor class　Sensor 类　5.3
SensorEvent class　SensorEvent 类　5.7
SensorEventListener interface　SensorEventListener 接口　5.7
SensorEventListener listener　SensorEventListener 接口　5.7
SensorManager class　SensorManager 类　5.7
sensors accelerometer　加速度传感器　5.3
service　服务　3.3
Set interface　Set 接口　4.3
setAdapter method of class ListView　ListView 类的 setAdapter 方法　7.7
setAdapter method of class RecyclerView　RecyclerView 类的 setAdapter 方法　8.5
setAntiAlias method of class Paint　Paint 类的 setAntiAlias 方法　5.8
setArguments method of class Fragment　Fragment 类的 setArguments 方法　9.9
setBackgroundColor method　setBackgroundColor 方法　5.9
setBackgroundColor method of class View　View 类的 setBackgroundColor 方法　5.9
setContentView method of class Activity　Activity 类的 setContentView 方法　3.6
setDuration method of class Animator　Animator 类的 setDuration 方法　4.3
setHasOptionsMenu method of class Fragment　Fragment 类的 setHasOptionsMenu 方法　5.7
setImageBitmap method of class View　View 类的 setImageBitmap 方法　5.10
setItems method of class AlertDialog.Builder　AlertDialog.Builder 类的 setItems 方法　8.3
setNotificationUri method of class Cursor　Cursor 类的 setNotificationUri 方法　9.8
setRepeatCount method of class Animation　Animation 类的 setRepeatCount 方法　4.3
setStrokeCap method of class Paint　Paint 类的 setStrokeCap 方法　5.8
setStrokeWidth method of class Paint　Paint 类的 setStrokeWidth 方法　5.8
setStyle method of class Paint　Paint 类的 setStyle 方法　5.8
setSystemUiVisibility method of class View　View 类的 setSystemUiVisibility 方法　6.13
setTables method of a SQLiteQueryBuilder　SQLiteQueryBuilder 的 setTables 方法　9.8

setTag method of class View View 类的 setTag 方法 7.3
setUsage method of class AudioAttributes AudioAttributes 类的 setUsage 方法 6.3
shape element 形状元素 9.4
SharedPreferences class SharedPreferences 类 4.3
SharedPreferences.Editor class SharedPreferences.Editor 类 4.3
show method of class DialogFragment DialogFragment 类的 show 方法 4.7
show method of class FloatingActionButton FloatingActionButton 类的 show 方法 8.5
showAsAction attribute of a menu item 菜单项的 showAsAction 属性 4.4
showDividers property of a LinearLayout LinearLayout 的 showDividers 属性 9.4
shuffle a collection 扰乱集合 4.7
shuffle method of class Collections Collections 类的 shuffle 方法 4.3
signing apps 签名应用 10.2
simple collision detection 简单的冲突检测 6.12
simple touch events 单点触事件 6.3
single-screen app 单屏幕应用 2.3
slider（SeekBar） 3.3
Snackbar class Snackbar 类 7.3
Social API 1.4
social media sites 社交媒体站点 10.13
social networking 社交网络 10.13
soft buttons 软按钮 1.9
sort case insensitive 大小写不敏感的排序 8.5
sort method of class Collections Collections 类的 sort 方法 8.5
sound effects 声音效果 6.3
sound files 声音文件 6.4
SoundPool class SoundPool 类 6.3
SoundPool.Builder class SoundPool.Builder 类 6.3
sounds 声音 6.3
source code 源代码 1.1
source-code listing 源代码列表 1.1
sp（scale-independent pixels） 缩放无关像素 2.5
SQL（Structured Query Language） 结构化查询语言（SQL）9.3
SQLiteDatabase class SQLiteDatabase 类 9.3
SQLiteOpenHelper class SQLiteOpenHelper 类 9.3
SQLiteQueryBuilder class SQLiteQueryBuilder 类 9.8
setTables method setTables 方法 9.8
src property of a ImageView ImageView 的 src 属性 2.5

star ratings for apps 应用的星级排名 10.11
start method of class Animator Animator 类的 start 方法 4.3
startActivity method of class Context Context 类的 startActivity 方法 8.5
startAnimation method of class View View 类的 startAnimation 方法 4.3
states of an Activity Activity 的状态 3.3
stream for playing music 用于播放音乐的流 6.7
@string resource 字符串资源 2.5
stroke element of a shape 形状的 stroke 元素 9.4
Structured Query Language（SQL） 结构化查询语言（SQL） 9.3
style（define new） 9.4
style property of a View View 的 style 属性 9.4
style resource 样式资源 9.3
style resources 样式源 3.5
support library FragmentManager 支持库 FragmentManager 4.3
SurfaceHolder class SurfaceHolder 类 6.3
SurfaceHolder.Callback interface SurfaceHolder.Callback 接口 6.3
surfaceChanged method surfaceChanged 方法 6.13
surfaceCreated method surfaceCreated 方法 6.13
surfaceDestroyed method surfaceDestroyed 方法 6.13
SurfaceView class SurfaceView 类 6.3
getHolder method getHolder 方法 6.13
synchronized 同步的 6.13
system bar 系统栏 2.2

T

temperature sensor 温度传感器 5.3
text box 文本框 3.3
text field 文本域 3.3
text property of a TextView TextView 的 text 属性 2.5
Text tab in the layout editor 布局编辑器的 Text 选项卡 2.2
textAppearance property of a TextView TextView 的 textAppearance 属性 3.4
textColor property of a Button 按钮的 textColor 属性 4.5
textColor property of a TextView TextView 的 textColor 属性 2.5
textSize property of a TextView TextView 的 textSize 属性 2.5
textStyle property of a TextView TextView 的 textStyle 属性 4.5

Text-to-Speech API 1.4
TextView gravity property　TextView 的 gravity 属性　2.5
　text property　text 属性　2.5
　textAppearance property　textAppearance 属性　3.4
　textColor property　textColor 属性　2.5
　textSize property　textSize 属性　2.5
TextView class　TextView 类　2.2
　text property　text 属性　4.5
　textSize property　textSize 属性　4.5
　textStyle property　textStyle 属性　4.5
TextView component　TextView 组件　2.5
TextWatcher interface　TextWatcher 接口　3.3
theme　主题　3.5
thread（for animation）　线程（用于动画）6.3
Thread class　Thread 类　6.13
Threadr class　Threadr 类　6.3
Tip Calculator app　Tip Calculator 应用　1.7
Toast class　Toast 类　4.3
tooltip in layout editor　布局编辑器中的工具提示　2.5
touch event　点触事件　5.3
touch events simple　单点触事件　6.3
track app installs　跟踪应用的安装　10.12
tweened animation　补间动画　4.3
tweet　Tweeter 消息　10.13

U

UI thread　UI 线程　4.3
Uniform Resource Identifier（URI）　URI（统一资源标识符）　8.5
Uniform Resource Locator（URL）　URL（统一资源定位符）　8.5
unique identifier for an app　应用的唯一标识符　2.3
up button　上按钮　4.4
update method of a ContentProvider　ContentProvider 的 update 方法　9.8
update method of a ContentResolver　ContentResolver 的 update 方法　9.12
update method of class SQLiteDatabase　SQLiteDatabase 类的 update 方法　9.8
URI（Uniform Resource Identifier）　URI（统一资源标识符）　8.5
Uri class　Uri 类　8.5
UriMatcher class　UriMatcher 类　9.8
URL encoded String　URL 编码字符串　8.5
USB debugging　USB 调试　1.9

utilities　工具　1.10

V

values folder of an Android project　Android 工程的 values 文件夹　2.4
version code　版本代码　10.2
version name　版本名称　10.2
versioning your app　确定应用的版本　10.2
video　视频　1.6
video sharing　视频共享　10.13
view　视图　3.3
View animations　View 动画　4.4
View class　View 类　3.3
View.OnClickListener interface　View.OnClickListener 接口　4.7
View.OnLongClickListener interface　View.OnLongClickListener 接口　8.5
ViewAnimationUtils class　ViewAnimationUtils 类　4.3
ViewGroup class　ViewGroup 类　9.4
viral marketing　病毒营销　10.13
viral video　病毒视频　10.13
virtual camera operator　虚拟摄像头操作程序　1.4
virtual goods　虚拟商品　10.5
Voice Interaction API　话音交互 API　1.5
volume　音量　6.3

W

web service　Web 服务　7.3
weightSum property of a LinearLayout　LinearLayout 的 weightSum 属性　9.4
Welcome app　Welcome 应用　1.7
widget　窗件　1.7
width of a column　列宽　3.3
wildcard in a Uri　Uri 中的通配符　9.8
windowSoftInputMode option　windowSoftInputMode 选项　8.4

X

XML　2.5
xml folder of an Android project　Android 工程的 xml 文件夹　2.4
XML namespace android　XML 名字空间 android　5.4
XML resource files　XML 资源文件　2.2
XML utilities　XML 工具　1.7

反侵权盗版声明

电子工业出版社依法对本作品享有专有出版权。任何未经权利人书面许可，复制、销售或通过信息网络传播本作品的行为；歪曲、篡改、剽窃本作品的行为，均违反《中华人民共和国著作权法》，其行为人应承担相应的民事责任和行政责任，构成犯罪的，将被依法追究刑事责任。

为了维护市场秩序，保护权利人的合法权益，我社将依法查处和打击侵权盗版的单位和个人。欢迎社会各界人士积极举报侵权盗版行为，本社将奖励举报有功人员，并保证举报人的信息不被泄露。

举报电话：（010）88254396；（010）88258888
传　　真：（010）88254397
E-mail：　dbqq@phei.com.cn
通信地址：北京市海淀区万寿路 173 信箱
　　　　　电子工业出版社总编办公室
邮　　编：100036